대칭 : 갈루아 이론

대칭 : 갈루아 이론

글　　　신현용, 신기철
그림　　신실라

대칭은 군론의 주제이고 군론은 갈루아 이론의 핵심이다. 군론에 의하면 띠 문양은 일곱 개 타입 밖에 없다. 표지 이미지에서 한국의 전통 띠 문양 일곱 개가 동심원을 이루고 있다. 위 QR-코드를 스캔하면 띠 문양을 따라 차례로 진행되는 피아노 연주를 들을 수 있다. 군론이 이를 가능하게 한다. 대칭이 문양을 듣게 하는 것이다.

이 책의 내용과 그림 중 일부는 저자의 다른 책에 소개된 것과 같을 수 있다.

서 문

'대수학(algebra)은 다항식의 풀이에 관한 연구'라고 하여도 과언이 아니다. 대수학의 역사는 곧 다항식의 풀이에 관한 역사인 것이다.

이 책은 먼저 유클리드에서 오일러까지에 걸친 다항식의 풀이 과정을 '대수학(algebra)'으로서 조망한다. 16세기 초 삼차, 사차다항식의 풀이 법이 알려진 이후 오차다항식의 풀이는 수학계의 주요 화두였다. 수학사에 큰 발자취를 남긴 당시 수학자 모두가 이 문제에 관여하였다고 해도 과언이 아니다. 데카르트, 오일러, 뉴턴, 라이프니츠, 르장드르, 코시, 가우스도 그랬다.

대수학의 주제가 일차, 이차, 삼차, 사차다항식의 풀이라면, '추상대수학(abstract algebra)' 또는 '현대대수학(modern algebra)'의 주제는 오차다항식의 풀이이다.

이 책은 라그랑주 이후 갈루아까지에 걸친 오차다항식의 풀이 가능성에 관한 과정에 얽힌 이야기를 '추상대수학'으로서 비교적 자세히 소개한다. 라그랑주, 아벨, 갈루아의 생각을 따라가며 추상대수학의 전개 과정을 추적하는 것이다.

언급하는 모든 명제를 자세히 증명하지는 않는다. 그러나 갈루아이론을 이해하기 위해서는 피할 수 없으나 증명이 난해한 경우에는 많은 예를 통하여 이해를 도울 것이다.

갈루아이론을 이해하기 위해 필요하고 독자가 충분히 이해할 수 있는 명제에 대해서는 예와 증명을 함께 제시한다.

이 책의 특징은 일반적인 삼차다항식과 사차다항식을 자세하게 푼 것이다. 특히 사차다항식의 경우에는 여러 가지 풀이 법을 소개하고 각각의 풀이 과정을 자세히 분석한다. 삼차와 사차다항식의 근(根)을 구하는 과정과 근의 모습을 보면 갈루아이론을 더 분명하게 이해할 수 있을 것이다.

이 책은 수학 전문가를 위한 것이 아니다. 추상(현대)대수학, 특히 갈루아 이론에 관심을 가지고 이해하기를 원하는 독자를 위해 '이야기' 식으로 만들었다. 가상대화가 여러 개 있다. 주로 등장하는 가상 인물은 '여휴'와 '여광'이다. 다항식의 풀이를 깊이 고민하던 데카르트와 오일러 등과 거의 같은 시대에 활동한 조선의 산학자 경선징(慶善徵)과 홍정하(洪正夏)를 기억함이다. 경선징과 홍정하 각각의 자(字)는 '여휴(汝休)'와 '여광(汝匡)'이었고 그들의 저서에서 다항식의 풀이를 논하였다.

마지막 장에서는 디자인과 음악에서 대칭이 어떠한 역할을 하는지를 소개한다. 이 또한 이 책의 특징이다.

이 책에 오류가 없도록 많은 노력을 기울였다. 출간 이후에 발견되는 잘못이 있으면 아래 QR-코드를 통하여 곧바로 알릴 것이다.

이 책을 기획하도록 권하고 집필 과정 내내 물심양면으로 도와주신 〈도서출판 승산〉의 황승기 사장님께 깊이 감사드린다. 황 사장님의 격려가 없었다면 이 책은 나오지 못했을 것이다.

독자께서 2,500년 긴 세월에 걸친 대수학과 추상대수학의 전개 과정을 이해할 수 있기를 소망한다.

2017년 2월

신현용, 신기철, 신실라

안 내

이 책에 관하여 몇 가지를 안내한다.

1. 목적

일차다항식? 아무나 풀 수 있다.

이차다항식? 거의 아무나 풀 수 있다. 중학교 수학에서 배운다.

$$\frac{-b \pm \sqrt{b^2 - 4ac}}{2a}$$

이게 그 공식이다. 지금부터 4,000년 전 사람들도 풀 수 있었다.

삼차다항식? 풀 수 있다.

그러나 이 풀이법이 알려지는 데에는 유클리드가 침묵으로 문제를 제기한 이후 약 1,800년이 걸렸다. 공식이 복잡하여 외우는 사람은 많지 않다. 이 책에서 자세히 푼다.

사차다항식? 풀 수 있다.

삼차다항식과 거의 동시에 풀렸다. 공식이 삼차다항식보다 훨씬 더 복잡하여 외우는 사람은 거의 없다. 이 책에서 자세히 푼다.

오차다항식? 풀 수 없는 오차다항식이 있다.

이 사실이 알려지는데 문제 제기 이후 약 2,000년 이상이 걸렸다. 풀리지 않는 오차다항식이 있으면 풀리지 않는 육차다항식, 칠차다항식, … 도 있다.

이 책은 이 사실을 설명한다. 일차, 이차, 삼차, 사차다항식은 모두 풀리는 데 왜 오차다항식부터는 그렇지 않은가? 갈루아는 그 이유를 알았다.

2. 용어

몇 가지 용어의 뜻을 분명하게 하자.

대수학

현대수학의 분야를 말할 때 보통 '대수, 해석, 기하, …'와 같이 말한다. 대수학(代數學, algebra)의 뿌리는 다항식의 근(根)을 찾는 문제에 있다. 정수론이나 선형대수학 등도 대수학의 분야로 생각할 수 있으나 이 책에서의 대수학은 다항식의 풀이와 그와 관련된 수 체계(number system) 그리고 대수적 구조(algebraic structure)를 다루는 '추상대수학(abstract algebra)'을 뜻한다. '현대대수학(modern algebra)'은 추상대수학과 같은 의미이다.

다항식의 풀이

일차다항식 $3x+2$를 푸는 것은 일차방정식 $3x+2=0$의 해 $-\frac{2}{3}$를 구하는 것이다. 이차다항식 x^2+x+1을 푸는 것은 이차방정식 $x^2+x+1=0$의 해

$\frac{-1+\sqrt{-3}}{2}$와 $\frac{-1-\sqrt{-3}}{2}$을 구하는 것이다. 마찬가지로, 삼차다항식 $x^3 - 3x - 4$ 와 사차다항식 $x^4 + 2x + \frac{3}{4}$을 푸는 것은 삼차방정식 $x^3 - 3x - 4 = 0$과 사차방정식 $x^4 + 2x + \frac{3}{4} = 0$ 각각을 푸는 것이다.

이 책의 주제인 갈루아 이론은 '일차, 이차, 삼차, 사차다항식은 정해진 절차에 따라 항상 풀리지만 오차다항식부터는 그러한 풀이가 항상 가능한 것은 아니다'라는 것을 증명한다.

다항식의 풀이는 대수학의 가장 중요한 문제라고 할 수 있다. 실제로, 추상대수학의 정립에 중요한 역할을 한 라그랑주도 다항식의 풀이는 'un des problemes les plus célebres and les plus importans de l'Algebre 대수학의 가장 유명하고 중요한 문제'라고 하였다.

다항식의 근의 공식

일차다항식 $ax + b$ $(a \neq 0)$의 근은 $-\frac{b}{a}$이다. 다항식의 계수 a와 b로부터 사칙연산을 이용하여 근을 구할 수 있다. 이차다항식 $ax^2 + bx + c$ $(a \neq 0)$의 근은 $\frac{-b \pm \sqrt{b^2 - 4ac}}{2a}$이다. 다항식의 계수 a, b, c로부터 사칙연산과 제곱근을 이용하여 근을 구할 수 있다. 삼차다항식과 사차다항식의 경우에도 다항식의 계수로부터 사칙연산과 거듭제곱근을 이용하여 모든 근을 구할 수 있는 알고리즘이 있다. 다항식의 근을 구하는 알고리즘을 식으로 표현한 것을 '근의 공식'이라고 한다. 이 책에서 다음 표현은 모두 같은 의미로 쓰인다.

- 다항식을 풀 수 있다.
- 다항식의 근의 공식이 존재한다.
- 다항식을 거듭제곱근(radicals)을 사용하여 풀 수 있다.
- 가해(可解, solvable, soluble) 다항식이다.

작도가능성

수학이 말하는 '작도(construction)'에서는 눈금 없는 자와 컴퍼스만을 사용한다. 실제로, 눈금은 단위 길이를 여러 개 표시한 것이지만 단위 길이는 상황에 따라 적절히 주어지기 때문에 눈금은 수학적 의미를 가지지 않는다. 이 책에서는 '작도가능한 수'를 '거듭제곱근을 사용하여 나타낼 수 있는 수'의 특수한 경우로 이해하므로 작도가능성 문제는 다항식 의 가해성 문제의 일환으로 본다.

수 체계

자연수의 개념은 0과 음수를 포함시켜 정수로 확장되고, 정수에 분수가 포함되어 유리수로 확장되는 등 수 체계는 수학적 필요에 따라 점점 확장될 수 있다. 일정한 형태의 수들이 필요한 대수적 구조를 가질 때 그 수들의 집합을 '수 체계(number system)'라고 한다. 이 책에서 주로 논의되는 수 체계는 다음과 같다.

자연수 전체의 집합 $\mathbb{N}$,
정수 전체의 집합 $\mathbb{Z}$,
유리수 전체의 집합 $\mathbb{Q}$,
실수 전체의 집합 $\mathbb{R}$,
복소수 전체의 집합 $\mathbb{C}$

각각의 집합에 정의되는 연산은 덧셈과 곱셈이다.

대수적 구조

수 체계는 단순한 수의 집합이라기보다는 그 집합이 가지고 있는 수학적 구조이다. 특히, 두 원소 사이에 정의되는 연산(operation)에 관한 여러 가지 성질에 주목한다. 그러한 대수적 성질로서 결합법칙, 교환법칙, 분배법칙, 항등원의 존재, 역원의 존재 등이 있다. 어떤 수의 집합에 연산이 정의되어 있고, 그 연산에 관하여 어떤 일정한 대수적 성질을 만족시킬 때, 그 수 집합은 '대수적 구조(algebraic structure)'를 가진다고 한다. 수 체계에서 중요한 대수적 구조로서 군(group), 체(field), 그리고 벡터공간(vector space) 등이 있다.

아벨군

'아벨군(abelian group)'은 '가환군(commutative group)'과 같은 의미이다. 우리에게 익숙한 수의 덧셈이나 곱셈에 관해서는 교환법칙이 성립하기 때문에 '교환법칙'의 중요성을 인지하기가 쉽지 않을 수 있다. 매우 당연한 성질로 인식되기 때문이다. 그러나 다항식의 가해성에 관한 이론인 갈루아 이론에서 아벨군의 역할은 지대하다. 다항식의 가해성에서 가환성의 중요성을 처음으로 인지한 사람은 아벨(Abel)이다.

갈루아군

'갈루아군(Galois group)'은 다항식의 문제를 군론의 문제로 변환시키는 핵심 개념으로서 n차다항식을 대칭군 S_n과 연계시킨다. 다항식의 가해성은 그 다항식의 갈루아군의 구조와 성질에 의해 결정된다. 갈루아(Galois)의 통찰이다.

정규부분군

정규부분군(normal subgroup)은 아벨군과 함께 갈루아 이론의 핵심 개념이다. 주어진 군이 정규부분군을 가지면 원래 주어진 군의 '상군(quotient group)'을 구성하여 주어진 문제를 간단한 상황으로 바꿀 수 있다. 다항식의 풀이 가능성의 관점에서, 등장하는 모든 상군이 아벨군이면 그 다항식은 풀리게 된다.

단순군

단순군(simple group)은 자명하지 않은 정규부분군을 가지지 않는 군이다. 가환(abelian) 단순군은 글자 그대로 단순하다. 순환군(cyclic group)이기 때문이다. 결국 단순군의 가치는 비가환군의 경우에 있다. 비가환 단순군(non-abelian simple group)은 단순하지 않다. 예를 들어, 주어진 비가환군이 단순군인지 아닌지를 판단하는 일은 결코 단순하지 않다. 갈루아는 교대군 A_5가 비가환 단순군임에 근거하여 오차다항식은 일반적으로 풀 수 없음을 설명한다.

가해군

다항식의 갈루아군이 여러 개의 정규부분군을 가지고 있고 각 정규부분군에 의한 상군이 모두 아벨군이면 그 군을 가해군(solvable group)이라고 한다. 가환군은 당연히 가해군이다. 다항식의 갈루아군이 가해군이면 그 다항식은 풀리게 된다. 오차다항식의 갈루아군이 S_5 또는 A_5이면 그 다항식은 풀 수 없다. S_5와 A_5는 가해군이 아니기 때문이다.

차 례

서문

안내

Ⅰ. 오래된 수학 … 17
Ⅱ. 자유로운 영혼 … 23
Ⅲ. 깨진 침묵 … 71
Ⅳ. 아름다움을 위하여 … 97
Ⅴ. 작도불가능 문제 … 157
Ⅵ. 합력하여 선을 … 191
Ⅶ. 아벨의 생각 … 233
Ⅷ. 갈루아의 생각 … 259
Ⅸ. 깊은 대칭 … 303
Ⅹ. 갈루아 이후 … 371

참고문헌 … 460
찾아보기(국어) … 462
찾아보기(영어) … 465

I. 오래된 수학

수학은 긴 역사의 학문이다. 다항식의 풀이는 2,000년 이상에 걸친 오래된 이야기이다. 다항식의 풀이가 수학의 긴 역사의 주축이었다고 할 수 있다.

1. 대수학

수학의 긴 역사에서 다항식의 풀이는 중요한 화두 중 하나였다. 대수학(代數學, Algebra)은 이에 관한 수학이라고 하여도 과언이 아니다.

다항식이 있다고 하자. 다음 질문을 하지 않을 수 없다.

> 근이 존재할까?
> 근이 존재한다면 몇 개나 있을까?
> 근이 있는 수의 세계는 어디인가?
> 근은 어떠한 모습일까?
> 근을 어떻게 찾을까?

'대수학의 기본정리(Fundamental Theorem of Algebra)'는 다항식의 근의 존재성에 관한 것이다. 이 책의 주요 주제인 '갈루아 이론의 기본정리(Fundamental Theorem of Galois Theory)'는 다항식의 근의 형태에 관한 것이다. 이상의 두 '기본정리'에 의하여 다항식의 풀이가 대수학에서 얼마나 중요한 지를 가늠할 수 있다.

작도가능성 문제는 긴 역사를 가진 또 다른 문제이다. 그러나 작도가능성도 본질적으로는 다항식 풀이의 문제이다. 2,300년 전, 유클리드는 이차다항식을 작도로 풀었다. 이 책에서 작도가능성 문제는 다항식의 풀이 가능성 문제의 특별한 경우로 다루어진다. 다항식의 풀이는 수 체계의 확장을 요구했다. 호기심이 많고 자유로운 영혼들은 이 요구에 적극적으로 반응했다.

'다항식의 해' 또는 '방정식의 근'이라고 말해도 되지만, 이 책에서는 '다항식의 근' 또는 '방정식의 해'라고 통일한다. 이 책에서 다음은 같은 뜻이다.

다항식 $f(x)$의 근(根)을 구한다.
방정식 $f(x)=0$의 해(解)를 구한다.

가. 부정방정식

디오판토스(Diophantus, 250년경)는 그의 저서 '산술(Arithmetica)'에서 정수 계수 방정식의 정수근을 구하는 문제를 다룬다. 이러한 방정식을 '디오판토스 방정식(Diophantine equation)'이라고 한다. 디오판토스 방정식은 해를 가지면 여러 개를 가질 수 있으므로 '부정방정식(不定方程式)'이다.

예를 들어, 방정식 $4x+2=6y$를 생각하자. 이 디오판토스 방정식의 해는 $x=1$, $y=1$ 뿐만이 아니라 $x=4$, $y=3$ 등 무수히 많이 있다.

피타고라스정리(Pythagorean theorem)를 만족시키는 세 정수, 즉 $x^2+y^2=z^2$을 만족시키는 세 정수 x, y, z를 구하는 문제도 이차 디오판토스 방정식을 푸는 것으로 이해할 수 있다.

나. 페르마와 오일러

페르마(P. Fermat, 1601-1665)는 디오판토스의 '산술'을 공부하면서 여백에 여러 주석을 남겼다. 훗날 오일러(L. Euler, 1707-1783)는 페르마가 남긴 책을 공부하면서 페르마의 연구 결과를 심화 또는 일반화하였다. 유명한 '페르마-오일러 정리(Fermat-Euler Theorem)'는 그 한 예이다.

지금은 '페르마의 마지막 정리(Fermat Last Theorem)'라고 부르는 주장에 대해 페르마는 '증명을 발견하였으나 여백이 좁아 기술하지 못한다'라고 주석을 남겼으나 오일러도 그 증명을 완성하지 못했다.

오랜 세월 후, 1995년 영국의 수학자 와일즈(A. Wiles, 1953-)가 그 정리를 증명하였다. 페르마의 마지막 정리는 피타고라스 정리의 일반화에 관한 문제라고 할 수 있고, 디오판토스 방정식의 특수한 형태에 관한 것으로도 이해할 수 있다.

다. 펠 방정식

수학자들이 관심을 가지는 특별한 이차 디오판토스 방정식이 있다. 제곱수가 아닌 자연수 n에 대하여 $x^2 = ny^2 + 1$과 같은 꼴의 방정식을 '펠 방정식(Pell equation)'이라고 한다. 펠(J. Pell, 1611-1685)은 수학자 이름이다.

펠 방정식에서 고려하는 해는 정수해이다. 즉, '두 수의 쌍 (a, b)가 펠 방정식 $x^2 = ny^2 + 1$의 해이다'라는 말은 'a와 b는 정수이고 $a^2 = nb^2 + 1$을 만족시킨다'는 것을 뜻한다. 펠 방정식의 한 예로서, 방정식 $x^2 = 2y^2 + 1$을 생각하자.

- $(3, 2)$와 $(17, 12)$ 등이 이 방정식의 해이다.

- (a, b)가 이 방정식의 해이면 $(-a, b)$, $(a, -b)$, $(-a, -b)$ 역시 이 방정식의 해이다.

- (a, b)와 (c, d)가 $x^2 = 2y^2 + 1$의 해이면 $(ac+2bd, ad+bc)$도 그렇다. 그 이유는 다음과 같다.

    $a^2 - 2b^2 = 1$, $c^2 - 2d^2 = 1$로부터 다음 등식을 얻을 수 있다.
    $1 = (a^2 - 2b^2)(c^2 - 2d^2) = (ac+2bd)^2 - 2(ad+bc)^2$
    즉, 등식 $(ac+2bd)^2 = 2(ad+bc)^2 + 1$이 성립한다.
    따라서 $(ac+2bd, ad+bc)$는 방정식 $x^2 = 2y^2 + 1$의 해이다.

이로부터 펠 방정식 $x^2 = 2y^2 + 1$은 무수히 많은 해를 가짐을 알 수 있다.

- 자연수 해를 고려하면 방정식 $x^2 = 2y^2 + 1$은 $\frac{x}{y} = \sqrt{2 + \frac{1}{y^2}}$ 와 같이 나타낼 수 있다. 이 때, y의 값이 점점 커질수록 $\frac{1}{y^2}$은 점점 작아지므로 우변은 $\sqrt{2}$에 수렴한다. 따라서 $x^2 = 2y^2 + 1$의 자연수해 (a, b) 중에서 b의 값이 크면 $\frac{a}{b}$를 계산함으로써 무리수 $\sqrt{2} = 1.41421356\cdots$의 유리수 근삿값을 구할 수 있다.

다음은 펠 방정식 $x^2 = 2y^2 + 1$의 몇 개의 해 (a, b)에 대하여 $\frac{a}{b}$의 값을 계산한 표이다.

a의 값	b의 값	$\dfrac{a}{b}$의 값
3	2	1.5
17	12	1.416666666666 ⋯
99	70	1.414285714285 ⋯
577	408	1.414215686274 ⋯
3363	2378	1.414213624894 ⋯
19601	13860	1.414213564213 ⋯
114243	80782	1.414213562427 ⋯
665857	470832	1.414213562374 ⋯
3880899	2744210	1.414213562373 ⋯

2. 값진 노동

수학은 철저히 진화의 산물이다. 수학적 사실이나 명제를 가장 쉽게 설명할 수 있는 언어는 수학 자체이다. 수학적 명제를 설명할 때 현대 수학이 사용하는 용어나 방법을 취하지 않으면 모호해지고 불분명해지며 오해를 살 수 있다. 따라서 수학 용어를 사용하지 않으면서 수학 내용을 설명하려는 시도는 좋은 방법이 아니니다.

이 책은 특히 갈루아의 깊은 생각을 소개한다. 자세한 예와 설명을 통하여 독자의 이해를 도울 것이다. 많은 계산도 함께 할 것이다.

수학은 계산이고 노동이다. 수학자는 노동꾼이다. 탁월한 수학자 중에 노동꾼이 아닌 사람은 한 명도 없었다. 아르키메데스는 군인이 쳐들어왔어도 계산하였고, 오일러도 숨이 멈추는 마지막 순간까지 계산을 멈추지 않았다. 에어디쉬(P. Erdős,

1913-1996)는 병원에 실려 가면서도 '자, n을 정수라고 하자'라며 계산하였다.

3. 추상대수학

청년 수학자 갈루아의 생각이 후세대 수학자들에 의해 다듬어진 것이 '갈루아 이론(Galois theory)'이다. 갈루아 이론의 핵심은 '군론(group theory)'이고 군론은 '대칭 이론(theory of symmetry)'이다.

일차, 이차, 삼차, 그리고 사차다항식 각각의 근의 공식을 찾던 16세기까지의 논의는 '대수학(Algebra)'이고, 오차다항식의 근의 공식이 존재하지 않음을 증명하는 갈루아 이후의 논의는 '추상대수학(Abstract Algebra)'이다.

군론은 추상대수학의 핵심이다.

4. 대수학 여행

다항식의 풀이가 군론으로 형식화되고 제기된 문제에 시원하게 답하는 갈루아 이론을 향한 여행은 긴 '대수학(代數學) 여행'일 것이다.

가볍지 않은 긴 여행이다. 조금만 수고하면 목적지까지 닿을 것이다. 많이 노력했지만 끝까지 가지 못했다면 그것은 필자의 잘못이다. 그러나 필자의 바람대로 이 책을 다 읽었다면 어디에 가더라도 요절한 두 젊은 청년 '아벨'과 '갈루아'를 언급해도 된다.

자, 이제 떠나자.

II. 자유로운 영혼

수학자의 큰 특징은 자유로운 정신이다. 수학자의 상상에는 거침이 없다. 수학은 자유이고, 수학은 상상이다. 수학자에게 경험, 현실, 실험, 관찰, 상식은 오히려 장애가 될 수 있다. 이 자유로운 영혼들은 수의 세계를 그들이 필요한 만큼 넓혀 왔다.

1. 수 체계

크로네커(L. Kronecker, 1823-1891)는 다음과 같이 말하였다.

> God made the integers;
> all the rest is the work of man.
> 정수는 하나님께서 만드셨으나
> 나머지 모두는 인간의 작품이다.

크로네커가 언급한 '정수'는 지금 뜻으로는 '자연수'로 이해하는 것이 적절하다. 인간은 다항식을 풀면서 더 넓은 수의 세계로 점점 나아갔다. 자연수로 만족하기에는 인간의 호기심이 너무 컸다. 자유로운 영혼인 수학자들은 만족스러울 때까지 상상을 이어갔다.

일부분을 나타내기 위해 '분수'를 사용하더니, 잘 드러나지 않는 '음수'를 만들었고, 보통 상식으로는 생각해 내기가 무리일 것 같은 '무리수'를 생각해 내었으며, 실체가 없는 허상(虛像) 같은 '허수'까지도 상상했다.

'수의 세계'는 단순히 수의 집합이 아니다. 수 사이에는 연산(operation)이 정의된다. 수 집합에 구조가 생기는 것이다.

수 집합에서 대표적인 연산은 덧셈과 곱셈이다. 덧셈과 곱셈에 관하여 다양한 성질을 살필 수 있다. 따라서 수의 세계, 즉 수의 집합은 연산 등에 관한 수학적 체계가 있는 집합이므로 '수 체계(number system)'라고 하는 것이 적절하다.

가. 자연수

방정식 $2x+3=7$을 풀기 위해서는 자연수(natural number) 집합이면 충분하다. 방정식의 해인 $x=2$ 역시 자연수이기 때문이다.

보통 자연수 전체의 집합을 'N'으로 표기한다. '자연수'의 이름과 기호에는 '자연스러운(natural)'의 의미가 스민 것 같다.

- N은 덧셈에 관하여 닫혀있다. 두 개의 자연수를 더한 결과도 자연수라는 뜻이다. 자연수 여러 개를 더해도 자연수 집합을 벗어나지 않는다. 이 사실을 수학적으로 다음과 같이 나타낸다.

$$m, n \in \mathrm{N} \Rightarrow m+n \in \mathrm{N}$$

'm과 n이 자연수이면 $m+n$도 자연수이다'로 번역할 수 있다. 수학자들의 기호와 언어, 그리고 그들의 표현법을 아는 것은 즐거운 일이다. 알고 보면 별 것 아니다.

- N에서는 덧셈에 관한 결합법칙이 성립한다. 수학적으로 나타내보자.

$$\forall\, \ell, m, n \in \mathrm{N},\ (\ell+m)+n = \ell+(m+n)$$

기호 '$\forall$'는 '임의의'를 뜻하는 영어 'arbitrary'의 첫 글자 'A'의 아래와 위를 뒤집어 놓은 것이다. 수학기호라는 게 그리 심오하지 않다. 위의 수학적 표현을 다음과 같이 번역할 수 있다.

'자연수 세 개 ℓ, m, n을 어떻게(임의로) 택하더라도 $(\ell+m)+n$과 $\ell+(m+n)$은 같다.'

세 자연수 ℓ, m, n을 더할 때, 더하는 순서와는 무관하게 같은 결과를 얻는다는 뜻이다. 즉, 세 수를 더할 때, 앞의 두 수를 먼저 더한 후 그 값에 나머지 수를 더하는 것과, 뒤의 두 수를 먼저 더한 후 그 값을 처음 수에 더하는 것은 항상 같다는 뜻이다.

사실, 우리는 이 법칙을 수시로 이용한다. 예를 들어, $2015+900+100$을 계산할 때, 앞의 두 수를 먼저 계산하여 $2915+100$을 계산하는 것보다 뒤의 두 수를 먼저 계산하여 $2015+1000$을 계산하는 것이 더 편하다.

- N에서는 덧셈에 관한 교환법칙이 성립한다.

Ⅱ. 자유로운 영혼

$\forall\, m, n \in \mathbb{N},\, m+n = n+m$

'임의의 두 자연수 m, n에 대하여 $m+n$과 $n+m$은 같다.'

두 개의 자연수를 더할 때, 두 수의 위치를 바꾸어도 된다는 뜻이다. 앞에서 언급한 결합법칙과 함께 적용하면, 자연수를 더할 때 연산의 순서는 물론이고 수의 위치를 바꾸어도 된다는 것이다.

여휴(汝休): '교환법칙'이라는 용어에 대하여 잠시 생각해볼 필요가 있다고 생각합니다. 이 용어는 잘못 사용되는 경우가 종종 있기 때문입니다.

여광(汝匡): 그런가요?

여휴: 두 행렬 $A = \begin{bmatrix} 0 & 1 \\ 1 & 0 \end{bmatrix}$와 $B = \begin{bmatrix} 1 & 2 \\ 3 & 4 \end{bmatrix}$에 대하여 $\begin{bmatrix} 0 & 1 \\ 1 & 0 \end{bmatrix}\begin{bmatrix} 1 & 2 \\ 3 & 4 \end{bmatrix} = \begin{bmatrix} 3 & 4 \\ 1 & 2 \end{bmatrix}$이고 $\begin{bmatrix} 1 & 2 \\ 3 & 4 \end{bmatrix}\begin{bmatrix} 0 & 1 \\ 1 & 0 \end{bmatrix} = \begin{bmatrix} 2 & 1 \\ 4 & 3 \end{bmatrix}$이므로 $AB \neq BA$입니다. 이 사실에 관한 다음 표현은 적절할까요?

'두 행렬 $A = \begin{bmatrix} 0 & 1 \\ 1 & 0 \end{bmatrix}$와 $B = \begin{bmatrix} 1 & 2 \\ 3 & 4 \end{bmatrix}$에 대하여 곱셈에 관한 교환법칙이 성립하지 않는다.'

여광: 무슨 말인지 이해는 할 수 있겠지만, 이 표현은 옳지 않은 것 같습니다.

여휴: 그래요, 옳지 않습니다. 어떤 집합 X와 거기에 정의된 연산 $*$에 대하여 교환법칙이 성립한다는 것은 X에 속하는 '임의의' 두 원소 x, y에 대하여 $x*y = y*x$가 항상 성립한다는 것입니다. 즉, 교환법칙은 특정한 몇몇 원소들에 대하여 성립하는 국소적(local) 성질이 아니고, 모든 원소에 대하여 성립하는 대역적(global) 성질이죠. 따라서 '집합 X에 정의된 연산 $*$에 대하여 교환법칙이 성립한다'는 식으로 말해야지 '두 원소 x, y에 대하여 곱셈에 관한 교환법칙이 성립한다'라는 식의 표현은 적절하지 않습니다.

여광: '집합 X에 정의된 연산 $*$에 대한 교환법칙'을 언급할 때에는 X의 두 원소 x, y를 어떻게 택하더라도 단 하나의 예외도 없이 $x*y = y*x$가 성립해야 하는 것이죠.

여휴: 그렇습니다. 결합법칙이나 분배법칙 등 '법칙'이라는 '묵직한' 용어가 사용되는 성질의 경우도 마찬가지입니다.

여광: 그렇다면, $\begin{bmatrix} 0 & 1 \\ 1 & 0 \end{bmatrix}\begin{bmatrix} 1 & 2 \\ 3 & 4 \end{bmatrix} \neq \begin{bmatrix} 1 & 2 \\ 3 & 4 \end{bmatrix}\begin{bmatrix} 0 & 1 \\ 1 & 0 \end{bmatrix}$인 상황을 어떻게 표현하는 것이 적절할까요?

여휴: 여러 가지 옳은 표현이 가능할 것이지만, 다음과 같이 표현하는 것이 가장 무난해 보입니다.

'두 행렬 $A = \begin{bmatrix} 0 & 1 \\ 1 & 0 \end{bmatrix}$ 와 $B = \begin{bmatrix} 1 & 2 \\ 3 & 4 \end{bmatrix}$ 는 곱셈에 관하여 가환적(commutative)이지 않다.'

여광: 그렇게 표현하면 오해의 소지가 없겠습니다.

다시, 본래의 논의를 계속하자. N은 곱셈에 관해서도 덧셈과 비슷한 성질을 가진다.

- N은 곱셈에 관하여 닫혀있다.

$$m, n \in N \Rightarrow m \times n \in N$$

이제는 이 정도의 수학적 문장은 '번역'해 주지 않아도 이해할 수 있을 것이다.

- N에서는 곱셈에 관한 결합법칙이 성립한다.

$$\forall\, \ell, m, n \in N,\ (\ell \times m) \times n = \ell \times (m \times n)$$

우리는 이 법칙도 수시로 이용한다. 예를 들어, $123 \times 5 \times 2$를 계산하고자 할 때, $123 \times 5 = 615$를 계산한 후 $615 \times 2 = 1230$을 계산하는 것보다 뒤의 곱셈 $5 \times 2 = 10$을 먼저 계산 한 후 $123 \times 10 = 1230$을 계산하는 것이 더 편하다.

- N에서는 곱셈에 관한 교환법칙이 성립한다.

$$\forall\, m, n \in N,\ m \times n = n \times m$$

자연수 체계 안에서 곱셈을 할 때에도, 덧셈의 경우와 마찬가지로, 곱셈의 순서와 수의 위치를 바꾸어도 된다.

한편, 덧셈과 곱셈이 함께 관여하는 성질이 있다.

- N 에서는 덧셈에 관한 곱셈의 분배법칙이 성립한다.

$$\forall\, \ell, m, n \in \mathrm{N},\ (\ell+m)\times n = (\ell \times n)+(m\times n),$$
$$\forall\, \ell, m, n \in \mathrm{N},\ \ell\times (m+n) = (\ell \times m)+(\ell \times n)$$

분배법칙도 유용하게 이용된다. 예를 들어, $23\times 345+77\times 345$를 계산한다고 할 때, 곱셈을 두 번 한 후 덧셈을 하는 것보다, 분배법칙을 활용하여 $(23+77)\times 345 = 100\times 345 = 34500$와 같이 계산하면 편리하다.

참고로, 곱셈에 관한 덧셈의 분배법칙이 성립하지 않는다는 것은 분명하다. 예를 들어, '$5+(2\times 3)=(5+2)\times (5+3)$'은 참이 아니다.

자연수 체계 N 에서 뺄셈은 어떨까? N 에서는 '큰 수에서 작은 수를 빼는 일'은 가능하지만 '작은 수에서 큰 수를 빼는 일'은 허락되지 않는다. 초등학교 저학년에서 다루는 수 체계는 자연수 전체의 집합 N 이라서 작은 수에서 큰 수를 빼는 경우를 초등학교 과정에서는 생각하지 않는다. N 에서는 나눗셈도 생각하지 않는다. 나눗셈을 하기에는 N 이 충분히 크지 않기 때문이다.

나. 정수

다음과 같은 방정식을 생각하자.

$$x+3=3, \qquad x+3=2$$

이러한 식이 나타내는 현실 상황을 자연스럽게 제시하기는 여의치 않으므로 이러한 방정식은 생각하지 않으면 그만이다. 옛날에는 그랬다. 초등학교에서도 그렇다.

그러나 수학자는 0이나 음수, 즉, 위와 같은 방정식의 해를 생각하지 말아야 할 수학적 이유를 모른다. 자유로운 영혼을 가진 수학자들은 이런 형태의 방정식도 적극 수용하되, 대신 해가 존재하도록 수의 세계를 넓힌다. 20세기 수학자 칸토어(G. Cantor, 1845-1918)는 다음과 같이 말했다.

> Das Wesen der Mathematik liegt in ihrer Freiheit.
> The essence of mathematics lies in its freedom.
> 수학의 본질은 자유로움에 있다.

모든 세대에 걸쳐 '영혼의 자유로움'은 수학자의 특징이다. 현실적 가능성 여부, 경험 유무, 실험이나 관찰의 가능성, 상식적 또는 비상식적 등은 수학에서 고려할 사항이 아니다.

방정식 $x+3=3$과 같은 꼴도 해가 존재하도록 0을 도입하고 방정식 $x+3=2$와 같은 꼴도 해가 존재하도록 음의 정수를 도입한다. 양의 정수(자연수), 0, 그리고 음의 정수를 통틀어 '정수(integer)'라그 한다. 정수 전체의 집합은 보통 '$\mathbb{Z}$'로 표기한다. '수(number)'를 뜻하는 독일어 'Zahl'에서 온 것이다.

- $\mathbb{Z}$는 덧셈에 관하여 닫혀있고, $\mathbb{Z}$에서는 덧셈에 관한 결합법칙과 교환법칙이 성립한다.

- Z에는 덧셈에 관한 항등원 0이 있다. 즉, 정수 0은 어떠한 정수에 더하여도 그 값을 변화시키지 않는 특별한 성질을 가지고 있다. 이를 다음과 같이 표현한다.

$$\exists e \in Z; m+e=e+m=m, \forall m \in Z$$

이 경우에 e는 0이며 여기서 기호 '$\exists$'는 '존재한다'를 뜻하는 영어 'exist'의 첫 글자 'E'를 앞과 뒤를 뒤집어 놓은 것이고, ';~'은 '~를 만족시키는'을 뜻하는 논리 기호이다. 위의 수학적 표현을 번역하면 다음과 같다.

'모든 정수 m에 대하여 $m+e=e+m=m$'을 만족시키는 정수 e가 존재한다.

여기서 항등원의 정의에 관하여 잠시 음미하자. Z에서 덧셈에 관한 교환법칙이 성립하므로 항등원의 정의

'$\exists e \in Z; m+e=e+m=m, \forall m \in Z$'

는 '$\exists e \in Z; m+e=m, \forall m \in Z$'로 대체될 수 있다. 그러나 일반적으로 교환법칙이 성립하지 않는 경우에는 그렇게 대체될 수 없다. 즉, 항등원의 정의에서 다음을 주목하여야 한다.

정의된 연산에 관하여 교환법칙이 성립하지 않는다 하더라도 어떤 원소가 항등원이 되려면 그 원소는 일단 모든 원소와 가환적(commutative)이어야 한다.

$n \times n$행렬($n \geq 2$)의 곱셈에 관해서는 교환법칙이 성립하지 않는다. 그러나 단위행렬을 I라고 하면 임의의 행렬 A에 대하여 $AI=A=IA$이다. 따라서 단위

행렬 I는 행렬의 곱셈에 관한 항등원이다. 2×2 행렬의 경우를 예로 들면, 다음과 같다.

단위행렬 $I = \begin{bmatrix} 1 & 0 \\ 0 & 1 \end{bmatrix}$와 임의의 행렬 $A = \begin{bmatrix} a & b \\ c & d \end{bmatrix}$에 대하여,
$\begin{bmatrix} 1 & 0 \\ 0 & 1 \end{bmatrix} \begin{bmatrix} a & b \\ c & d \end{bmatrix} = \begin{bmatrix} a & b \\ c & d \end{bmatrix} = \begin{bmatrix} a & b \\ c & d \end{bmatrix} \begin{bmatrix} 1 & 0 \\ 0 & 1 \end{bmatrix}$, 즉 $AI = A = IA$이다.

- Z에 속하는 모든 수는 덧셈에 관한 역원을 Z 안에 가진다. 즉, 어떠한 정수 m을 택하더라도 $m + m' = m' + m = 0$이 되는 m'이 존재한다는 뜻이다. 이를 다음과 같이 표현한다.

$\forall m \in Z, \exists m' \in Z; m + m' = m' + m = 0$

이를 다음과 같이 번역할 수 있다.

모든 정수 m에 대하여, '$m + m' = m' + m = 0$'을 만족시키는 정수 m'이 존재한다.

여기서 m'이 m의 덧셈에 관한 역원이고 이를 보통 $-m$으로 나타낸다. 예를 들어, 3의 덧셈에 관한 역원은 -3이고, -5의 덧셈에 관한 역원은 $-(-5) = 5$이다. 여기서 역원의 정의에 관하여 잠시 음미하자.

Z에서 덧셈에 관한 교환법칙이 성립하므로 역원의 정의

'$\forall m \in Z, \exists m' \in Z; m + m' = m' + m = 0$'

은 '$\forall m \in Z, \exists m' \in Z; m + m' = 0$'으로 대체될 수 있다. 그러나 일반적으로 교환법칙이 성립하지 않는 경우에는 그렇게 대체될 수 없다. 즉, 역원의 정의

에서 다음을 주목하여야 한다.

어떤 원소 m'이 원소 m의 역원이 되기 위해서는 일단 m'과 m은 가환적이어야 한다.

두 정수 m, n에 대하여 $m+(-n) \in Z$이다. $m+(-n)$을 $m-n$이라고 하면 이것이 '뺄셈'의 정의이다. 결국, Z에서는 뺄셈이 항상 가능하여, 작은 수에서 큰 수를 뺄 수도 있다. 뺄셈과 관련하여 몇 가지 주의하자.

덧셈에 관한 교환법칙이 성립하므로 두 정수 m, n에 대하여 $m+(-n)=(-n)+m$이다. 좌변을 뺄셈의 정의를 이용하여 다시 나타내면 $m-n=-n+m$이다. 일반적으로 $m-n=n-m$은 성립하지 않음을 유념해야 한다.

뺄셈은 덧셈과는 완전히 다른 연산이므로 뺄셈의 성질은 덧셈의 성질과 사뭇 다르다.

예를 들어, 뺄셈에 관해서는 결합법칙과 교환법칙이 성립하지 않고 뺄셈에 관한 항등원도 존재하지 않는다.

앞에서 설명하였지만 다시 한 번 강조한다. 많은 사람이 혼동하기 때문이다.

'임의의 정수 n에 대하여 $n-0=n$ 이니까 0은 뺄셈에 관한 항등원이다'라고 하면 안 된다. 0이 덧셈에 관한 항등원인 까닭은 '임의의 정수 n에 대하여 $n+0=n$이고 $0+n=n$'이기 때문이다.

이제, Z의 곱셈에 관한 성질을 알아보자.

- Z는 곱셈에 관하여 닫혀있고, Z에서는 곱셈에 관한 결합법칙과 교환법칙이 성립한다.

- Z에는 곱셈에 관한 항등원 1이 있다. Z에서는 1 과 -1을 제외하고는 곱

셈에 관한 역원을 가지지 않는다. 따라서 Z 에서는 나눗셈을 생각하지 않는다. 나눗셈을 하기에는 아직도 Z 가 충분히 크지 않다.

- Z 에서는 덧셈에 관한 곱셈의 분배법칙이 성립한다.

다. 유리수

다음과 같은 상황을 생각하자.

> 사과 한 개를 두 명이 똑같이 나누려면 각 사람은 얼마씩 가져야 할까?

이를 수식으로 나타내면 다음과 같다.

$$2x = 1, \ \ \text{즉} \ \ 2x - 1 = 0$$

정수 전체의 집합 Z 에서는 이 방정식을 풀 수 없으나, 이 방정식이 해를 가지도록 수 체계를 확장하자.

유리수의 뜻

두 개의 수 3과 5의 크기를 비교하는 방안은 어떠한 것들이 있을까? 먼저, 5는 3보다 크다는 것은 금방 알 수 있다. 더 나아가, $5 - 3 = 2$이므로 '5는 3보다 2만큼 크다'라고 하여 얼마나 큰 지를 계산할 수도 있다.

두 수 3과 5에 대한 크기의 정도를 비율(比率, ratio)로 알기 위해서는 $3 \div 5$와 같이 나눗셈을 하여 '$\frac{3}{5}$'이라는 분수를 사용한다. 이는 '3의 5에 대한 비율'을 나타낸다. 분수는 두 수를 비교하는 방안 중 하나인 것이다.

A4 규격 인쇄지의 가로와 세로의 길이를 재어보니 각각 21.0 ㎝와 29.7 ㎝이었다. 두 길이를 재는 기본단위를 ㎝로 하면 가로의 세로에 대한 비율은 $\frac{21.0}{29.7}$이 되어 $\frac{(자연수)}{(자연수)}$와 같은 꼴이 되지 않으나, 기본단위를 ㎜로 하면 $\frac{210}{297}$이 되어 $\frac{(자연수)}{(자연수)}$와 같은 꼴이 된다.

분수 $\frac{210}{297}$의 분모와 분자를 3으로 나누면 $\frac{70}{99}$이 된다. 즉, 분수 $\frac{210}{297}$과 분수 $\frac{70}{99}$은 같은 값이다. 분수 $\frac{210}{297}$은 1mm를 기본단위로 하여 얻어진 비율이고, 분수 $\frac{70}{99}$은 3mm를 기본단위로 하여 얻어진 비율인 것이다.

어떤 책의 가로와 세로를 정확하게 재어보니 152.1mm와 223.2mm이었다. 이 경우에는 기본단위를 0.1mm로 하면 가로는 기본단위의 1521 배이고, 세로는 기본단위의 2232 배이다. 따라서 가로의 세로에 대한 비율은 $\frac{1521}{2232}$이다. 이때, 기본단위를 0.9mm로 택하면 이 비율(분수)은 $\frac{169}{248}$와 같다.

이제, 어떤 두 개의 길이를 재었다고 하자. 기술이 허락하는 한 최고로 정확하게 재었다고 하고, 각각의 길이를 a, b라고 하자. 이때 사용하는 기본단위를 ㎝, ㎜, in(inch) 등 어느 것으로 하든 상관없이 두 길이의 비율은 $\frac{a}{b}$이다.

분수 $\frac{a}{b}$의 분모와 분자에 적당한 수를 똑같이 곱하여 분모와 분자를 모두 자연수가 되게 할 수 있고, 만약 분모와 분자의 공약수가 있으면 그 공약수로 나눌 수 있으므로 분수 $\frac{a}{b}$는 기약분수라고 하여도 된다.

$\frac{(자연수)}{(자연수)}$ 꼴의 수를 '양의 유리수'라고 하고, $\frac{0}{(자연수)}$ 은 0이고, $\frac{(음의 정수)}{(자연수)}$ 꼴의 수를 '음의 유리수'라고 하며, 양의 유리수, 0, 그리고 음의 유리수를 통틀어 '유리수(rational number)'라고 한다.

유리수 전체의 집합을 보통 'Q'로 표기한다. 유리수는 분수 꼴이고, 분수를 영어로 'quotient'라고 하기 때문이다.

지금부터 약 2,500년 전, 피타고라스는 임의로 주어지는 두 길이의 비율은 항상 $\frac{(자연수)}{(자연수)}$ 꼴로 표현되는 것으로 생각했다.

어떠한 자(ruler)로 측정하더라도 이는 맞는 말이다. 앞서 언급한 세 개의 예에서는 각각 $\frac{3}{5}$, $\frac{70}{99}$, $\frac{169}{248}$ 였다. 그러나 진실은 피타고라스의 기대만큼 간단하지가 않다.

만물은 수

철학자들이 '만물의 근본은 물' 또는 '만물의 근본은 흙, 물, 불, 바람'이라고 할 때, 피타고라스는 '만물은 수'라고 했다. 그는 아름다운 화성(和聲)도 수로 이해하였다.

예를 들어, 한 옥타브 높은 음을 내는 현의 길이는 원래 현의 길이의 $\frac{1}{2}$이고, 완전5도(perfect fifth) 높은 음을 내는 현의 길이는 원래 현의 길이의 $\frac{2}{3}$이며, 완전4도(perfect fourth)의 경우는 $\frac{3}{4}$이다.

오른쪽 기타 그림에서 두 개의 점이 찍혀있는 부분은 전체 현의 길이의 $\frac{1}{2}$이므로 그 프렛을 누르고 발음(發音)하면 개방현의 음보다 한 옥타브 높은 음을 얻는다.

한편, 일곱 번째 프렛에 점이 찍혀 있는 곳은 원래 현의 길이의 $\frac{2}{3}$이므로 그 곳을 누르고 발음하면 개방현의 음보다 완전5도 높은 음을 얻고, 다섯 번째 프렛에 점이 찍혀 있는 곳은 원래 현의 길이의 $\frac{3}{4}$으로서 그 곳을 누르고 발음하면 개방현의 음보다 완전4도 높은 음을 얻는다.

'유리수'의 영어 표현 'rational number'에서 'rational'은 'ratio'의 형용사형이다. Ratio는 '비(比)'를 뜻하기도 하지만, '이성(理性)'을 뜻하기도 한다. '유리(有理)수'라고 할 때는 이 뜻으로 이해하면 된다. 즉, 유리수라는 것은 '이성적으로 충분히 생각할 수 있는 수' 즉 '비이성적인(irrational) 수가 아니다'는 뜻을 함의한다.

피타고라스가 '만물은 수'라고 했을 때의 '수'는 유리수였다.

당황한 피타고라스

직각을 낀 두 변의 길이가 모두 1인 직각이등변삼각형의 빗변의 길이를 a라고 하면 $a^2 = 2$가 성립한다. 피타고라스 정리의 결과이다. 피타고라스의 관념에 의하면, 빗변의 길이 a와 직각을 낀 변의 길이 1의 비는 기약분수인 $\frac{(자연수)}{(자연수)}$ 꼴이어야 한다.

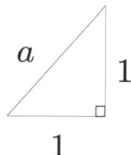

자, 여기서 계산을 하나 하자. 계산은 수학자들이 기쁨으로 하는 수학적 노동이다. 이 계산은 피타고라스를 깜짝 놀라게 하고 매우 당황하게 하였다.

편의를 위해, 직각을 낀 두 변의 길이가 모두 1인 직각이등변삼각형의 빗변의 길이 a를 관례에 따라 $\sqrt{2}$로 표시한다. 먼저, $\sqrt{2}$를 나타내는 $\frac{(자연수)}{(자연수)}$ 꼴의 수를 $\frac{p}{q}$라고 하자. 우리는 $\frac{p}{q}$가 기약분수라고 가정할 수 있고 다음을 알 수 있다.

$$\sqrt{2} = \frac{p}{q},$$
$$2 = \frac{p^2}{q^2},$$
$$2q^2 = p^2$$

$2q^2$은 짝수이므로 p^2도 짝수이다. 그러나 홀수를 제곱하면 짝수가 될 수 없으므로 p는 짝수이고, 따라서 $p = 2k$인 자연수 k가 존재한다. 이제 $p = 2k$를 식 $2q^2 = p^2$에 대입하여 다음을 얻는다.

$$2q^2 = (2k)^2 = 4k^2,$$
$$q^2 = 2k^2$$

앞에서와 마찬가지 이유로 $q = 2\ell$인 자연수 ℓ이 존재한다. 결국, p와 q는 2를 공약수로 가지는데 이는 $\frac{p}{q}$가 기약분수라는 사실에 모순이다. 따라서 $\sqrt{2}$는 기약분수인 $\frac{(자연수)}{(자연수)}$ 꼴로 표현할 수 없다. 즉, $\sqrt{2}$는 유리수가 아니다.

이 사실은 피타고라스에게 엄청난 충격이었다. 그에게 수(數)는 거의 종교적 수준의 대상이었고, 유리수가 아닌 수를 그는 상상한 적이 없었다. 그의 종교적 신념에 큰 혼란이 발생한 것이다. 그러나 '$\sqrt{2}$는 유리수가 아니다'라는 사실을 무시할 수가 없다. 단순한 신념의 문제가 아니라 엄연한 수학적 사실이기 때문이다. 피타고라스가 당황했다. 몹시 당황했다.

유리수의 성질

유리수 전체의 집합 $\mathbb{Q}$는 덧셈과 곱셈에 관하여 다음과 같은 성질을 가진다.

- $\mathbb{Q}$는 덧셈에 관하여 닫혀있고, $\mathbb{Q}$에서는 덧셈에 관한 결합법칙과 교환법칙이 성립한다.
- $\mathbb{Q}$에는 덧셈에 관한 항등원 0이 있다.
- $\mathbb{Q}$에서는 뺄셈이 항상 가능하다. 모든 유리수의 덧셈에 관한 역원이 존재하기 때문이다.
- $\mathbb{Q}$는 곱셈에 관하여 닫혀있고, $\mathbb{Q}$에서는 곱셈에 관한 결합법칙과 교환법칙이 성립한다.
- $\mathbb{Q}$에는 곱셈에 관한 항등원 1이 있다.
- $\mathbb{Q}$의 원소 x가 0이 아니면 x의 곱셈에 관한 역원이 존재한다.
- $\mathbb{Q}$에서는 덧셈에 관한 곱셈의 분배법칙이 성립한다.

이런 의미에서 '$\mathbb{Q}$는 체(體, field)의 구조를 가진다'라고 한다. '체'라는 용어는 이 책에서 자주 사용될 것이므로 잘 기억하여야 한다. Ⅳ장에서 수학적 정의를 소개할 것이다.

0이 아닌 유리수 y에 대하여 y의 곱셈에 관한 역원을 $\frac{1}{y}$로 나타내자. 이제,

임의의 $x\in\mathbb{Q}$와 0이 아닌 $y\in\mathbb{Q}$에 대하여 나눗셈 $x\div y$를 $x\times\dfrac{1}{y}$이라고 정의할 수 있다. 즉, 모든 유리수를 0이 아닌 유리수로 나눌 수 있다. 수 체계 $\mathbb{Q}$는 부분적으로나마 나눗셈을 하기에 충분히 크다. 집합 $\mathbb{Q}$의 덧셈과 곱셈에 관한 성질을 아래 오른쪽과 같이 표현할 수 있다.

$\mathbb{Q}$는 덧셈에 관하여 닫혀있고, $\mathbb{Q}$에서는 덧셈에 관한 결합법칙과 교환법칙이 성립한다.	$\forall x,y\in\mathbb{Q}, x+y\in\mathbb{Q}$ $\forall x,y,z\in\mathbb{Q}, (x+y)+z=x+(y+z)$ $\forall x,y\in\mathbb{Q}, x+y=y+x$
$\mathbb{Q}$에는 덧셈에 관한 항등원 0이 있다.	$\exists\, 0\in\mathbb{Q};\ x+0=0+x=x,\ \forall x\in\mathbb{Q}$
모든 유리수의 덧셈에 관한 역원이 존재한다.	$\forall x\in\mathbb{Q},\ \exists -x\in\mathbb{Q};\ x+(-x)=(-x)+x=0$
$\mathbb{Q}$는 곱셈에 관하여 닫혀있고, $\mathbb{Q}$에서는 곱셈에 관한 결합법칙과 교환법칙이 성립한다.	$\forall x,y\in\mathbb{Q}, x\times y\in\mathbb{Q}$ $\forall x,y,z\in\mathbb{Q}, (x\times y)\times z=x\times(y\times z)$ $\forall x,y\in\mathbb{Q}, x\times y=y\times x$
$\mathbb{Q}$에는 곱셈에 관한 항등원 1이 있다.	$\exists\, 1\in\mathbb{Q};\ x\times 1=1\times x=x,\ \forall x\in\mathbb{Q}$
$\mathbb{Q}$의 원소 x가 0이 아니면 x의 곱셈에 관한 역원이 존재한다.	$\forall x\in\mathbb{Q}-\{0\},\ \exists\,\dfrac{1}{x}\in\mathbb{Q};\ x\times\dfrac{1}{x}=\dfrac{1}{x}\times x=1$
$\mathbb{Q}$에서는 덧셈에 관한 곱셈의 분배법칙이 성립한다.	$\forall x,y,z\in\mathbb{Q}, (x+y)\times z=(x\times z)+(y\times z)$

여기서 한 가지를 주목하자.

수 체계 $\mathbb{Q}$에서 '나눗셈'은 연산이라고 할 수 없다. 0의 곱셈에 관한 역원이 존재하지 않으므로 $x\div 0$을 정의할 수 없기 때문이다. 그러나 0을 제외한 모든 유리수의 집합 $\mathbb{Q}^*=\mathbb{Q}-\{0\}$에서 생각하면 나눗셈은 '$x\div y=x\times\dfrac{1}{y}$'과 같이 잘 정의되므로 $\mathbb{Q}^*$에서는 나눗셈을 연산이라고 할 수 있다.

$\mathbb{Q}^*$에서 나눗셈 연산에 관해서는 결합법칙이나 교환법칙이 성립하지 않음을 기억하자. 또, 나눗셈에 관한 항등원도 존재하지 않는다. 1은 나눗셈에 관한 항등원

이 아니다!

라. 실수

다음 이차방정식을 생각하자.

$$x^2 - 2 = 0$$

이 방정식의 해 중 하나인 $\sqrt{2}$ 는 유리수가 아니다. 계수가 정수(또는 유리수)인 일차방정식의 해는 정수 또는 유리수이지만, 차수가 하나 더 큰 이차방정식의 해는 그렇지 않다. 즉, 유리수 체계에서는 그 해가 존재하지 않을 수 있다는 것이다.

양의 유리수와 0 그리고 음의 유리수 모두를 아우르면 유리수는 $\frac{(정수)}{(0\ 이\ 아닌\ 정수)}$ 의 꼴로 표현되는 수임을 알 수 있다. $\sqrt{2}$ 와 같이 $\frac{(정수)}{(0\ 이\ 아닌\ 정수)}$ 꼴로 표현되지 않는 수를 '무리수(irrational number)'라고 한다.

순환성: 유리수와 무리수의 차이

정의에 의해 유리수와 무리수의 구별을 $\frac{(정수)}{(0\ 이\ 아닌\ 정수)}$ 꼴로 표현되느냐 그렇지 않느냐에 따라 할 수 있다.

유리수와 무리수를 구별하는 다른 성질 하나를 살펴보자. 논의의 편의를 위해 0보다 큰 양의 유리수 즉 $\frac{(자연수)}{(자연수)}$ 꼴의 수만을 생각한다.

주어진 유리수 $\frac{p}{q}$를 소수(小數)로 나타내기 위해 $p \div q$를 계산하면 나누는 수가 q이므로 나머지는 $0, 1, 2, \cdots, q-1$ 중의 하나이다. 따라서 $p \div q$를 계산하면 반드시 어느 단계에서부터 몫이 순환한다. 예를 들어, $1 \div 3$을 계산하면 소수점 이하 첫째 자리부터 3이 계속 순환한다. 즉, 유리수 $\frac{1}{3}$을 소수로 나타내면 $0.333\cdots$이다. 마찬가지로, $\frac{1}{7}$을 소수로 나타내면 $0.142857142857\cdots$처럼 소수점 이하에서 '142857' 부분이 계속 순환한다.

$$\begin{array}{r} 0.142857\cdots \\ 7\overline{)1\,0} \\ \underline{7} \\ 30 \\ \underline{28} \\ 20 \\ \underline{14} \\ 60 \\ \underline{56} \\ 40 \\ \underline{35} \\ 50 \\ \underline{49} \\ 10 \\ \vdots \end{array}$$

따라서 모든 유리수는 소수로 표현하면 소수점 이하의 적당한 부분이 순환한다는 것을 알 수 있다. 소위 '유한소수'라고 불리는 $\frac{1}{2} = 0.500\cdots$ 또는 $\frac{1}{5} = 0.200\cdots$과 같은 유리수도 '소수점 이하의 적당한 부분이 순환'한다고 할 수 있다. '유한소수'라는 용어에 관해서는 좀 더 논의할 것이다.

한편, 어떤 무한소수가 주어졌는데 그 소수의 소수점 이하에서 어떤 부분이 계속 순환한다면 그 소수는 $\frac{(자연수)}{(자연수)}$ 꼴로 표현된다는 것을 증명할 수 있다. 구체적인 예를 하나 들면 이해가 될 것이다.

소수 $0.142857142857\cdots$을 생각하자. 이 수를 a라고 하면 순환성 때문에 a는 다음과 같이 나타낼 수 있다.

$$a = 0.142857142857\cdots$$
$$= 142857 \times \frac{1}{10^6} + 142857 \times \frac{1}{10^{12}} + 142857 \times \frac{1}{10^{18}} + \cdots$$

a는 첫째항이 $142857 \times \frac{1}{10^6} = 0.142857$이고 공비가 $\frac{1}{10^6}$인 등비급수로 주어지므로, 무한등비급수 공식에 의하여 다음을 알 수 있다.

$$a = \frac{0.142857}{1 - \frac{1}{10^6}} = \frac{142857}{999999} = \frac{1}{7}$$

이제, 유리수와 무리수의 구별에 관하여 다음과 같이 정리할 수 있다.

> 주어진 수가 유리수이기 위한 필요충분조건은 그 수를 소수(小數)로 표현할 때 그 수가 '소수점 이하의 적당한 부분이 순환하는 소수', 즉 순환소수인 것이다.

결국, 주어진 수를 소수로 나타낼 때, 소수점 이하가 순환하면 유리수이고, 그렇지 않으면 무리수이다. 예를 들어, $\frac{1}{3}$과 $\frac{1}{2}$은 각각 $0.333\cdots$과 $0.4999\cdots$처럼 순환하는 소수이므로 유리수이지만, $\sqrt{2} = 1.414213\cdots$은 영원히 순환하지 않는 무리수이다.

여기서 잠깐!

$\sqrt{2}$를 소수로 나타내면 영원히 순환하지 않는다는 것을 어떻게 아나? $\sqrt{2}$의 소수점 이하 계산을 계속하여 확인할 수는 없지 않은가?

사실, 이에 대한 답은 앞에서 이미 했다. 소수점 이하에서 적절한 마디가 순환한다면 $\sqrt{2}$는 $\frac{(자연수)}{(자연수)}$ 꼴의 분수로 표현되고, 그 분수는 기약분수라고 가정할 수 있는데 이는 곧 모순을 유발한다.

유리수와 무리수의 판정

주어진 수가 유리수인지 무리수인지 어떻게 판정할 수 있을까? 일단, 소수점 이하를 계산하여 영원히 순환하지 않는다는 것을 증명하는 것은 가능하지 않다. 따라서 처음으로 시도할 수 있는 방법은 그 수를 $\frac{(자연수)}{(자연수)}$의 꼴, 즉 $\frac{p}{q}$의 꼴로 표현되는지 그렇지 않은지를 살피는 것이다. 주어진 수가 유리수이면 그 수가 $\frac{p}{q}$의 꼴인 것이 비교적 쉽게 밝혀진다. 또, 주어진 수를 $\frac{p}{q}$의 꼴로 놓았을 때 모순이 발생한다면 주어진 수가 무리수라는 증명이 된다. 앞의 $\sqrt{2}$인 경우가 그랬다. 그러나 주어진 수가 무리수인 경우에 모순이 항상 쉽게 얻어지는 것은 아니다. 예를 들어, 원주율 π를 $\frac{p}{q}$의 꼴로 놓고 모순을 얻는 계산은 결코 간단하지가 않다.

'유한'소수?

십진법을 사용하여 분수 $\frac{1}{3}$을 소수로 나타내면 $0.333\cdots$이 되어 소위 '무한소수'이지만, 삼진법을 사용하여 소수로 나타내면 $0.1_{(3)}$이 되어 소위 '유한소수'이다. 삼진법으로 수를 나타낼 경우 소수점 아래 첫째 자리의 자릿값은 $\frac{1}{3}$이기 때문이다. 결국 '유한소수' 또는 '무한소수'라는 용어는 사용하는 진법에 따라 달라지는 개념이기 때문에 수학적 용어로 적절하지 않다.

더 나아가, 모든 '유한소수'는 '무한소수'로 표현할 수 있다. 예를 들어, 십진법을 사용하여 분수 $\frac{1}{5}$을 소수로 나타내면 0.2로서 '유한소수'이지만, 이는 $0.1999\cdots$처럼 '무한소수'로도 나타낼 수 있다. 마찬가지로, 삼진법을 사용하여 분수 $\frac{1}{3}$을 '유한소수' $0.1_{(3)}$로 나타낼 수 있지만 이는 $0.0222\cdots_{(3)}$처럼 '무한소수'로도 표현이 가능하다.

이상을 종합하면, 소수를 '무한소수' 또는 '유한소수'로 분류하는 것은 적절하지 않다는 것을 알 수 있다. 결국, '모든 실수는 소수(小數)로 나타낼 수 있다'가 무난한 표현이고, 여기에서의 소수는 '무한소수'를 의미한다고 보는 것이 타당하다.

한편, 소수점 이하에서의 '순환성'은 진법과 무관하다. 즉, 십진법으로 나타낼 때 순환소수라면 어떠한 진법으로 나타내도 순환소수이고, 십진법으로 나타낼 때 순환하지 않는 소수이면 어떠한 진법으로 나타내도 순환하지 않는 소수이다. 결국, 유리수를 무리수와 구별할 때, '유리수는 순환소수로 나타낼 수 있는 수이고, 무리수는 그렇지 않은 수'라고 하는 것이 적절하다.

참고로, 다음과 같은 문제를 생각하자.

> 다음 중 유한소수로 표현할 수 있는 수는?
> ① $\frac{1}{3}$ ② $\frac{1}{5}$ ③ $\frac{1}{7}$ ④ $\frac{1}{11}$

이는 옳은 문제가 아니다. 왜냐하면 삼진법, 오진법, 칠진법, 십일진법 각각을 고려하면 답도 각각 ①, ②, ③, ④가 되기 때문이다. 우리에게 익숙한 십진법의 경우에는 ②가 답이 되겠다.

실수의 성질

유리수와 무리수 전체를 통틀어 '실수(real number)'라고 하고, 실수 전체의 집합을 $\mathbb{R}$로 나타낸다. 영어 'real'의 첫 글자이다.

$\mathbb{R}$에서 덧셈과 곱셈에 관한 연산법칙은 $\mathbb{Q}$에서와 같다. 즉, $\mathbb{R}$는 덧셈과 곱셈 연산에 관하여 체의 구조를 가진다.

마. 복소수

다음 이차방정식을 생각하자.

$$x^2 + 1 = 0$$

이 방정식의 해 중 하나인 $i = \sqrt{-1}$은 실수가 아니다. 실수를 제곱하면 0보다 크거나 같아야 하는데 $i^2 = -1 < 0$이므로 i는 실수가 아니다. 이차방정식의 해는 유리수가 아닌 무리수일 수 있고, 실수가 아닌 허수일 수도 있다.

일반적으로 $a + bi \ (a, b \in \mathbb{R})$ 꼴의 수를 '복소수(complex number)'라고 한다. 모든 실수도 복소수라고 할 수 있다. 복소수 전체의 집합을 '$\mathbb{C}$'로 나타낸다. 복소수를 뜻하는 영어 'complex number'의 첫 글자이다.

$\mathbb{C}$에서 덧셈과 곱셈에 관한 연산법칙은 $\mathbb{Q}$ (또는 $\mathbb{R}$)에서와 같다. 즉, $\mathbb{C}$는 덧셈과 곱셈 연산에 관하여 체의 구조를 가진다.

수 체계를 더 확장해야 하는가?

지금까지 다항식의 풀이와 관련하여 수 체계를 확장하여 왔다. 다음과 같은 질문을 할 수 있다.

$\mathbb{C}$ 에서 근이 존재하지 않는 유리 계수 다항식이 있을까? 더 나아가 복소수 계수 다항식의 차수를 삼차, 사차, 오차 등으로 계속 늘리다보면 $\mathbb{C}$ 에서는 근이 존재하지 않는 다항식을 찾을 수 있지 않을까?

중요한 질문이다.

문제를 더 정확히 기술하기 위해 우리가 생각하는 다항식의 계수의 범위도 폭넓게 정하여 문제를 다음과 같이 기술하자.

> 임의의 복소수 계수 다항식의 근의 존재를 보장하기 위하여 복소수보다 더 큰 수의 집합을 생각해야 하지 않을까?

아니다. 다항식의 근이 존재하기 위한 수 체계는 복소수 전체의 집합 $\mathbb{C}$ 로 충분하다. 실제로, '대수학의 기본정리(Fundamental Theorem of Algebra)'가 이 내용으로서 다음과 같이 기술될 수 있다.

> 임의의 복소수 계수 다항식은 $\mathbb{C}$ 안에 근을 가진다.

이는 $\mathbb{C}$ 가 '다항식의 근'의 관점에서 이미 충분히 크다는 것을 뜻한다. 예를 들어, 복소수 계수 오차다항식 $f_1(x)$를 생각하자. 대수학의 기본 정리에 의하여 이 다항식은 복소수 근 c_1을 가진다. 따라서 $f_1(x) = (x-c_1)f_2(x)$이고 $f_2(x)$는 사차의 복소수 계수 다항식이다. 다시 대수학의 기본 정리에 의하여 다항식 $f_2(x)$는 복소수 근 c_2를 가진다. 따라서 $f_2(x) = (x-c_2)f_3(x)$이고 $f_3(x)$는 삼차의 복소수 계수 다항식이다. 앞의 과정을 계속하면 오차의 복소수 계수 다항식 $f_1(x)$의 모든 근은 c_1, c_2, $\cdots$, c_5로서 $\mathbb{C}$ 안에 있음을 알 수 있다.

이런 의미에서 복소수 전체의 집합 $\mathbb{C}$ 는 '대수적으로 닫혀있다(algebraically closed)'고 하고, 같은 의미로, '복소수 전체의 집합 $\mathbb{C}$ 는 대수적 폐체(algebraic closure)'라고도 한다.

여광: 수체계가 많이 확장되었습니다.

여휴: 다항식 x^3-2를 생각합시다. 이 다항식은 유리수 범위에서는 더 이상 인수분해되지 않습니다. 그러나 실수 범위까지 확장하면 $(x-\sqrt[3]{2})(x^2+\sqrt[3]{2}\,x+\sqrt[3]{4})$로 인수분해 됩니다. 복소수 범위까지 확장하면 $(x-\sqrt[3]{2})(x-\sqrt[3]{2}\,\omega)(x-\sqrt[3]{2}\,\omega^2)$으로 인수분해됩니다.

여광: 복소수 전체의 집합 $\mathbb{C}$ 에서는 다항식 x^3-2가 일차인수들의 곱으로 분해되는군요.

여휴: 복소수 전체의 집합 $\mathbb{C}$ 는 대수적으로 닫혀있기 때문에 모든 유리계수 다항식뿐만이 아니라 모든 복소수 계수 다항식은 복소수 범위에서는 일차인수들의 곱으로 분해됩니다.

복소수 전체의 집합 $\mathbb{C}$ 의 부분집합으로서 다음 세 집합은 이 책에서 중요하다.

작도가능한 수

이 책에서 핵심 주제인 다항식의 가해성(solvability)과 관련하여 수의 작도가능성은 중요하기 때문에 작도가능한 실수(real number) 전체의 집합 $\mathfrak{C}$를 생각하자. 이 때의 기호 '$\mathfrak{C}$'는 복소수 전체의 집합의 기호 $\mathbb{C}$ 와는 다르다. '작도가능하다'를 뜻하는 영어 단어가 'constructible'이기 때문에 작도가능한 수 전체의 집합을 $\mathfrak{C}$ 로 나타낸 것이다.

직선을 그릴 수 있는 눈금 없는 자와 원을 그릴 수 있는 컴퍼스 그리고 단위

길이의 선분이 주어졌다고 하자.

우리는 단위 길이를 가지는 선분의 중점을 작도할 수 있다. 이를 '실수 $\frac{1}{2}$을 작도할 수 있다'로 이해한다. 마찬가지로, 좌표평면 위의 한 점 (x,y)를 작도하였다면 그 점의 좌표성분인 실수 x와 y를 작도한 것으로 이해할 수 있다. 이처럼 점의 작도를 모두 수의 작도로 이해할 수 있다.

주어진 수의 작도가능성 문제는 다항식의 풀이와 밀접하게 연계되어 있다. 따라서 작도가능성은 Ⅴ장과 Ⅹ장에서 다시 자세하게 논의할 것이다.

작도가능한 수 전체의 집합 $\mathfrak{C}$에 대하여 다음이 성립한다.

- $\mathfrak{C}$는 덧셈에 관하여 닫혀있다. 즉, 작도가능한 두 수의 합은 작도가능하다.
- $\mathfrak{C}$에서는 덧셈에 관한 결합법칙과 교환법칙이 성립한다.
- $\mathfrak{C}$에는 덧셈에 관한 항등원 0이 있다. 즉, 0은 작도가능하다.
  사실, 0은 작도가능한 것으로 전제하는 것이다.
- $\mathfrak{C}$에서는 뺄셈이 항상 가능하다.
- $\mathfrak{C}$는 곱셈에 관하여 닫혀있다. 즉, 작도가능한 두 수의 곱은 작도가능하다.
- $\mathfrak{C}$에서는 곱셈에 관한 결합법칙과 교환법칙이 성립한다.
- $\mathfrak{C}$에는 곱셈에 관한 항등원 1이 있다. 즉, 1은 작도가능하다. 실제로, 단위길이인 1은 기본적으로 주어지는 것이다.
- $\mathfrak{C}$에서는 나누는 수가 0이 아니면 나눗셈이 항상 가능하다. 즉, u와 v가 작도가능하고 $v \neq 0$이면 $\frac{u}{v}$도 작도가능하다.
- $\mathfrak{C}$에서는 덧셈에 관한 곱셈의 분배법칙이 성립한다.

즉, 작도가능한 수 전체의 집합 $\mathfrak{C}$는 덧셈과 곱셈에 관하여 체의 구조를 가진다. 이 사실을 확인하는 것은 잠시 뒤로 미루도록 하자. 이 책에서는 작도가능한 수를 실수에서만 생각한다는 것을 유념하자.

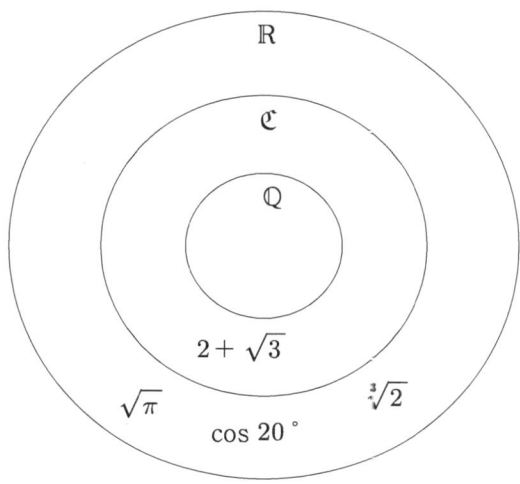

거듭제곱근을 사용하여 나타낼 수 있는 수

다항식의 가해성은 이 책의 핵심 주제이다. 다항식 x^2-2의 근은 $\sqrt{2}$, $-\sqrt{2}$로서 다항식의 계수인 유리수의 제곱근 꼴이다. 다항식 x^3-2의 근은 $\sqrt[3]{2}$, $\sqrt[3]{2}\,\omega$, $\sqrt[3]{2}\,\omega^2$이다. 여기서 ω는 다항식 x^3-1의 한 근으로서 $\dfrac{-1+\sqrt{-3}}{2}=\dfrac{-1+\sqrt{3}\,i}{2}$이므로 각각의 근은 다항식의 계수인 유리수로부터 이들의 덧셈, 뺄셈, 곱셈, 나눗셈, 그리고 제곱근만을 사용하여 표현된다.

삼차다항식의 근들은 어떠한 꼴일까? 예를 들어, Ⅲ장에서 자세히 계산하겠지만, 삼차다항식 x^3-3x-4의 세 근은 다음과 같다.

$$\sqrt[3]{2-\sqrt{3}}+\sqrt[3]{2+\sqrt{3}}$$
$$\sqrt[3]{2-\sqrt{3}}\,\omega+\sqrt[3]{2+\sqrt{3}}\,\omega^2$$
$$\sqrt[3]{2-\sqrt{3}}\,\omega^2+\sqrt[3]{2+\sqrt{3}}\,\omega$$

각각의 근은 다음과 같은 절차로 얻어진다. 먼저, 다항식의 계수인 유리수로부터 이들의 제곱근, 그리고 덧셈, 뺄셈, 곱셈, 나눗셈만을 사용하여 얻을 수 있는 수 전체의 집합을 R_1이라고 하자. 예를 들어 $\sqrt{3}$, $2-\sqrt{3}$, $\omega = \dfrac{-1+\sqrt{-3}}{2}$ 등은 이 집합에 속한다.

삼차방정식 $x^3 - 3x - 4 = 0$의 세 근은 R_1에 속하는 수들의 세제곱근, 그리고 덧셈, 뺄셈, 곱셈, 나눗셈만을 사용하여 얻어진다.

사차다항식의 경우는 어떨까? 예를 들어, 사차다항식 $x^4 + 2x + \dfrac{3}{4}$의 네 근은 다음과 같다.

$$-\frac{1}{2}\sqrt{\sqrt[3]{2-\sqrt{3}} + \sqrt[3]{2+\sqrt{3}}} + \frac{1}{2}\sqrt{-\sqrt[3]{2-\sqrt{3}} - \sqrt[3]{2+\sqrt{3}} + \frac{4}{\sqrt{\sqrt[3]{2-\sqrt{3}} + \sqrt[3]{2+\sqrt{3}}}}}$$

$$-\frac{1}{2}\sqrt{\sqrt[3]{2-\sqrt{3}} + \sqrt[3]{2+\sqrt{3}}} - \frac{1}{2}\sqrt{-\sqrt[3]{2-\sqrt{3}} - \sqrt[3]{2+\sqrt{3}} + \frac{4}{\sqrt{\sqrt[3]{2-\sqrt{3}} + \sqrt[3]{2+\sqrt{3}}}}}$$

$$\frac{1}{2}\sqrt{\sqrt[3]{2-\sqrt{3}} + \sqrt[3]{2+\sqrt{3}}} + \frac{1}{2}\sqrt{-\sqrt[3]{2-\sqrt{3}} - \sqrt[3]{2+\sqrt{3}} - \frac{4}{\sqrt{\sqrt[3]{2-\sqrt{3}} + \sqrt[3]{2+\sqrt{3}}}}}$$

$$\frac{1}{2}\sqrt{\sqrt[3]{2-\sqrt{3}} + \sqrt[3]{2+\sqrt{3}}} - \frac{1}{2}\sqrt{-\sqrt[3]{2-\sqrt{3}} - \sqrt[3]{2+\sqrt{3}} - \frac{4}{\sqrt{\sqrt[3]{2-\sqrt{3}} + \sqrt[3]{2+\sqrt{3}}}}}$$

각각의 근은 다음과 같은 절차로 얻어진다는 것을 알 수 있다. 먼저, 다항식의 계수인 유리수로부터 이들의 거듭제곱근(이 다항식 $x^4 + 2x + \dfrac{3}{4}$의 경우에는 제곱근), 그리고 덧셈, 뺄셈, 곱셈, 나눗셈만을 사용하여 얻을 수 있는 수 전체의 집합을 R_1이라고 하자. $\sqrt{3}$, $2+\sqrt{3}$, $2-\sqrt{3}$ 등은 이 집합에 속한다.

R_1에 속하는 수의 거듭제곱근(이 다항식 $x^4 + 2x + \dfrac{3}{4}$의 경우에는 세제곱근), 그

리고 덧셈, 뺄셈, 곱셈, 나눗셈만을 사용하여 얻을 수 있는 수 전체의 집합을 R_2라고 하자. $\sqrt[3]{2+\sqrt{3}}$, $\sqrt[3]{2-\sqrt{3}}$, $\sqrt[3]{2-\sqrt{3}}+\sqrt[3]{2+\sqrt{3}}$ 등은 이 집합에 속한다.

R_2에 속하는 수의 거듭제곱근(이 다항식 $x^4+2x+\dfrac{3}{4}$의 경우에는 제곱근), 그리고 덧셈, 뺄셈, 곱셈, 나눗셈만을 사용하여 얻을 수 있는 수 전체의 집합을 R_3이라고 하자.

$$\sqrt{\sqrt[3]{2-\sqrt{3}}+\sqrt[3]{2+\sqrt{3}}},$$
$$-\sqrt[3]{2-\sqrt{3}}-\sqrt[3]{2+\sqrt{3}}+\dfrac{4}{\sqrt{\sqrt[3]{2-\sqrt{3}}+\sqrt[3]{2+\sqrt{3}}}}$$

등은 이 집합에 속한다.

다항식 $x^4+2x+\dfrac{3}{4}=0$의 네 근은 R_3에 속하는 수의 거듭제곱근(이 다항식 $x^4+2x+\dfrac{3}{4}$의 경우에는 제곱근), 그리고 덧셈, 뺄셈, 곱셈, 나눗셈만을 사용하여 얻어진다.

위의 과정을 유한 번 계속하여 얻을 수 있는 수를 '거듭제곱근(radical)을 사용하여 나타낼 수 있는 수'라고 하고, 거듭제곱근을 사용하여 나타낼 수 있는 수 전체의 집합을 '$\mathfrak{R}$'로 나타내자.

어떤 다항식의 모든 근이 거듭제곱근을 사용하여 나타낼 수 있는 수일 때, 즉, 다항식의 모든 근이 $\mathfrak{R}$의 원소일 때, 그 다항식을 '가해 다항식(solvable polynomial)'이라고 한다. 다항식이 가해다항식일 때, 그 다항식은 '근의 공식이 존재한다' 또는 '거듭제곱근을 사용하여 풀 수 있다(solvable by radicals)'라고 한다.

앞으로 이 책에서는 위의 여러 가지 표현을 똑같은 의미로 자유롭게 사용한다. 이 책의 핵심은 '일반적인 오차다항식은 근의 공식이 존재하지 않는다'를 설명하는 것이다. 이 설명은 갈루아가 제시한 특별한 언어와 이론에 의한다.

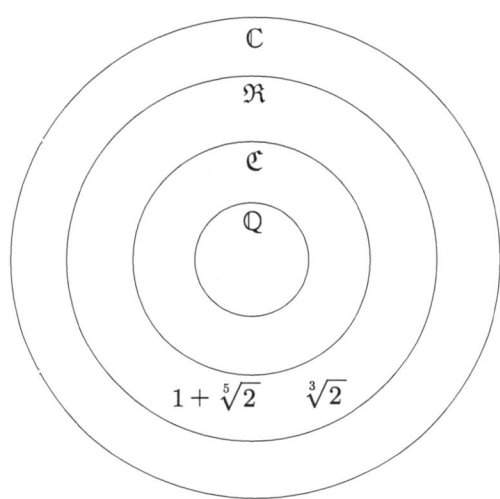

거듭제곱근을 사용하여 나타낼 수 있는 수 전체의 집합 $\mathfrak{R}$는 작도가능한 수 전체의 집합 $\mathfrak{C}$와 마찬가지로 덧셈과 곱셈에 관한 체의 구조를 가진다는 것을 쉽게 확인할 수 있다.

여광: '다항식의 근의 공식이 존재한다'는 말은 그 다항식의 모든 근이 $\mathfrak{R}$에 속한다는 뜻이군요.

여휴: 그렇습니다. 다항식이 $\mathfrak{R}$의 범위에서 일차인수의 곱으로 분해된다는 뜻과 같습니다.

여광: 복소수체 $\mathbb{C}$는 대수적 폐체이므로 모든 다항식은 $\mathbb{C}$의 범위에서 일차인수의 곱으로 분해됩니다. $\mathfrak{R}$의 범위에서는 그렇지 않은 다항식이 있다는 것이 갈루아 이론의 이야기이

군요.

여휴: 일차, 이차, 삼차, 사차다항식 중에는 그러한 다항식이 없으나 오차다항식 중에는 있다는 겁니다. 오차다항식 $x^5 - 4x + 2$가 $\Re$의 범위에서는 일차인수의 곱으로 분해되지 않는 예라는 것을 알게 될 것입니다.

대수적인 수

유리계수 다항식의 근을 '대수적인 수(algebraic number)'라고 한다. 대수적인 수 전체로 이루어진 집합도 덧셈과 곱셈에 관한 체(field)가 되지만 이 책에서는 이에 대한 증명을 생략한다. 그 증명 방법이 갈루아 이론을 이해하는 데에 꼭 필요하다고 여겨지지 않기 때문이다.

작도가능한 수 체계는 유리수 체계보다 크다. 거듭제곱근을 사용하여 나타낼 수 있는 수 체계는 작도가능한 수 체계보다 크다. 대수적인 수 체계는 거듭제곱근을 사용하여 나타낼 수 있는 수 체계보다 크다.

여광: 작도가능한 수 또는 거듭제곱근을 사용하여 나타낼 수 있는 수 등은 모두 대수적인 수이군요.

여휴: 작도가능한 수와 거듭제곱근을 사용하여 나타낼 수 있는 수는 특수한 형태의 대수적인 수입니다.

여광: 대수적이지 않은 수도 있나요?

여휴: 원주율 π가 대표적입니다. 물론 이 사실을 증명하는 과정은 꽤 복잡합니다.

여광: $\mathbb{R}$에는 대수적이지 않은 수가 있군요. 즉 '유리계수 ㄷ항식의 근'으로서 등장하지 않는 실수가 존재한다는 것이군요. 이 말은 실수체계인 $\mathbb{R}$는 오로지 '대수적'인 필요에 의해서만 확장된 수체계는 아니라는 것을 뜻하는 것 같네요.

여휴: 그렇습니다. '실수'는 '무한소수로 나타낼 수 있는 수'입니다. '유리계수 다항식'과는 큰 관

련이 없어 보이죠? 좀 더 자세히 알아보기 위해 예를 들어 봅시다. 다음 유리수 열은 어떤 특징을 가지고 있나요?

$$3,\quad 3.1,\quad 3.14,\quad 3.141,\quad 3.1415,\quad 3.14159,\quad 3.141592,\quad \cdots$$

여광: 글쎄요……, 원주율 π의 근삿값으로 많이 봤던 수들인데요? 뒤에 나오는 항들은 좀 더 정확한 근삿값입니다.

여휴: 맞습니다. 이 유리수 열에 등장하는 항들 사이의 거리, 즉 차이를 살펴보세요.

여광: 일정한 항 이후부터 등장하는 항들은 매우 가깝습니다. 예를 들어 다섯 번째 항 이후부터 등장하는 항들의 차이는 0.0001, 즉 $\frac{1}{10^4}$을 넘을 수 없습니다. 매우 가깝죠.

여휴: 네. 마치 항들이 점점 어떤 한 목표에 모이는 것 같죠. 다항식의 근이 존재하는 '수의 세상'이 필요했던 것처럼, 수학자들은 이렇게 일정한 항 이후부터 등장하는 항들이 매우 가까운 유리수열의 '목표'가 존재하는 수의 세상이 필요했습니다. 예로든 유리수열에서 등장하는 항들은 '목표'인 π에 한없이 가까워집니다. 이러한 필요에 의해 $\mathbb{Q}$에서 $\mathbb{R}$로 확장하게 된 것이죠.

여광: '극한(limit)'을 말씀하시는 것이군요.

여휴: 정확한 수학 용어입니다. 일정한 항 이후부터 등장하는 항들이 매우 가까운 수열을 코시 수열(Cauchy sequence)이라고 부릅니다. 실수체계 $\mathbb{R}$는 이러한 코시수열의 극한이 모두 존재하는 수체계입니다. 이를 '$\mathbb{R}$의 완비성(completeness)'이라고 합니다.

여광: '거리', '한없이 가까워진다' 등은 확실히 '다항식의 근'과는 관련이 적어 보입니다. 앞으로 다항식의 근에 대해 얘기할 테니 $\mathbb{R}$와 $\mathbb{C}$는 많이 등장하지 않겠네요?

여휴: 그렇습니다. '유리계수 다항식의 근'이란 측면에서 보면 $\mathbb{R}$ 혹은 $\mathbb{C}$는 지나치게 크다고 할 수 있습니다. 유리계수 다항식의 근을 살펴보기 위해서는 대수적인 수 전체의 집합이면 충분합니다. 이는 오로지 대수적인 필요에 의해 $\mathbb{Q}$로부터 확장된 수의 체계입니다.

대수적인 수 전체의 집합을 $\mathbb{A}$로 나타내면 다음과 같은 벤다이어그램을 얻을 수 있다. 기호 '$\mathbb{A}$'는 영어 'algebraic'에서 왔다.

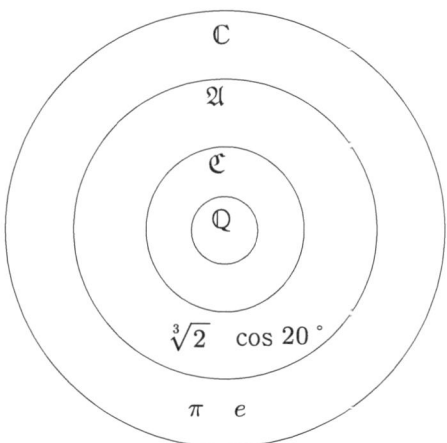

앞의 벤다이어그램에서 실수 전체의 집합 ℝ와 거듭제곱근을 사용하여 나타낼 수 있는 수 전체의 집합 ℜ도 생각하면 다음 벤다이어그램을 얻을 수 있다.

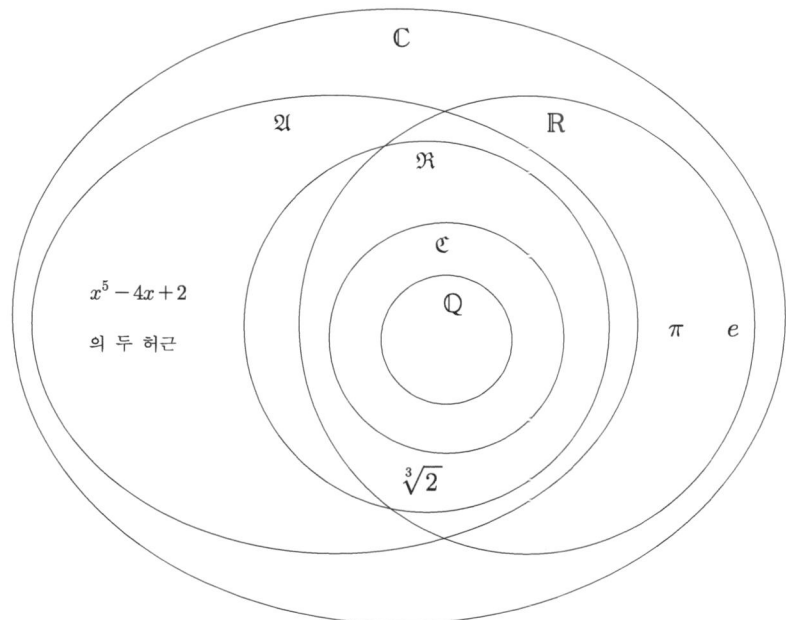

위 그림은 원주율 π와 오일러 수 e는 대수적이 아닌 실수임을 나타낸다.

Ⅱ. 자유로운 영혼

자유로운 영혼들은 그들의 지적 놀이터를 이렇게 넓혀 왔다. 그러나 그들은 아직도 배고프다.

바. 사원수

대수학의 기본정리에 의하면, 방정식의 해의 존재성에 관해서는 복소수 전체의 집합 $\mathbb{C}$ 로 충분하다. 그럼에도 자유로운 영혼들의 상상은 계속된다.

실수축 하나와 허수축 하나를 직교시켜 복소평면을 만든다면, 실수축 하나에 두 개 또는 그보다 많은 개수의 허수축을 여러 개를 직교시켜 복소수 체계 $\mathbb{C}$ 보다 더 큰 수의 체계를 얻을 수 있지 않을까?

실수축 하나와 허수축 하나로 구성되는 복소평면(complex plane)이 두 개의 실수축으로 구성되는 이차원 평면좌표계와 유사하다면, 실수축 하나와 허수축 두 개, 모두 세 개의 축 각각을 직교시켜 삼차원 공간좌표계와 유사하게 만들 수 있지 않을까?

여기에 문제가 발생한다. 곱셈이 관건이다. 좌표평면에서 두 점 (a, b)와 (c, d)를 곱할 수 없지만 복소평면에서는 두 점 (a, b)와 (c, d) 각각은 복소수 $a+bi$와 $c+di$를 나타내고 이 두 수 사이에는 곱셈이 다음과 같이 잘 정의된다.

$$(a+bi)(c+di) = (ac-bd)+(bc+ad)i$$

이제, 실수축 하나와 허수축 두 개, 모두 세 개의 축 각각을 직교시켜 삼차원 공간좌표계와 유사한 수 체계를 만들려 시도하자.

이 가상의 수 체계에 속하는 점은 $a+bi+cj$, $i^2 = j^2 = -1$과 같이 표현될 것이다. 문제의 핵심은 두 개의 허수 단위의 곱, 즉 ij와 ji를 '어떻게 정의하는가'

이다. 이 문제에 관한 해답은 해밀턴(W. Hamilton, 1805-1865)에 의하여 주어졌다.

복소수체보다 더 큰 수 체계를 상상하던 당시 해밀턴은 아들에게 보내는 편지에서 다음과 같이 썼다.

> 1843년 시월 초순 매일 아침 식탁에서 네 동생 윌리엄 에드워드와 너는 나에게 묻곤 했지. '아빠, 삼원수의 곱셈은 하셨어요?' 나는 안타깝게도 고개를 저으며 답을 해야만 했지. '난 오직 덧셈과 뺄셈만을 할 수 있구나.'
> Every morning in the early part of October 1843, on my coming down to breakfast, your brother William Edward and yourself used to ask me: 'Well, Papa, can you multiply triples?' Whereto I was always obliged to reply, with a sad shake of the head, 'No, I can only add and subtract them.'

해밀턴은 도저히 ij의 값을 정할 수 없었다. 결정적인 진전은 $ij=k$, $k^2=-1$, 인 k를 추가로 도입한 것이었다. 이제 '사원수(quaternion)'의 곱, 그리고 주어진 사원수의 곱셈에 관한 역원이 계산되는 등 만족스러운 결과를 얻게 되었다.

복소수 체계를 확장하려면 새로운 허수축을 하나만 첨가해서는 안 되고, 두 개를 첨가하여야 한다는 말이다.

그러나 하나 특이한 사실은 사원수의 곱셈은 가환적이지 않다는 것이었다. 예를 들어, $ij=k$이지만 $ji=-k$로서 $ij \neq ji$인 것이다. 당시 이러한 수 체계, 즉 곱셈에 관한 교환법칙이 성립하지 않는 수 체계의 발견은 충격적이었다. 사원수 전체의 집합은 체의 구조를 가지지 않는다.

사원수 전체의 집합은 발견자 해밀턴을 기리어 보통 H로 표기된다. 사원수를

'해밀턴 수(Hamiltonian numbers)'라고도 한다.

여광: 사원수 전체의 집합을 $\mathbb{H}$로 나타내면 $\mathbb{H}$는

$a_0 + a_1 i + a_2 j + a_3 k \ (a_0, a_1, a_2, a_3 \in \mathbb{R})$

전체의 집합이 되겠습니다.

여휴: 그렇죠. $\mathbb{H} = \{a_0 + a_1 i + a_2 j + a_3 k \mid a_0, a_1, a_2, a_3 \in \mathbb{R}\}$입니다. 새로 도입되는 허수 단위 i, j, k 각각은 다음 조건을 만족시킵니다.

$i^2 = j^2 = k^2 = -1$,

$ij = -ji = k$,

$jk = -kj = i$,

$ki = -ik = j$,

$\mathbb{H}$의 임의의 두 원소 $a_0 + a_1 i + a_2 j + a_3 k$ 와 $b_0 + b_1 i + b_2 j + b_3 k$에 대하여 곱셈은 다음과 같습니다.

$(a_0 + a_1 i + a_2 j + a_3 k)(b_0 + b_1 i + b_2 j + b_3 k)$
$= (a_0 b_0 - a_1 b_1 - a_2 b_2 - a_3 b_3) + (a_0 b_1 + a_1 b_0 + a_2 b_3 - a_3 b_2)i$
$+ (a_0 b_2 + a_2 b_0 + a_3 b_1 - a_1 b_3)j + (a_0 b_3 + a_3 b_0 + a_1 b_2 - a_2 b_1)k$

여광: 너무 복잡합니다.

여휴: 아닙니다. 그냥 두 복소수를 곱하듯이 곱하면 됩니다. 분배법칙을 적용하는 겁니다.

여광: 모두 $4 \times 4 = 16$ 개의 항이 나오겠습니다.

여휴: 그렇습니다. 16 가의 항에 대하여 관계식 $i^2 = j^2 = k^2 = -1$, $ij = -ji = k$, $jk = -kj = i$, $ki = -ik = j$를 적용하여 정리하면 됩니다.

여광: 곱셈 공식을 외울 필요가 없군요.

여휴: 그럼요. 직접 계산하는 것이 빠를 겁니다.

자유로운 영혼들의 상상이 어디에 다다를 지는 아무도 알 수 없었지만, 그들이

닿은 곳은 새로운 수학의 세계가 되었다. 사차원의 체계는 시각적 표현이 가능하지 않다. 실수축 하나와 허수축 세 개로 이루어지드로 사차원이 된다. 인간의 감각은 사차원을 인식하지 못한다. 그러나 사원수의 이러한 특징은 수학자들에게는 전혀 문제되지 않는다. 수학적 상상과 논리는 결코 육적 감각을 요구하지 않기 때문이다.

이 책에서는 사원수에 대한 이야기를 깊이 하지 않는다. 갈루아 이론과 직접적인 관련이 없기 때문이다.

해밀턴이 사원수의 곱셈을 상상하던 1843년은 프랑스 수학자 리우빌(J. Liouville, 1809-1882)이 과학원에 갈루아의 이론을 처음으로 소개한 해(年)이다.

갈루아의 기막힌 생각의 전말(顚末)이 세상에 알려진 해가 1843년이었던 것이다.

갈루아가 코시에게 보낸 논문과 그 후 푸리에에게 보낸 논문은 모두 대수롭지 않게 처리되거나 분실되었고, 그 후 다시 포아송에게 보낸 논문은 빛을 못 보고 반송되었다. 그러나 갈루아가 죽으면서 남긴 글들은 분실되지 않고 그의 사후에 빛을 보게 되었다. 이전에 간과되거나 분실되었던 갈루아의 논문들이 이제야 수학자의 눈에 띈 것이다.

리우빌은 그가 1836년에 창간한 수학논문집 'Journal de Mathématiques Pures et Appliquées' 1846년 호에 갈루아의 논문을 게재하였다. 갈루아가 죽은 지 10년이 훌쩍 지난 후였다.

사. 두 종류의 연산 성질

앞에서 여러 가지 연산 법칙을 소개하였는데 이러한 연산 성질들은 크게 두 종류로 나눌 수 있다.

존재성과 관계없는 성질

결합법칙, 교환법칙, 분배법칙은 존재성을 말하는 성질이 아니다. 이들은 주어진 원소들 사이에 성립하는 성질로서, 어떤 특정한 원소의 존재를 말하는 것이 아니다. 이러한 성질은 어떤 집합에서 성립하면 그 부분집합에서는 자동적으로 성립하게 된다.

예를 들어, 복소수 전체집합 $\mathbb{C}$ 에서 덧셈에 관한 결합법칙이 성립하면 $\mathbb{C}$ 의 부분집합인 $\mathbb{R}$, $\mathbb{Q}$, $\mathbb{Z}$, $\mathbb{N}$ 에서도 당연히 성립하게 된다.

존재성과 관계있는 성질

'닫혀있다', '항등원의 존재', 그리고 '역원의 존재'는 어떤 특별한 원소의 존재를 말하는 성질이다. 예를 들어, 자연수 전체 집합 $\mathbb{N}$ 이 덧셈에 관하여 닫혀있다는 성질은 임의로 주어진 두 개의 자연수 m, n의 합 $m+n$이라는 특별한 수가 $\mathbb{N}$ 안에 존재한다는 것을 보장하는 성질이다. 이러한 성질은 어떤 집합에서 성립한다고 하여도 그 부분집합에서 자동적으로 성립하는 것은 아니다.

예를 들어, 유리수 전체집합 $\mathbb{Q}$ 에서 0이 아닌 모든 원소의 곱셈에 관한 역원이 존재하지만 $\mathbb{Q}$ 의 부분집합인 $\mathbb{Z}$ 에서도 그러한 것은 아니다.

여러 가지 수 체계에서의 연산 법칙

복소수 전체의 집합 $\mathbb{C}$ 는 체로서 다음과 같은 성질을 가짐을 앞에서 언급하였다.

- 덧셈에 관하여 닫혀있고, 덧셈에 관한 결합법칙과 교환법칙이 성립한다.
- 덧셈에 관한 항등원 0이 있다.
- 모든 복소수의 덧셈에 관한 역원이 존재한다.
- 곱셈에 관하여 닫혀있고, 곱셈에 관한 결합법칙과 교환법칙이 성립한다.
- 곱셈에 관한 항등원 1이 있다.
- 복소수 x가 0이 아니면 x의 곱셈에 관한 역원이 존재한다.
- 덧셈에 관한 곱셈의 분배법칙이 성립한다.

이제, 위의 성질 중에서 존재성과 무관한 성질은 $\mathbb{C}$의 부분 집합인 $\mathbb{R}$, $\mathbb{Q}$, $\mathbb{Z}$, $\mathbb{N}$, $\mathfrak{C}$, $\mathfrak{R}$, $\mathfrak{A}$에서 자동적으로 성립한다. 그러나 존재성과 관계있는 다음 성질은 성립하는지 성립하지 않는지 하나하나 확인하여야 한다.

- 연산에 관하여 닫혀있는가?
- 연산에 관한 항등원이 존재하는가?
- 어떠한 원소가 연산에 관한 역원을 가지는가?

2. 일차 · 이차다항식

우리의 생활에서 일차다항식이나 이차다항식을 풀어야 하는 경우가 가끔 있다. 2,300년 전에는 이러한 풀이를 그림으로 나타내었다.

가. 작도가능성

일차다항식이나 이차다항식의 풀이와 관련하여 '작도가능성'을 생각하자. 수학에서 말하는 작도의 도구는 눈금 없는 자와 컴퍼스이다.

단위길이가 선분으로 주어지면 그 길이를 두 배, 세 배로 만들 수 있다. 이는 자연수 2나 3 등이 작도가능하다는 뜻이다.

또 단위길이를 가지는 선분의 이등분점, 삼등분점도 작도할 수 있으므로 $\frac{1}{2}$, $\frac{1}{3}$ 등이 작도가능하다. 한편, 수학적 편의를 위해, 0은 작도가능하다고 하고, 어떤 수 u가 작도가능하면 $-u$는 작도가능하다고 한다.

모든 유리수는 작도가능하다.

또, u, v $(v \neq 0)$가 작도 가능하면, $\frac{u}{v}$도 작도 가능하다. 왜 그러한지 알아보자. 다음 그림에서 좌표평면에 $(u, 0)$과 $(0, v)$ 각각에 해당하는 점 B와 C를 잡는다. 단위길이를 이용하여 점 A$(0, 1)$를 잡는다. 평행선 작도를 이용하여 점 A$(0, 1)$를 지나면서 직선 $\overleftrightarrow{BC}$와 평행한 직선을 작도한다. 작도한 평행선이 x축과 만나는 점을 P$(\alpha, 0)$이라고 하면, $\alpha = \frac{u}{v}$이다.

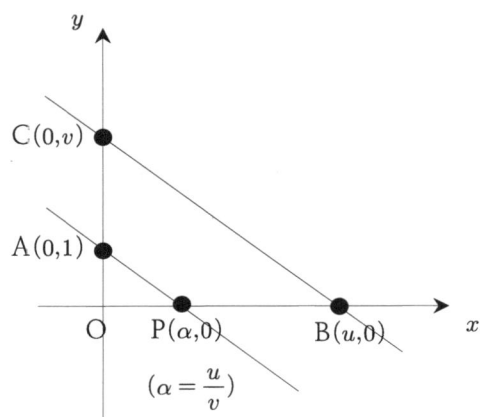

이제, 두 수 u와 v가 작도 가능하면, uv도 작도 가능하다는 것을 다음과 같이 알 수 있다.

$v=0$이면 $uv=0$이 되어 증명할 것이 없으니 $v \neq 0$이라고 하자. 먼저, 단위 길이인 1이 작도 가능하고 v가 작도 가능하므로, 바로 앞의 설명으로부터 $\frac{1}{v}$도 작도 가능하다. u와 $\frac{1}{v}$이 작도 가능하므로 $\frac{u}{\frac{1}{v}}=uv$도 작도 가능하다. 다음과 같이 요약할 수 있다.

u와 v가 작도 가능하면 $u+v$, $u-v$, uv도 작도가능하다.
u가 작도 가능하고 $u \neq 0$이면 $\frac{1}{u}$도 작도가능하다.

작도가능한 수 전체의 집합에서 다음을 모두 확인할 수 있다.

- 덧셈에 관하여 닫혀있고, 덧셈에 관한 결합법칙과 교환법칙이 성립한다.
- 덧셈에 관한 항등원 0이 있다.
- 모든 복소수의 덧셈에 관한 역원이 존재한다.
- 곱셈에 관하여 닫혀있고, 곱셈에 관한 결합법칙과 교환법칙이 성립한다.
- 곱셈에 관한 항등원 1이 있다.
- 복소수 x가 0이 아니면 x의 곱셈에 관한 역원이 존재한다.
- 덧셈에 관한 곱셈의 분배법칙이 성립한다.

나. 일차다항식

다음 상황을 생각하자.

네 명의 친구가 5만원을 모으되 똑같이 분담한다.

이 상황에서 각자가 얼마씩 분담하여야 하는지를 알기위해서 별도로 방정식을 만들 필요는 없을 것 같다. 쉽기 때문이다. 그러나 뒤의 논의를 대비하기 위해 수학적으로 접근해 보자. 각자가 분담하여야 할 액수를 x라고 하면 다음이 성립한다.

$$4x = 50000$$

이 일차방정식의 양 변을 4로 나누면 $x = 12500$이다. 즉 각자가 $12,500$원씩 분담한다. 일차방정식 $4x - 50000 = 0$을 푼 것이다. 이러한 상황을 수학적으로 다음과 같이 형식화할 수 있다.

유리계수(유리수를 계수로 가지는) 일차방정식 $ax + b = 0$ $(a \neq 0)$의 해는 $x = -\dfrac{b}{a}$이다.

유리계수 일차방정식의 해는 다음과 같은 특징을 가지고 있다.

- 근은 좌변 다항식의 계수 a, b의 덧셈, 뺄셈, 곱셈, 나눗셈으로 표현된다.
- 좌변 다항식의 계수 a, b가 작도가능한 수이므로 해 $\dfrac{b}{a}$도 작도가능하다. 작도 가능성을 말할 때에, 음의 부호 $-$ 기호는 신경 쓰지 않아도 된다.

다음과 같이 요약할 수 있다.

유리계수 일차방정식의 경우에 해는 유리수이며 근의 공식도 존재하고 해를 작도할 수도 있다.

여기서 한 가지 주목하자. 일반적인 일차방정식은 $ax+b=0$ $(a \neq 0)$과 같은 꼴이지만 양변을 a로 나누어 주어진 방정식을 $x+\frac{b}{a}=0$과 같은 꼴로 바꿀 수 있다.

여기서 $\frac{b}{a}$도 유리수이므로 변형하여 새롭게 얻은 방정식도 유리계수 방정식이다. 즉, 일차방정식에서 최고차항인 일차항의 계수를 항상 1이 되게 할 수 있다.

다. 이차다항식

다음 상황을 생각하자.

긴 변의 길이가 짧은 변의 길이의 두 배인 직사각형 꼴의 밭을 만들려고 한다. 밭의 넓이가 30 ㎡라면 짧은 변의 길이를 얼마로 하여야 할까?

이 상황을 식으로 표현하면 답하기가 쉬워질 것 같다.

짧은 변의 길이를 x라고 하면 긴 변의 길이는 $2x$이고, 밭의 넓이는 $x \times 2x$이므로 등식 $x(2x)=30$이 성립한다.

이차방정식 $2x^2-30=0$을 풀면 된다. 이 이차방정식의 해는 $x=\pm\sqrt{15}$이지만, 문제에 적절한 답은 $x=\sqrt{15}$로서 무리수이다. 그런데, 비슷한 꼴의 이차방정식 $2x^2+30=0$의 해는 $x=\pm\sqrt{15}\,i$로서 허수이다.

여기서 몇 가지를 주목하자.

- 유리계수 이차방정식의 해는 유리수가 아닐 수 있다. 실제로, 이차방정식의 해는 무리수이거나 허수일 수 있다.
- $\sqrt{15}$ 는 작도가능하다. 예를 들어, 다음과 같이 작도할 수 있다.

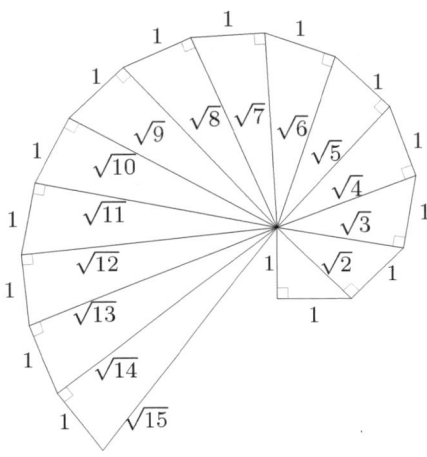

보다 일반적인 경우를 생각하자. 다음은 유리계수 이차방정식이다.

$$ax^2 + bx + c = 0 \ (a \neq 0)$$

중학교 과정에서 배웠듯이, 이 식은 다음과 같이 변화시킬 수 있다.

$$\left(x + \frac{b}{2a}\right)^2 = \frac{b^2 - 4ac}{4a^2}$$

따라서 다음과 같은 근의 공식을 얻을 수 있다.

유리계수 이차방정식 $ax^2+bx+c=0 \ (a \neq 0)$ 해는 $x=\dfrac{-b \pm \sqrt{b^2-4ac}}{2a}$ 이다.

앞에서 $\sqrt{15}$ 가 작도가능하다는 것을 알았다. 실제로, 어떤 양수 u가 작도가능하면 $\sqrt{u}$ 도 작도가능하다는 것을 다음과 같이 설명할 수 있다.

아래 그림과 같이 두 점 $\mathrm{A}(u+1,0)$ 과 $\mathrm{M}\!\left(\dfrac{u+1}{2},0\right)$ 을 잡고 M을 중심으로 하고 반지름의 길이가 $\dfrac{u+1}{2}$ 인 반원을 그린다. 이제 $\mathrm{B}(1,0)$ 에서 x축과 직교하는 직선을 작도하고 이 직선과 반원과 만나는 점을 $\mathrm{P}(1,\beta)$ 라고 하면, 직각삼각형 OAP에서 직각삼각형 OBP와 직각삼각형 PBA는 닮은꼴이다. 닮음비를 이용하면 $\beta=\sqrt{u}$ 임을 알 수 있다.

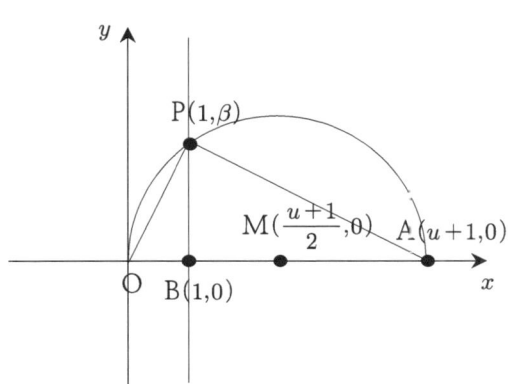

이차방정식 $ax^2+bx+c=0 \ (a \neq 0)$ 에서 a, b, c가 작도가능하므로 $b^2-4ac \geq 0$ 이면 해 $\dfrac{-b+\sqrt{b^2-4ac}}{2a}$ 와 $\dfrac{-b-\sqrt{b^2-4ac}}{2a}$ 도 모두 작도가능하다.

이차방정식의 해에 관하여 다음과 같이 요약할 수 있다.

유리계수 이차다항식의 경우에는 근이 무리수나 허수일 수 있으나 근의 공식이 존재하며, 실수근인 경우에는 그 근을 작도할 수 있다.

일반적인 이차방정식은 $ax^2+bx+c=0\ (a\neq 0)$의 꼴이지만 양변을 a로 나누어 주어진 방정식을 $x^2+\frac{b}{a}x+\frac{c}{a}=0$과 같은 꼴로 바꿀 수 있다. 여기서 $\frac{b}{a}, \frac{c}{a}$도 유리수임을 유념한다. 따라서 최고차항(이차항)의 계수가 1인 방정식 $x^2+ax+b=0$만을 생각하여도 일반성을 잃지 않는다.

더 나아가, x 대신에 $X-\frac{a}{2}$를 대입하면 $x^2+ax+b=0$은 $X^2+b-\frac{a^2}{4}=0$으로 변형되어 일차항이 소거되고 $X=\pm\frac{\sqrt{a^2-4b}}{2}$이다. $X=x+\frac{a}{2}$이므로 $x=\frac{-a\pm\sqrt{a^2-4b}}{2}$로서 원래의 공식을 얻게 되는 것이다.

이차방정식은 항상 $X^2+B=0$의 꼴로 고칠 수 있으므로 근의 공식을 쉽게 구할 수 있는 것이다. 결국, 일반적인 이차방정식의 풀이는 $X^2=A$인 형태의 방정식을 한 번 푸는 것이 된다.

라. 오래된 문제

이차다항식은 오래 전에 풀렸다. 기원전 2,000년까지 거슬러 올라갈 수 있는 고대바빌로니아 시대의 점토판 등에 피타고라스 정리는 물론이거니와 이차다항식의 풀이에 관한 기록이 남아 있다.

당시의 수 표현법인 60진법을 10진법으로 바꾸고 현대의 기호를 사용하면 이 차방정식 $x^2 + \frac{2}{3}x = \frac{35}{60}$로 나타낼 수 있는 풀이가 남아 있다. 이 방정식은 $x^2 + ax = b$, $a > 0$, $b > 0$의 꼴이다. 이와 함께 $x^2 = ax + b$, $a > 0$, $b > 0$ 의 꼴의 풀이도 있다. 임의의 이차방정식은 양수 a, b에 대하여 $x^2 = ax + b$, $x^2 + ax = b$, 또는 $x^2 + b = ax$ 꼴 중의 하나로 변형이 가능하므로 고대바빌로니아 시대에는 이미 모든 이차방정식의 풀이가 알려졌을 것으로 생각된다.

여광: 기원전 2,300년경의 유클리드는 그의 원론(Elements)에서 이차다항식의 근을 모두 작도로 풀었다고 들었습니다.

여휴: 당시엔 우리가 지금 인식하고 있는 '대수학(Algebra)'이 아직 정립되지 않았습니다. 당시에는 복소수와 실수는 물론이거니와 음수에 관한 정확한 개념이 없었고 $\sqrt{}$ 와 같은 거듭제곱근을 나타내는 기호도 사용하지 않았습니다.

여광: 이차다항식의 근을 자와 컴퍼스를 이용하여 그림으로 나타낸 것은 어찌 보면 필연적이었군요. 이차다항식의 근을 '기하학적'으로 나타냈군요.

여휴: 그렇다고 볼 수 있습니다만, 그때에는 '대수학'과 '기하학'의 구별이 없었습니다. 예를 들어, 당시 'GEOMETRY'라고 하면 '수학' 전체를 의미하였다고 보아야 합니다.

여광: 플라톤이 세웠다는 'ACADEMY'의 입구에 쓰여 있었다는 'LET NO ONE IGNORANT OF GEOMETRY ENTER'에서 'GEOMETRY'는 요즈음 의미로 '기하학'이라기보다는 '수학'으로 이해하는 것이 타당하겠군요.

여휴: 기원후 3세기 경에 활동한 것으로 생각되는 디오판토스(Diophantus)가 정수 계수 방정식의 정수근을 구하는 문제를 본격적으로 다루면서 '대수학'이 시작되었다고 보아야 할 것입니다.

여광: 디오판토스의 묘비명에 관한 이야기를 들은 적이 있습니다. '일생의 $\frac{1}{6}$은 소년시대, $\frac{1}{12}$은 청년 시대 … …'로 시작하는 문제 있잖아요?

여휴: 맞아요. 유명한 이야기이죠. 그 문제는 전형적인 대수학적 문제이죠.

여광: 이차다항식의 근을 모두 작도할 수 있었던 유클리드 당시, 삼차다항식의 근도 작도하고 싶었을 것 같아요.

여휴: 매우 그랬을 것입니다. 그러나 금방 뜻밖의 어려움을 만났어요. 일반적인 형태의 삼차다항식의 근은 언감생심이었고 x^3-2의 근조차 작도할 수 없었던 것입니다.

여광: 그 궁금함이 약 2,000년 지속되는군요.

여휴: x^3-2의 근을 작도할 수는 없었지만 모습은 가늠할 수 있었습니다. x^3-2의 근을 요즈음의 기호로 표현하면 $\sqrt[3]{2}$이잖아요. 당시에는 이렇게 표현하지 않았겠지만 x^3-2의 근이 어떤 수인지 나름 설득력 있게 설명할 수 있었을 것입니다. 그러나 삼차다항식 x^3-3x-4의 근의 경우는 달랐습니다. 작도가능 여부를 떠나 근의 모습 자체를 가늠할 수도 없었습니다.

III. 깨진 침묵

초등학교에서는 방정식 $x-2=3$을 풀 수 있고, 중학교에서는 $x^2-6x+3=0$을 풀 수 있다. 삼차방정식과 그 이상 차수의 방정식은 인수분해를 통하여 차수를 줄일 수 없다면 고등학교에서도 풀지 않는다.

1. 삼차다항식

앞에서 유리계수 이차다항식의 근은 무리수 또는 복소수일 수 있다는 것을 확인하였다. 삼차다항식 ax^3+bx^2+cx+d $(a \neq 0)$의 근도 그럴 것이라는 것을 쉽게 추측할 수 있다.

간단한 예로서, 다항식 x^3-2의 근 $\sqrt[3]{2}$가 무리수라는 것을 $\sqrt{2}$가 무리수임을 보인 것과 비슷한 방법으로 보일 수 있다. 실제로 증명하여 보자.

편의를 위해, $\sqrt[3]{2}$를 유리수라고 가정하면 기약분수인 $\frac{(자연수)}{(자연수)}$ 꼴의 수 $\frac{p}{q}$로 나타낼 수 있다. 이제 모순을 찾아보자. 다음을 알 수 있다.

$$\sqrt[3]{2} = \frac{p}{q}$$

$$2 = \frac{p^3}{q^3}$$

$$2q^3 = p^3$$

$2q^3$은 짝수이므로 p^3도 짝수이다. 그러나 홀수를 세제곱하면 짝수가 될 수 없으므로 p는 짝수이고, 따라서 $p = 2k$인 자연수 k가 존재한다.

$$2q^3 = (2k)^3 = 8k^3$$

$$q^3 = 4k^3$$

앞에서와 마찬가지 이유로 $q = 2\ell$인 자연수 ℓ이 존재한다. 결국, $\frac{p}{q}$는 기약분수가 아니다. 이는 모순이다. 따라서 $\sqrt[3]{2}$는 기약분수인 $\frac{(자연수)}{(자연수)}$ 꼴로 표현할 수 없다. 즉, $\sqrt[3]{2}$는 유리수가 아니다.

독자가 혹시 증명을 더 원하면 $\sqrt[3]{3}$도 무리수라는 것을 증명하여 볼 것을 권한다. 수학이 아름답다면 그것은 증명 때문이다. 증명은 수학의 핵심이다.

작도가능성 측면에서 유리계수 삼차다항식 $ax^3 + bx^2 + cx + d(a \neq 0)$의 근은 어떨까? V장에서 살펴보겠지만, 다항식 $x^3 - 2$의 근 $\sqrt[3]{2}$는 작도가능하지 않다. 따라서 삼차다항식의 근은 일반적으로 작도가능하지 않다는 것을 알 수 있다.

삼차다항식의 근의 공식은 존재할까? 그렇다. 그러나 유클리드 원론이 침묵한 이 문제를, 후대의 수학자들이 해결한 것은 유클리드 이후 약 1,800년의 세월이 흐른 후였다.

유클리드는 이차다항식의 근을 자와 컴퍼스를 이용하여 나타내었다. 그러나 삼차다항식의 근은 작도, 즉 기하적인 방법으로는 가능하지 않다(V장). 따라서 삼차다항식의 풀이까지 오랜 시간이 걸린 것은 충분히 이해할 수 있다. 특히, 문자와 기호가 적극적으로 활용되는 대수적인 방법이 개발되기까지는 그만큼의 세월이 필요했을 것이다.

삼차다항식의 근의 공식에 관하여 알아보기 위해, 먼저 최고차항의 계수가 1인 x^3+ax^2+bx+c를 생각한다. 더 나아가, 이차다항식의 경우와 마찬가지로, $x=X-\frac{a}{3}$를 대입하면 이차항이 없는 삼차다항식, 즉 X^3+qX+r의 형태를 얻는다. X^3+qX+r를 풀 수 있으면 일반적인 삼차다항식 ax^3+bx^2+cx+d $(a\neq 0)$을 풀 수 있게 된다.

간단한 삼차방정식 $x^3=a$를 풀자. 이를 위해, 먼저, $x^3=1$을 풀자. $x^3-1=(x-1)(x^2+x+1)$이고 $x^2+x+1=0$의 두 해는 $\frac{-1+\sqrt{3}i}{2}$와 $\frac{-1-\sqrt{3}i}{2}$이다. 여기서 $\frac{-1+\sqrt{3}i}{2}$를 ω로 나타내면 $\frac{-1-\sqrt{3}i}{2}$는 ω^2이다. 따라서 삼차방정식 $x^3=1$의 세 개의 해는 1, ω, ω^2이다. 여기서 $\omega^2+\omega+1=0$임을 기억하자. 이제, 삼차방정식 $x^3=a$의 세 개의 해는 $\sqrt[3]{a}$, $\sqrt[3]{a}\,\omega$, $\sqrt[3]{a}\,\omega^2$임을 알 수 있다.

다음은 16세기에 삼차다항식의 근의 공식을 처음으로 발견한 이탈리아 수학자 델 페로(Del Ferro, 1465-1526), 타르탈리아(N. Tartaglia, 1500-1557), 카르다노(H. Cardano, 1501-1576) 등에 의한 풀이 법이다.

먼저, $X=Y+Z$라고 하면 $X^3+qX+r=0$은 다음과 같이 된다.

$$Y^3+Z^3+r+(Y+Z)(3YZ+q)=0$$

위 등식을 만족시키는 Y와 Z를 한 쌍만 찾으면 된다. 아래 두 등식을 만족시키는 Y와 Z는 위 등식을 만족시킨다.

$$Y^3+Z^3+r=0$$
$$3YZ+q=0$$

이제, 연립방정식

$$\begin{cases} Y^3+Z^3=-r \\ 3YZ=-q \end{cases}$$

를 다음과 같이 표현하면

$$\begin{cases} Y^3+Z^3=-r \\ Y^3Z^3=-\dfrac{q^3}{27} \end{cases}$$

Y^3과 Z^3을 두 근으로 갖는 이차방정식 $W^2+rW-\dfrac{q^3}{27}=0$으로 귀착되며 여기에 이차방정식의 풀잇법을 사용하면 $W=-\dfrac{r}{2}\pm\sqrt{\dfrac{r^2}{4}+\dfrac{q^3}{27}}$ 을 구할 수 있다. 결국, $Y^3=-\dfrac{r}{2}+\sqrt{\dfrac{r^2}{4}+\dfrac{q^3}{27}}$ 이고 $Z^3=-\dfrac{r}{2}-\sqrt{\dfrac{r^2}{4}+\dfrac{q^3}{27}}$ 이다. 따라서 다음을 얻는다.

$$Y=\sqrt[3]{-\dfrac{r}{2}+\sqrt{\dfrac{r^2}{4}+\dfrac{q^3}{27}}},\ \sqrt[3]{-\dfrac{r}{2}+\sqrt{\dfrac{r^2}{4}+\dfrac{q^3}{27}}}\,\omega,\ \sqrt[3]{-\dfrac{r}{2}+\sqrt{\dfrac{r^2}{4}+\dfrac{q^3}{27}}}\,\omega^2$$

$$Z=\sqrt[3]{-\dfrac{r}{2}-\sqrt{\dfrac{r^2}{4}+\dfrac{q^3}{27}}},\ \sqrt[3]{-\dfrac{r}{2}-\sqrt{\dfrac{r^2}{4}+\dfrac{q^3}{27}}}\,\omega,\ \sqrt[3]{-\dfrac{r}{2}-\sqrt{\dfrac{r^2}{4}+\dfrac{q^3}{27}}}\,\omega^2$$

이제, $YZ=-\dfrac{q}{3}$를 만족시키도록 $X=Y+Z$를 구하면 $X^3+qX+r=0$의 세 개

의 해는 다음과 같다.

$$\sqrt[3]{-\frac{r}{2}+\sqrt{\frac{r^2}{4}+\frac{q^3}{27}}}+\sqrt[3]{-\frac{r}{2}-\sqrt{\frac{r^2}{4}+\frac{q^3}{27}}},$$

$$\sqrt[3]{-\frac{r}{2}+\sqrt{\frac{r^2}{4}+\frac{q^3}{27}}}\,\omega+\sqrt[3]{-\frac{r}{2}-\sqrt{\frac{r^2}{4}+\frac{q^3}{27}}}\,\omega^2,$$

$$\sqrt[3]{-\frac{r}{2}+\sqrt{\frac{r^2}{4}+\frac{q^3}{27}}}\,\omega^2+\sqrt[3]{-\frac{r}{2}-\sqrt{\frac{r^2}{4}+\frac{q^3}{27}}}\,\omega$$

여광: 잠시만요. 한 가지 의심가는 부분이 있습니다. 앞에서 구한 세 개의 수가 모두 방정식 $X^3+qX+r=0$의 해가 되는 것에는 동의하지만, $X^3+qX+r=0$의 해를 모두 구한 건지는 확신이 들지 않습니다.

여휴: 삼차다항식은 세 개의 근을 가지는 데 이미 $X^3+qX+r=0$의 해를 세 개 구했으니 모두 구했다고 할 수 있지 않을까요?

여광: 저도 처음에는 그렇게 생각했습니다. 하지만 혹시 하나의 근을 다른 두 개의 모양으로 쓰고 세 근을 모두 구했다고 하는 것은 아닐까 의문이 생깁니다. 일반적으로 우리가 방정식을 풀 때는 동치식을 이용하는 데 이 풀이 방법에는

$$Y^3+Z^3+r+(Y+Z)(3YZ+q)=0$$

을 만족시키는 Y와 Z를 찾기 위해서 연립방정식

$$\begin{cases} Y^3+Z^3=-r \\ 3YZ+q=0 \end{cases}$$

을 풀었습니다. 두 식이 동치식이 아님에도 불구하고요. 그러니까 혹시 앞에서 구한 세 개의 수가 아닌 다른 근이 있지 않을까요?

여휴: 정말 좋은 지적입니다. 이렇게 생각해봅시다. 여광 선생 말씀대로

$$\sqrt[3]{-\frac{r}{2}+\sqrt{\frac{r^2}{4}+\frac{q^3}{27}}}+\sqrt[3]{-\frac{r}{2}-\sqrt{\frac{r^2}{4}+\frac{q^3}{27}}}$$

은 분명히 X^3+qX+r의 한 근입니다. 그런데 사실 하나의 근을 알고 나면 삼차다항식

은 이차다항식의 문제로 귀착됩니다.

여광: 삼차다항식을 일차식 하나와 이차식 하나의 곱으로 인수분해할 수 있다는 말씀이시죠?

여휴: 맞습니다. 여광 선성의 의심을 풀어드리기 위해 한 번 꼼꼼하게 계산해봅시다. 일단, 식이 너무 복잡하니 편의상

$$a = \sqrt[3]{-\frac{r}{2} + \sqrt{\frac{r^2}{4} + \frac{q^3}{27}}}, \quad b = \sqrt[3]{-\frac{r}{2} - \sqrt{\frac{r^2}{4} + \frac{q^3}{27}}}$$

라고 합시다.

여광: 이미 한 근을 알고 있으니 조립제법을 이용하면 쉽게 삼차다항식을 인수분해 할 수 있습니다.

$a+b$	1	0	q	r
		$a+b$	$(a+b)^2$	$q(a+b)+(a+b)^3$
	1	$a+b$	$q+(a+b)^2$	$r+q(a+b)+(a+b)^3 = 0$

삼차다항식 $X^3 + qX + r$가 $(X-(a+b))(X^2+(a+b)X+q+(a+b)^2)$와 같이 인수분해 됩니다.

여휴: 이제 이차다항식 $X^2+(a+b)X+q+(a+b)^2$을 두 일차식의 곱으로 인수분해 해봅시다.

여광: $ab = -\frac{q}{3}$로부터 $q = -3ab$를 얻고, 이를 이차다항식에 대입하면

$$X^2 + (a+b)X + (a^2 - ab + b^2)$$

을 얻습니다. 또

$$a^2 - ab + b^2 = (a\omega + b\omega^2)(a\omega^2 + b\omega)$$

를 이용하면

$$X^2 + (a+b)X + (a^2 - ab + b^2) = (X - (a\omega + b\omega^2))(X - (a\omega^2 + b\omega))$$

와 같이 인수분해 할 수 있습니다. 정말 나머지 두 근이 $a\omega + b\omega^2$과 $a\omega^2 + b\omega$가 되는군요.

여휴: 이제 여광 선생의 의심이 풀린 것 같습니다.

여광: 네, 이제 삼차다항식 X^3+qX+r의 세 근이 앞서 구한 세 개의 수라는 사실을 믿을 수 있습니다. 그러고 보니 이 사실을 $(X-(a+b))(X-(a\omega+b\omega^2))(X-(a\omega^2+b\omega))$를 전개하면 X^3+qX+r가 됨을 확인함으로써 보일 수도 있겠군요.

여휴: 네, 맞습니다. $1+\omega+\omega^2=0$, $\omega^3=1$이라는 사실만 기억하면 어렵지 않게 계산할 수 있습니다. $(X-(a+b))(X-(a\omega+b\omega^2))(X-(a\omega^2+b\omega))$의 이차항의 계수는

$$-(a+b)-(a\omega+b\omega^2)-(a\omega^2+b\omega)=0,$$

일차항의 계수는

$$(a+b)(a\omega+b\omega^2)+(a\omega+b\omega^2)(a\omega^2+b\omega)+(a\omega^2+b\omega)(a+b)$$
$$=(a^2\omega+(\omega+\omega^2)ab+b^2\omega^2)+(a^2+(\omega^2+\omega)ab+b^3)+(a^2\omega^2+(\omega+\omega^2)ab+b^2\omega)$$
$$=-3ab=q,$$

상수항은

$$-(a+b)(a\omega+b\omega^2)(a\omega^2+b\omega)$$
$$=-a^3-(\omega^2+\omega+1)a^2b-(\omega^2+\omega+1)ab^2-b^3=-(a^3+b^3)=r$$

입니다.

여광: 복잡해 보이는 계산 끝에 계수가 하나씩 딱딱 맞아떨어지는 것을 보니 재밌습니다. 마치 힘든 노동을 끝마쳤을 때 보람을 느끼는 것과 비슷하다고 할까요?

여휴: 맞습니다.

여광: 이제 막 소개된 방법이 카르다노의 『Ars magna』에 소개된 것인가요?

여휴: 정확히 똑같지는 않지만 접근 방식은 같습니다.

여광: 좀 더 자세히 설명하여 주시죠.

여휴: 잘 아시겠지만 타르탈리아는 그의 해법을 시(詩)의 형태로 카르다노에게 전했어요. 이탈리아 원문을 보면 운(韻)이 잘 맞는 시의 형식입니다. 시의 내용을 $X^3+qX=r$를 예로 들어 간단히 설명하면 다음과 같습니다.

$Y-Z=r$이고 $YZ=\left(\dfrac{q}{3}\right)^3$을 만족시키는 Y와 Z를 구하라.

$X = \sqrt[3]{Y} - \sqrt[3]{Z}$가 $X^3 + qX = r$의 해이다.

여광: 기본적으로 같은 발상이군요.

여휴: 그렇습니다. 타르탈리아나 카르다노 당시엔 음수를 잘 다룰 줄은 알았지만 다항식의 해로서 음수는 '가짜(feigned, fictitious) 해'라고 하며 심각하게 취급하지 않았습니다. 복소수 근에 대해서는 더욱 그러했죠.

여광: 한 가지를 짚고 가고자 합니다. 앞에서 이차방정식 $W^2 + rW - \dfrac{q^3}{27} = 0$을 풀어 $Y^3 = -\dfrac{r}{2} + \sqrt{\dfrac{r^2}{4} + \dfrac{q^3}{27}}$을 구하였습니다. 이때, $Z^3 = -\dfrac{r}{2} - \sqrt{\dfrac{r^2}{4} + \dfrac{q^3}{27}}$을 풀어 $YZ = -\dfrac{q}{3}$를 만족시키도록 $X = Y + Z$를 구하지 않고 $Y^3 = -\dfrac{r}{2} + \sqrt{\dfrac{r^2}{4} + \dfrac{q^3}{27}}$을 풀어 세 개의 Y를 구한 후 $YZ = -\dfrac{q}{3}$를 만족시키도록 Z를 구할 수도 있겠습니다.

여휴: 맞습니다. 결국 원래 주어진 삼차방정식을 풀기 위해 이차방정식 하나와 $X^3 = B$ 꼴의 삼차방정식 하나를 풀게 됩니다. 이차방정식은 항상 $X^2 = A$와 같은 꼴이라고 할 수 있으므로 일반적인 삼차방정식을 풀기 위해서는 $X^2 = A$ 꼴 하나와 $X^3 = B$ 꼴 하나를 풀면 됩니다.

구체적인 예를 들자. 삼차방정식 $x^3 - 3x - 8 = 0$에 대하여 앞의 과정을 거치면 $Y^3 = 4 \pm \sqrt{15}$를 얻을 수 있다. 따라서 다음을 알 수 있다.

$$Y = \sqrt[3]{4+\sqrt{15}},\ \sqrt[3]{4+\sqrt{15}}\,\omega,\ \sqrt[3]{4+\sqrt{15}}\,\omega^2$$
$$Z = \sqrt[3]{4-\sqrt{15}},\ \sqrt[3]{4-\sqrt{15}}\,\omega,\ \sqrt[3]{4-\sqrt{15}}\,\omega^2$$

이로부터 주어진 삼차방정식 $x^3 - 3x - 8 = 0$의 세 개의 해는 다음과 같다.

$$\sqrt[3]{4+\sqrt{15}} + \sqrt[3]{4-\sqrt{15}}$$

$$\sqrt[3]{4+\sqrt{15}}\,\omega + \sqrt[3]{4-\sqrt{15}}\,\omega^2$$
$$\sqrt[3]{4+\sqrt{15}}\,\omega^2 + \sqrt[3]{4-\sqrt{15}}\,\omega$$

여기서, ω는 $\frac{-1+\sqrt{3}i}{2}$이다. 동일한 방법으로 삼차방정식 $x^3 - 3x - 4 = 0$을 풀면 다음과 같은 세 개의 해를 얻을 수 있다.

$$\sqrt[3]{2-\sqrt{3}} + \sqrt[3]{2+\sqrt{3}}$$
$$\sqrt[3]{2-\sqrt{3}}\,\omega + \sqrt[3]{2+\sqrt{3}}\,\omega^2$$
$$\sqrt[3]{2-\sqrt{3}}\,\omega^2 + \sqrt[3]{2+\sqrt{3}}\,\omega$$

이 삼차방정식은 자주 등장할 것이다. 이차항이 있는 일반적인 꼴의 삼차방정식의 예를 들어 보자.

방정식 $x^3 + 6x^2 + 18x + 18 = 0$에서 $x = X - 2$로 치환하면 $X^3 + 6X - 2 = 0$을 얻는다. $X^3 + 6X - 2 = 0$의 세 개의 해는 다음과 같다.

$$X_1 = \sqrt[3]{4} - \sqrt[3]{2},$$
$$X_2 = \sqrt[3]{4}\,\omega - \sqrt[3]{2}\,\omega^2,$$
$$X_3 = \sqrt[3]{4}\,\omega^2 - \sqrt[3]{2}\,\omega$$

따라서 $x^3 + 6x^2 + 18x + 18 = 0$의 세 개의 해는 다음과 같다.

$$x_1 = -2 + \sqrt[3]{4} - \sqrt[3]{2},$$
$$x_2 = -2 + \sqrt[3]{4}\,\omega - \sqrt[3]{2}\,\omega^2,$$
$$x_3 = -2 + \sqrt[3]{4}\,\omega^2 - \sqrt[3]{2}\,\omega$$

삼차방정식의 풀이에 관하여 어떠한 느낌이 드는가? 이 방법을 발견하는 데에

인류 최고의 지성들이 그렇게 긴 세월을 필요로 하였다는 것이 어느 정도 이해되지 아니한가?

  수학을 놀이로 하는 사람이 아니면 얻을 수 없는 결과이다. 지금처럼 수학적 표현기법이나 기호 등이 효율적이지 못하였을 텐데, 제어하기 어려운 호기심과 자유로운 상상이 인도하였기에 가능했던 것이다.

  일반적인 삼차방정식의 풀이에서 다음을 기억하자.

- $x^3 + ax^2 + bx + c = 0$ 꼴의 방정식을 이차항이 없는 $X^3 + qX + r = 0$ 꼴의 삼차방정식으로 바꾼다.
- 이차방정식 $W^2 + rW - \frac{q^3}{27} = 0$ 한 개를 푼다. 이는 $X^2 = A$ 꼴의 이차방정식 하나를 푸는 것이다.
- 삼차방정식 $Y^3 = -\frac{r}{2} + \sqrt{\frac{r^2}{4} + \frac{q^3}{27}}$ 한 개를 푼다. 이는 $X^3 = B$ 꼴의 삼차방정식 하나를 푸는 것이다.

  2×3은 얼마인가? 6이다. 삼차방정식의 '3'에 대해 $3! = 3 \times 2 \times 1$은 얼마인가? 6이다. 뒤에서 살펴 볼 대칭군 S_3의 위수가 3!이다.

  '3'차방정식 하나와 '2'차방정식 하나에서 얻어지는 3×2와 $3! = 3 \times 2 \times 1$가 같은 것은 우연이 아니다. 갈루아는 이 두 수가 왜 같아야 하는지를 알았다. 그는 유언으로 이 사실을 설명하고 싶었다. 다음과 같이 요약할 수 있다.

    삼차다항식의 경우에는 근의 공식이 존재하지만, 일반적으로 해를 작도할 수 없다.

2. 사차다항식

삼차다항식의 근은 작도가능하지 않을 수 있으므로, 사차다항식의 근도 일반적으로는 작도가능하지 않을 수 있다고 짐작하는 것은 자연스럽다.

근의 공식은 존재할까? 그렇다. 삼차다항식의 근의 공식이 알려진 직후, 사차다항식의 풀이를 찾았다.

사차다항식의 근의 공식에 관하여 알아보기 위해, 최고차항의 계수가 1인 $x^4+ax^3+bx^2+cx+d=0$을 생각하고, $x=W-\frac{a}{4}$를 대입하여 삼차항이 없는 사차방정식 $W^4+qW^2+rW+s=0$ 의 형태를 얻는다. 다음은 삼차의 경우와 같은 접근법에 의한 풀이이다.

삼차다항식의 경우와 비슷하게, $W^4+qW^2+rW+s=0$에서 $W=X+Y+Z$라고 놓고 다음과 같이 풀 수 있다. 먼저, 주어진 다항식 W^4+qW^2+rW+s는 다음과 같이 된다.

$$(X+Y+Z)^4+q(X+Y+Z)^2+r(X+Y+Z)+s$$

다음을 확인할 수 있다.

$$(X+Y+Z)^2 = (X^2+Y^2+Z^2)+2(XY+YZ+XZ)$$
$$(XY+YZ+XZ)^2 = (X^2Y^2+Y^2Z^2+X^2Z^2)+2XYZ(X+Y+Z)$$
$$(X+Y+Z)^4 = (X^2+Y^2+Z^2)^2+4(X^2+Y^2+Z^2)(XY+YZ+XZ)+4(XY+YZ+XZ)^2$$

편의를 위해,

$$X^2+Y^2+Z^2=A, \ X^2Y^2+Y^2Z^2+X^2Z^2=B, \ XYZ=C$$

라고 놓으면 다음과 같다.

$$(X+Y+Z)^4 = A^2+4A(XY+YZ+XZ)+4B+8C(X+Y+Z)$$
$$(X+Y+Z)^2 = A+2(XY+YZ+XZ)$$

다음은 주어진 방정식이다.

$$(XY+YZ+XZ)(4A+2q)+(X+Y+Z)(8C+r)+A^2+qA+4B+s=0$$

위 등식을 만족시키는 X, Y, Z 한 쌍만 찾으면 된다. 다음이 성립하면 A, B, C는 위 등식을 만족시킨다.

$$4A+2q=0, \ 8C+r=0, \ A^2+qA+4B+s=0$$

$A=-\frac{q}{2}$ 이고 $C=-\frac{r}{8}$ 이므로 마지막 식에서 $B=\frac{q^2}{16}-\frac{s}{4}$ 임을 알 수 있다. A, B, C를 다시 X, Y, Z에 관하여 나타내면 다음을 얻는다.

$$X^2+Y^2+Z^2=-\frac{q}{2}$$
$$X^2Y^2+Y^2Z^2+X^2Z^2=\frac{q^2}{16}-\frac{s}{4}$$
$$X^2Y^2Z^2=\frac{r^2}{64}$$

이제, 가야 할 길이 보다 선명하게 보인다. 삼차다항식의 근과 계수의 관계로부터 X^2, Y^2, Z^2은 삼차방정식 $t^3+\frac{q}{2}t^2+\left(\frac{q^2}{16}-\frac{s}{4}\right)t-\frac{r^2}{64}=0$의 해이다.

이 방정식을 풀어 X^2, Y^2, Z^2을 구한 후, $XYZ=-\frac{r}{8}$가 되도록 X, Y, Z를 구하면 $XYZ=X(-Y)(-Z)=(-X)Y(-Z)=(-X)(-Y)Z$이므로 $W^4+qW^2+rW+s=0$의 네 개의 해는 다음과 같다.

$$X+Y+Z,\ X-Y-Z,\ -X+Y-Z,\ -X-Y+Z$$

앞에서 살펴 본 절차에 따라 사차방정식 $x^4+2x+\frac{3}{4}=0$을 실제로 풀어보자. 이 경우에는 $q=0$, $r=2$, $s=\frac{3}{4}$이므로 X^2, Y^2, Z^2은 삼차방정식 $t^3-\frac{3}{16}t-\frac{1}{16}=0$의 해이다.

$t^3-\frac{3}{16}t-\frac{1}{16}=0$은 $(4t)^3-3(4t)-4=0$과 같고, $\alpha=4t$라고 하면 $(4t)^3-3(4t)-4=0$은 $\alpha^3-3\alpha-4=0$이고 이것은 앞에서 푼 삼차방정식이다. 따라서 X^2, Y^2, Z^2은 다음과 같이 주어진다.

$$X^2=\frac{1}{4}(\sqrt[3]{2-\sqrt{3}}+\sqrt[3]{2+\sqrt{3}})$$
$$Y^2=\frac{1}{4}(\sqrt[3]{2-\sqrt{3}}\,\omega+\sqrt[3]{2+\sqrt{3}}\,\omega^2)$$
$$Z^2=\frac{1}{4}(\sqrt[3]{2-\sqrt{3}}\,\omega^2+\sqrt[3]{2+\sqrt{3}}\,\omega)$$

따라서 다음을 얻을 수 있다.

$$X=\pm\frac{1}{2}\sqrt{\sqrt[3]{2-\sqrt{3}}+\sqrt[3]{2+\sqrt{3}}}$$

$$Y = \pm \frac{1}{2}\sqrt{\sqrt[3]{2-\sqrt{3}}\,\omega + \sqrt[3]{2+\sqrt{3}}\,\omega^2}$$

$$Z = \pm \frac{1}{2}\sqrt{\sqrt[3]{2-\sqrt{3}}\,\omega^2 + \sqrt[3]{2+\sqrt{3}}\,\omega}$$

Y와 Z에는 허수의 제곱근이 등장하는데, 복소수 $z \in \mathbb{C}$ 에 대하여 $\sqrt{z}$ 가 무엇을 뜻하는지는 다시 살필 것이다. 이제, $XYZ = -\frac{1}{4}$ 이 되도록 X, Y, Z를 구하면 다음과 같다.

$$\begin{cases} X = -\frac{1}{2}\sqrt{\sqrt[3]{2-\sqrt{3}} + \sqrt[3]{2+\sqrt{3}}} \\ Y = \frac{1}{2}\sqrt{\sqrt[3]{2-\sqrt{3}}\,\omega + \sqrt[3]{2+\sqrt{3}}\,\omega^2} \\ Z = \frac{1}{2}\sqrt{\sqrt[3]{2-\sqrt{3}}\,\omega^2 + \sqrt[3]{2+\sqrt{3}}\,\omega} \end{cases}$$

$$\begin{cases} X = -\frac{1}{2}\sqrt{\sqrt[3]{2-\sqrt{3}} + \sqrt[3]{2+\sqrt{3}}} \\ Y = -\frac{1}{2}\sqrt{\sqrt[3]{2-\sqrt{3}}\,\omega + \sqrt[3]{2+\sqrt{3}}\,\omega^2} \\ Z = -\frac{1}{2}\sqrt{\sqrt[3]{2-\sqrt{3}}\,\omega^2 + \sqrt[3]{2+\sqrt{3}}\,\omega} \end{cases}$$

$$\begin{cases} X = \frac{1}{2}\sqrt{\sqrt[3]{2-\sqrt{3}} + \sqrt[3]{2+\sqrt{3}}} \\ Y = \frac{1}{2}\sqrt{\sqrt[3]{2-\sqrt{3}}\,\omega + \sqrt[3]{2+\sqrt{3}}\,\omega^2} \\ Z = -\frac{1}{2}\sqrt{\sqrt[3]{2-\sqrt{3}}\,\omega^2 + \sqrt[3]{2+\sqrt{3}}\,\omega} \end{cases}$$

$$\begin{cases} X = \frac{1}{2}\sqrt{\sqrt[3]{2-\sqrt{3}} + \sqrt[3]{2+\sqrt{3}}} \\ Y = -\frac{1}{2}\sqrt{\sqrt[3]{2-\sqrt{3}}\,\omega + \sqrt[3]{2+\sqrt{3}}\,\omega^2} \\ Z = \frac{1}{2}\sqrt{\sqrt[3]{2-\sqrt{3}}\,\omega^2 + \sqrt[3]{2+\sqrt{3}}\,\omega} \end{cases}$$

결국, $x^4 + 2x + \frac{3}{4} = 0$의 네 개의 해는 다음과 같다.

$$-\frac{1}{2}\sqrt{\sqrt[3]{2-\sqrt{3}} + \sqrt[3]{2+\sqrt{3}}} + \frac{1}{2}\sqrt{\sqrt[3]{2-\sqrt{3}}\,\omega + \sqrt[3]{2+\sqrt{3}}\,\omega^2} + \frac{1}{2}\sqrt{\sqrt[3]{2-\sqrt{3}}\,\omega^2 + \sqrt[3]{2+\sqrt{3}}\,\omega}$$

$$-\frac{1}{2}\sqrt{\sqrt[3]{2-\sqrt{3}}+\sqrt[3]{2+\sqrt{3}}}-\frac{1}{2}\sqrt{\sqrt[3]{2-\sqrt{3}}\,\omega+\sqrt[3]{2+\sqrt{3}}\,\omega^2}-\frac{1}{2}\sqrt{\sqrt[3]{2-\sqrt{3}}\,\omega^2+\sqrt[3]{2+\sqrt{3}}\,\omega}$$

$$\frac{1}{2}\sqrt{\sqrt[3]{2-\sqrt{3}}+\sqrt[3]{2+\sqrt{3}}}+\frac{1}{2}\sqrt{\sqrt[3]{2-\sqrt{3}}\,\omega+\sqrt[3]{2+\sqrt{3}}\,\omega^2}-\frac{1}{2}\sqrt{\sqrt[3]{2-\sqrt{3}}\,\omega^2+\sqrt[3]{2+\sqrt{3}}\,\omega}$$

$$\frac{1}{2}\sqrt{\sqrt[3]{2-\sqrt{3}}+\sqrt[3]{2+\sqrt{3}}}-\frac{1}{2}\sqrt{\sqrt[3]{2-\sqrt{3}}\,\omega+\sqrt[3]{2+\sqrt{3}}\,\omega^2}+\frac{1}{2}\sqrt{\sqrt[3]{2-\sqrt{3}}\,\omega^2+\sqrt[3]{2+\sqrt{3}}\,\omega}$$

일반적인 사차방정식의 풀이에 관련하여 다음을 기억하자.

- $x^4+ax^3+bx^2+cx+d=0$ 꼴의 방정식을 삼차항이 없는 $W^4+qW^2+rW+s=0$ 꼴의 사차방정식으로 바꾼다.
- 삼차방정식 $t^3+\frac{q}{2}t^2+\left(\frac{q^2}{16}-\frac{s}{4}\right)t-\frac{r^2}{64}=0$ 한 개를 풀어 세 개의 해 X^2, Y^2, Z^2을 구한다.
- $XYZ=-\frac{r}{8}$ 가 되도록 X, Y, Z를 구한다.

여광: 삼차항이 없는 사차방정식을 푸는 위의 과정에서 $X^2=A$ 꼴의 이차방정식 세 개와 $X^3=B$ 꼴의 삼차방정식 하나를 풀게 되는군요. 물론 '$X^2=A$ 꼴'에서의 'X'와 위 풀이과정 두 번째 단계에 나오는 'X^2'에서의 'X'는 다릅니다. 그런데 이제 막 소개된 방법이 『Ars magna』에 소개된 페라리(L. Ferrari, 1522-1565)에 의한 풀이법인가요?
여휴: 그렇지 않습니다. 이 방법은 『Ars magna』 이후에 소개된 여러 방법 중 하나로서 오일러에 의한 것으로 볼 수 있습니다.
여광: 그럼 『Ars magna』에 소개된 방법은 무엇인가요?
여휴: 『Ars magna』에 소개된 예 $x^4=x+2$를 직접 살핍시다. 양변에 $2yx^2+y^2$을 더합니다. 좌변을 제곱 꼴로 만들고 싶은 겁니다.

$$x^4+2yx^2+y^2=x+2+2yx^2+y^2$$

$$x^4 + 2yx^2 + y^2 = 2yx^2 + x + y^2 + 2$$

좌변은 $(x^2+y)^2$입니다. 우변은 x에 관한 이차식인데 이 식이 제곱 꼴이 되기 위해서는 판별식이 0이어야 합니다. 즉, $2y^3 + 4y = \frac{1}{4}$입니다. 이 방정식은 풀립니다. $X^2 = A$ 꼴 하나와 $X^3 = B$ 꼴 하나를 풀게 됩니다. 한편, 식 $x^4 + 2yx^2 + y^2 = 2yx^2 + x + y^2 + 2$는 $(x^2+y)^2 = (x\sqrt{2y} + \sqrt{2+y^2})^2$입니다. 이제 $2y^3 + 4y = \frac{1}{4}$의 한 해 y를 구하고 x에 관한 이차방정식 두 개 $x^2 + y = x\sqrt{2y} + \sqrt{2+y^2}$과 $x^2 + y = -x\sqrt{2y} - \sqrt{2+y^2}$을 풀면 $x^4 = x+2$의 네 개의 해를 구하게 됩니다.

여광: 위 방법을 이 책에서 중요하게 다루는 다항식 $x^4 + 2x + \frac{3}{4}$에 적용해 보면 어떨까요?

여휴: 좋은 생각입니다. 단, 『Ars magna』에서는 음수 사용을 자제하였지만 우리는 편하게 사용합시다.

$$x^4 = -2x - \frac{3}{4}$$

$$x^4 + 2yx^2 + y^2 = 2yx^2 - 2x + y^2 - \frac{3}{4}$$

우변의 판별식을 0으로 놓읍시다.

$$1 = 2y(y^2 - \frac{3}{4})$$

이 삼차방정식 $y^3 - \frac{3}{4}y - \frac{1}{2} = 0$을 앞에서 소개한 방법을 적용하여 풀면

$$y = \frac{1}{2}\sqrt[3]{2+\sqrt{3}} + \frac{1}{2}\sqrt[3]{2-\sqrt{3}}$$

을 얻게 됩니다. 다음을 풉니다.

$$x^2 + y = x\sqrt{2y} - \frac{1}{\sqrt{2y}}$$

$$x^2 - x\sqrt{2y} + y + \frac{1}{\sqrt{2y}} = 0$$

두 근은 다음과 같습니다.

$$\frac{1}{2}\sqrt{\sqrt[3]{2-\sqrt{3}}+\sqrt[3]{2+\sqrt{3}}}+\frac{1}{2}\sqrt{-\sqrt[3]{2-\sqrt{3}}-\sqrt[3]{2+\sqrt{3}}-\frac{4}{\sqrt{\sqrt[3]{2-\sqrt{3}}+\sqrt[3]{2+\sqrt{3}}}}}$$

$$\frac{1}{2}\sqrt{\sqrt[3]{2-\sqrt{3}}+\sqrt[3]{2+\sqrt{3}}}-\frac{1}{2}\sqrt{-\sqrt[3]{2-\sqrt{3}}-\sqrt[3]{2+\sqrt{3}}-\frac{4}{\sqrt{\sqrt[3]{2-\sqrt{3}}+\sqrt[3]{2+\sqrt{3}}}}}$$

이제, $x^2+y=-x\sqrt{2y}+\frac{1}{\sqrt{2y}}$ 을 풀면 다음 두 근을 얻습니다.

$$-\frac{1}{2}\sqrt{\sqrt[3]{2-\sqrt{3}}+\sqrt[3]{2+\sqrt{3}}}+\frac{1}{2}\sqrt{-\sqrt[3]{2-\sqrt{3}}-\sqrt[3]{2+\sqrt{3}}+\frac{4}{\sqrt{\sqrt[3]{2-\sqrt{3}}+\sqrt[3]{2+\sqrt{3}}}}}$$

$$-\frac{1}{2}\sqrt{\sqrt[3]{2-\sqrt{3}}+\sqrt[3]{2+\sqrt{3}}}-\frac{1}{2}\sqrt{-\sqrt[3]{2-\sqrt{3}}-\sqrt[3]{2+\sqrt{3}}+\frac{4}{\sqrt{\sqrt[3]{2-\sqrt{3}}+\sqrt[3]{2+\sqrt{3}}}}}$$

여광: 이상하네요. 똑같은 다항식 $x^4+2x+\frac{3}{4}$ 인데 방법을 달리하여 풀어보니 네 개의 근 각각의 모습이 다르네요.

여휴: 재미있죠? 사차다항식을 푸는 방법에 따라 다른 모습으로 얻어집니다.

여광: 답은 똑같은 거죠?

여휴: 그럼요. 겉모습만 다른 겁니다. 복소수의 제곱근 또는 세제곱근이 나타나는데 그게 무엇을 뜻하는지를 명확히 하면 혼란이 없을 겁니다.

여광: 풀이 과정을 자세히 살피고 싶습니다. 먼저, 삼차방정식 $2y^3+4y=\frac{1}{4}$ 을 풀기 위해 $X^2=A$ 꼴 하나와 $X^3=B$ 꼴 하나를 풀겠고, 여기서 구한 y에 대하여 두 개의 이차방정식 $x^2+y=x\sqrt{2y}+\sqrt{2+y^2}$ 과 $x^2+y=-x\sqrt{2y}-\sqrt{2+y^2}$ 각각을 풀면 원래 주어진 사차다항식의 근 네 개를 구할 수 있군요.

여휴: 『Ars magna』에 소개된 방법에 의해서도 사차다항식 하나를 풀기 위해 $X^3=B$ 꼴의 삼차방정식 하나와 $X^2=A$ 꼴의 이차방정식 세 개를 풀어야한다는 것을 알 수 있습니다.

"'3'차방정식 하나와 '2'차방정식 세 개"에서 얻어지는 $3\times2\times2\times2$는 얼마인가? 24이다. 사차방정식의 '4'에 대해 $4!=4\times3\times2\times1$은 얼마인가? 24이다.

뒤에서 살펴볼 대칭군 S_4의 위수가 4!이다.

$3 \times 2 \times 2 \times 2$와 $4! = 4 \times 3 \times 2 \times 1$이 같은 것은 우연이 아니다. 갈루아는 이 두 수가 왜 같은지를 알았고, 그 이유를 세상에 알리고 싶었다. 유언으로.

지금까지의 논의를 다음과 같이 요약할 수 있다.

> 사차다항식의 경우에도 근의 공식이 존재하지만, 일반적으로 해를 작도할 수 없다.

여광: 삼차다항식을 풀 때에는 이차항을 소거하고, 사차다항식을 풀 때에는 삼차항을 소거하면 편리해진다는 것은 이해가 됩니다.

여휴: 특히 근과 계수의 관계에서 $\alpha+\beta+\gamma=0$ 또는 $\alpha+\beta+\gamma+\delta=0$의 관계식은 우리에게 많은 도움이 되죠.

여광: 삼차다항식의 세 근을 α, β, γ, 사차다항식의 네 근을 α, β, γ, δ 라고 한 경우이군요.

여휴: 아이쿠, 미안합니다. 미리 이야기를 했어야 하는데.

여광: 아닙니다. 선생님의 뜻을 이해하였잖아요.

여휴: 그런데 왜 항의 소거를 언급하셨나요?

여광: x^3+ax^2+bx+c에서 이차항을 소거하기 위해서는 x 대신에 $x-\dfrac{a}{3}$를 대입하고 $x^4+ax^3+bx^2+cx+d$에서 삼차항을 소거하기 위해서는 x 대신에 $x-\dfrac{a}{4}$를 대입합니다. 이는 이차방정식을 푸는 과정과 같다고 생각합니다.

여휴: 왜 그렇죠?

여광: 이차다항식을 푼다는 것은 일차항을 소거하는 것과 같고, 이차다항식 x^2+ax+b에서 x 대신에 $x-\dfrac{a}{2}$를 대입하면 우리가 알고 있는 근의 공식이 나옵니다.

여휴: 맞습니다. 잘 관찰하셨습니다.

3. 또 다른 풀이 법

삼차다항식의 해법은 비교적 수월하지만 사차다항식의 풀이는 상당히 많은 계산을 요구한다. 이러한 이유 등으로 사차다항식에 관한 여러 가지 풀이 법이 데카르트(R. Descartes, 1596-1650) 등 여러 수학자에 의해 소개되었다. 다음은 그 중의 하나로서 보통 '데카르트 방법'이라고 불린다.

사차방정식 $g(x) = x^4 + qx^2 + rx + s = 0$ 의 해를 구해보자. 여기서 $r = 0$이면 매우 쉽게 풀리므로 $r \neq 0$이라고 가정한다. 복소수체 $\mathbb{C}$ 위에서 $g(x)$가 다음과 같이 인수분해된다고 하자.

$$g(x) = x^4 + qx^2 + rx + s = (x^2 + jx + k)(x^2 + \ell x + m)$$

이를 전개하여 계수를 비교하면 다음을 얻는다.

$$\ell = -j, \ m - j^2 + k = q, \ jm - jk = r, \ km = s$$

다음을 알 수 있다.

$$2mj = j^3 + qj + r, \ 2kj = j^3 + qj - r$$

이때,

$$4sj^2 = 4kmj^2 = (2kj)(2mj) = (j^3 + qj - r)(j^3 + qj + r)$$
$$= (j^3 + qj)^2 - r^2 = j^6 + 2qj^4 + q^2j^2 - r^2$$

이므로 j^2에 관한 삼차방정식 $(j^2)^3 + 2q(j^2)^2 + (q^2 - 4s)j^2 - r^2 = 0$을 얻는다.

여기서 $r \neq 0$이므로 j는 0이 아니다.

삼차방정식 $(j^2)^3 + 2q(j^2)^2 + (q^2-4s)j^2 - r^2 = 0$을 풀어 j^2을 구한다. 이제, 이차방정식 $X^2 = j^2$을 풀어 j를 구하면 k, ℓ, m을 구할 수 있기 때문에 $g(x)$의 근 네 개를 모두 구할 수 있다.

여광: 이상한데요. 삼차방정식 $(j^2)^3 + 2q(j^2)^2 + (q^2-4s)j^2 - r^2 = 0$을 풀기 위해 $X^2 = A$ 꼴 하나와 $X^3 = B$ 꼴 하나를 풀어야 합니다. 이어서 $X^2 = j^2$을 풀어 j를 구합니다. $X^2 = A$ 꼴 하나를 또 푼 겁니다. 마지막으로, j에 대하여 $x^2 + jx + k = 0$과 $x^2 + \ell x + m = 0$을 풀어야 하므로 $X^2 = A$ 꼴 두 개를 더 풉니다. 사차방정식 $g(x) = 0$을 풀기위해 $X^3 = B$ 꼴 하나와 $X^2 = A$ 꼴 네 개를 풀지 않습니까?

여휴: 좋은 질문입니다. 사실은, 마지막 단계에서 $x^2 + jx + k = 0$을 풀면 $x^2 + \ell x + m = 0$은 풀린 것이 됩니다.

여광: 그렇습니까? 왜 그럴까요? 자세히 살펴보겠습니다. $x^2 + jx + k = 0$의 해는 $\frac{-j \pm \sqrt{j^2-4k}}{2}$이고 $x^2 + \ell x + m = 0$의 해는 $\frac{j \pm \sqrt{j^2-4m}}{2}$입니다. $\frac{-j \pm \sqrt{j^2-4k}}{2}$을 구하면 $\frac{j \pm \sqrt{j^2-4m}}{2}$도 구한 것이라는 말씀이죠? 잠깐만요. 계산을 좀 해야 하겠습니다. $(j^2-4k) - (j^2-4m) = \frac{4r}{j}$이죠? 따라서 $(j^2-4m) = (j^2-4k) - \frac{4r}{j}$이죠? 결국, $\frac{j \pm \sqrt{j^2-4m}}{2}$는 $\frac{-j \pm \sqrt{(j^2-4k) - \frac{4r}{j}}}{2}$이죠? 그래서 $\frac{-j \pm \sqrt{j^2-4k}}{2}$를 구하면 $\frac{j \pm \sqrt{j^2-4m}}{2}$도 구할 수 있다는 말씀인가요?

여휴: 그렇지 않은가요? 필자가 곧 제시할 실제의 예를 보면 어떨까요?

여광: 좋은 생각입니다.

여휴: $x^2 + jx + k = 0$을 풀면 $x^2 + \ell x + m = 0$은 풀린다는 것을 다음과 같이 설명할 수도 있

겠습니다.

$\ell = -j$, $2kj = j^3 + qj - r$, $2mj = j^3 + qj + r$ 이므로 다음이 성립한다.

$$k = \frac{j^2}{2} + \frac{q}{2} - \frac{r}{2j}, \ m = \frac{j^2}{2} + \frac{q}{2} + \frac{r}{2j} = \frac{\ell^2}{2} + \frac{q}{2} - \frac{r}{2l}$$

따라서 원래의 두 방정식은 다음과 같이 동일한 방정식이 된다. 'j' 대신에 'l'을 대입하면 되기 때문이다.

$$x^2 + jx + (\frac{j^2}{2} + \frac{q}{2} - \frac{r}{2j}) = 0$$
$$x^2 + \ell x + (\frac{\ell^2}{2} + \frac{q}{2} - \frac{r}{2l}) = 0$$

일반적인 사차방정식을 풀기위해서는 $X^3 = B$ 꼴 하나와 $X^2 = A$ 꼴 세 개를 풀게 된다는 것을 여기에서도 관찰할 수 있습니다.

위 방법에 따라 $x^4 + 2x + \frac{3}{4} = 0$의 네 개의 해를 구하자. 위의 절차를 따라 j^2을 W라고 놓으면 삼차방정식 $W^3 - 3W - 4 = 0$을 풀어야 한다. 이 삼차방정식은 앞에서 풀었다. 세 개의 해는 다음과 같다.

$$\sqrt[3]{2-\sqrt{3}} + \sqrt[3]{2+\sqrt{3}}$$
$$\sqrt[3]{2-\sqrt{3}}\,\omega + \sqrt[3]{2+\sqrt{3}}\,\omega^2$$
$$\sqrt[3]{2-\sqrt{3}}\,\omega^2 + \sqrt[3]{2+\sqrt{3}}\,\omega$$

편의상 $\sqrt[3]{2-\sqrt{3}} = a$ 와 $\sqrt[3]{2+\sqrt{3}} = b$ 라고 놓고, $j^2 = a + b$라고 하면 다음 두 가지 경우를 얻을 수 있다.

$$\begin{cases} j = \sqrt{a+b} \\ k = \frac{a+b}{2} - \frac{1}{\sqrt{a+b}} \end{cases} \quad \begin{cases} j = -\sqrt{a+b} \\ k = \frac{a+b}{2} + \frac{1}{\sqrt{a+b}} \end{cases}$$

이제 이차방정식 $X^2+\sqrt{a+b}X+(\dfrac{a+b}{2}-\dfrac{1}{\sqrt{a+b}})=0$을 푼다. 이는 $X^2=A$ 꼴을 푸는 것이다. 이를 풀면 이차방정식 $X^2-\sqrt{a+b}X+(\dfrac{a+b}{2}+\dfrac{1}{\sqrt{a+b}})=0$은 풀린 것이다.

이상으로부터 방정식 $x^4+2x+\dfrac{3}{4}=0$의 네 개의 해는 다음과 같음을 알 수 있다.

$$-\dfrac{1}{2}\sqrt{\sqrt[3]{2-\sqrt{3}}+\sqrt[3]{2+\sqrt{3}}}+\dfrac{1}{2}\sqrt{-\sqrt[3]{2-\sqrt{3}}-\sqrt[3]{2+\sqrt{3}}+\dfrac{4}{\sqrt{\sqrt[3]{2-\sqrt{3}}+\sqrt[3]{2+\sqrt{3}}}}}$$

$$-\dfrac{1}{2}\sqrt{\sqrt[3]{2-\sqrt{3}}+\sqrt[3]{2+\sqrt{3}}}-\dfrac{1}{2}\sqrt{-\sqrt[3]{2-\sqrt{3}}-\sqrt[3]{2+\sqrt{3}}+\dfrac{4}{\sqrt{\sqrt[3]{2-\sqrt{3}}+\sqrt[3]{2+\sqrt{3}}}}}$$

$$\dfrac{1}{2}\sqrt{\sqrt[3]{2-\sqrt{3}}+\sqrt[3]{2+\sqrt{3}}}+\dfrac{1}{2}\sqrt{-\sqrt[3]{2-\sqrt{3}}-\sqrt[3]{2+\sqrt{3}}-\dfrac{4}{\sqrt{\sqrt[3]{2-\sqrt{3}}+\sqrt[3]{2+\sqrt{3}}}}}$$

$$\dfrac{1}{2}\sqrt{\sqrt[3]{2-\sqrt{3}}+\sqrt[3]{2+\sqrt{3}}}-\dfrac{1}{2}\sqrt{-\sqrt[3]{2-\sqrt{3}}-\sqrt[3]{2+\sqrt{3}}-\dfrac{4}{\sqrt{\sqrt[3]{2-\sqrt{3}}+\sqrt[3]{2+\sqrt{3}}}}}$$

다음 절차를 기억하자.

- $x^4+ax^3+bx^2+cx+d=0$ 꼴의 방정식을 삼차항이 없는 $x^4+qx^2+rx+s=0$꼴의 사차방정식으로 바꾼다.
- j^2에 관한 삼차방정식 $(j^2)^3+2q(j^2)^2+(q^2-4s)j^2-r^2=0$ 한 개를 푼다. $X^2=A$ 꼴 하나와 $X^3=B$ 꼴 하나를 풀어야 한다.
- $X^2=j^2$을 풀어 j를 구하고 이어서 k를 구하여 $x^2+jx+k=0$을 푼다. $X^2=A$ 꼴 두 개를 더 푸는 것이다.

여기에서도 $3 \times 2 \times 2 \times 2$와 $4! = 4 \times 3 \times 2 \times 1$이 같다.

한편, j^2을 $\sqrt[3]{2-\sqrt{3}}\,\omega + \sqrt[3]{2+\sqrt{3}}\,\omega^2$ 또는 $\sqrt[3]{2-\sqrt{3}}\,\omega^2 + \sqrt[3]{2+\sqrt{3}}\,\omega$로 놓아도 주어진 사차방정식을 풀 수 있다. 실제로, $j^2 = \sqrt[3]{2-\sqrt{3}}\,\omega + \sqrt[3]{2+\sqrt{3}}\,\omega^2$ 인 경우의 네 개의 해는 다음과 같다.

$$-\frac{1}{2}\sqrt{\sqrt[3]{2-\sqrt{3}}\,\omega + \sqrt[3]{2+\sqrt{3}}\,\omega^2} + \frac{1}{2}\sqrt{-\sqrt[3]{2-\sqrt{3}}\,\omega - \sqrt[3]{2+\sqrt{3}}\,\omega^2 + \frac{4}{\sqrt{\sqrt[3]{2-\sqrt{3}}\,\omega + \sqrt[3]{2+\sqrt{3}}\,\omega^2}}}$$

$$-\frac{1}{2}\sqrt{\sqrt[3]{2-\sqrt{3}}\,\omega + \sqrt[3]{2+\sqrt{3}}\,\omega^2} - \frac{1}{2}\sqrt{-\sqrt[3]{2-\sqrt{3}}\,\omega - \sqrt[3]{2+\sqrt{3}}\,\omega^2 + \frac{4}{\sqrt{\sqrt[3]{2-\sqrt{3}}\,\omega + \sqrt[3]{2+\sqrt{3}}\,\omega^2}}}$$

$$\frac{1}{2}\sqrt{\sqrt[3]{2-\sqrt{3}}\,\omega + \sqrt[3]{2+\sqrt{3}}\,\omega^2} + \frac{1}{2}\sqrt{-\sqrt[3]{2-\sqrt{3}}\,\omega - \sqrt[3]{2+\sqrt{3}}\,\omega^2 - \frac{4}{\sqrt{\sqrt[3]{2-\sqrt{3}}\,\omega + \sqrt[3]{2+\sqrt{3}}\,\omega^2}}}$$

$$\frac{1}{2}\sqrt{\sqrt[3]{2-\sqrt{3}}\,\omega + \sqrt[3]{2+\sqrt{3}}\,\omega^2} - \frac{1}{2}\sqrt{-\sqrt[3]{2-\sqrt{3}}\,\omega - \sqrt[3]{2+\sqrt{3}}\,\omega^2 - \frac{4}{\sqrt{\sqrt[3]{2-\sqrt{3}}\,\omega + \sqrt[3]{2+\sqrt{3}}\,\omega^2}}}$$

앞에서 구한 해와 비교하면 $\sqrt[3]{2-\sqrt{3}}$, $\sqrt[3]{2+\sqrt{3}}$ 각각이 $\sqrt[3]{2-\sqrt{3}}\,\omega$, $\sqrt[3]{2+\sqrt{3}}\,\omega^2$ 으로 대체되었음을 알 수 있다.

또, $j^2 = \sqrt[3]{2-\sqrt{3}}\,\omega^2 + \sqrt[3]{2+\sqrt{3}}\,\omega$인 경우의 네 개의 해는 다음과 같다.

$$-\frac{1}{2}\sqrt{\sqrt[3]{2-\sqrt{3}}\,\omega^2 + \sqrt[3]{2+\sqrt{3}}\,\omega} + \frac{1}{2}\sqrt{-\sqrt[3]{2-\sqrt{3}}\,\omega^2 - \sqrt[3]{2+\sqrt{3}}\,\omega + \frac{4}{\sqrt{\sqrt[3]{2-\sqrt{3}}\,\omega^2 + \sqrt[3]{2+\sqrt{3}}\,\omega}}}$$

$$-\frac{1}{2}\sqrt{\sqrt[3]{2-\sqrt{3}}\,\omega^2 + \sqrt[3]{2+\sqrt{3}}\,\omega} - \frac{1}{2}\sqrt{-\sqrt[3]{2-\sqrt{3}}\,\omega^2 - \sqrt[3]{2+\sqrt{3}}\,\omega + \frac{4}{\sqrt{\sqrt[3]{2-\sqrt{3}}\,\omega^2 + \sqrt[3]{2+\sqrt{3}}\,\omega}}}$$

$$\frac{1}{2}\sqrt{\sqrt[3]{2-\sqrt{3}}\,\omega^2 + \sqrt[3]{2+\sqrt{3}}\,\omega} + \frac{1}{2}\sqrt{-\sqrt[3]{2-\sqrt{3}}\,\omega^2 - \sqrt[3]{2+\sqrt{3}}\,\omega - \frac{4}{\sqrt{\sqrt[3]{2-\sqrt{3}}\,\omega^2 + \sqrt[3]{2+\sqrt{3}}\,\omega}}}$$

$$\frac{1}{2}\sqrt{\sqrt[3]{2-\sqrt{3}}\,\omega^2 + \sqrt[3]{2+\sqrt{3}}\,\omega} - \frac{1}{2}\sqrt{-\sqrt[3]{2-\sqrt{3}}\,\omega^2 - \sqrt[3]{2+\sqrt{3}}\,\omega - \frac{4}{\sqrt{\sqrt[3]{2-\sqrt{3}}\,\omega^2 + \sqrt[3]{2+\sqrt{3}}\,\omega}}}$$

Ⅲ. 깨진 침묵

처음에 구한 해와 비교하면 $\sqrt[3]{2-\sqrt{3}}$, $\sqrt[3]{2+\sqrt{3}}$ 각각이 $\sqrt[3]{2-\sqrt{3}}\,\omega^2$, $\sqrt[3]{2+\sqrt{3}}\,\omega$ 로 대체되었음을 알 수 있다.

사('4')차 다항식 $x^4+2x+\frac{3}{4}$의 네('4') 개의 근이 네('4') 가지의 다른 모습으로 나타난다. 근들이 옷을 갈아입고 나오니 누가 누가인지 모르겠다. 이에 관한 논의는 Ⅶ장에서 다시 할 것이다. 많은 노동(계산)을 하여야 하겠지만 즐거울 것 같다.

4. 그 이후

타르탈리아와 카르다노 등에 의해 삼차다항식과 사차다항식의 근의 공식이 발견된 16세기 전후 시기는 수학뿐만이 아니라 여러 면에서 주목할 만하다. 예를 들어, 레오나르도 다빈치, 미켈란젤로, 라파엘로 등이 활동하던 시기이며, 마르틴 루터와 장 칼뱅 등이 종교개혁을 주도한 시기이기 때문이다.

오차방정식 $x^5=0$과 $(x-1)^5=0$의 경우에는 근의 공식이 있다. $x^5-32=0$도 $x=2$를 해로 가지기 때문에 사차방정식으로 귀착되므로 근의 공식이 존재한다. $x^5-x^4-x^2+1=0$의 경우도 마찬가지로, $x=1$을 해로 가지기 때문에 사차방정식으로 귀착되어 근의 공식이 존재한다.

그렇다면, 모든 오차다항식에 적용되는 근의 공식은 존재할까? 지금까지의 추세로 보아 모든 오차다항식의 근을 작도한다는 것은 기대하기 어렵다. 그러나 근의 공식은 존재하지 않을까?

이차, 삼차, 사차의 경우에는 근의 공식이 존재하므로 그러한 긍정적인 기대를

할 수 있을 것 같다.

여광: 긴 세월이 지나 삼차다항식과 사차다항식 근의 모습이 드러났군요.

여휴: 참으로 긴 세월입니다. 약 2,000년이잖아. 근의 모습은 알게 되었지만 그 근의 작도가능성 여부는 여전히 오리무중이었습니다. 그때까지도 $\sqrt[3]{2}$을 작도할 수 있는지 할 수 없는지를 알 수 없었습니다.

여광: 그렇게 오랜 세월 아무도 하지 못했으니 '작도가능하지 않다'고 추측하지 않았을까요?

여휴: 저도 그렇게 생각합니다. 그렇다면 문제는 더 커집니다. $\sqrt[3]{2}$을 작도할 수 있다면 눈금 없는 자와 컴퍼스를 계속 들고 시도하면 언젠가는 되겠지만, 작도할 수 없다면 문제가 더 어려워집니다. 작도할 수 없다는 것을 증명하기 위해서는 완전히 새로운 수학이 필요하기 때문입니다.

여광: 당시 수학자들의 애타는 모습이 그려집니다. 오차다항식의 풀이, 즉 오차다항식의 근의 모습에 관하여도 수학자들이 매우 궁금했을 것 같습니다.

여휴: 다음과 같은 추측이 가능하지 않을까요?

> 어떤 수학자가 삼차다항식과 사차다항식의 해법에 대해 이해하고, 그와 유사한 방법을 적용하기 위해, 먼저 사차 항을 제거한 후, 오차다항식 $X^5 + qX^3 + rX^2 + sX + t = 0$의 해를 $X = Y + Z + W + U$의 형태로 놓고 풀이를 시도한다. $(Y + Z + W + U)^5$ 등 상당량의 계산을 많은 인내를 가지고 수행한다. 그러다 어느 순간 지쳐서 포기한다.

여광: 그런 수학자가 있었을 것 같습니다. 다음과 같은 상상은 어떨까요?

> 어떤 사람은 $(Y + Z + W + U)^5$, $(Y + Z + W + U)^4$, $(Y + Z + W + U)^3$ 등 필요한 계산을 모두 하고 삼차다항식의 경우와 사차다항식의 경우에 적

용했던 절차에 따라 풀이과정에 대한 분석을 했다. 그러나 허무하게도 유의미한 결과를 도출하는 데에는 실패한다.

여휴: 그럴듯합니다.
여광: 당시 조선의 산학자들도 다항식의 풀이에 관하여 관심이 많았을 것 같습니다.
여휴: 다항식의 풀이는 워낙 자연스럽게 대두되는 수학문제이므로 그에 관한 역사도 그렇게 깁니다. 사실, 17세기 전후에 활동한 조선 산학자의 저서에도 다항식의 풀이가 논의되어 있습니다.
여광: 16세기와 17세기는 천문학에도 큰 의미가 있는 시기입니다. 코페르니쿠스와 케플러가 지동설을 수학적으로 설명하며 주장하던 시기입니다.
여휴: 예술, 종교, 수학, 천문학 등에서 괄목할만한 시기였습니다. '조선의 산학자를 비롯한 학자들이 서양의 그러한 분위기와 상황을 접할 수 있었으면 어떠했을까?'라는 아쉬움이 듭니다.

일반적인 오차다항식의 풀이는 다시 또 긴 세월을 요구하였다. 이번에는 약 300년 정도이다.

IV. 아름다움을 위하여

갈루아가 남긴 언어는 '대칭 이론(Theory of Symmetry)'인 '군론(群論, group theory)'이다. 갈루아의 아름다운 이론을 성공적으로 설명하기 위해 '군', '체', '벡터공간' 등 추상대수학의 용어의 사용은 불가피하다. 이 장에서는 앞으로의 논의를 준비하기 위해 다양한 예를 살펴보며 추상대수학의 기초적인 언어를 소개하려 한다. 이미 군, 부분군, 정규부분군, 상군, 체, 확대체, 벡터공간, 기저, 차원 등의 용어에 익숙한 독자들은 이 장을 넘어가도 좋다.

1. 대수적 구조

때때로 관심의 대상을 범주화하거나 구조화하면 편리하다.

자연수 전체의 집합 N에는 덧셈이 잘 정의되고(즉, N은 덧셈에 관하여 닫혀있고) 덧셈에 관한 결합법칙이 성립한다.

이러한 대수적 구조를 '반군(semi-group)'이라고 한다. 앞으로 중요한 역할을 할 '군(group)' 구조의 '반(半)' 정도로 이해하면 된다.

반군에 항등원까지 존재하면 근사한 구조가 된다. 0과 자연수 전체의 집합 W
는 덧셈 연산에 관하여 반군의 구조를 가지거니와 덧셈에 관한 항등원 0도 있다.
이러한 구조를 '모노이드(monoid)'라고 한다.

초등학교 수학에 등장하는 대수적 구조는 이 정도이다.

2. 군

대칭을 표현하고 설명함에 있어서 수학은 가장 강력하고 정확한 언어를 제공한
다. 실제로, 대칭을 기술하는 수학 용어는 '군(群, group)'이다. 군의 이론, 즉 '군
론(群論, group theory, theory of groups)'을 '대칭의 이론(theory of symmetry)'이라고 부
르는 이유이다. '대칭 궁(Palace of Symmetry)'이라고 하는 알람브라(Alhambra) 궁전
이 수학자들의 주요 방문지가 된 것도 같은 맥락이다.

정수 전체의 집합 Z는 덧셈 연산에 관하여 모노이드의 구조를 가지거니와 모
든 정수 n의 덧셈에 관한 역원 $-n$을 가진다. 이러한 구조를 '군'이라고 한다.
군의 수학적 정의는 다음과 같다.

> 공집합이 아닌 집합 G 위에서 정의된 연산 ∘이 다음을 만족시킬 때,
> $(G, ∘)$를 군이라고 한다.
> - 연산 ∘에 관한 결합법칙이 성립한다.
> - 연산 ∘에 관한 항등원 $e \in G$가 존재한다.
> - 임의의 원소 $x \in G$의 연산 ∘에 관한 역원 $x^{-1} \in G$가 존재한다.

혼동을 초래하지 않는 경우 단순히 G를 군이라고 한다. 특히 연산에 관한 교환

법칙이 성립하는 군을 가환군(commutative group) 또는 아벨군(abelian group)이라고 한다.

또, 혼란의 여지가 없을 경우 보통 아무런 언급 없이 연산의 결과 $x \circ y$를 xy로 쓰기도 하며, xy를 '두 원소 x와 y의 곱(product)'이라고 한다. 또한 xx를 'x^2', xx^2을 'x^3', …와 같이 거듭제곱을 이용하여 쓰기도 한다. 이러한 관점에서 항등원을 1로 나타내며 임의의 원소 x에 대하여 x^0을 1로 정의한다.

H가 군 $(G, \circ)$의 부분집합으로서 G 위에서 정의된 연산 $\circ$에 관해 군의 구조를 가질 경우 H를 군 G의 부분군(subgroup)이라고 한다. 이를 간단히 '$H \leq G$'로 나타낸다.

가. 군의 예

우리에게 익숙한 군 $(\mathbb{Z}, +)$ 외에 다른 군의 예로서 무엇이 있을까?

정이면체군

좌표평면 $\mathbb{R}^2$에서 거리를 보존하는 변환을 등거리변환(isometry)이라고 한다. 평행이동(translation), 반사(reflection), 회전(rotation)은 등거리변환의 예이다. 또한 모든 등거리변환은 평행이동, 반사, 회전, 혹은 이들의 합성이다. 중학교 수학에서는 '합동'인 두 도형을 '모양과 크기가 같아서 완전히 프개어지는 두 도형'이라고 설명한다. 이를 등거리변환을 이용하여 다음과 같이 설명할 수 있다.

> 한 도형이 적절한 등거리변환에 의하여 다른 도형으로 변환되면 이 두 도형은 합동이다.

합동인 두 도형을 등거리변환을 이용하여 완전히 포개려고 할 때 그 도형이 대칭성을 많이 가지고 있다면 택할 수 있는 등거리변환도 많아진다. 예를 들어 반지름의 길이가 같은 두 원을 완전히 포개는 방법은 합동인 두 삼각형이나 사각형을 완전히 포개는 방법보다 많다. 원은 삼각형이나 사각형에 비해 완벽한(!) 대칭성을 가지고 있기 때문이다. 도형의 대칭성에 대해 좀 더 자세히 논의해 보자.

좌표평면 $\mathbb{R}^2$에 놓인 정n각형($n \geq 3$)을 생각하자. 주어진 정n각형을 그대로 보존시키는 등거리변환 전체의 집합을 D_n으로 나타내면 D_n은 합성연산에 대해 군을 이룬다. 이 군을 정이면체군(dihedral group)이라고 부른다. 여기서 'D'는 '이면체'를 뜻하는 영어 'dihedral'에서 왔다. 예를 들어보자.

정이면체군 D_3의 각각의 원소를 알아보기 위해 다음과 같이 좌표평면에 놓인 정삼각형의 세 꼭짓점에 번호를 붙여 생각하자.

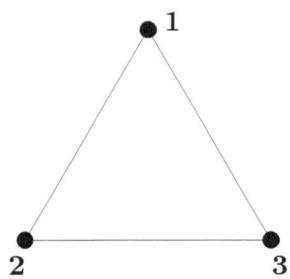

정삼각형을 그대로 보존시키는 등거리변환은 세 개의 회전 1, σ, σ^2 그리고 세 개의 반사 τ_1, τ_2, τ_3뿐이다. 즉, $D_3 = \{1, \sigma, \sigma^2, \tau_1, \tau_2, \tau_3\}$이다. 다음 그림은 이 여섯 가지 변환에 의해 각 꼭짓점이 어디로 이동하였는지 보여준다.

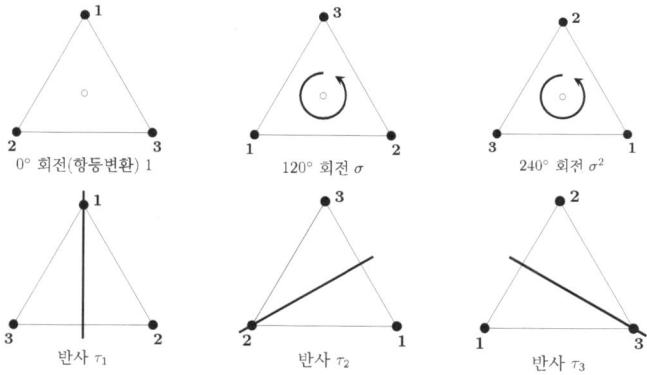

D_3의 원소(변환)는 정삼각형의 세 꼭짓점을 어디로 보내는지에 따라 결정되는 것을 알 수 있다. 예를 들어, 세 꼭짓점 1, 2, 3을 각각 1, 3, 2로 보내는 D_3의 원소는 반사 τ_1이다. 이 사실을 이용하여 D_3의 원소를 나타낼 수 있다. 먼저 세 개의 반사는 다음과 같이 나타낸다.

$$\tau_1 = (23), \quad \tau_2 = (13), \quad \tau_3 = (12)$$

여기서 (23)은 '1을 고정시키고 2를 3으로 보내며, 3을 2로 보내는 치환(permutation)'을 뜻한다.

보통 세 꼭짓점 1, 2, 3의 치환이라고 하면 이들을 정확히 한 번씩 써서 나열한 단어를 말한다. 즉, 다음과 같이 여섯 가지 치환이 존재한다.

123, 132, 213, 231, 312, 321

그러나 각각의 치환은 집합 $\{1, 2, 3\}$에서 $\{1, 2, 3\}$로의 일대일대응으로 볼 수 있다. 예를 들어 치환 132는 1, 2, 3을 각각 1, 3, 2로 대응시키는 일대일대응으

IV. 아름다움을 위하여

로 본다. 역으로 집합 $\{1, 2, 3\}$에서 $\{1, 2, 3\}$으로의 일대일대응을 치환으로 이해할 수 있다. 예를 들어 1, 2, 3을 각각 3, 1, 2로 대응시키는 일대일대응은 치환 312로 이해한다. 따라서 치환과 일대일대응을 구별하는 것은 큰 의미가 없다. 이러한 관점에서 이 책에서는 치환을 일대일대응의 동의어로 사용한다.

(12), (13) 역시 동일한 방식으로 이해할 수 있다. (12)는 1과 2를 맞바꾸며 3을 고정시키는 치환이고, (13)은 1과 3을 맞바꾸고 2를 고정시키는 치환이다.

세 개의 회전은 다음과 같이 나타낸다.

$\quad$ 1 $\quad$ (항등치환, 0° 혹은 360° 회전),
$\sigma = (123)$ $\quad$ (120° 회전),
$\sigma^2 = (132)$ $\quad$ (240° 회전)

여기서 (123)은 '1을 2로, 2를 3으로, 3을 1로 보내는 치환'을 뜻한다.

여광: 정의를 처음 봤을 때는 왜 필자가 군이 대칭을 기술하는 수학 용어라고 했는지 이해가 되지 않았는데 정이면체군을 보니 이제 조금은 이해가 됩니다. 정이면체군 D_n이 정n각형의 대칭성을 반영하고 있으니 말이죠.

여휴: 그렇습니다. 반사, 회전과 같은 대칭은 우리에게 매우 익숙한 개념입니다. 시각적으로 표현이 되니까요. 그러나 군의 개념을 보다 깊게 이해하고 응용하기 위해서는 대칭의 '넓은 의미'를 받아들일 필요가 있습니다. 곧 이에 대해서 얘기할 기회가 있을 것 같습니다.

여광: 그렇군요. 그런데 정n각형의 대칭성을 설명하는 군인 D_n을 왜 '정다각형군'이라고 하지 않고 '정이면체군'이라고 할까요? '정이면체'라는 용어도 매우 어색합니다. n개의 다각형

의 면으로 둘러싸인 입체도형을 n면체라고 하는데 이런 입체도형을 생각하려면 최소 네 개의 면이 필요합니다.

여휴: 여광 선생은 수학자들이 정한 용어에도 호기심이 무척 많군요. 수학자들이 정한 용어이니 그만한 이유가 있겠지요? '정이면체'라는 용어는 등거리변환 중 '반사'와 관련이 있습니다.

여광: 좀 더 자세히 설명해 주시죠.

여휴: 한 차원 높은 삼차원의 세상에서 바라보면 결국 반사는 주어진 도형을 적당한 축에 대해 180°만큼 회전한 것, 즉 뒤집는 것으로 이해할 수 있습니다.

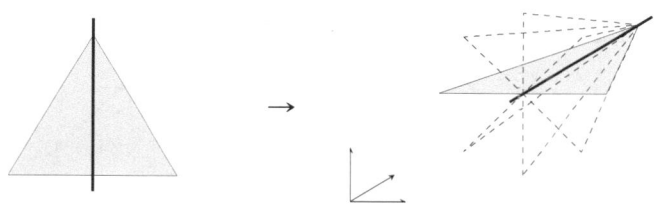

그러니 정삼각형을 삼차원에서 앞면과 뒷면, 두 개의 면을 가지는 정이면체로 생각할 수 있지 않을까요? 마치 '뒤집을 수 있는' 정삼각형모양으로 오려진 종이같이 말이죠.

여광: '반사'는 초등학교 수학에서 가르치는 '뒤집기'이군요. 설명을 들으니 이제 '정이면체군'이라는 용어가 납득이 갑니다.

여휴: 자, 그럼 이제 정사각형의 경우를 살펴볼까요?

정사각형의 각 꼭짓점에 다음과 같이 번호를 붙여 생각하자.

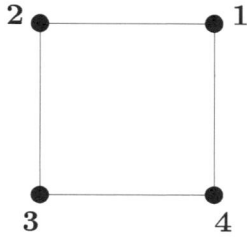

정사각형을 그대로 보존시키는 등거리변환은 네 개의 회전과 네 개의 반사뿐이

다. 아래 그림은 이 여덟 가지 변환에 의해 정사각형의 각 꼭짓점이 각각 어디로 이동했는지 나타낸다. 또한 삼각형의 경우와 마찬가지로, 이를 이용하여 D_4의 원소를 나타낸다.

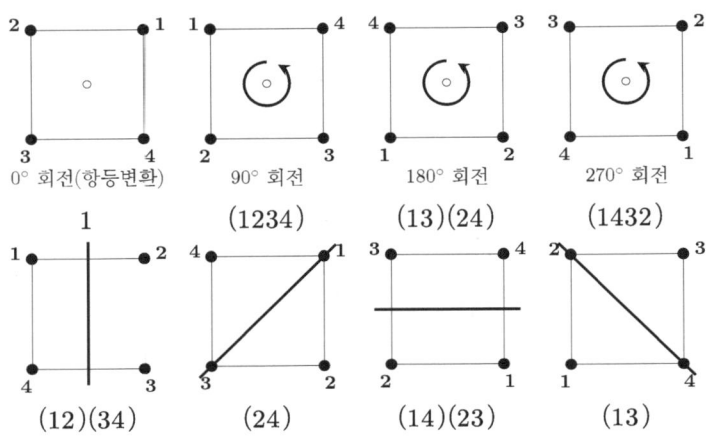

$D_4 = \{1,\ (1234),\ (13)(24),\ (1432),\ (12)(34),\ (24),\ (14)(23),\ (13)\}$

여기서 $(13)(24)$는 1과 3을 맞바꾸고, 2와 4를 맞바꾸는 치환으로서 두 치환 (24)과 (13)의 합성이다.

$(13)(24)$는 반사 (24)를 적용한 뒤 반사 (13)을 적용하는 것으로서 정사각형의 중심에 관하여 반시계 방향으로 180° 만큼 회전한 것과 같다.

여광: 정사각형이 아닌 직사각형의 대칭성도 같은 방법으로 나타낼 수 있지 않을까요?

여휴: 맞습니다. 정사각형이 아닌 직사각형을 그대로 보존시키는 등거리변환은 네 개 뿐입니다. 회전 두 개와 반사 두 개가 있습니다. 이 네 변환으로 이루어진 군을 V_4로 나타내고 클라인(Klein)의 '사원군(four-group)'이라고 부릅니다. 여기서 'V'는 '4'를 뜻하는 독일어 'Vierer'에서 왔습니다.

여광: 직사각형의 네 꼭짓점에

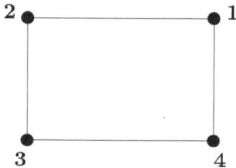

와 같이 번호를 붙이고 필자가 설명한대로 원소들을 나타내면

$$V_4 = \{1, \ (12)(34), \ (13)(24), \ (14)(23)\}$$

입니다.

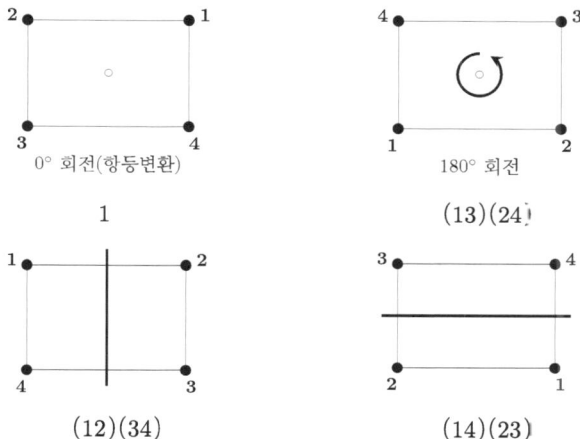

여휴: 이렇게 나타내니 V_4가 D_4의 부분군임을 한 눈에 확인할 수 있군요. 물론 직사각형이 갖는 대칭성을 정사각형이 갖는 것은 어찌 보면 당연한 결과이겠지요.

대칭군

집합 $X = \{1, 2, 3, \cdots, n\}$ 위에서의 치환(일대일 대응) 전체의 집합

$$S_n = \{f \mid f : X \to X \text{는 치환}\}$$

을 생각하고 이 집합에서 함수의 합성 연산을 생각하면 위수(원소의 개수)가 $n!$인 유한군을 얻을 수 있다. 이러한 군을 대칭군(symmetric group)이라고 하고, S_n으로 나타낸다.

대칭군 S_n의 원소 f는 $\{1, 2, 3, \cdots, n\}$에서 $\{1, 2, 3, \cdots, n\}$으로의 일대일대응이므로 f를 정이면체군의 원소를 나타냈던 것과 같은 방법으로 나타낼 수 있다. 예를 들어, $f(1) = 2$, $f(2) = 3$, $f(3) = 1$인 S_3의 원소 f는 (123)으로 표현된다.

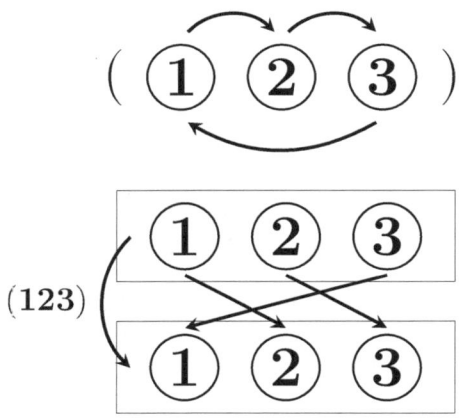

S_1과 S_2는 가환군임이 분명하고, $n \geq 3$이면 S_n은 비가환군이다. 예를 들어, 대칭군 $S_3 = \{1, (12), (13), (23), (123), (132)\}$는 위수가 6인 비가환군이다. 앞에서 언급하였듯이, 대칭군에서의 연산은 치환(함수)의 합성이고, 연산은 관례에 따라 오른쪽 치환에 왼쪽 치환을 합성하는 것으로 한다. 예를 들어, $(12)(13) = (132)$이고 $(13)(12) = (123)$이다.

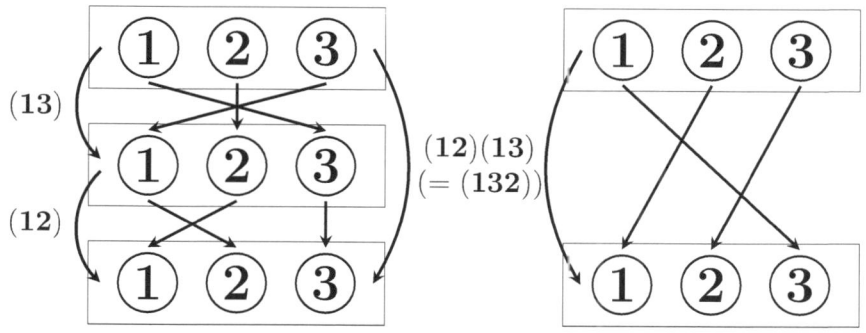

일반적으로 정이면체군 D_n과 대칭군 S_n과는 어떠한 관계에 있을까? 먼저, D_3과 S_3이 같다는 것은 이미 확인하였다. 정삼각형의 치환의 개수와 집합 $\{1,2,3\}$의 치환, 즉 $\{1,2,3\}$에서 $\{1,2,3\}$으로의 일대일대응 전체의 개수가 같고, 두 군에서의 연산도 같기 때문이다. 그러나 D_4와 S_4는 같지 않다. D_4의 원소의 개수는 8이지만 S_4의 원소의 개수는 24이기 때문이다. 실제로 D_4는 S_4의 부분집합이다. 일반적으로 다음 사실은 잘 알려져 있다.

자연수 $n \geq 3$에 대하여 정이면체군 D_n은 대칭군 S_n의 부분군으로서 $2n$개의 원소(n개의 회전과 n개의 반사)를 가진다.

여휴: 여기서 '대칭'의 의미를 다시 생각해 볼 필요가 있습니다.
여광: 이전에 말씀하신 대칭의 넓은 의미에 대한 것이군요. 정이면체군과는 다르게 여기서 치환들을 평행이동, 반사, 회전과 같이 시각적으로 또는 기하학적으로 이해하기는 힘듭니다.
여휴: 약간의 기교를 이용하면 이들을 기하학적으로 이해하는 것이 아예 불가능한 것은 아닙니다만 여기서는 대칭의 넓은 의미를 고려해봅시다. 정이견체군은 '등거리변환' 중에서 정n각형을 그대로 보존시키는 변환들로 이루어 진 것이며, 정이면체군의 각각의 원소는 정n

각형의 대칭입니다.

여광: '등거리변환'을 강조하신 것을 보니 등거리변환이 아닌 다른 변환도 생각할 수 있다는 말씀이신 것 같습니다.

여휴: 정확합니다. 등거리변환은 사실 좌표평면 $\mathbb{R}^2$을 그대로 보존시키면서(일대일 대응) 동시에 '거리' 역시 보존시키는 변환입니다. '집합' 뿐 아니라 그 집합에 정의된 '구조'까지 보존시킵니다.

여광: 그 구조가 반드시 '거리'와 관련될 필요가 없다는 것이군요.

여휴: 그렇습니다. 예를 들어 집합 $\{1, 2, 3\}$을 단순히 집합으로만 간주하면, 즉 어떠한 구조를 고려하지 않으면 집합 $\{1, 2, 3\}$에서 $\{1, 2, 3\}$으로의 일대일대응은 집합 $\{1, 2, 3\}$의 대칭이라고 할 수 있습니다.

여광: 군의 대칭도 생각할 수 있을까요? 군 G에서 군 G로의 동형사상을 군 G의 대칭이라고 할 수 있는 것인가요?

여휴: 네, 맞습니다. 이 때 군 G에서 군 G로의 동형사상을 군 G의 자기동형사상(automorphism)이라고 합니다.

여광: 이 경우 동형사상은 군 G를 '집합'으로서도 그대로 보존시키며, '군의 구조' 역시 보존시킵니다. 기하학적인 구조 뿐 아니라 다양한 구조를 고려함으로써 대칭의 의미를 확장한 것이군요.

교대군

치환 중에서 $(12), (13), (23)$ 등과 같이 두 수만 자리를 바꾸게 하는 치환을 '호환(transposition)'이라고 한다.

여광: 두 수만 자리를 바꾸고 나머지는 고정시키는 치환, 즉 호환은 사다리타기를 잘 설명합니다. 사다리타기는 가로선에서 문자가 교환됩니다. 다음 사다리를 생각하겠습니다.

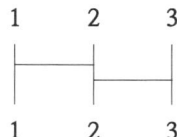

처음에는 1과 2가 위치를 서로 바꾸기 때문에 치환 (12)로 표현할 수 있고, 그 다음 단계에서는 2와 3이 위치를 서로 바꾸기 때문에 치환 (23)으로 표현할 수 있습니다.

여휴: 따라서 주어진 사다리타기는 (23)(12)로 표현되겠습니다. 이는 (132)입니다. 1로 들어가면 3으로 나오고, 2로 들어가면 1로 나오며 3으로 들어가면 2로 나옵니다.

여광: 예를 하나 더 들어보면 어떨까요?

여휴: 그럽시다. 다음과 같은 사다리타기를 생각합시다.

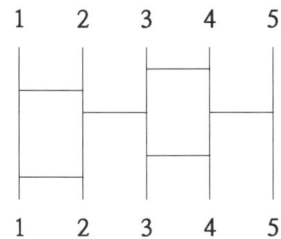

다음과 같이 표현할 수 있습니다: (12)(34)(23)(45)(12)(34).

여광: 세 번째 치환 (23)과 네 번째 치환 (45)는 어느 것이 먼저인지 애매합니다.

여휴: 좋은 지적입니다. 어느 것을 먼저 계산하여도 됩니다. 사다리타기를 (12)(34)(45)(23)(12)(34)로 표현해도 된다는 말입니다. 일반적으로 치환의 곱은 가환적이 아니지만, (23)과 (45)과 같이 {2,3}∩{4,5} = ∅ 인 경우에는 가환적입니다. 위 사다리타기 처음에 등장하는 두 개의 치환 (12)과 (34)의 곱도 가환적입니다.

여광: 이번엔 제가 계산해보겠습니다. 제가 정한 수가 어디로 나오게 될지 마지막까지 긴장하면서 사다리타기를 하는 건 아주 재미있죠. 이번 사다리타기는 1로 들어가면 4로, 2로 들어가면 2로, 3으로 들어가면 5로, 4로 들어가면 1로, 마지막으로 5로 들어가면 3으로 나옵니다. 따라서 이 사다리타기는 치환 (14)(35)으로 나타낼 수 있습니다.

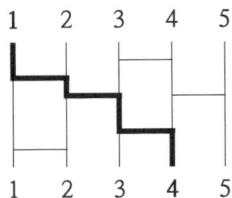

여휴: 여섯 개의 호환의 곱 (12)(34)(23)(45)(12)(34)를 간단히 하면 (14)(35)가 되는군요!

S_n의 모든 치환은 호환의 곱으로 나타낼 수 있다. 예를 들어, S_3의 원소 (132)는 (12)(13)으로 나타낼 수 있고, (123)은 (13)(12)로 나타낼 수 있다. 마찬가지로, S_4의 원소 (1432)는 (12)(13)(14), S_5의 원소 (13452)는 (12)(15)(14)(13)으로 각각 나타낼 수 있다. 관례에 따라 0개의 호환의 곱은 항등치환 1로 정의한다.

치환을 호환의 곱으로 나타내는 방법은 유일하지 않다는 것은 쉽게 확인 할 수 있다. 예를 들어 치환 (14)(35)는 (12)(34)(23)(45)(12)(34)로 나타낼 수 있다. 그러나 어떤 치환이 짝수 개의 호환의 곱으로 표현되면 그 치환은 결코 홀수 개의 호환의 곱으로는 표현할 수 없고, 홀수 개의 호환의 곱으로 표현되면 그 치환은 결코 짝수 개의 호환의 곱으로는 표현할 수 없음을 증명할 수 있다. 짝수 개의 호환의 곱으로 표현되는 치환을 '우치환(even permutation)'이라고 하고, 홀수 개의 호환의 곱으로 표현되는 치환을 '기치환(odd permutation)'이라고 한다. 치환 1, (123), (132), (13452)는 우치환, (12), (13), (23), (1432) 는 기치환의 예이다.

2이상의 자연수 n에 대하여 대칭군 S_n에 속하는 $n!$개의 치환 중에서 우치환의 개수와 기치환의 개수는 각각 $\frac{n!}{2}$ 임을 증명할 수 있다.

한편, 우치환 전체로 이루어진 S_n의 부분집합은 합성연산에 관해 군을 이룬다. 실제로 '(짝수)+(짝수)=(짝수)'이므로 두 우치환의 합성은 짝수 개의 호환의 곱으로 표현되므로 우치환이다. 또한 우치환 σ를 짝수 개의 호환의 곱

$$(a_1b_1)(a_2b_2)\cdots(a_{2k}b_{2k})$$

로 표현하면 σ의 역원은

$$\sigma^{-1}=(a_{2k}b_{2k})^{-1}\cdots(a_2b_2)^{-1}(a_1b_1)^{-1}=(a_{2k}b_{2k})\cdots(a_2b_2)(a_1b_1)$$

이므로 역시 우치환이다.

대칭군 S_n에서 우치환 전체로 이루어지는 군 A_n을 '교대군(alternating group)'이라고 한다.

일반선형군

n차 정사각행렬들을 생각하자. 보통의 행렬은 곱셈에 관한 역원을 가지지 않지만 단위행렬 등 어떤 행렬은 역행렬을 가진다. 역행렬을 가지는 행렬을 '정칙(non-singular)행렬'이라고 한다. 정칙행렬의 곱은 정칙행렬이고, 단위행렬도 정칙행렬이며, 정칙행렬의 역원(역행렬)은 정칙행렬이므로 정칙행렬 전체의 집합은 행렬의 곱셈 연산에 관하여 군의 구조를 가진다. 이 군을 '일반선형군(general linear group)'이라고 한다. 예를 들어 보자.

실수 성분을 가지는 2×2 행렬 전체의 집합 $\mathrm{Mat}_2(\mathbb{R})$에서 정칙행렬 전체의 집합

$$\mathrm{GL}_2(\mathbb{R}) = \left\{ \begin{bmatrix} a & b \\ c & d \end{bmatrix} \mid a,b,c,d \in \mathbb{R},\ ad-bc \neq 0 \right\}$$

은 일반선형군이다. 여기서 'GL'은 'general linear'에서 왔다. 군 $\mathrm{GL}_2(\mathbb{R})$는 무한 비가환군임을 금방 알 수 있다. 정칙행렬들의 집합인 일반선형군은 중요하게 응용된다.

좌표평면 $\mathbb{R}^2$에서 거리를 보존하는 변환 즉, 등거리변환(isometry) 전체의 집합은 다음과 같다.

$$\left\{ \begin{bmatrix} \cos\theta & -\sin\theta & e \\ \sin\theta & \cos\theta & f \\ 0 & 0 & 1 \end{bmatrix} \mid \theta, e, f \in \mathbb{R} \right\} \cup \left\{ \begin{bmatrix} \cos\theta & \sin\theta & e \\ \sin\theta & -\cos\theta & f \\ 0 & 0 & 1 \end{bmatrix} \mid \theta, e, f \in \mathbb{R} \right\}$$

이 집합 $\mathrm{ISO}(2,\mathbb{R})$는 일반선형군 $\mathrm{GL}_3(\mathbb{R})$의 부분집합으로서 군의 구조를 가진다. 여기서 'ISO'는 '등거리'를 나타내는 'isometry'에서 왔다.

대칭군 S_n이 다항식의 가해성을 설명하는 데 있어 중요한 역할을 하는 것처럼 군 $\mathrm{ISO}(2,\mathbb{R})$는 띠와 벽지문양의 분류를 수학적으로 설명하는데 있어 중요한 도구이다.

지금까지 모든 등거리변환들로 이루어진 군 $\mathrm{ISO}(2,\mathbb{R})$를 다음와 같이 다양한 방법으로 소개하였다. 선형대수학, 기하학에서의 기본적인 사실들을 이용하여 실제로 이들이 모두 같음을 보일 수 있다.

- 좌표평면 $\mathbb{R}^2$에서 거리를 보존하는 변환들로 이루어진 군

- $\mathbb{R}^2$에서의 평행이동, 반사, 회전, 그리고 이들의 합성으로 이루어진 군
- $\left\{ \begin{bmatrix} \cos\theta & -\sin\theta & e \\ \sin\theta & \cos\theta & f \\ 0 & 0 & 1 \end{bmatrix} \middle| \theta, e, f \in \mathbb{R} \right\} \cup \left\{ \begin{bmatrix} \cos\theta & \sin\theta & e \\ \sin\theta & -\cos\theta & f \\ 0 & 0 & 1 \end{bmatrix} \middle| \theta, e, f \in \mathbb{R} \right\}$

여광: 필자가 등거리변환을 3차정사각행렬로 나타낸 것이 잘 이해가 되지 않습니다. 2차정사각행렬 $\begin{bmatrix} a & b \\ c & d \end{bmatrix}$가 좌표평면 $\mathbb{R}^2$에서 좌표평면 $\mathbb{R}^2$으로의 (선형)변환을 나타내는 것은 알고 있습니다. 좌표평면 $\mathbb{R}^2$위에 점 (x, y)를 $\begin{bmatrix} x \\ y \end{bmatrix}$로 나타내면 행렬 $\begin{bmatrix} a & b \\ c & d \end{bmatrix}$를 점 $\begin{bmatrix} x \\ y \end{bmatrix}$를 $\begin{bmatrix} a & b \\ c & d \end{bmatrix}\begin{bmatrix} x \\ y \end{bmatrix} = \begin{bmatrix} ax+by \\ cx+dy \end{bmatrix}$로 보내는 변환으로 이해할 수 있습니다. 하지만 3차정사각행렬을 어떻게 좌표평면 $\mathbb{R}^2$에서 좌표평면 $\mathbb{R}^2$으로의 변환으로 이해해야 할지 도무지 방법이 떠오르질 않습니다.

여휴: 여광 선생께서 2차정사각행렬을 좌표평면 $\mathbb{R}^2$위에서의 변환으로 이해하는 방법을 잘 알고 계시군요. 이 책의 뒤에서 필자가 띠와 벽지 문양의 분류를 설명하기 위해서 군 $\mathrm{ISO}(2, \mathbb{R})$를 적극적으로 이용할 것 같으니 여기서 좀 더 알아보는 것도 좋은 생각입니다. 필자가 등거리변환을 나타낸다고 주장하는 3차정사각행렬은 모두 $\begin{bmatrix} a & b & e \\ c & d & f \\ 0 & 0 & 1 \end{bmatrix}$ 꼴입니다. 편의상 $A = \begin{bmatrix} a & b \\ c & d \end{bmatrix}$라고 하고 이를 여광 선생께서 설명하신대로 점 $\begin{bmatrix} x \\ y \end{bmatrix}$를 $\begin{bmatrix} a & b \\ c & d \end{bmatrix}\begin{bmatrix} x \\ y \end{bmatrix}$로 보내는 변환으로 이해합시다. 또 $T_{(e,f)}$를 (e, f)에 의한 평행이동, 즉 점 $\begin{bmatrix} x \\ y \end{bmatrix}$를 $\begin{bmatrix} a \\ b \end{bmatrix} + \begin{bmatrix} e \\ f \end{bmatrix}$로 보내는 변환이라고 합시다. 그러면 합성변환 $T_{(e,f)}A$는 점 $\begin{bmatrix} x \\ y \end{bmatrix}$를 어디로 보내는 변환일까요?

여광: 순차적으로 점 $\begin{bmatrix} x \\ y \end{bmatrix}$에 변환 A를 적용시키면 $\begin{bmatrix} a & b \\ c & d \end{bmatrix}\begin{bmatrix} x \\ y \end{bmatrix}$가 되고, 여기에 다시 변환 $T_{(e,f)}$를 적용시키면 $\begin{bmatrix} a & b \\ c & d \end{bmatrix}\begin{bmatrix} x \\ y \end{bmatrix} + \begin{bmatrix} e \\ f \end{bmatrix}$가 됩니다. $\begin{bmatrix} a & b & e \\ c & d & f \\ 0 & 0 & 1 \end{bmatrix}$꼴의 3차정사각행렬을 점 $\begin{bmatrix} x \\ y \end{bmatrix}$을 $\begin{bmatrix} a & b \\ c & d \end{bmatrix}\begin{bmatrix} x \\ y \end{bmatrix} + \begin{bmatrix} e \\ f \end{bmatrix}$로 보내는 변환으로 이해하자는 말씀이신 것 같군요.

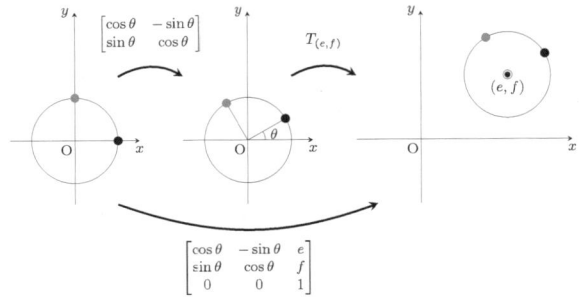

그래도 아직 왜 필자가 2차원인 좌표평면의 변환을 나타내는 데 굳이 $\begin{bmatrix} a & b & e \\ c & d & f \\ 0 & 0 & 1 \end{bmatrix}$과 같은 꼴의 3차정사각행렬을 쓰는지에 대해서는 의문입니다.

여휴: 좀 더 계산을 해봅시다. $A' = \begin{bmatrix} a' & b' \\ c' & d' \end{bmatrix}$라고 하고, (e', f')에 의한 평행이동을 $T_{(e', f')}$로 나타냅시다. 아까와 마찬가지로 합성변환 $T_{(e', f')}A'$은 점 $\begin{bmatrix} x \\ y \end{bmatrix}$를 $\begin{bmatrix} a' & b' \\ c' & d' \end{bmatrix}\begin{bmatrix} x \\ y \end{bmatrix} + \begin{bmatrix} e' \\ f' \end{bmatrix}$으로 보내는 변환임을 알 수 있습니다.

여광: 네. 필자의 방법대로라면 이 변환은 $\begin{bmatrix} a' & b' & e' \\ c' & d' & f' \\ 0 & 0 & 1 \end{bmatrix}$과 같이 나타낼 수 있습니다.

여휴: 자 그러면 방금 언급한 두 변환의 합성 $(T_{(e', f')}A')(T_{(e, f)}A)$를 계산해 봅시다. 이 변환은 점 $\begin{bmatrix} x \\ y \end{bmatrix}$를 어디로 보내는 변환인가요?

여광: 점점 계산이 복잡해지는군요. 하지만 순차적으로 변환들을 적용시키면서 실수만 하지 않는다면 어려운 계산은 아닙니다. 주어진 변환은 점 $\begin{bmatrix} x \\ y \end{bmatrix}$를

$$\begin{bmatrix} a' & b' \\ c' & d' \end{bmatrix}\left(\begin{bmatrix} a & b \\ c & d \end{bmatrix}\begin{bmatrix} x \\ y \end{bmatrix} + \begin{bmatrix} e \\ f \end{bmatrix}\right) + \begin{bmatrix} e' \\ f' \end{bmatrix}$$

$$= \left(\begin{bmatrix} a' & b' \\ c' & d' \end{bmatrix}\begin{bmatrix} a & b \\ c & d \end{bmatrix}\right)\begin{bmatrix} x \\ y \end{bmatrix} + \begin{bmatrix} a' & b' \\ c' & d' \end{bmatrix}\begin{bmatrix} e \\ f \end{bmatrix} + \begin{bmatrix} e' \\ f' \end{bmatrix}$$

$$= \begin{bmatrix} a'a + b'c & a'b + b'd \\ c'a + d'c & c'b + d'd \end{bmatrix}\begin{bmatrix} x \\ y \end{bmatrix} + \begin{bmatrix} a'e + b'f + e' \\ c'e + d'f + f' \end{bmatrix}$$

로 보냅니다. 이 변환은 $T_{(a'e+b'f+e',\, c'e+d'f+f')}A'A$이고, 조금 복잡하긴 하지만 필자의 방법대로 이 변환을 나타내면

$$\begin{bmatrix} a'a+b'c & a'b+b'd & a'e+b'f+e' \\ c'a+d'c & c'b+d'd & c'e+d'f+f' \\ 0 & 0 & 1 \end{bmatrix}$$

이 됩니다.

여휴: 이제 마지막 계산입니다. 두 개의 삼차정사각행렬의 곱

$$\begin{bmatrix} a' & b' & e' \\ c' & d' & f' \\ 0 & 0 & 1 \end{bmatrix} \begin{bmatrix} a & b & e \\ c & d & f \\ 0 & 0 & 1 \end{bmatrix}$$

을 계산하면……,

여광: 방금 구했던 행렬

$$\begin{bmatrix} a'a+b'c & a'b+b'd & a'e+b'f+e' \\ c'a+d'c & c'b+d'd & c'e+d'f+f' \\ 0 & 0 & 1 \end{bmatrix}$$

과 일치합니다! 제가 한 두 계산이 서로 관계가 없어 보였는데 이런 결과를 얻다니 신기합니다.

여휴: 마치 필자가 변환 $T_{(e,f)}A$에 $\begin{bmatrix} a & b & e \\ c & d & f \\ 0 & 0 & 1 \end{bmatrix}$이라는 다른 이름을 붙여주고, 합성연산 대신 행렬의 곱셈을 고려한 것처럼 보이지 않나요? 군은 '원소'들로 이루어진 집합과 결합법칙 등 몇 가지 성질을 만족시키는 '연산'으로 정의됩니다. 따라서 각각의 원소에 다른 이름을 붙여줄 때 그 방식이 주어진 연산과 잘 조화를 이룬다면 '군의 구조'는 바뀌지 않습니다.

여광: 각각의 원소에 다른 이름을 붙여주는 방식이 연산과 잘 조화를 이룬다는 것이 무슨 뜻인지 좀 더 자세히 설명해 주시죠. 방금처럼 두 가지 다른 방식으로 계산한 결과 값이 일치하는 것을 뜻하는 것 같은데 정확하게 이해되지 않습니다.

여휴: 좀 더 명확하게 설명하기 위해서 다소 추상적일 수 있는 수학의 언어를 사용해야겠네요. 먼저 두 개의 군 G와 G'을 생각하고, G와 G' 위에서 정의된 연산을 각각 $\circ$와 $*$로 나타냅시다. 일대일대응 $f: G \to G'$은 군 G의 원소들에게 각각 '새로운 이름(G'의 원소)을 붙여주는 것으로 이해할 수 있습니다. 예를 들어 $x \in G$의 새 이름은 $f(x) \in G'$입니다. 이 때, 임의의 두 원소 $x, y \in G$에 대해서 등식 $f(x) * f(y) = f(x \circ y)$가 성립한다면 군 G'은 결국 군 G의 원소들에게 다른 이름을 붙여주고 연산 $\circ$ 대신 연산

$*$를 고려한 것에 불과합니다.

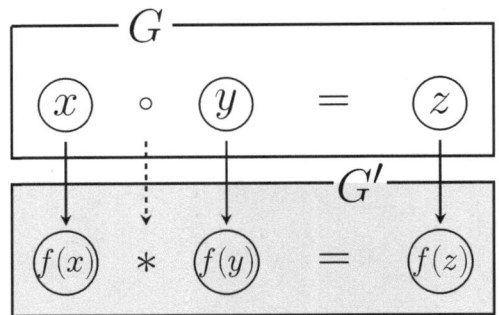

다시 말해, $f(x) * f(y) = f(x \circ y)$를 만족시키는 일대일대응 $f: G \to G'$이 존재하면 군 G의 구조는 원래의 군 G의 구조와 정확히 일치합니다. 이러한 관점에서 $f(x) * f(y) = f(x \circ y)$를 만족시키는 일대일대응 $f: G \to G'$이 존재하면 '두 개의 군 G와 G'은 동형(同形, isomorphic)이다'라고 하고, 간단히 $G \simeq G'$으로 나타냅니다. 이 때 일대일대응 f는 동형사상(isomorphism)이라고 부릅니다.

여광: 이해됩니다. 다시 원래의 문제로 돌아가서, φ를 변환 $T_{(e,f)}A$에 새로운 이름인 행렬 $\begin{bmatrix} a & b & e \\ c & d & f \\ 0 & 0 & 1 \end{bmatrix}$을 부여하는 일대일대응이라고 하면 처음 구한 계산은

$\varphi((T_{(e',f')}A')(T_{(e,f)}A))$

를 구한 것이고, 두 번째 구한 계산은

$\varphi((T_{(e',f')}A'))\varphi(T_{(e,f)}A))$

를 구한 것이군요. 이 둘이 같다는 것도 확인하였고요. 따라서 $T_{(e,f)}A$꼴의 변환들을 합성하는 대신에 $\begin{bmatrix} a & b & e \\ c & d & f \\ 0 & 0 & 1 \end{bmatrix}$꼴의 3차정사각행렬들을 곱할 수 있는 것이군요. 저 역시 변환들의 합성보다는 행렬의 곱셈이 더 친숙하니 등거리변환을 3차정사각행렬로 표현하는 필자의 방법이 이제 더 마음에 듭니다.

$$T_{(e',f')}A' \quad \circ \quad T_{(e,f)}A \quad = \quad T_{(a'e+b'f+e',c'e+d'f+f')}A'A$$

$$\varphi \downarrow \qquad \qquad \varphi \downarrow \qquad \qquad \qquad \varphi \downarrow$$

$$\begin{bmatrix} a' & b' & e' \\ c' & d' & f' \\ 0 & 0 & 1 \end{bmatrix} \cdot \begin{bmatrix} a & b & e \\ c & d & f \\ 0 & 0 & 1 \end{bmatrix} = \begin{bmatrix} a'a+b'c & a'b+b'd & a'e+b'f+e' \\ c'a+d'c & c'b+d'd & c'e+d'f+f' \\ 0 & 0 & 1 \end{bmatrix}$$

여휴: 저도 동의합니다. 필자처럼 수학자들은 동형사상 $f: G \to G'$이 주어졌을 때, 두 개의 군 G와 G'을 (군의 관점에서) 구분할 필요가 없다고 생각합니다. 즉, 원소 $x \in G$와 $f(x) \in G'$을 동일한(identical) 것으로 간주합니다. 단지 원소 x에 새로운 이름 $f(x)$를 부여했다고 생각하기 때문이죠. 심지어 동형사상 f가 개우 자연스럽다고 생각되면 언급을 하지 않을 때도 있습니다. 이 책의 필자처럼 말이죠.

여광: 그런 이유 때문에 앞에서 정이면체군과 대칭군의 원소를 같은 방법으로 나타낸 것이군요. 정이면체군 D_4의 원소 (1234)는 '정사각형의 중심에 대해 반시계방향으로 90°만큼 회전시키는 변환'이고 대칭군 S_4의 원소 (1234)는 '1, 2, 3, 4를 각각 2, 3, 4, 1로 대응시키는 일대일대응'이므로 두 수학적 대상은 틀림없이 다른데 필자는 두 대상을 똑같이 (1234)로 나타냈습니다.

여휴: 맞습니다. 필자는 암묵적으로 동형인 두 개의 군 D_3와 S_3를 동일시(identify)하여 '두 개의 군이 같다'고 하였고 '정이면체군 D_4를 대칭군 S_4의 부분군이다'라고 한 것입니다.

군 $\mathrm{ISO}(2, \mathbb{R})$의 다음 부분집합은 모두 군의 구조를 가진다. 이 군들은 수학이나 물리학에서 자주 등장한다.

- $\{s \in \mathrm{ISO}(2, \mathbb{R}) \mid |s| = 1\}$은 행렬식이 1인 등거리변환 전체의 집합으로서 좌표평면 $\mathbb{R}^2$에서의 평행이동과 회전, 그리고 이들의 합성 전체의 집합이다. 이 집합은 다음과 같다.

$$\left\{ \begin{bmatrix} \cos\theta & -\sin\theta & e \\ \sin\theta & \cos\theta & f \\ 0 & 0 & 1 \end{bmatrix} \,\middle|\, \theta, e, f \in \mathbb{R} \right\}$$

- ISO$(2,\mathbb{R})$의 원소 중에서 원점을 고정시키는 변환 전체의 집합 O(2)는 군의 구조를 가지며, 이 군을 이차 '직교군(orthogonal group)'이라고 한다. 또한 O(2)의 각각의 원소는 '등거리 선형(linear)변환'이라고도 한다. O(2)는 원점을 축으로 하는 회전 전체와, 원점을 지나는 직선을 축으로 하는 반사 전체의 집합이다. 따라서 중심이 원점인 원을 그대로 보존시키는 등거리변환 전체의 집합이다. 앞서 살펴보았던 정이면체군 D_n이 정n각형의 대칭성을 설명하는 군이었다면 이차 직교군 O(2)은 원의 대칭성을 설명하는 군이다.

실제로, O(2)는 다음과 같다.

$$\left\{ \begin{bmatrix} \cos\theta & -\sin\theta & 0 \\ \sin\theta & \cos\theta & 0 \\ 0 & 0 & 1 \end{bmatrix} \,\middle|\, \theta \in \mathbb{R} \right\} \cup \left\{ \begin{bmatrix} \cos\theta & \sin\theta & 0 \\ \sin\theta & -\cos\theta & 0 \\ 0 & 0 & 1 \end{bmatrix} \,\middle|\, \theta \in \mathbb{R} \right\}$$

이 집합은 다음과 같이 간략히 나타낼 수 있다.

$$\left\{ \begin{bmatrix} \cos\theta & -\sin\theta \\ \sin\theta & \cos\theta \end{bmatrix} \,\middle|\, \theta \in \mathbb{R} \right\} \cup \left\{ \begin{bmatrix} \cos\theta & \sin\theta \\ \sin\theta & -\cos\theta \end{bmatrix} \,\middle|\, \theta \in \mathbb{R} \right\}$$

여기서 $\left\{ \begin{bmatrix} \cos\theta & -\sin\theta \\ \sin\theta & \cos\theta \end{bmatrix} \,\middle|\, \theta \in \mathbb{R} \right\}$는 원점을 중심으로 하는 회전 전체의 집합이고

$\left\{ \begin{bmatrix} \cos\theta & \sin\theta \\ \sin\theta & -\cos\theta \end{bmatrix} \middle| \theta \in \mathbb{R} \right\}$는 원점을 지나는 직선을 축으로 하는 반사 전체의 집합이다.

- ISO(2, $\mathbb{R}$)의 원소로서 원점을 고정시키고 행렬식이 1인 등거리 선형변환 전체의 집합 SO(2)는 군의 구조를 가진다. 즉, SO(2)는 O(2)의 원소 중에서 행렬식이 1인 변환 전체로 이루어진 군이며, 원점을 축으로 하는 회전 전체로 구성된 군이고, 이 군을 이차 '특수직교군(special orthogonal group)'이라고 한다. SO(2)는 다음과 같다.

$$\left\{ \begin{bmatrix} \cos\theta & -\sin\theta & 0 \\ \sin\theta & \cos\theta & 0 \\ 0 & 0 & 1 \end{bmatrix} \middle| \theta \in \mathbb{R} \right\}$$

이를 다음과 같이 간략히 나타낼 수 있다.

$$\left\{ \begin{bmatrix} \cos\theta & -\sin\theta \\ \sin\theta & \cos\theta \end{bmatrix} \middle| \theta \in \mathbb{R} \right\}$$

위에서 소개한 군 O(2)와 SO(2)는 두 개의 실수축으로 구성된 좌표평면 $\mathbb{R}^2$에서 생각한 것이다. 시각적으로 나타내기는 어렵겠지만, 두 개의 복소수축으로 구성된 좌표평면 $\mathbb{C}^2$에서도 O(2)와 SO(2)에 해당하는 군을 정의할 수 있다. 이렇게 얻어진 각각의 군을 각각 '유니터리군(unitary group)'과 '특수유니터리군(special unitary group)'이라고 하고, U(2)와 SU(2)로 나타낸다. U(2)는 이차 유니터리군이고, SU(2)는 이차 특수유니터리군이다. 마찬가지로 임의의 자연수 n에 대하여 U(n)과 SU(n)을 생각할 수 있다.

유니터리군 $\mathrm{U}(1)$의 원소 f는 $\mathbb{C}$에서 $\mathbb{C}$로의 변환으로서 $f(z) = az$, $a = \alpha + \beta i$ ($\alpha, \beta \in \mathbb{R}$), $\alpha^2 + \beta^2 = 1$의 조건을 만족시킨다. 이는 복소평면에서 원점을 중심으로 하는 단위원 위에 있는 복소수 전체로 이루어진 군과 같다. 한편, $\mathrm{SU}(1)$은 복소수 1 하나만을 원소로 가지는 자명한 군이다.

여광: 원과 같이 많은 대칭성을 가진 도형을 생각하니 군 $\mathrm{O}(2)$ 역시 엄청 큽니다. 정이면체군과는 다르게 무한군을 얻었잖아요.

여휴: 그렇습니다. 더욱이 정이면체군이 '이산적(discrete)'인 반면, 군 $\mathrm{O}(2)$는 실수전체의 집합 $\mathbb{R}$와 같이 '연속적(continuous)'입니다. 회전변환만을 고려해도 임의의 각 θ에 대해서 원점을 중심으로 하는 θ만큼의 회전이 모두 $\mathrm{O}(2)$의 원소가 되잖아요.

여광: '연속적'이라는 말은 대수학과는 조금 먼 얘기 같은데요?

여휴: 네, 맞습니다. 그러나 $\mathrm{O}(2)$에는 대수적 구조(군의 구조)를 가지고 있기 때문에 대수학의 연구 대상이 됩니다. 한편, $\mathrm{O}(2)$는 실수 전체의 집합 $\mathbb{R}$와 많은 (기하학적인) 성질을 공유하기 때문에 수학자들은 $\mathrm{O}(2)$와 같은 군 위에서 '미적분(calculus)'을 적극적으로 도입하여 이용합니다. 이러한 관점에서 $\mathrm{O}(2)$와 같은 군을 연구하는 이론을 '리 이론(Lie thoery)'라고 합니다. 필자가 언급한 $\mathrm{O}(2)$, $\mathrm{SO}(2)$, $\mathrm{U}(2)$, $\mathrm{SU}(2)$는 모두 '리군(Lie group)'의 예입니다.

여광: 물리학을 공부하는 사람들도 군을 자주 언급하던데요?

여휴: 그렇습니다. 혹시 다음과 같은 말을 들은 적이 없나요?

군 $\mathrm{U}(1)$은 양자전기역학(QED, Quantum Electrodynamics)을 설명하는데 이용되고, 군 $\mathrm{SU}(2)$는 전자기력과 약력을 통합하는데 활용되며, 군 $\mathrm{SU}(3)$은 강한 상호작용을 서술하는데 이용되고, 군 $\mathrm{SU}(3) \times \mathrm{U}(2)$는 전자기력, 약력, 그리고 강력을 통합하는 이론에 이용된다.

여광: 정확히 기억은 못하지만 그런 비슷한 말을 들은 것 같아요. 분명한 것은 물리학자들이 군을 자주 언급한다는 것입니다.

여휴: 유니터리 군이나 특수유니터리 군이 물리학에서 무엇을 뜻하는 지를 정확히 이해하기 위해서는 좀 더 살펴보아야 하겠지만 물리학에서 대칭이 어느 정도로 중요한 역할을 하는 지를 가늠할 수 있습니다. 물리학을 대칭의 과학이라고도 합니다.

여광: 두 개의 사원수축으로 구성된 좌표평면 H^2에서도 O(2)와 SO(2)에 해당하는 군을 정의할 수 있답니다. 이를 심플렉틱군(symplectic group) $S_P(2n)$이라고 부르더군요.

여휴: 여광 선생이 물리학에 관심이 많군요. 난 처음 듣는 이야기입니다. 물리학에서 대칭이 참 중요한 것 같아요. 지금의 내용을 비롯하여 물리학에서의 대칭의 다양한 역할을 친절하게 소개하는 '물리(物理)여행'을 기대하여 봅시다.

펠 방정식의 해집합

이번의 예는 이 책의 주제와 직접적인 관련은 없다. 새로운 형태의 집합이며 거기에 정의되는 연산도 우리가 흔히 만나는 꼴이 아니다. 그러나 그러한 특별한 상황에서 군의 구조를 발견하는 것은 즐거운 일이다.

앞에서 펠 방정식 $x^2 = 2y^2 + 1$에 대하여 다음을 언급하였다. (a, b)와 (c, d)가 $x^2 = 2y^2 + 1$의 해이면 $(ac+2bd, \ ad+bc)$도 그렇다.

방정식 $x^2 = 2y^2 + 1$의 해집합에 연산을 정의하고, 해집합이 이 연산에 관하여 군의 구조를 가진다는 것을 보일 수 있다.

- 방정식 $x^2 = 2y^2 + 1$의 해집합에 연산은 다음과 같다.

  $(a, b) * (c, d) = (ac+2bd, \ ad+bc)$

- 연산에 관한 결합법칙은 계산을 조금하면 쉽게 확인할 수 있다.
- 연산에 관한 항등원은 $(1, 0)$이다. $(1, 0)$은 금방 찾을 수 있는 $x^2 = 2y^2 + 1$

의 해이다. 이런 면에서 (1, 0)은 특별한 것이므로 '항등원'이라고 불리는 특별한 해일 것을 기대할 수 있다. 실제로, 임의의 해 (a, b)에 대하여 $(a, b) * (1, 0) = (1, 0) * (a, b) = (a, b)$이다.

- 임의로 주어진 해 (a, b)의 역원은 $(a, -b)$이다. (a, b)의 역원에 관해서 다음을 미리 알 수 있다. a, b 모두가 자연수라면 (a, b)의 역원의 두 성분 모두가 자연수일 수는 없다. 왜냐하면, 그러한 경우에 두 해를 연산하면 더 큰 자연수 성분을 얻게 되어 항등원 $(1, 0)$을 얻지 못한다. 한편, (a, b)의 역원은 a, b가 사용되어 표현될 것이다. 또, 방정식이 $x^2 = 2y^2 + 1$이므로 (a, b)가 해이면 $(\pm a, \pm b)$도 해이다.

위의 몇 가지 관찰로부터 (a, b)의 역원으로서 $(a, -b)$ 또는 $(-a, b)$ 등을 검토할 만하다. 실제 계산을 해보면 (a, b)의 역원은 $(a, -b)$임을 확인할 수 있다.

방정식 $x^2 = 2y^2 + 1$의 해집합이 이루는 군은 무한 가환군(아벨군)임은 분명하다. 펠 방정식의 해집합이 무한이라는 것을 처음으로 밝힌 사람은 라그랑주이다. 이 책에서 곧 깊이 있게 다룰 사람이다.

나. 잉여류

군 G와 G의 부분군 H가 있다고 하자. 먼저, 임의의 $x \in G$에 대하여 다음과 같이 정의되는 집합을 생각하자.

$$Hx = \{ hx \mid h \in H \}$$

G에 정의된 연산 ∘을 강조할 때는 $H \circ x = \{h \circ x \mid h \in H\}$와 같이 나타낸다. 이 집합을 H의 x에 의한 '우잉여류(right coset)'라고 한다. 마찬가지로, H의 x에 의한 '좌잉여류(left coset)'를 다음과 같이 생각할 수 있다.

$$xH = \{xh \mid h \in H\}$$

마찬가지로 연산 ∘을 강조할 때는 $x \circ H = \{x \circ h \mid h \in H\}$와 같이 나타낸다. 예를 들어보자.

$$G = S_3 = \{1, (12), (13), (23), (123), (132)\},$$
$$N = A_3 = \{1, (123), (132)\},$$
$$H = \{1, (12)\}$$

인 경우에 다음을 확인할 수 있다.

$$N1 = N(123) = N(132) = \{1, (123), (132)\},$$
$$N(23) = N(13) = N(12) = \{(12), (13), (23)\}$$

$$1N = (123)N = (132)N = \{1, (123), (132)\},$$
$$(23)N = (13)N = (12)N = \{(12), (13), (23)\}$$

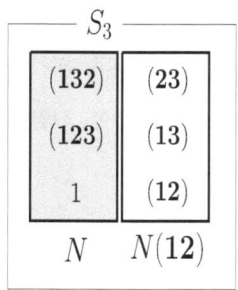

부분군 N의 경우에는, 모든 $g \in G$에 대하여 $gN = Ng$임에 주목하여라. 한편, 다음을 알 수 있다.

$H1 = H(12) = \{1, (12)\}$,
$H(13) = H(132) = \{(13), (132)\}$,
$H(23) = H(123) = \{(23), (123)\}$

$1H = (12)H = \{1, (12)\}$,
$(13)H = (123)H = \{(13), (123)\}$,
$(23)H = (132)H = \{(23), (132)\}$

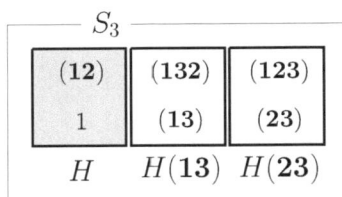
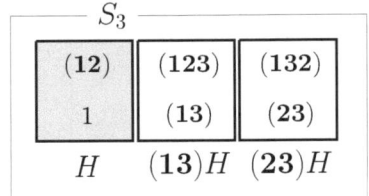

부분군 H의 경우에는, 어떤 $g \in G$에 대하여는 $gH \neq Hg$일 수 있다는 것을 주목하자. 예를 들어, $H(13)$은 $\{(13), (132)\}$인 반면 $(13)H$는 $\{(13), (123)\}$이다.

여광: 부분군 N과 H에 의해 군 S_3가 잉여류들로 깔끔하게 정리되었네요.

여휴: 그렇습니다. 각각의 잉여류의 원소의 개수는 모두 부분군의 원소의 개수와 일치합니다.

여광: 네, N에 의한 좌잉여류인 N과 $(12)N$ 모두 원소의 개수가 3개입니다. N의 원소의 개수 역시 3개이고요. 또한 원소의 개수가 2개인 부분군 H에 의한 좌잉여류인 H, $(13)H$, $(23)H$ 모두 정확히 2개의 원소로 이루어집니다.

여휴: 맞습니다. 그 이유를 어렵지 않게 확인할 수 있습니다. 앞의 예를 잠시 잊어버리고, H가 군 G의 부분군이라고 합시다. H에 의한 $g \in G$의 좌잉여류는 $gH = \{gx \mid x \in H\}$입니다. H의 원소 x를 gH의 원소 gx에 대응시키면 이 대응 $H \to gH$ 이 일대일대응임을 확인할 수 있습니다. 여기서 g의 역원 g^{-1}의 존재성이 이용됩니다. 따라서 H가 유한군일

때, H에 의한 좌잉여류들은 모두 같은 개수의 원소로 이루어집니다.

여광: 우잉여류의 경우도 똑같이 확인할 수 있습니다. 이뿐만 아니라 앞의 그림으로부터 군이 부분군에 의한 잉여류들로 완전히 분할됨을 알 수 있습니다. 다시 말해 서로 같지 않은 두 좌(우)잉여류는 서로 소입니다.

여휴: 별다른 기교 없이 정의를 이용하여 이 사실을 보일 수 있습니다. 이상으로부터 유한군 G에 대하여

(G의 원소의 개수) = (H의 원소의 개수) × (잉여류의 개수)

가 성립함을 알 수 있습니다. 이 사실을

$|G| = |H| |G:H|$

와 같이 나타내기도 합니다. 여기서 $|G|$, $|H|$는 각각 군 G, H의 위수(원소의 개수)를 나타내는 기호입니다. 또한, $|G:H|$는 부분군 H에 의한 좌(우)잉여류의 개수를 나타내는 기호이며, 이를 군 G에서의 H의 지수(index)라고 합니다.

다. 정규부분군

부분군 중에는 '정규부분군(normal subgroup)'이라고 불리는 매우 중요한 것이 있다. 이 개념은 꼭 이해하여야 한다. 갈루아 유언의 핵심이기 때문이다. 이 부분에서는 계산을 꼭 하기 바란다. 계산을 많이 하면 개념을 피부로 느낄 수 있을 것이다. 정규부분군이 무엇인지 간단한 예를 통하여 알아보자.

군 $G = S_3 = \{1, (12), (13), (23), (123), (132)\}$는 여러 개의 부분군을 가진다. 그 중에 $A_3 = \{1, (123), (132)\}$와 $H = \{1, (12)\}$가 있다. 이 두 부분군에는 어떠한 차이가 있을까?

앞에서 살펴보았듯이, A_3의 경우에는 모든 $g \in G$에 대하여 $gA_3 = A_3g$이지만 H의 경우는 다르다. 즉, 어떤 $g \in G$에 대하여는 $gH \neq Hg$일 수 있다.

군 G의 부분군 N이 다음 조건을 만족시킬 때 N을 G의 정규부분군이라고 한다.

모든 $g \in G$에 대하여 $gN = Ng$이다.

A_3는 S_3의 정규부분군이지만 H는 S_3의 정규부분군이 아니다. 갈루아는 모든 원소에 대해서 좌잉여류와 우잉여류가 항상 같게 하는 부분군, 즉 정규부분군이 다항식의 가해성에 결정적인 역할을 한다는 것을 알았다.

여기서 하나 주목할 것은 원래 주어진 군이 가환군이면 모든 부분군은 정규부분군이라는 사실이다. 가환군은 다항식의 가해성에서 매우 중요한 성질임을 짐작할 수 있다. 이에 관한 관련성은 자세히 알게 될 것이다.

이 책이 주된 관심을 기울이는 것은 삼차, 사차, 오차다항식이다. 일차와 이차다항식은 쉽게 풀린다는 것을 이미 알고 있고, 오차다항식이 일반적으로 풀리지 않는다면 육차 그리고 그 이상 차수의 다항식도 일반적으로 풀 수 없다는 것을 알 수 있기 때문에 삼차, 사차, 오차 다항식을 주로 살피면 된다.

이는 대칭군 S_3, S_4, S_5에 관하여 자세히 알아야 할 것을 요구한다. 따라서 세 개의 대칭군 S_3, S_4, S_5의 정규부분군과 관련하여 몇 가지 예를 생각하자.

여기에서 치환계산을 많이 할 것이다. 독자도 이 책을 따라 계산을 함께 하기를 권한다. 계산은 항상 유익한 노동이다.

S_3의 예에서 $A_3 = \{1, (123), (132)\}$는 정규부분군이지만 $H = \{1, (12)\}$는 정규부분군이 아니다. 이에 관해서는 앞에서 계산하였다. S_3에 비해 계산을 더 하여야 하지만 이 책에서 매우 중요하기 때문에 S_4인 경우를 살펴보자. 먼저, S_4의

부분군 $V_4 = \{1, (12)(34), (13)(24), (14)(23)\}$을 생각하자. S_4의 V_4에 의한 서로 다른 좌잉여류는 다음과 같다.

$1\,V_4 = \{1, (12)(34), (13)(24), (14)(23)\} = (12)(34)\,V_4 = (13)(24)\,V_4 = (14)(23)\,V_4$
$(12)\,V_4 = \{(12), (34), (1324), (1423)\} = (34)\,V_4 = (1324)\,V_4 = (1423)\,V_4$
$(23)\,V_4 = \{(23), (14), (1342), (1243)\} = (14)\,V_4 = (1342)\,V_4 = (1243)\,V_4$
$(13)\,V_4 = \{(13), (24), (1234), (1432)\} = (24)\,V_4 = (1234)\,V_4 = (1432)\,V_4$
$(123)\,V_4 = \{(123), (134), (243), (142)\} = (134)\,V_4 = (243)\,V_4 = (142)\,V_4$
$(132)\,V_4 = \{(132), (234), (124), (143)\} = (234)\,V_4 = (124)\,V_4 = (143)\,V_4$

여광: 잠시 쉬었다 가요. 계산이 많으니 다소 부담이 됩니다.

여휴: 좋은 생각입니다. 이제 막 끝낸 계산 결과를 잠시 살펴봅시다. 먼저, $g \in V_4$이면 $gV_4 = V_4$임을 관찰할 수 있나요?

여광: 당연하지 않나요? $g \in V_4$이면 V_4는 군이기 때문에 gV_4의 모든 원소는 V_4에 속합니다. 이제 두 집합 gV_4와 V_4의 위수(원소의 개수)는 같아야 하기 때문에 $g \in V_4$이면 $gV_4 = V_4$가 됩니다.

여휴: $h \in gV_4$이면 $hV_4 = gV_4$임을 관찰할 수 있습니다.

여광: 역시 당연합니다. 먼저, $h \in gV_4$이면 $h = gx$ ($x \in V_4$)입니다. 이제 hV_4의 임의의 원소 hy, $y \in V_4$에 대하여 $hy = gxy$인데, V_4는 군이기 때문에 $xy \in V_4$이죠. 따라서 $hy \in gV_4$입니다. 결국 hV_4는 gV_4의 부분집합입니다. 이제 두 집합 hV_4와 gV_4의 위수가 같아야 하므로 $hV_4 = gV_4$입니다.

여휴: 군 구조의 성질을 적절히 활용하면 많은 계산을 절약할 수 있다는 것을 알 수 있습니다. 그러나 여기서 잊지 말아야 할 것은 군 구조의 편리한 성질은 많은 계산의 결과로부터 관찰된다는 것입니다.

$V_4(12)$를 계산하면 $(12)V_4$와 같다는 것을 알 수 있다. 계산을 더 하면 모든 $g \in S_4$에 대하여 $gV_4 = V_4g$임을 알 수 있다. 따라서 V_4는 S_4의 정규부분군이다.

이제, S_4에 있는 우치환 전체의 집합, 즉 교대군 $N = A_4$를 생각하자. 앞의 계산을 이용하여 계산하면 다음 두 개의 좌잉여류를 얻게 된다.

$$A_4 = V_4 \cup (123)V_4 \cup (132)V_4$$
$$(12)A_4 = (12)V_4 \cup (12)(123)V_4 \cup (12)(132)V_4$$
$$= (12)V_4 \cup (23)V_4 \cup (13)V_4$$

이때에도 모든 $g \in S_4$에 대하여 $gA_4 = A_4 g$임을 알 수 있다. 예를 들어, $g = (12)$인 경우 $(12)A_4 = A_4(12)$임을 확인하자.

$$\begin{aligned}
A_4(12) &= V_4(12) \cup V_4(123)(12) \cup V_4(132)(12) \\
&= V_4(12) \cup V_4(13) \cup V_4(23) \\
&= (12)V_4 \cup (13)V_4 \cup (23)V_4 \\
&= (12)V_4 \cup (23)V_4 \cup (13)V_4 \\
&= (12)A_4
\end{aligned}$$

따라서 A_4는 S_4의 정규부분군이다.

	S_4	
	(143)	(1432)
	(124)	(1234)
	(234)	(24)
	(132)	(13)
	(142)	(1243)
A_4	(243)	(1342)
	(134)	(14)
	(123)	(23)
	(14)(23)	(1423)
	(13)(24)	(1324)
	(12)(34)	(34)
	1	(12)
		$(12)A_4$

다른 부분군의 예를 하나 더 살피자.

$$H = D_4 = V_4 \cup (13)V_4$$
$$= \{1,(12)(34),(14)(23),(24),(13),(1234),(13)(24),(1432)\}$$

이 부분군 H의 경우에는 다음과 같이 세 개의 서로 다른 좌잉여류를 얻을 수 있다. 계산할 때, $H = V_4 \cup (13)V_4$를 이용하면 편리하다.

$$H = V_4 \cup (13)V_4$$
$$= \{1,(12)(34),(14)(23),(24),(13),(1234),(13)(24),(1432)\}$$
$$(123)H = (123)V_4 \cup (123)(13)V_4 = (123)V_4 \cup (23)V_4$$
$$= \{(23),(1342),(14),(1243),(142),(243),(134),(123)\}$$
$$(132)H = (132)V_4 \cup (132)(13)V_4 = (132)V_4 \cup (12)V_4$$
$$= \{(12),(34),(1324),(1423),(132),(234),(124),(143)\}$$

이제, 세 개의 우잉여류를 구하면 다음과 같다.

$$H = V_4 \cup (13)V_4$$
$$= \{1,(12)(34),(14)(23),(24),(13),(1234),(13)(24),(1432)\}$$
$$H(123) = V_4(123) \cup (13)V_4(123) = (123)V_4 \cup (13)(123)V_4$$
$$= (123)V_4 \cup (12)V_4$$
$$= \{(12),(1423),(34),(1324),(142),(243),(134),(123)\}$$
$$H(132) = V_4(132) \cup (13)V_4(132) = (132)V_4 \cup (13)(132)V_4$$
$$= (132)V_4 \cup (23)V_4$$
$$= \{(14),(23),(1342),(1243),(132),(234),(124),(143)\}$$

이상으로부터 $(123)H \ne H(123)$임을 알 수 있다. 따라서 H는 S_4의 정규부분군이 아니다. S_5의 경우는 어떨까?

교대군 A_5는 우치환 전체의 집합으로서 $\frac{5!}{2} = \frac{120}{2} = 60$개의 치환으로 이루어진 S_5의 부분군이다. 치환 (12)는 기치환이므로 A_5의 원소가 아니다. 따라서 좌잉여류 (12)A_5의 각각의 원소는 '우치환과 기치환의 합성'이므로 기치환이다. 결국, (12)A_5는 60개의 기치환으로 이루어지므로 (12)A_5는 기치환 전체의 집합이다.

우잉여류 A_5(12)의 각각의 원소도 '기치환과 우치환의 합성'이므로 기치환이다. 결국, (12)A_5도 기치환 전체의 집합이다. 따라서 A_5(12) = (12)A_5이다. 이제, 임의의 기치환 σ에 관해서도 똑같은 논리에 의하여 $A_5\sigma = \sigma A_5$이다.

한편, τ가 우치환이면 $\tau A_5 = A_5 = A_5\tau$이다. 따라서 A_5는 S_5의 정규부분군이다. 다시 설명하겠지만 S_5는 S_5와 1 외의 정규부분군은 A_5뿐이다. 실제로, 이 사실이 일반적인 오차다항식의 근의 공식이 없는 이유임을 알게 될 것이다.

여광: 앞에서 대칭군 S_n에 있는 $n!$개의 치환 중에서 우치환의 개수와 기치환의 개수는 똑같이 $\frac{n!}{2}$이라는 것을 언급했는데 여기서 그 이유를 설명하는군요.

여휴: 그렇군요. 여기에서는 $n=5$인 경우를 언급하지만 일반적인 자연수 n에 대해서도 똑같이 적용될 수 있습니다. 우리가 앞에서 제시한 접근과 똑같습니다.

여광: A_n이 S_n의 정규부분군이 된다는 것도 어렵지 않게 설명할 수 있군요.

여휴: 그렇겠습니다. $n=5$인 경우와 다를 바가 없겠어요.

라. 상군

정규부분군은 다항식의 풀이 가능성을 결정한다. 정규부분군의 어떠한 특징이 다항식을 풀게 하는지 살핀다.

정규부분군의 중요한 특징은 원래의 군과 정규부분군으로부터 새로운 군을 만들 수 있게 한다는 것이다. 즉, 정규부분군은 주어진 군을 더 세밀하게 관찰할 수 있게 한다. 이에 관하여 알아보자.

잉여류 전체의 집합

군 G와 G의 정규부분군 N이 있다고 하자. 먼저, 임의의 $x \in G$에 대하여 다음과 같이 정의되는 집합을 생각하자.

$$Nx = \{nx \mid n \in N\}$$

여기서, N이 정규부분군이므로 모든 x에 대하여 $Nx = xN$임을 유념할 필요가 있다. 즉, 좌잉여류와 우잉여류를 구별할 필요가 없다. 이러한 경우는 그냥 '잉여류(coset)'라고 한다. 잉여류 전체의 집합 $\{Nx \mid x \in G\}$를 G/N으로 나타내자. G/N의 원소들은 잉여류로서 G의 부분집합들이다.

상군의 구성

새롭게 얻은 집합 G/N에 적절한 연산을 정의하여 G/N에게 군의 구조를 주고자 한다. 원래의 집합 G가 군이기 때문에 G에서의 연산을 이용하여 G/N에 연산을 정의하고 G/N이 새롭게 정의된 연산에 관하여 군이 된다는 것을 보일 것이다.

G/N의 원소들 사이에 연산을 어떻게 정의할까? N을 G의 정규부분군이라고 하고 G/N에 다음과 같은 연산을 생각하여보자.

$$(Nx)(Ny) = N(xy)$$

쉽게 말하면, 'x의 잉여류와 y의 잉여류를 연산하면 xy의 잉여류'라고 정의하는 것이다. 여기서 xy는 'x와 y의 G에서의 연산'이다. 결국, G/N에서의 연산은 G에서의 연산을 기반으로 하는 것이다. 앞으로 $(Nx)(Ny)$, $N(xy)$을 각각 간단히 $NxNy$, Nxy로 나타내자.

집합 G/N은 위에서 정의된 연산에 관하여 군이 된다는 것을 어렵지 않게 알 수 있다.

- 집합 G/N에서는 위에서 정의된 연산에 관한 결합법칙이 성립한다. 즉, G/N의 세 원소 Nx, Ny, Nz에 대하여 다음을 알 수 있다.

$$(NxNy)Nz = (Nxy)Nz = N(xy)z = Nx(yz) = Nx(Nyz) = Nx(NyNz)$$

- 군 G의 항등원을 e라고 하면, $N = Ne$는 G/N의 항등원이다. G/N의 임의의 원소 Nx에 대해 $NxNe = Nxe = Nx = Nex = NeNx$이기 때문이다.

- G/N의 임의의 원소 Nx에 대해 Nx^{-1}은 Nx의 역원이다. 여기서 x^{-1}은 G에서 x의 역원을 나타낸다. 다음을 주목하면 된다.

$$Nx^{-1}Nx = Nx^{-1}x = Ne = Nxx^{-1} = NxNx^{-1}$$

이상으로부터 G/N에서의 결합법칙, 항등원, 역원에 관한 성질 각각은 모두 원래의 군 G에서의 결합법칙, 항등원, 역원의 성질에 기반을 둔다는 것을 알 수 있다.

이렇게 얻은 군 G/N을 'G의 N에 의한 상군(quotient group)'이라고 한다. 상군의 개념도 꼭 이해하기 바란다. 정규부분군의 가치는 상군에 있다. 즉, 정규부분군은 상군 덕분에 가치를 가진다. 정규부분군이 갈루아 이론의 핵심이라는 말은 상군이 갈루아 이론의 핵심이라는 말이다.

여광: 보통의 부분군 H로는 좌잉여류의 집합 또는 우잉여류의 집합으로 분할을 할 수 있지만 상군을 구성하지는 않았습니다. 그러나 정규부분군 N의 경우에는 좌잉여류와 우잉여류가 항상 같기 때문에 간단히 '잉여류 전체의 집합 G/N'을 얻고, 더 나아가 G/N에 군의 구조를 줄 수 있다는 이야기이군요.

여휴: 그렇습니다. 이 성질이 정규부분군의 가장 중요한 특징입니다.

여광: 상군을 구성하는 절차를 어느 정도는 알겠습니다. 그런데 왜 N이 정규부분군이어야 하는지는 드러나지 않은 것 같습니다.

여휴: 핵심적인 질문입니다. 잉여류 전체의 집합 G/N에서 두 개의 잉여류 Nx, Ny 사이에 $NxNy = Nxy$와 같이 연산을 정의하였잖아요? 즉, 'x의 잉여류와 y의 잉여류를 연산하면 xy의 잉여류'라고 정의하였습니다.

여광: 예, 그랬습니다. 어찌 보면 자연스러운 정의 같습니다.

여휴: 자연스럽다고 할 수 있습니다. 그러나 여기에 중요한 질문이 있습니다.

여광: 뭐죠?

여휴: 부분군 N이 정규부분군이 아니더라도 $NxNy = Nxy$와 같이 G/N에서 연산을 정의할 수 있느냐는 것입니다.

여광: 아하, N이 정규부분군이 아니면 G/N에서 $NxNy = Nxy$와 같이 연산을 정의할 수 없나요?

여휴: 눈치가 빠르군요. N이 정규부분군이 아니면 연산을 그렇게 정의할 수 없습니다. 예를 들면 이해에 도움이 되겠어요. 대칭군 $S_3 = \{1, (12), (13), (23), (123), (132)\}$와 S_3의 부분군 $H = \{1, (12)\}$에 의한 동치류 집합 $S_3/H = \{H, H(13), H(23)\}$을 생각합시다.

여광: H는 S_3의 정규부분군이 아니죠.

여휴: S_3/H에서 $H(13)H(23) = H(13)(23)$와 같은 정의가 괜찮은지 살펴봅시다.

여광: 제가 계산을 하겠습니다. $H(13) = H(132)$이고 $H(23) = H(123)$입니다. 이제,

$$H(132)H(123) = H = H(12)$$

이고

$$H(13)H(23) = H(13)(23) = H(132) = H(13)$$

입니다. 그런데 $H(12)$와 $H(13)$은 다릅니다. 모순이군요. $A = A'$이고 $B = B'$인데 $AB \neq A'B'$인 상황이 되었기 때문입니다.

여휴: 우리가 시도한 연산은 바람직하지 않다는 것을 알 수 있죠?

여광: 이해하였습니다. N이 정규부분군이 아니면 G/N에서 $NxNy = Nxy$와 같이 연산을 정의할 수 있는 것은 아니라는 것을 알았습니다. 이제는 N이 정규부분군이면 G/N에서 $NxNy = Nxy$와 같이 연산을 항상 정의할 수 있다는 것도 증명해야죠?

여휴: 그렇습니다. 그러나 이 증명은 생략합시다. 실제로 증명이 어렵지 않습니다. 그리고 추상대수학 모든 책에 증명이 있습니다.

여광: '현대대수학'은 추상대수학과 같은 의미죠?

여휴: 그렇겠죠? 갈루아는 완전히 새로운 대수학을 창안하였다고 볼 수 있는데, 갈루아 이론이 수학계의 주요 화두였던 19세기 후반만 해도 그 이론은 '현대' 대수학이었습니다.

여광: 갈루아는 상군의 개념을 알았나요?

여휴: 그럼요. 갈루아는 그의 논문에서 정규(proper, normal)부분군에 이어 상군의 개념을 언급해요. 참 놀랍죠?

여광: 놀라운 정도가 아닙니다. 신비합니다. 그의 수학보다 더 신비한 것은 20살 청년 갈루아 본인입니다.

여휴: 갈루아를 대표하는 단어 두 개를 들라하면 '정치적 혁명가(révolutionnaire)'와 '수학자(géomètre)'일 겁니다. 그는 정치적 혁명가로서는 실패하였지만, 수학적 혁명가가 되었습니다. '혁명적 수학자(géomètre révolutionnaire, Neumann, 2011)'였던 겁니다.

상군의 예를 들어보자. 정수 전체의 집합 $\mathbb{Z}$는 덧셈에 관하여 군을 이룸을 기

억하자. 임의의 자연수 n에 대하여 n의 배수 전체의 집합

$$n\mathbb{Z} = \{\cdots, -2n, -n, 0, n, 2n, \cdots\} = \{nx \mid x \in \mathbb{Z}\}$$

는 역시 덧셈에 관하여 군을 이룬다(n의 배수들의 합은 n의 배수이다!). 따라서 $n\mathbb{Z}$는 $\mathbb{Z}$의 부분군이다. 뿐만 아니라 임의의 $x \in \mathbb{Z}$에 대하여 $x + n\mathbb{Z} = n\mathbb{Z} + x$가 성립하므로 $n\mathbb{Z}$는 $\mathbb{Z}$의 정규부분군이다.

$n\mathbb{Z}$에 의한 잉여류는 다음과 같이 n개 존재한다.

$$\overline{0} = n\mathbb{Z}, \quad \overline{1} = 1 + n\mathbb{Z}, \quad \overline{2} = 2 + n\mathbb{Z}, \quad \cdots, \quad \overline{n-1} = (n-1) + n\mathbb{Z}$$

이제 $n\mathbb{Z}$에 의한 $\mathbb{Z}$의 상군 $\mathbb{Z}/n\mathbb{Z}$를 얻을 수 있으며 이를 간단히 $\overline{\mathbb{Z}_n}$로 나타낸다. 즉,

$$\overline{\mathbb{Z}_n} = \{\overline{0}, \overline{1}, \overline{2}, \cdots, \overline{n-1}\}$$

이다.

마. 순환군

군 G와 G의 한 원소 g에 대하여 g를 품는 G의 부분군 중에서 가장 작은 부분군을 'g로 생성되는 부분군'이라고 하고, 이 부분군을 $\langle g \rangle$로 나타낸다. 몇 가지 예를 들어보자.

- 군 $\mathbb{Z}$에서 $\langle 2 \rangle$는 짝수 전체로 이루어지는 부분군이다.

- 대칭군 $S_3 = \{1, (12), (13), (23), (123), (132)\}$ 에서 $\langle (12) \rangle = \{1, (12)\}$ 이다.
- 정이면체군

$$D_4 = \{1, (12)(34), (14)(23), (24), (13), (1234), (13)(24), (1432)\}$$

에서 다음을 알 수 있다.

$$\langle (1234) \rangle = \{1, (1234), (13)(24), (1432)\}$$

어떤 군 G에 원소 g가 있어서 $G = \langle g \rangle$일 때, 군 G를 'g에 의하여 생성되는 순환군(cyclic group generated by g)'이라고 하고, 원소 g를 '생성자(generator)'라고 한다. 즉, 순환군은 원소 하나(생성자)로 생성되는 군이다. 몇 가지 예를 들어보자.

앞에서 살펴본 군 $\overline{Z_n}$ (n은 자연수)은 순환군임을 쉽게 알 수 있다. 실제로, $\overline{Z_n} = \langle \overline{1} \rangle$이다. 혼동의 여지가 없을 때에는 $\overline{Z_n}$를 간단히 Z_n으로 나타낸다.

'순환군'이라는 용어는 유한순환군을 살피면 그 뜻이 분명해진다. 예를 들어, S_3의 부분군 $A_3 = \{1, (123), (132)\}$는 $\langle (123) \rangle$이므로 A_3는 $g = (123)$으로 생성되는 순환군이다. 여기서 다음을 주목하자.

$$g^0 = 1, \ g^1 = g = (123), \ g^2 = gg = (132)$$
$$g^3 = gg^2 = 1, \ g^4 = gg^3 = (123), \ g^5 = gg^4 = (132),$$
$$\cdots$$

이처럼 순환군 A_3에서는 A_3의 생성자 g 하나를 가지고 계속 연산해 나가면 세 번 째를 주기로 계속 '순환'한다는 것을 알 수 있다. 다시 말하면, 계속 연산하여도 세 개의 원소 밖에는 생성하지 못한다.

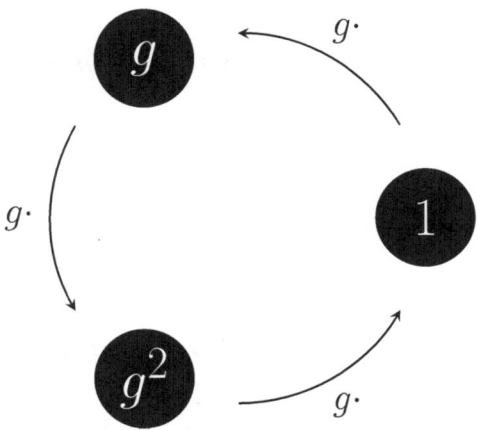

무한 순환군은 원소 하나로 생성되지만 순환하는 마디가 없다. 이에 대하여 잠깐 살펴보자.

Z는 $1 \in Z$로 생성된다.
$1+1=2$
$1+1+1=3$
…

이런 식으로 모든 자연수가 1로부터 생성된다는 것에 동의할 수 있다. 음의 정수는 어떤가? 예를 들어, -1도 1로 생성되는가?

이에 답하기 위해서는 '1에 의하여 생성되는 순환군 $\langle 1 \rangle$'의 뜻을 명확히 하여야 한다. 1에 의하여 생성되는 순환군 $\langle 1 \rangle$은 '군'이므로 1의 역원 -1도 $\langle 1 \rangle$의 원소여야 한다. 따라서 -1을 비롯한 모든 음의 정수도 1에 의하여 생성되는 것으로서 $\langle 1 \rangle$의 원소이다. 항등원 0이 $\langle 1 \rangle$에 속하는 것도 같은 논리로 설명할 수 있다. 따라서 정수 전체의 집합이 덧셈에 관하여 이루는 군 Z는 $\langle 1 \rangle$로서 무한순환군이다.

유한순환군의 경우는 상황이 이와 다르다. 예를 들어,

$$A_3 = \{1, (123), (132)\}$$

는 $\langle (123) \rangle$이고 $g = (123)$이라고 하면

$$g^0 = 1, \quad g^1 = g = (123), \quad g^2 = gg = (132), \quad g^3 = 1$$

이므로 g^2이 g의 역원이다.

바. 모든 군은 대칭을 설명한다!

'군'의 개념은 어떤 대상의 대칭성으로부터 나왔다. 실제로 어떤 대상의 모든 대칭이 합성연산에 관하여 군을 이룬다. 넓은 의미에서 대칭군 S_n은 집합 $\{1, 2, \cdots, n\}$의 대칭성을 나타내는 군이다.

앞에서 살펴본 군의 정의는 다소 추상적이다. 그러나 실제로 모든 군은 어떤 특정한 집합의 대칭들로 볼 수 있다.

다음은 케일리(A. Cayley, 1821-1895) 정리라고 불리는 잘 알려진 사실이다. 전문적인 개념에 익숙하면 증명도 매우 쉽다.

임의의 군 G는 적당한 집합 X 위의 대칭군
$S_X = \{f \mid f: X \to X \text{는 일대일대응}\}$
의 부분군과 동형이다. 특히 $|G| = n$이면 G는 S_n의 부분군과 동형이다.

예를 들어보자. $Z_3 = \{0,1,2\}$는 S_3의 부분군 $A_3 = \{1, (123), (132)\}$라고 볼 수 있다. Z_3의 0은 S_3의 1, Z_3의 1은 S_3의 (123), Z_3의 2는 S_3의 (132)로 보는 것이다. 즉, 군 $Z_3 = \{0,1,2\}$은 집합 $\{1, 2, 3\}$의 대칭 중 1, (123), (132)로 이루어진 군으로 이해할 수 있다.

케일리 정리로부터 다음과 같은 생각을 하여도 무리는 아니다.

- 대칭군 S_X는 군에 관한 모든 정보를 가지고 있다.
- 군의 모든 원소는 치환으로 볼 수 있다.
- 대칭군의 구조는 군에 관한 이론 전부이므로, 군의 이론이 쉬운 것이 아니라면 대칭군의 구조는 쉬운 게 아니다.

한편, 치환은 행렬로 볼 수 있다. 예를 들어, 치환 (123)은 3×3행렬 $\begin{bmatrix} 0 & 0 & 1 \\ 1 & 0 & 0 \\ 0 & 1 & 0 \end{bmatrix}$ 으로 나타낼 수 있다. 행렬 $\begin{bmatrix} 0 & 0 & 1 \\ 1 & 0 & 0 \\ 0 & 1 & 0 \end{bmatrix}$의 오른쪽에 벡터 $\begin{bmatrix} x_1 \\ x_2 \\ x_3 \end{bmatrix}$을 곱하면 $\begin{bmatrix} x_3 \\ x_1 \\ x_2 \end{bmatrix}$를 얻음으로써 첫 성분이 둘째 성분으로 변환되고, 둘째 성분이 셋째 성분으로 변환되며, 셋째 성분이 첫 성분으로 변환되어 치환 (123)과 같은 역할을 한다.

케일리 정리에 근거하면, (유한)군의 모든 원소는 정칙행렬로 볼 수 있다. 이러한 관점에서 군을 연구하는 이론을 군의 '표현론(representation theory)'이라고 한다. 군의 원소들을 행렬로 재현(representation)하면 선형대수학에서의 이러한 사실들을 이용하여 주어진 군을 분석할 수 있다.

3. 체, 벡터공간

　추상대수학에서 생각하는 대수적 구조는 여러 가지가 있지만 여기에서는 군의 구조 외에 두 개의 구조를 생각한다.

가. 체

　다항식의 가해성을 설명하는 갈루아이론에서 '체(體, field)'는 군과 함께 중요한 대수적 구조이다. 앞에서 보았듯이 우리가 다루는 대부분의 수의 체계인 $\mathbb{Q}$, $\mathbb{R}$, $\mathbb{C}$, $\mathfrak{C}$, $\mathfrak{R}$, $\mathfrak{A}$ 등이 모두 '체'의 구조를 가지고 있기 때문이다.

　유리수 전체의 집합 $\mathbb{Q}$, 실수 전체의 집합 $\mathbb{R}$, 복소수 전체의 집합 $\mathbb{C}$ 등이 공통적으로 가지고 있는 대수적 구조는 다음과 같다.

- 덧셈에 관하여 닫혀있고, 덧셈에 관한 결합법칙과 교환법칙이 성립한다.
- 덧셈에 관한 항등원 0이 있다.
- 모든 원소의 덧셈에 관한 역원이 존재한다.
- 곱셈에 관하여 닫혀있고, 곱셈에 관한 결합법칙과 교환법칙이 성립한다.
- 곱셈에 관한 항등원 1이 있다.
- 원소 x가 0이 아니면 x의 곱셈에 관한 역원이 존재한다.
- 덧셈에 관한 곱셈의 분배법칙이 성립한다.

　어떤 집합 F가 덧셈과 곱셈에 관하여 위의 성질 모두를 만족시킬 때, F를 '체'라고 한다. 군의 정의를 이용하면 F가 체라는 말을 다음과 같이 간단히 할 수도 있다.

- F는 덧셈(+)에 관하여 가환군이다.

Ⅳ. 아름다움을 위하여　**141**

- $F^* = F - \{0\}$은 곱셈($\times$)에 관하여 가환군이다.
- 덧셈에 관한 곱셈의 분배법칙이 성립한다.

여기서 '$F^* = F - \{0\}$은 곱셈($\times$)에 관하여 가환군이다.'라는 조건이 '곱셈에 관하여 닫혀있고, 곱셈에 관한 결합법칙과 교환법칙이 성립한다.'라는 조건을 대체할 수 있음을 확인하는 것은 의미 있을 것이다.

작도가능한 수 전체의 집합 $\mathfrak{C}$, 거듭제곱근을 사용하여 나타낼 수 있는 수 전체의 집합 $\mathfrak{R}$, 그리고 대수적인 수 전체의 집합 $\mathfrak{A}$도 덧셈과 곱셈에 관하여 체의 구조를 가진다. 이 책에서 중요한 체의 예를 하나 들자.

집합 $\mathbb{Q}(\sqrt{2}) = \{a + b\sqrt{2} \mid a, b \in \mathbb{Q}\}$에는 덧셈과 곱셈이 잘 정의된다. 먼저, 큰 어려움 없이 $\mathbb{Q}(\sqrt{2})$는 덧셈에 관하여 가환군임을 확인할 수 있다. 다음 각각의 성질들이 성립하는지 확인하면 된다.

- 덧셈에 관한 결합법칙이 성립한다.
- 덧셈에 관한 항등원 $0 = 0 + 0\sqrt{2}$ 가 있다.
- $a + b\sqrt{2}$ 의 덧셈에 관한 역원은 $(-a) + (-b)\sqrt{2}$ 로서 $\mathbb{Q}(\sqrt{2})$의 원소이다.
- 덧셈에 관한 교환법칙이 성립한다.

직접 모든 성질들을 하나씩 확인할 수도 있지만 $\mathbb{Q}(\sqrt{2})$가 '우리가 이미 알고 있는 체'인 $\mathbb{R}$의 부분집합이라는 것을 유념하면 존재성에 관련된 성질인 두 번째와 세 번째 성질만 확인하면 충분하다. 또, $\mathbb{Q}(\sqrt{2})$에서 곱셈에 관하여 다음이 성립함을 알 수 있다.

- 곱셈에 관한 결합법칙이 성립한다.
- 곱셈에 관한 항등원 $1 = 1 + 0\sqrt{2}$ 가 있다.
- $\mathbb{Q}(\sqrt{2})$의 원소 중에서 0이 아닌 모든 원소는 곱셈에 관한 역원을 가진다.
- 곱셈에 관한 교환법칙이 성립한다.

사실, '분모의 유리화'의 과정은 세 번째 성질을 증명하는 것이다. 한편, $\mathbb{Q}(\sqrt{2})$에서 덧셈에 대한 곱셈의 분배법칙이 성립한다.

여광: 성질 하나하나 확인하여 보겠습니다. $\mathbb{Q}(\sqrt{2})$가 체의 구조를 가진다는 것을 보이기 위해서는 덧셈과 곱셈에 관한 많은 성질을 확인해야 하지만, 결합법칙, 교환법칙, 분배법칙은 당연히 성립합니다.

여휴: 그러한 성질은 특정 원소의 존재와는 무관한 것이고, 실수 전체의 집합에서 덧셈과 곱셈에 관하여 결합법칙, 교환법칙, 분배법칙이 성립하며, $\mathbb{Q}(\sqrt{2})$는 실수 전체 집합의 부분집합이기 때문이죠. 따라서 연산이 잘 정의 되는지, 항등원과 역원에 관한 조건들을 만족시키는지만 확인하면 됩니다.

여광: 임의의 유리수 a, b, c, d에 대하여 다음을 알 수 있습니다.
$(a+b\sqrt{2}) + (c+d\sqrt{2}) = (a+c) + (b+d)\sqrt{2}$ 이며 $a+c \in \mathbb{Q}$ 이고 $b+d \in \mathbb{Q}$ 이기 때문에 $\mathbb{Q}(\sqrt{2})$에는 덧셈이 잘 정의된다.

여휴: 임의의 유리수 a, b, c, d에 대하여 다음도 알 수 있습니다.
$(a+b\sqrt{2})(c+d\sqrt{2}) = (ac+2bd) + (ad+bc)\sqrt{2}$
이며 $ac+2bd \in \mathbb{Q}$ 이고 $ad+bc \in \mathbb{Q}$ 이기 때문에 $\mathbb{Q}(\sqrt{2})$에 곱셈도 잘 정의된다.

여광: 덧셈과 곱셈 각각에 관한 항등원과 역원에 관한 성질은 이미 충분히 친절하게 설명이 된 것 같습니다.

여휴: 더 이상 친절하기 어렵겠죠?

나. 벡터공간

벡터공간 역시 중요하다. 앞에서 살펴보았던 $\mathbb{Q}$, $\mathbb{Q}(\sqrt{2})$, $\mathfrak{C}$, $\mathfrak{R}$, $\mathfrak{A}$, $\mathbb{R}$, $\mathbb{C}$ 등이 사실은 체의 구조를 가지고 있을 뿐만 아니라 '벡터공간'의 구조 역시 가지고 있기 때문이다. 따라서 이러한 수의 집합들을 다양한 각도에서 이해하는 것이 가능하다. 이에 관해서는 뒤에서 자세히 다룰 것이다. 일단 '벡터공간'이 무엇을 의미하는 지 알아보자. 먼저 쉽게 접할 수 있는 간단한 예를 살펴보자.

좌표평면 $\mathbb{R}^2$은 실수 순서쌍 (x,y) 전체의 집합이라고 할 수 있다. $\mathbb{R}^2$의 임의의 두 원소 (x_1, y_1), $(x_2, y_2) \in \mathbb{R}^2$에 대하여 덧셈(+)과 스칼라 배(scalar multiplication)를 다음과 같이 정의한다. 여기서 $\lambda \in \mathbb{R}$는 스칼라(scalar)이다.

$$(x_1, y_1) + (x_2, y_2) = (x_1 + x_2, y_1 + y_2)$$
$$\lambda(x_1, y_1) = (\lambda x_1, \lambda y_1)$$

집합 $\mathbb{R}^2$은 덧셈과 스칼라 배에 관하여 다음과 같은 대수적 성질을 가진다.

- $\mathbb{R}^2$은 덧셈(+)에 관하여 가환군이다.
- $\mathbb{R}^2$은 스칼라 배에 관하여 다음과 같은 성질을 가진다. 여기서 u와 v는 $\mathbb{R}^2$의 원소이고 λ와 μ는 스칼라이다.

$$(\lambda + \mu)u = \lambda u + \mu u$$
$$\lambda(u + v) = \lambda u + \lambda v$$
$$\mu(\lambda u) = (\mu \lambda)u$$
$$1u = u$$

이와 같은 대수적 구조를 실수체 $\mathbb{R}$ 위에서의 '벡터공간(vector space)'이라고 한다.

여휴: 여기서 잠시 스칼라 배에 대하여 살펴봅시다. 다음 설명에 대한 여광 선생의 의견은 무엇인가요?

'$(\lambda+\mu)u = \lambda u + \mu u$이고 $\lambda(u+v) = \lambda u + \lambda v$이므로 덧셈에 관한 스칼라 배의 분배법칙은 성립한다. 또, $\mu(\lambda u) = (\mu\lambda)u$이므로 스칼라 배어 관한 결합법칙이 성립한다. 마지막으로 $1u = u$이므로 스칼라 1은 스칼라 배에 관한 항등원이다.'

여광: 질문의 의도를 알 것 같습니다.
여휴: 수학자는 '용어 하나하나, 기호 하나하나에 주의하자'는 의도이죠.
여광: 저도 그렇게 생각했어요. 위 설명은 옳지 않습니다. 그 이유는 다음과 같습니다.

> 두 수의 덧셈이나 곱셈을 '연산(operation)'이라고 부르는 것은 덧셈(곱셈)이 '수와 수를 더하여(곱하여) 새로운 수를 얻는 함수'이기 때문이다. 스칼라와 벡터를 하나의 벡터로 대응시키는 함수인 스칼라 배는 연산이 아니다. 따라서 스칼라 배에 관하여 분배법칙, 결합법칙, 항등원 등과 같은 용어를 사용할 수 없다. 분배법칙, 결합법칙, 항등원 등은 연산에 관한 이야기이다.

여휴: 아주 정확하게 설명하신 것 같습니다.
여광: 수학에서는 용어, 표현, 기호 등의 사용에 조심하여야 한다는 데에 동의합니다.

$\mathbb{R}^2$은 벡터공간의 예로서 $\mathbb{R}^2$의 원소는 벡터이고 $\mathbb{R}$의 원소는 스칼라이다. 참고로, 위의 스칼라 배에 관한 세 번째 식에서 λu는 벡터 u의 스칼라 λ에 의한 스칼라 배이고, $\mu\lambda$는 두 스칼라 μ와 λ, 즉 두 실수 μ와 λ의 곱이다.

물리학에서 '벡터'는 크기와 방향을 동시에 나타내는 물리량을 뜻하지만 수학에서 '벡터'는 단순히 벡터공간의 원소를 칭한다. 이러한 물리량들이 공통적으로 가지고 있는 성질들을 일반화, 추상화 과정을 거쳐 얻어진 개념이다.

어떤 집합을 '벡터공간'이라고 부르기 위해서는 그 집합에 정의된 연산(+)이 있어야할 뿐만 아니라 '스칼라'들의 집합도 함께 고려해야 한다. '스칼라 배' 역시 정의되어야하기 때문이다. 스칼라 배는 단순히 각각의 스칼라 λ를 각각의 벡터 v에 적용시켜 또 하나의 벡터를 얻는 것을 말한다. 이 때 얻은 벡터를 간단히 λv로 나타낸다. 앞서 살펴본 $\mathbb{R}^2$에서 스칼라 2에 벡터 $(-1, 5)$를 적용시키면 벡터 $(-2, 10)$을 얻는다.

한편, '스칼라'들의 집합은 체로 한정하는데 이는 스칼라끼리의 덧셈, 곱셈을 고려하기 위해서다. 이제 벡터공간을 '수학적'으로 정의할 준비가 되었다. 이미 살펴보았던 $\mathbb{R}^2$가 만족시켰던 성질과 크게 다르지 않다.

체 F와 집합 V에 대하여 스칼라배와 V 위에서 정의된 연산 +이 다음을 만족시키면 V를 F위에서의 벡터공간이라고 한다.

- V는 덧셈(+)에 관하여 가환군이다.
- 임의의 벡터 $u, v \in V$와 임의의 스칼라 $\lambda, \mu \in F$에 대하여

$$(\lambda + \mu)u = \lambda u + \mu u, \qquad \lambda(u+v) = \lambda u + \lambda v,$$
$$\mu(\lambda u) = (\mu\lambda)u, \qquad 1u = u$$

가 성립한다.

여기서 주목해야할 점은 벡터공간 V에도 덧셈이 정의되어 있고, 체 F에도 덧셈이 정의되어있다는 것이다. 이들이 같아야 할 이유는 없다. 이들은 각각 V와 F에서 정의되었으므로 오히려 같지 않은 경우가 많다고 할 수 있다. 그럼에도 불구하고 관례상 모두 +로 나타낸다. 식을 꼼꼼하게 보면 문맥상 +가 벡터들의

덧셈을 의미하는지, 스칼라들의 덧셈을 의미하는지 알아내는 것은 어렵지 않기 때문이다. 덧셈에 관한 항등원도 마찬가지이다. F와 V는 각각의 덧셈에 관한 항등원을 가진다. 이 역시 관례상 모두 0으로 쓴다. 물론 F에서의 덧셈에 관한 항등원을 '0' (이는 '영'이라고 읽는다.)으로 쓰고 V에서의 덧셈에 관한 항등원을 '0' 또는 '$\vec{0}$' (이는 '영벡터'라고 읽는다.)으로 쓰는 저자들도 있다. 다행히도 이 책에서 등장하는 벡터공간에서는 이들을 엄밀하게 구분할 필요가 없다. 그 이유는 이 책에서 자주 이용되는 벡터공간의 다음 예를 통해서 알 수 있다.

$\mathbb{Q}$를 스칼라들의 집합으로 생각하자. 앞에서 확인하였듯이

$$\mathbb{Q}(\sqrt{2}) = \{a + b\sqrt{2} \mid a, b \in \mathbb{Q}\}$$

는 덧셈에 관하여 가환군이다. 한편, 임의의 스칼라 $\lambda \in \mathbb{Q}$에 대하여 스칼라 배를 다음과 같이 정의한다.

$$\lambda(a + b\sqrt{2}) = \lambda a + \lambda b\sqrt{2}$$

엄밀하게 말하면, 여기서 좌변에 있는 $\lambda(a+b\sqrt{2})$는 스칼라배, 즉 스칼라 λ를 벡터 $a+b\sqrt{2}$에 적용시킨 것을 의미하는 반면, 우변에 있는 λa와 λb는 각각 유리수 λ와 a의 곱, λ와 b의 곱을 의미한다. 그러나 여기에서는 이를 엄밀하게 구분할 필요는 없다. 이들 모두는 사실 우리가 늘 해왔던 실수들의 곱셈과 같기 때문이다. 따라서 큰 어려움 없이 $\mathbb{Q}(\sqrt{2})$가 $\mathbb{Q}$ 위에서 벡터공간임을 확인할 수 있다.

$\mathbb{Q}$는 $\mathbb{Q}(\sqrt{2})$의 부분집합으로서 $\mathbb{Q}(\sqrt{2})$에서 정의된 덧셈, 곱셈에 관하여

체를 이룬다. 군의 경우와 마찬가지로 이 때 $\mathbb{Q}$를 단순히 $\mathbb{Q}(\sqrt{2})$의 부분집합이라고 하지 않고 '부분체(subfield)'라고 한다.

일반적으로 F가 체 K의 부분집합으로서 K에서의 연산(덧셈과 곱셈)에 관하여 체를 이룰 때 'F는 K의 부분체'라고 하고 간단히 '$F \leq K$'라고 나타낸다. 이 때 'K는 F의 확대체(extension)'라고도 한다. 같은 상황을 두 가지 관점에서 다르게 표현한 것이다. 굳이 군의 경우에 사용하지 않았던 용어인 '확대체'를 사용하는 이유가 궁금할 것이다. 이 질문의 답은 뒤에서 독자 스스로 자연스럽게 내릴 수 있을 것이다. 지금은 다음과 같이 이해하고 넘어가도 충분하다.

체가 주어졌을 때, 대부분의 경우에는(적어도 이 책에서는) 그 체의 부분을 고려하는 것보다 더 많은 수를 포함하도록 그 체를 확장하는 것이 요구된다.

$\mathbb{Q}(\sqrt{2})$ 역시 $\mathbb{Q}$로부터 다항식 x^2-2의 근인 $\sqrt{2}$와 $-\sqrt{2}$를 포함하도록 '확장'한 $\mathbb{Q}$의 확대체이다. 이와 같이 앞으로 주어진 체로부터 어떤 거듭제곱근을 포함하도록 체를 확장하고, 그 체로부터 또 어떤 거듭제곱근을 포함하도록 체를 확장하는 이 과정을 많이 반복할 것이다.

여휴: K가 F의 확대체일 때 'F는 K의 부분체'라고도 말할 수 있는 거죠. 여하튼 동일한 대상을 여러 각도에서 볼 수 있다면, 그 대상에 대하여 더 많은 것을 알게 되겠죠?

여광: 그렇다고 생각합니다.

여휴: 수학적 대상도 그럴 것 같습니다. 예를 들어, 집합 $\mathbb{Q}(\sqrt{2})$를 체의 구조로 볼 수 있고, $\mathbb{Q}$ 위의 벡터공간으로도 볼 수 있기 때문에 $\mathbb{Q}(\sqrt{2})$에 관한 정보를 풍부하게 얻을 수 있습니다.

여광: 집합 $\mathbb{Q}(\sqrt{2})$는 작도가능성이나 다항식의 가해성 논의에서 중요한 역할을 할 텐데, 이

집합의 대수적 구조에 관한 풍부한 정보가 문제 해결을 가능하게 하겠군요.

다음 사실은 이 책에서 체와 더불어 '벡터공간'이 중요한 대수적 구조인 이유를 설명한다.

K가 F의 확대체이면 K는 F위의 벡터공간의 구조를 가진다. 이 때 스칼라배는 다음과 같다.

임의의 스칼라 $\lambda \in F$와 임의의 벡터 $v \in K$에 대하여 v의 λ에 의한 스칼라배는 λv이다. 즉, v의 λ에 의한 스칼라배는 K에서의 곱셈이다.

앞에서 살펴보았던 예인 $\mathbb{Q} \leq \mathbb{Q}(\sqrt{2})$와 마찬가지로 벡터의 덧셈과 스칼라의 덧셈을 구분할 필요가 없다. 모두 확대체 K에서의 덧셈이다. 또한 스칼라배를 특별히 의식할 필요가 없다. 이는 단지 K에서의 곱셈으로 정의된다. 이 글을 읽고 있는 독자들은 큰 어려움 없이 K가 F위의 벡터공간임을 보일 수 있을 것이다.

'(확대)체'를 왜 '벡터공간'으로 봐야하는가?

중요한 질문이다. 몇몇 독자들은 확대체가 벡터공간임을 보이는 과정에서 '그 성질이 그 성질인 거 같은데 이름을 다르게 불러가면서까지 다른 구조를 생각해야 하나?'하는 의문을 가질 수 있다. 하지만 벡터공간의 구조는 그 나름의 장점이 있다.

벡터공간의 구조가 가지는 장점을 설명하려면 몇 가지 벡터공간 이론에서 쓰이는 기초 용어를 소개해야 한다.

먼저, 체 F 위의 벡터공간 V에 속한 두 개의 벡터 v_1, v_2가 주어졌다고 하자. v_1, v_2로부터 (벡터의)덧셈 그리고 스칼라 배를 사용하여 표현할 수 있는 벡터는 아무리 복잡해봐야 '$\lambda_1 v_1 + \lambda_2 v_2$' ($\lambda_1, \lambda_2 \in F$) 꼴이다. 더 복잡한 꼴의 벡터를 만들려고 해봐도 벡터공간의 성질인

$$(\lambda + \mu)u = \lambda u + \mu u, \quad \lambda(u+v) = \lambda u + \lambda v, \quad \mu(\lambda u) = (\mu \lambda) u$$

때문에 $\lambda_1 v_1 + \lambda_2 v_2$ ($\lambda_1, \lambda_2 \in F$) 꼴 이외에 다른 벡터는 얻을 수 없다. 예를 들어, $3(5v_1 + 2v_2) - v_2$는 벡터공간의 성질에 의하여 $15v_1 + 5v_2$로 나타낼 수 있다.

$\lambda_1 v_1 + \lambda_2 v_2$ ($\lambda_1, \lambda_2 \in F$) 꼴로 표현되는 벡터를 두 벡터 v_1, v_2의 '일차결합' 혹은 '선형결합(linear combination)'이라고 한다. 여기서 '일차' 또는 '선형'은 $\lambda_1 v_1 + \lambda_2 v_2$가 v_1, v_2의 일차다항식 꼴이기 때문에 붙여진 용어이다. 세 개의 벡터 v_1, v_2, v_3가 주어진 경우도 마찬가지이다. 이들과 덧셈, 스칼라배를 이용하여 나타낼 수 있는 벡터는 모두

$$`\lambda_1 v_1 + \lambda_2 v_2 + \lambda_3 v_3\text{'} \quad (\lambda_1, \lambda_2, \lambda_3 \in F)$$

꼴이다. 마찬가지로 이러한 벡터들을 v_1, v_2, v_3의 일차결합이라고 부른다. 네 개, 다섯 개, 그 이상의 벡터들이 주어진 경우도 마찬가지이다.

벡터공간 V에 속하는 모든 벡터들이 n개의 벡터 $v_1, v_2, \cdots, v_n$의 일차결합으로 표현될 때 '$v_1, v_2, \cdots, v_n$은 V를 생성한다'라고 하고 이를 간단히 $V = \langle v_1, v_2, \cdots, v_n \rangle$으로 나타낸다. 참고로 이 기호를 모든 저자들이 쓰는 것

은 아니다. 어떤 저자는 $V = \mathrm{Span}_F\{v_1, v_2, \cdots, v_n\}$과 같이 나타내고 다른 저자는 $V = F\{v_1, v_2, \cdots, v_n\}$와 같이 나타내기도 한다. 적어도 이 책에서는 군의 경우와 동일하게 $V = \langle v_1, v_2, \cdots, v_n \rangle$와 같이 나타내는 것으로 통일한다.

앞에서 보았던 $\mathbb{Q}(\sqrt{2})$의 모든 원소는 $a + b\sqrt{2}$ $(a, b \in \mathbb{Q})$꼴로 나타낼 수 있다. 여기서 스칼라 전체의 집합이 $\mathbb{Q}$라는 점을 유념하면 벡터 1과 $\sqrt{2}$는 $\mathbb{Q}(\sqrt{2})$를 생성함을 알 수 있다. 즉, 이 사실을

$$\mathbb{Q}(\sqrt{2}) = \langle 1, \sqrt{2} \rangle$$

와 같이 쓸 수 있다.

이 책에 등장하는 모든 벡터공간 V에는 무수히 많은 벡터가 있지만, 일단 V가 유한 개의 벡터 $v_1, v_2, \cdots, v_n$로 생성된다는 것을 알고 나면 모든 벡터는 결국 $v_1, v_2, \cdots, v_n$의 일차결합으로 나타낼 수 있다. 다시 말해, 모든 벡터는 n개의 스칼라로 이루어진 n쌍(n-tuple)에 의해 결정된다. 다음 예를 생각해보자. $\mathbb{Q}(\sqrt{2})$의 세 벡터

$$1 + \sqrt{2}, \quad -\sqrt{2}, \quad 3 + 2\sqrt{2}$$

를 생각해보자. 간단한 연립방정식을 풀어서 모든 벡터가 이들의 일차결합으로 나타낼 수 있다는 것을 알 수 있다. 예를 들어 $3 - \sqrt{2}$는

$$3(1 + \sqrt{2}) + 3(-\sqrt{2}) + 0(3 + 2\sqrt{2})$$

으로 나타낼 수도 있다. 그러나 이를

$$0(1+\sqrt{2})+3(-\sqrt{2})+(3+2\sqrt{2})$$

로도 나타낼 수도 있다. 모든 벡터를 세 벡터들의 일차결합으로 나타낼 수 있지만, 일차결합에서 스칼라를 택하는 방법은 유일하지 않다. 이런 상황은 그렇게 좋은 상황이 아니다. 물론, 우리는 이미 이런 상황에 익숙하다. 임의의 (양의)유리수를 분수로 표현하는 방법은 유일하지 않다.

$$\frac{2}{3} = \frac{4}{6} = \frac{10}{15} = \frac{444}{666} = \cdots$$

그러나 이 문제는 '기약분수'를 택함으로써 해결된다. 즉, 임의의 (양의)유리수는 기약분수로 유일하게 표현된다. 위의 수와 같은 기약분수는 $\frac{2}{3}$ 뿐이다.

기약분수는 분자, 분모 자리에 한 쌍의 자연수를 모두 허용하는 것이 아니라 '서로 소'인 한 쌍의 자연수만을 허용한다. 특별한 조건을 만족시키는 기약분수를 택하여 문제를 해결한 것처럼 벡터공간에서도 특별한 조건을 만족시키는 벡터들을 택하여 이 문제를 해결한다. 어떠한 조건일까? 다시 앞서 살펴 본 예로 돌아가자. 주어진 세 벡터는 사실

$$3(1+\sqrt{2})+(-\sqrt{2})-(3+2\sqrt{2})=0$$

을 만족시킨다. 즉 0(영벡터)를 세 벡터 $1+\sqrt{2}$, $-\sqrt{2}$, $3+2\sqrt{2}$ 의 자명하지 않은 일차결합으로 나타낼 수 있다. 참고로 자명한 일차결합은 모든 스칼라가 0(영)인 일차결합, 즉,

$$0(1+\sqrt{2})+0(-\sqrt{2})+0(3+2\sqrt{2})$$

를 말한다. 따라서 어떠한 벡터 v를

$$\lambda_1(1+\sqrt{2})+\lambda_2(-\sqrt{2})+\lambda_3(3+2\sqrt{2})$$

와 같이 나타내었다면

$$\begin{aligned}&\lambda_1(1+\sqrt{2})+\lambda_2(-\sqrt{2})+\lambda_3(3+2\sqrt{2})\\=&\lambda_1(1+\sqrt{2})+\lambda_2(-\sqrt{2})+\lambda_3(3+2\sqrt{2})+0\\=&\lambda_1(1+\sqrt{2})+\lambda_2(-\sqrt{2})+\lambda_3(3+2\sqrt{2})\\&\qquad+3(1+\sqrt{2})+(-\sqrt{2})-(3+2\sqrt{2})\\=&(\lambda_1+3)(1+\sqrt{2})+(\lambda_2+1)(-\sqrt{2})+(\lambda_3-1)(3+2\sqrt{2})\end{aligned}$$

와 같이 나타낼 수도 있다. 0(영벡터)과 같은

$$3(1+\sqrt{2})+(-\sqrt{2})-(3+2\sqrt{2})$$

를 더하고 빼는 과정을 반복적으로 적용하면 벡터 v를 일차결합으로 나타내는 방법은 무수히 많음을 알 수 있다.

n개의 벡터 $v_1, v_2, \cdots, v_n$에 대해 0이 $v_1, v_2, \cdots, v_n$의 자명한 일차결합으로만 표현될 때 '$v_1, v_2, \cdots, v_n$은 일차독립 혹은 선형독립(linearly independent)이다'라고 한다. 이를 다음과 같이 나타낼 수도 있다.

> 다음을 만족시키는 n개의 벡터 $v_1, v_2, \cdots, v_n$를 일차독립이라고 한다.
> 스칼라 $\lambda_1, \lambda_2, \cdots, \lambda_n$에 대하여 $\lambda_1 v_1 + \lambda_2 v_2 + \cdots + \lambda_n v_n = 0$이면 반드시 $\lambda_1 = \lambda_2 = \cdots = \lambda_n = 0$이다.

$\mathbb{Q}(\sqrt{2})$를 생성하는 두 벡터 $1, \sqrt{2}$는 일차독립이다. 이를 보이기 위해 유리

수 a, b에 대해 $a+b\sqrt{2}=0$이라고 가정하자.

'(유리수)+(무리수)=(무리수)'

이고

'(0이 아닌 유리수)×(무리수)=(무리수)'

이므로 $b=0$이어야 하고 이는 $a=0$을 함의한다.

어떤 벡터가 일차독립인 n개의 벡터 $v_1, v_2, \cdots, v_n$의 일차결합으로 표현되면 그 방법은 유일하다. 쉽게 확인할 수 있다. 벡터 v가

$$\lambda_1 v_1 + \lambda_2 v_2 + \cdots + \lambda_n v_n, \quad \mu_1 v_1 + \mu_2 v_2 + \cdots + \mu_n v_n$$

과 같이 두 가지 방법으로 표현되었다고 하자. 그러면

$$\lambda_1 v_1 + \lambda_2 v_2 + \cdots + \lambda_n v_n = \mu_1 v_1 + \mu_2 v_2 + \cdots + \mu_n v_n,$$

즉,

$$(\lambda_1 v_1 + \lambda_2 v_2 + \cdots + \lambda_n v_n) - (\mu_1 v_1 + \mu_2 v_2 + \cdots + \mu_n v_n) = 0$$

으로부터

$$(\lambda_1 - \mu_1)v_1 + (\lambda_2 - \mu_2)v_2 + \cdots + (\lambda_n - \mu_n)v_n = 0$$

을 얻을 수 있다. 그러나 $v_1, v_2, \cdots, v_n$은 일차독립이므로 이는 자명한 일차결합이어야 하고 이것은 $\lambda_1 = \mu_1, \lambda_2 = \mu_2, \cdots, \lambda_n = \mu_n$을 의미한다. 따라서 v는 $v_1, v_2, \cdots, v_n$의 일차결합으로 유일하게 표현된다.

체 F위의 벡터공간 V가 일차독립인 벡터 $v_1, v_2, \cdots, v_n$으로 생성된다면 V에 속하는 '모든' 벡터는 각각 $v_1, v_2, \cdots, v_n$의 일차결합

$$\lambda_1 v_1 + \lambda_2 v_2 + \cdots + \lambda_n v_n$$

으로 '유일'하게 나타낼 수 있다. 이 때 V의 부분집합 $\{v_1, v_2, \cdots, v_n\}$를 F 위에서 V의 기저(basis)라고 한다. 따라서 일단 벡터공간 V의 기저를 알고 나면, V에 속하는 모든 벡터를 기저의 일차결합으로 유일하게 나타낼 수 있다.

$\mathbb{Q}$ 위의 벡터공간 $\mathbb{Q}(\sqrt{2})$의 부분집합 $\{1, \sqrt{2}\}$는 $\mathbb{Q}$ 위에서 $\mathbb{Q}(\sqrt{2})$의 기저이다. 물론, 벡터공간의 기저는 유일하지 않을 수 있다. $\sqrt{2} = 1 + (-1 + \sqrt{2})$를 이용하면 $\{1, -1+\sqrt{2}\}$ 역시 $\mathbb{Q}(\sqrt{2})$의 기저가 된다는 것을 확인할 수 있다.

이제 벡터공간의 구조가 가지는 장점을 이해할 준비가 되었다. 사실 엄밀한 논의를 위해서는 '무한'개의 벡터들로 생성되는 벡터공간, '무한'개의 벡터들의 일차독립성 등에 대해 설명해야 한다. 하지만 이 책의 내용과는 크게 관련되지 않으니 여기서는 단지 '무한집합을 기저로 가지는 벡터공간도 있다' 정도로 타협하고 넘어가자.

벡터공간 이론에 따르면 임의의 벡터공간 V의 기저는 항상 존재하고, 한 기저가 유한집합일 때 V의 모든 기저들은 같은 개수의 원소를 가진다. 이 때 기저의 원소의 개수를 벡터공간의 차원(dimension)이라고 하고 $\dim_F V$로 나타낸다.

특히 체 F의 확대체 K를 F위에서의 벡터공간으로 볼 경우 K의 차원을 'F위에서의 K의 차수(degree)'라고 하고 $\dim_F K$ 대신 $[K:F]$로 나타낸다. '차수'라는

용어가 붙은 이유는 다음 장에서 알게 될 것이다.

$\{1, \sqrt{2}\}$는 $\mathbb{Q}$ 위에서 $\mathbb{Q}(\sqrt{2})$의 기저이므로 $\mathbb{Q}(\sqrt{2})$는 $\mathbb{Q}$ 위에서의 이차원 공간이다.

여광: 아까부터 궁금한 것이 있습니다. 간결하게 쓰는 것을 좋아하는 수학자들이 'F위에서'와 같은 말을 계속해서 덧붙이면서까지 스칼라의 집합을 강조하는 것에는 그만한 이유가 있겠죠?

여휴: 그렇겠죠? 예를 들어, 'F위에서의 벡터공간'이라고 할 때 F의 원소가 스칼라인데 벡터공간을 말할 때 스칼라가 무엇인지 분명하게 밝혀야 하기 때문입니다. K가 F의 확대체일 때 K는 F위에서 벡터공간인데 K의 원소는 벡터이고 F의 원소는 스칼라임을 분명하게 유념할 수 있습니다. 한편 K를 K위에서의 벡터공간으로도 볼 수도 있습니다. 이 경우 기저, 차원 등이 F위에서의 벡터공간으로 봤을 때와는 달라집니다.

여광: K가 F의 확대체일 때 'F는 K의 부분체'라고도 말할 수 있는 거죠. 여하튼 동일한 대상을 여러 각도에서 볼 수 있다면, 그 대상에 대하여 더 많은 것을 알게 되겠죠?

여휴: 그렇습니다.

여광: 수학적 대상도 그럴 것 같습니다. 예를 들어, 집합 $\mathbb{Q}(\sqrt{2})$를 체의 구조로 볼 수 있고, $\mathbb{Q}$ 위의 벡터공간으로도 볼 수 있기 때문에 $\mathbb{Q}(\sqrt{2})$에 관한 정보를 풍부하게 얻을 수 있습니다.

여휴: 집합 $\mathbb{Q}(\sqrt{2})$는 작도가능성이나 다항식의 가해성 논의에서 중요한 역할을 할 텐데, 이 집합의 대수적 구조에 관한 풍부한 정보가 여러 문제의 해결을 가능하게 합니다.

V. 작도불가능 문제

오래된 문제인 3대 작도불가능 문제로 시작하자.

3대 작도불가능 문제

- 정육면체가 주어졌을 때 부피가 이 정육면체의 부피의 두 배인 정육면체를 작도할 수 없다.
- 일반적으로 주어진 각의 3등분 작도는 가능하지 않다. 특히, 각의 크기가 60°인 각의 3등분은 작도할 수 없다. 즉, 각의 크기가 20°인 각은 작도할 수 없다.
- 주어진 원과 같은 넓이를 가지는 정사각형을 작도할 수 없다.

도형의 작도가능성 문제를 실수의 작도가능성 문제로

위 문제는 다음과 같이 실수의 작도가능성 문제로 이해할 수 있다.

주어진 정육면체의 한 변의 길이를 단위길이 1이라고 하면 작도하고자 하는 정육면체의 한 변의 길이 a는 $a^3 = 2$를 만족시킨다. 즉, $a = \sqrt[3]{2}$ 이다. 따라서 부피가 두 배인 정육면체의 작도가능성 문제는 실수 $\sqrt[3]{2}$ 의 작도가능성을 판단하는 것과 같은 문제이다. 다시 말해, 실수 $\sqrt[3]{2}$ 가 작도가능한 실수이면 부피가 두 배인 정육면체 역시 작도가능하며, $\sqrt[3]{2}$ 가 작도불가능한 실수이면 부피가 두 배인 정육면체 역시 작도가 가능하지 않다.

각의 크기가 20°인 각을 작도하면 좌표평면에서 단위원 위의 점 (cos20°, sin20°)를 작도할 수 있다. 역으로, 점 (cos20°, sin20°)를 작도하면 원점으로부터 점 (cos20°, sin20°)를 지나는 반직선과 양의 x축과 이루는 각의 크기가 20°이므로 각의 크기가 20°인 각을 작도할 수 있다.

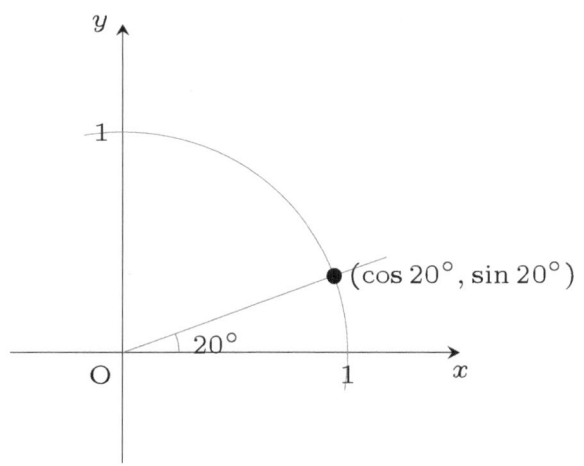

또한 실수 cos20°를 작도하면 점 (cos20°, 0)을 지나며 x축에 수직인 직선과 단위원의 두 교점 중 하나인 (cos20°, sin20°)를 작도할 수 있으며 (cos20°, sin20°)를 작도하면 이 점에서 x축에 내린 수선의 발인 (cos20°, 0)을 작도할 수 있다.

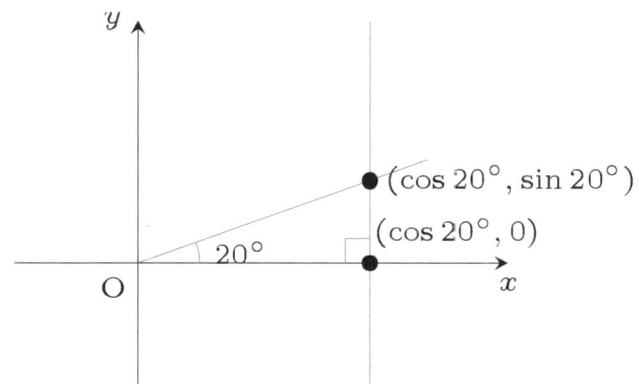

 이상으로부터 각의 크기가 20°인 각의 작도가능성 문제는 결국 실수 cos20°의 작도가능성을 판단하여 해결할 수 있음을 알 수 있다.

 마지막으로 주어진 원의 반지름을 단위길이 1이라고 하면 원의 넓이는 π가 된다. 넓이가 π인 정사각형의 한 변의 길이는 $\sqrt{\pi}$이다. 따라서 부피가 두 배인 정육면체의 작도가능성 문제와 마찬가지로 실수 $\sqrt{\pi}$의 작도가능성을 판단함으로써 주어진 원과 같은 넓이를 가지는 정사각형의 작도가능성 문제를 해결할 수 있다.

 실수의 작도가능성의 관점에서 3대 작도불가능 문제를 다음과 같이 기술할 수 있다.

3대 작도불가능 문제

- $\sqrt[3]{2}$는 작도 불가능하다.
- cos20°는 작도 불가능하다.
- $\sqrt{\pi}$는 작도 불가능하다.

임의의 양의 유리수 a에 대하여 $\sqrt{a}$가 작도가능하고, 작도가능한 양수의 제곱근도 역시 작도가능하며, 작도가능한 수 전체의 집합은 체의 구조를 가지므로 다음과 같은 꼴의 수는 모두 작도가능하다는 것을 알 수 있다.

$$a+\sqrt{b},$$
$$a+\sqrt{b}+\sqrt{c+\sqrt{d}},$$
$$a+\sqrt{b}+\sqrt{c+\sqrt{d}}+\sqrt{e+\sqrt{f}+\sqrt{g+\sqrt{h}}},$$
$$\vdots$$

여기서 a, b, c, d, e, f, g, h는 모두 유리수이며 근호 '$\sqrt{}$'안의 수는 모두 음이 아닌 수이다.

따라서 작도 가능한 무리수가 무수히 많이 있음을 알 수 있다. 그러나 모든 무리수가 작도 가능한 것은 아니다.

실제로 위에서 제시한 형태의 수가 아니면 작도가능하지 않다는 것을 알게 될 것이다.

특히, 다음 세 실수(무리수)는 위와 같은 꼴이 아니므로 작도가능하지 않다는 것을 보일 것이다.

$$\sqrt{\pi},\ \sqrt[3]{2},\ \cos 20°$$

1. 문제의 재구성

작도가능성의 문제를 좀 더 엄밀하게 재구성하여보자.

일단 단위길이가 주어지면 모든 유리수는 작도가 가능하다. 즉, 좌표성분이 모두 유리수인 점을 작도할 수 있다. 따라서 시작 단계에서는 좌표성분이 모두 유리수인 두 점을 지나는 직선을 그릴 수 있으며 좌표성분이 모두 유리수인 점이 중심이고 반지름의 길이가 유리수인 원을 그릴 수 있다. 다음을 주목한다.

유리수를 좌표성분으로 갖는 두 점을 지나는 직선은 다음과 같은 식으로 표현된다.

$$ax+by+c=0, \quad a, b, c \in \mathbb{Q}$$

한편 중심의 좌표성분과 반지름의 길이가 모두 유리수인 원은 다음과 같은 식으로 표현된다.

$$x^2+y^2+rx+sy+t=0, \quad r, s, t \in \mathbb{Q}$$

따라서 두 직선의 교점, 직선과 원의 교점, 두 원의 교점의 좌표성분은 각각

$$\begin{cases} ax+by+c=0 \\ dx+ey+f=0 \end{cases}$$

$$\begin{cases} ax+by+c=0 \\ x^2+y^2+rx+sy+t=0 \end{cases}$$

$$\begin{cases} x^2+y^2+rx+sy+t=0 \\ x^2+y^2+ux+vy+w=0 \end{cases}$$

와 같은 꼴의 연립방정식의 해로서 다음과 같은 꼴의 수이다.

$$\alpha + \sqrt{\gamma} \quad (\alpha, \gamma \text{는 유리수})$$

이렇게 얻은 수인 $\alpha + \sqrt{\gamma}$가 유리수이면 이는 '작도가능성'의 측면에서 아무런 진전이 없는 것을 뜻한다. 단위길이가 주어지면 이미 모든 유리수를 작도할 수

있기 때문이다. 사실, 두 직선의 교점으로부터 얻는 수는 항상 유리수이므로, 이 방법을 사용하여 유리수가 아닌 새로운 수를 작도할 수 없다. 우리의 관심은 이와는 달리 한 단계의 작도를 통해 (유리수가 아닌)새로운 수를 작도하는 과정에 있다. $\sqrt{\gamma}$가 무리수인 경우, 한 단계의 작도를 통해 유리수가 아닌 수 $\alpha + \sqrt{\gamma}$를 작도하였다고 할 수 있다. 예를 들어 보자.

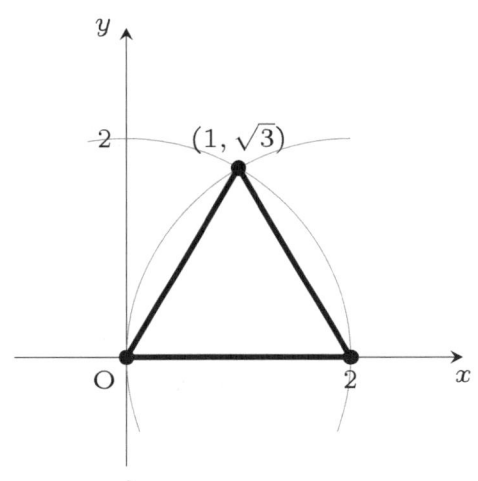

변의 길이가 2인 정삼각형을 좌표평면의 제1사분면에 작도한다. 위의 그림에서와 같이 정삼각형의 한 꼭짓점은 원점으로 하고 한 변은 x축에 있도록 한다. 정삼각형의 작도는 두 원의 교점으로부터 얻어진다는 사실에 주목하자. 하나는 중심이 원점이고 반지름의 길이가 2인 원으로서 이 원의 방정식은 $x^2 + y^2 = 4$이다. 다른 하나는 중심이 $(2, 0)$이고 반지름의 길이가 2인 원으로서 이 원의 방정식은 $(x-2)^2 + y^2 = 4$이다. 연립방정식

$$\begin{cases} x^2 + y^2 = 4 \\ (x-2)^2 + y^2 = 4 \end{cases}$$

를 풀어서 제1사분면에 있는 교점의 좌표가 $(1, \sqrt{3})$임을 알 수 있다. 여기서 $\sqrt{3}$은 $\alpha + \sqrt{\gamma}$ (α, γ는 유리수) 꼴임을 확인하자. 실제로 이 경우 $\alpha = 0$, $\gamma = 3$이다. 이 과정을 두 원의 교점을 작도함으로써 유리수가 아닌 수인 $\sqrt{3}$을 작도한 것으로 볼 수 있다.

유리수로부터 시작해 한 단계의 작도과정을 거쳐 $\alpha + \sqrt{\gamma}$를 작도하였다. 앞에서 언급하였듯이 $\sqrt{\gamma}$가 무리수라고 가정하자. 작도가능한 수들의 합, 차, 곱 그리고 몫(0으로 나누는 경우를 제외)이 작도가능하므로 $\alpha + \sqrt{\gamma}$가 작도가능하다는 사실과 등식 $\sqrt{\gamma} = (\alpha + \sqrt{\gamma}) - \alpha$로부터 모든 유리수와 $\sqrt{\gamma}$ 그리고 이들의 사칙연산으로 표현가능한 모든 수가 작도가능하다는 것을 알 수 있다. 이 때 모든 유리수와 $\sqrt{\gamma}$ 그리고 이들의 사칙연산으로 얻어지는 수 전체의 집합은 체의 구조를 가지며, 이는 유리수와 $\sqrt{\gamma}$를 포함하는 가장 작은 체이다.

방금 살펴본 예로부터

$$(2-\sqrt{3})^{2017}(2+\sqrt{3})^{1832}, \quad \frac{1-2\sqrt{3}-(\sqrt{3})^5}{2+\sqrt{3}}$$

등의 수는 아무리 복잡해보여도 결국 유한 번의 과정을 통해 작도가 가능하다는 사실을 알 수 있다. 실제로 이들은 모든 유리수와 $\sqrt{3}$을 포함하는 가장 작은 체의 원소들이다. 특히 '$a + b\sqrt{\gamma}$ ($a, b \in \mathbb{Q}$)' 꼴의 수는 모두 작도가능하며, 이들은 유리수와 $\sqrt{\gamma}$를 포함하는 가장 작은 체의 원소들이다. 그런데 '$a + b\sqrt{\gamma}$ ($a, b \in \mathbb{Q}$)' 꼴의 수 전체의 집합

$$\{a + b\sqrt{\gamma} \mid a, b \in \mathbb{Q}\}$$

은 그 자체로 체의 구조를 가짐을 보일 수 있다. 이는 $\{a+b\sqrt{\gamma}\,|\,a,b\in\mathbb{Q}\}$가 '유리수와 $\sqrt{\gamma}$를 포함하는 가장 작은 체'임을 의미한다!

실제로, 이 집합이 체의 구조를 가진다는 것을 보이기 위해 필요한 대부분의 성질은 아주 쉽게 확인할 수 있다. 그 중에서 약간의 계산을 요구하는 것은 '0이 아닌 $a+b\sqrt{\gamma}$은 곱셈에 관한 역원을 가진다'는 사실을 보이는 것이다.

$a+b\sqrt{\gamma}\neq 0$ 이라고 하자. 다음이 성립한다.

$$\frac{1}{a+b\sqrt{\gamma}}=\frac{a-b\sqrt{\gamma}}{(a+b\sqrt{\gamma})(a-b\sqrt{\gamma})}=\frac{a-b\sqrt{\gamma}}{a^2-b^2\gamma}=\frac{a}{a^2-b^2\gamma}-\frac{b}{a^2-b^2\gamma}\sqrt{\gamma}$$

여기서, $a^2-b^2\gamma$은 0이 아니다. 왜냐 하면, $a^2-b^2\gamma=0$이면 $a=\pm b\sqrt{\gamma}$가 되어 $a=b=0$이 되고 이로부터 $a+b\sqrt{\gamma}=0$을 얻기 때문이다. 이제, $\frac{a}{a^2-b^2\gamma}$와 $\frac{b}{a^2-b^2\gamma}$는 모두 유리수이므로 $\frac{1}{a+b\sqrt{\gamma}}$은 결국 $\alpha+\beta\sqrt{\gamma}$ (α, β은 유리수) 꼴로 표현할 수 있다.

사실, 이 과정은 중·고등학교에서 배우는 '분모의 유리화'이다. 결국, $a+b\sqrt{\gamma}$ (a, b는 유리수) 꼴의 수 전체로 이루어진 체는 유리수 전체의 집합 $\mathbb{Q}$와 $\sqrt{\gamma}$를 포함하는 체 중에서 가장 작은 것이며 $\mathbb{Q}(\sqrt{\gamma})$로 나타내고 '$\mathbb{Q}$와 $\sqrt{\gamma}$로 생성되는 체'라고 한다. $\mathbb{Q}(\sqrt{\gamma})$ 꼴의 체는 이 책에서 중요한 역할을 하므로 다시 설명할 것이다. 앞에 등장한 $\mathbb{Q}(\sqrt{2})$와 $\mathbb{Q}(\sqrt{3})$은 모두 이러한 꼴의 체이다. 즉, $\mathbb{Q}(\sqrt{2})$는 $\mathbb{Q}$와 $\sqrt{2}$를 품는 가장 작은 체이고, $\mathbb{Q}(\sqrt{3})$은 $\mathbb{Q}$와 $\sqrt{3}$를 품는 가장 작은 체이다. 다음과 같이 나타내면 깔끔하게 보인다.

$$\mathbb{Q}(\sqrt{\gamma}) = \{a + b\sqrt{\gamma} \mid a, b \in \mathbb{Q}\}$$

여광: 증명의 과정이 어렵지 않음에도 굉장히 놀라운 결과를 얻었습니다. 앞에서 필자가 제시한 예인

$$(2-\sqrt{3})^{2017}(2+\sqrt{3})^{1832}, \quad \frac{1-2\sqrt{3}-(\sqrt{3})^5}{2+\sqrt{3}}$$

도 $a+b\sqrt{3}$ $(a, b \in \mathbb{Q})$ 꼴로 나타낼 수 있다는 것이잖아요.

여휴: 맞습니다. 약간의 수고를 하여 계산하면 후자는 $35-23\sqrt{3}$ 으로 나타낼 수 있습니다. 근호 '$\sqrt{\ }$'를 포함하는 식에 관한 계산연습이니 직접 계산해 볼 가치가 있습니다.

왜 특정원소를 품는 가장 작은 체를 생각하는가?

유리수가 아닌 수 $\sqrt{\gamma}$에 대해서 모든 유리수와 $\sqrt{\gamma}$를 품는 체는 많이 있다. 복소수체 $\mathbb{C}$, 대수적인 수 전체로 이루어진 체 $\mathfrak{A}$, 작도가능한 모든 실수들로 이루어진 체 $\mathfrak{C}$ 모두는 그러한 체이다. 이러한 체 중에서 가장 작은 것인 $\mathbb{Q}(\sqrt{\gamma})$를 고려하는 이유는 무엇일까? 이 질문에 답하기 위해 다시 작도 문제로 돌아가자.

앞에서 살펴본 예에서 $\sqrt{3}$을 작도하였다. 또한 모든 유리수를 작도할 수 있다. '작도가능한 두 수의 합, 차, 곱, 몫 역시 작도가능한 수'라는 사실로부터 우리는 '적어도' $\mathbb{Q}$의 확대체인

$$\mathbb{Q}(\sqrt{3}) = \{a + b\sqrt{3} \mid a, b \in \mathbb{Q}\}$$

의 모든 원소가 작도가능하다는 것을 알 수 있다. 모든 유리수와 $\sqrt{3}$을 포함하는 임의의 체에 대해서는 이와 같은 결과를 얻을 수 있다. 예를 들어 실수체 $\mathbb{R}$

는 모든 유리수와 $\sqrt{3}$을 포함하고 있으나 작도가능하지 않은 수를 많이 포함하고 있다.

이러한 이유로 모든 유리수와 $\sqrt{\gamma}$를 품는 가장 작은 체인 $\mathbb{Q}(\sqrt{\gamma})$을 고려하는 것이다. 적어도 $\mathbb{Q}(\sqrt{\gamma})$의 모든 원소는 모두 작도가능하다고 주장할 수 있는 근거가 있기 때문이다.

지금까지 유리수체 $\mathbb{Q}$에서 시작하여 한 단계의 작도 과정을 거쳐서 확대체 $\mathbb{Q}(\sqrt{\gamma_1})$을 얻었다. 체의 구조를 유지하며 작도가능한 수의 집합을 확장한 것이다. 편의상 $\mathbb{Q}$를 F_0로 나타내고 $\mathbb{Q}(\sqrt{\gamma_1})$을 F_1로 나타내자.

두 번째 단계에서는 F_1의 모든 원소들을 작도할 수 있으므로 좌표성분이 모두 F_1의 원소인 두 점을 지나는 직선, 그리고 중심의 좌표성분과 반지름의 길이가 F_1의 원소인 원을 그릴 수 있다.

F_1의 원소를 좌표성분으로 갖는 두 점을 지나는 직선은 다음과 같은 식으로 표현된다.

$$ax+by+c=0, \quad a,b,c \in F_1$$

또, 중심의 좌표성분과 반지름의 길이가 F_1의 원소인 원은 다음과 같은 식으로 표현된다.

$$x^2+y^2+rx+sy+t=0, \quad r,s,t \in F_1$$

방정식의 꼴은 변하지 않고 계수와 상수항이 취할 수 있는 수의 집합이 확장되었음을 유의하자.

  방정식의 계수가 모두 F_1의 원소일 때 직선과 직선, 직선과 원, 또는 원과 원의 방정식으로 구성되는 연립방정식의 해는 다음과 같은 모양의 수이다.

$$\alpha_2 + \sqrt{\gamma_2} \quad (\alpha_2,\ \gamma_2 \text{는 } F_1\text{의 원소})$$

  앞에서와 마찬가지로 $\alpha_2 + \sqrt{\gamma_2}$ 가 F_1의 원소인 경우 아무런 진전이 없으므로 우리의 관심 밖이다. 따라서 여기서도 $\sqrt{\gamma_2} \not\in F_1$을 가정하자. $\alpha_2 + \sqrt{\gamma_2}$ 가 작도가능하다는 사실로부터 $\sqrt{\gamma_2}$ 가 작도가능하다는 것을 알 수 있고, 이제 F_1의 원소 전체와 $\sqrt{\gamma_2}$ 를 포함하는 체 중에서 가장 작은 것, 즉 F_1과 $\sqrt{\gamma_2}$ 로 생성되는 체 $F_1(\sqrt{\gamma_2})$의 모든 원소는 작도가 가능하다고 할 수 있다. 뿐만 아니라 분모의 유리화 과정을 통해

$$F_1(\sqrt{\gamma_2}) = \{a + b\sqrt{\gamma_2} \mid a,\ b \in F_1\}$$

임을 확인할 수 있으며, 편의상 $F_1(\sqrt{\gamma_2})$를 F_2로 나타내자. 여기서 a와 b는 유리수뿐만 아니라 F_1의 임의의 원소를 취할 수 있음을 주의해야한다. F_2는 유리수체 $\mathbb{Q}$에서 시작하여 두 단계의 작도 과정을 거쳐서 얻은 확대체이며 이 체의 모든 원소는 작도가능하다. 체의 구조를 유지하며 작도가능한 수의 집합을 한 차례 더 확장한 것이다.

  직선과 원 또는 원과 원의 교점을 반복하여 작도함으로써 작도가능한 수들로만 이루어진 확대체를 계속해서 생각할 수 있다.

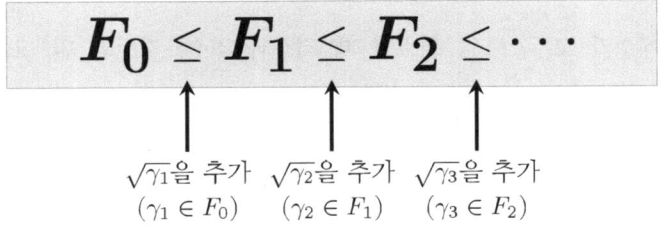

작도는 유한 번 만에 끝나는 것이므로 n단계($n \geq 1$)의 작도 과정을 거쳐 최종적으로 수 γ를 작도하였다고 하자. 이 사실을 확대체를 이용하여 표현하면 다음 조건을 모두 만족시키는 실수 γ_1, γ_2, ..., γ_n가 존재한다는 것이다.

- $F_0 = \mathbb{Q}$에 대하여 $\gamma_1 \in F_0$이고 $\sqrt{\gamma_1} \notin F_0$이다.
- $F_1 = F_0(\sqrt{\gamma_1})$에 대하여 $\gamma_2 \in F_1$이고 $\sqrt{\gamma_2} \notin F_1$이다.
- $F_2 = F_1(\sqrt{\gamma_2})$에 대하여 $\gamma_3 \in F_2$이고 $\sqrt{\gamma_3} \notin F_2$이다.
⋮
- $F_n = F_{n-1}(\sqrt{\gamma_n})$에 대하여 $\gamma_n \in F_{n-1}$이고 $\sqrt{\gamma_n} \notin F_{n-1}$이다.
- γ는 F_n의 원소이다.

예를 들어보자. $\sqrt{2+\sqrt{3}}$ 은 다음과 같이 작도할 수 있다. 시작단계에서 $F_0 = \mathbb{Q}$ 의 모든 원소를 작도할 수 있다. 앞에서 보았듯이 두 원의 교점을 작도함으로써 $\sqrt{3}$을 작도하였고, 작도가능한 수들로만 이루어진 확대체 $F_1 = F_0(\sqrt{3})$을 얻을 수 있다.

이제, 아래 그림과 같이 좌표평면에서 원점을 중심으로 하고 반지름이 $1+\sqrt{3}$

인 원 $x^2+y^2-(1+\sqrt{3})^2=0$과 직선 $x-y=0$의 교점 중에서 제1사분면에 있는 점을 작도한다.

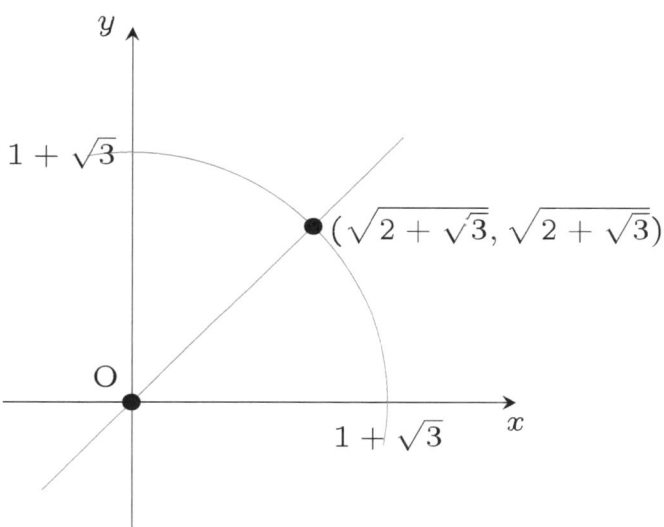

연립방정식

$$\begin{cases} x^2+y^2-(1+\sqrt{3})^2=0 \\ x-y=0 \end{cases}$$

을 풀어 이 점의 좌표가 $(\sqrt{2+\sqrt{3}}, \sqrt{2+\sqrt{3}})$임을 알 수 있다. 이로써 $\sqrt{2+\sqrt{3}}$을 작도하였다. 이 단계에서 얻게 되는 확대체는 다음과 같다.

$$F_2 = F_1(\sqrt{2+\sqrt{3}}) = \{a+b\sqrt{2+\sqrt{3}} \mid a, b \in F_1\}$$

작도의 과정을 체의 확대의 관점에서 다음과 같이 요약할 수 있다.

$\mathbb{Q}$의 모든 원소, 즉 모든 유리수는 작도가능하다. $\mathbb{Q}$를 $\mathbb{Q}(\sqrt{\gamma_1})(\gamma_1 \in \mathbb{Q})$로 확대하여도 $\mathbb{Q}(\sqrt{\gamma_1})$의 모든 원소는 작도가능하다. 이러한 과정을 거쳐 작도가능한 수의 집합을 점점 확대할 수 있다. 즉, 위와 같은 과정을 거쳐 얻은 확대체의 모든 원소는 작도가능하다.

2. 벡터공간으로서의 체

체 F의 확대체 K가 주어지면 K를 F위에서의 벡터공간으로서 이해할 수 있음을 상기하자. 특히, 작도가 가능한 수 전체의 집합 $\mathfrak{C}$는 $\mathbb{Q}$의 확대체이므로 $\mathfrak{C}$는 $\mathbb{Q}$ 위에서 벡터공간이다.

또한 $\sqrt{\gamma_1} \not\in \mathbb{Q}$인 $\gamma_1 \in \mathbb{Q}$에 대해서 $F_1 = \mathbb{Q}(\sqrt{\gamma_1})$의 모든 원소는 $a+b\sqrt{\gamma_1}$ $(a, b \in \mathbb{Q})$의 꼴로 유일하게 표현된다. 따라서 집합 $\{1, \sqrt{\gamma_1}\}$은 $\mathbb{Q}$ 위에서 벡터공간 F_1의 기저이므로 F_1은 $\mathbb{Q}$ 위에서 이차원 벡터공간이다. 즉, $\mathbb{Q}$ 위에서 F_1의 차수 $[F_1 : \mathbb{Q}]$는 2이다. 마찬가지로, $\sqrt{\gamma_2} \not\in F_1$인 $\gamma_2 \in F_1$에 대하여 $F_2 = F_1(\sqrt{\gamma_2})$는 F_1위에서 이차원 벡터공간이며 $\{1, \sqrt{\gamma_2}\}$는 F_1위에서 F_2의 기저이다.

여광: F_2의 임의의 원소는 $a+b\sqrt{\gamma_2}$ $(a, b \in F_1)$ 꼴로 표현되므로 $\{1, \sqrt{\gamma_2}\}$는 F_2를 생성한다고 할 수 있습니다. 이제 $\{1, \sqrt{\gamma_2}\}$가 F_1위에서 F_2의 기저임을 확인하기 위해서는 $\{1, \sqrt{\gamma_2}\}$가 일차독립임을 보여야 합니다.

여휴: 정의를 이용합시다. 먼저 $a, b \in F_1$에 대해서 등식 $a+b\sqrt{\gamma_2}=0$이 성립한다고 가정하고 $a=b=0$임을 보이면 됩니다.

여광: 주어진 '$\sqrt{\gamma_2} \notin F_1$'을 이용해야겠군요. $b \neq 0$이면 $\sqrt{\gamma_2}=-\dfrac{a}{b}$이므로 $\sqrt{\gamma_2}$가 F_1의 원소가 됩니다. a, b가 모두 F_1의 원소이기 때문입니다. 그런데 이는 $\sqrt{\gamma_2} \notin F_1$이라는 사실에 모순이므로 $b=0$이어야 합니다. 뿐만 아니라, $b=0$이면 등식 $a+b\sqrt{\gamma_2}=0$으로부터 $a=0$임을 알 수 있습니다. 따라서 $\{1, \sqrt{\gamma_2}\}$는 F_1위에서 일차독립이군요.

여휴: 맞습니다. 이로써 $\{1, \sqrt{\gamma_2}\}$는 F_1위에서 F_2의 기저임을 확인했습니다.

F_2는 F_1의 확대체인 동시에 F_0의 확대체이다. 따라서 F_2를 F_0위에서의 벡터공간으로 이해할 수 있다. 이러한 관점에서 F_0위에서 F_2의 기저와 차수는 어떻게 구할 수 있을까? 문제를 조금 더 일반화하기 위해 체 F의 확대체 열

$$F \leq K \leq L$$

에 대하여 F위에서의 벡터공간 K의 기저는 $\{\alpha_1, \alpha_2, \cdots, \alpha_n\}$이고, K위에서의 벡터공간 L의 기저는 $\{\beta_1, \beta_2, \cdots, \beta_m\}$이라고 하자. 즉 임의의 K의 원소는

$$a_1\alpha_1 + a_2\alpha_2 + \cdots + a_n\alpha_n \quad (a_1, a_2, \cdots, a_n \in F)$$

꼴로 유일하게 표현되며, 임의의 L의 원소는

$$b_1\beta_1 + b_2\beta_2 + \cdots + b_m\beta_m \quad (b_1, b_2, \cdots, b_m \in K)$$

꼴로 유일하게 표현된다고 하자. 이제 L을 F위에서의 벡터공간으로서 보도록 하

자. 임의의 L의 원소 γ가

$$b_1\beta_1 + b_2\beta_2 + \cdots + b_m\beta_m \quad (b_1, b_2, \cdots, b_m \in K)$$

와 같이 표현되고 이 때 스칼라 $b_1, b_2, \cdots, b_m$을 다시 K의 원소, 즉 벡터로 보면 각각은

$$a_1\alpha_1 + a_2\alpha_2 + \cdots + a_n\alpha_n \quad (a_1, a_2, \cdots, a_n \in F)$$

꼴로 표현되므로 γ는 결국

$$c_{11}\alpha_1\beta_1 + c_{12}\alpha_1\beta_2 + \cdots + c_{nm}\alpha_n\beta_m \quad (c_{11}, c_{12}, \cdots, c_{nm} \in F)$$

꼴로 표현된다. 따라서 두 집합 $\{\alpha_1, \alpha_2, \cdots, \alpha_n\}$와 $\{\beta_1, \beta_2, \cdots, \beta_m\}$의 각각의 원소들을 곱하여 얻은 집합인 $\{\alpha_1\beta_1, \alpha_1\beta_2, \cdots, \alpha_n\beta_m\}$은 F위에서 L을 생성한다. 뿐만 아니라, 벡터공간 이론에 조금만 익숙해지면 집합

$$\{\alpha_1\beta_1, \alpha_1\beta_2, \cdots, \alpha_n\beta_m\}$$

이 F위에서 일차독립임을 큰 어려움 없이 보일 수 있다. 물론 여기서 F위에서 $\{\alpha_1, \alpha_2, \cdots, \alpha_n\}$의 일차독립성과 K위에서 $\{\beta_1, \beta_2, \cdots, \beta_m\}$의 일차독립성이 중요한 역할을 한다.

이상으로부터 $\{\alpha_1\beta_1, \alpha_1\beta_2, \cdots, \alpha_n\beta_m\}$은 F위에서 L의 기저이며, $\{\alpha_1\beta_1, \alpha_1\beta_2, \cdots, \alpha_n\beta_m\}$은 정확히 mn개의 원소를 가지는 집합이므로 차원 혹은 차수에 관하여

$$[L:F] = [L:K][K:F]$$

가 성립한다. 이 사실은 작도 불가능 문제의 해결뿐만 아니라 앞으로 보게 될 갈루아이론에서도 많이 이용되므로 꼭 기억하기를 바란다.

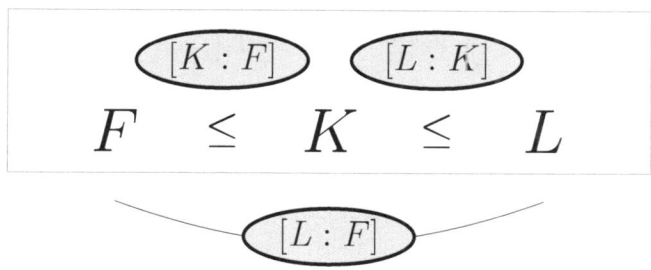

이 사실로부터 $[F_2:F_0] = [F_2:F_1][F_1:F_0] = 2 \times 2 = 4$임을 알 수 있다. 즉 $F_2 = F_1(\sqrt{\gamma_2})$는 F_0 위에서 4차원 벡터공간이며,

$$\{1, \sqrt{\gamma_1}, \sqrt{\gamma_2}, \sqrt{\gamma_1\gamma_2}\}$$

는 F_0 위에서 F_2의 기저이다.

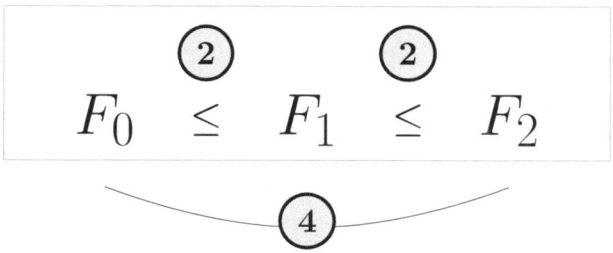

여광: 확대체열 $F \leq K \leq L$가 주어졌을 때, F위에서 K의 기저와 K위에서 L의 기저를 알면 F위에서 L의 기저를 쉽게 구할 수 있군요. 차원 혹은 차수 역시 이를 통해 쉽게 구할 수 있습니다. 앞으로 자주 쓰일 사실이라고 하니까 증명과정에서 필자가 생각한 부분도

꼼꼼하게 알아보고 싶습니다.

여휴: 좋은 생각입니다. 예를 통해 알아봅시다. 방금 살펴본
$$F_0 = \mathbb{Q}, \quad F_1 = \mathbb{Q}(\sqrt{\gamma_1}), \quad F_2 = F_1(\sqrt{\gamma_2})$$
에서 $\{1, \sqrt{\gamma_1}, \sqrt{\gamma_2}, \sqrt{\gamma_1\gamma_2}\}$가 F_0위에서 일차독립임을 보입시다.

여광: 일단 정의를 이용해야겠지요. $a, b, c, d \in F_0$에 대하여
$$a + b\sqrt{\gamma_1} + c\sqrt{\gamma_2} + d\sqrt{\gamma_1\gamma_2} = 0$$
이라고 가정합시다. 이제 $a = b = c = d = 0$임을 보이면 되는데 어떻게 시작해야할까요? 필자는 F_0위에서 $\{1, \sqrt{\gamma_1}\}$의 일차독립성과 F_1위에서 $\{1, \sqrt{\gamma_2}\}$의 일차독립성이 중요한 역할을 한다고 하였습니다.

여휴: 먼저 F_1위에서 $\{1, \sqrt{\gamma_2}\}$의 일차독립성에 주목합시다. 등식
$$a + b\sqrt{\gamma_1} + c\sqrt{\gamma_2} + d\sqrt{\gamma_1\gamma_2} = 0$$
을
$$(a + b\sqrt{\gamma_1}) + (c + d\sqrt{\gamma_1})\sqrt{\gamma_2} = 0$$
으로 나타냅시다. 여기서 $a + b\sqrt{\gamma_1}$, $c + d\sqrt{\gamma_1}$ 은 F_1의 원소이지요?

여광: 그렇습니다. F_1위에서 $\{1, \sqrt{\gamma_2}\}$는 일차독립이므로
$$\begin{cases} a + b\sqrt{\gamma_1} = 0 \\ c + d\sqrt{\gamma_1} = 0 \end{cases}$$
입니다. 이제 다시 F_0위에서 $\{1, \sqrt{\gamma_1}\}$의 일차독립성에 의해 $a = b = 0$, $c = d = 0$을 얻게 되는군요. 일반적인 경우에도 같은 방법으로 증명할 수 있나요?

여휴: 네, 그렇습니다. 단지 기저들의 원소의 개수가 많아진 것뿐입니다. 아래첨자에 주의하면서 차근차근 써 내려가면 어려움 없이 증명할 수 있습니다.

참고로, 작도가능한 실수 전체로 이루어지는 체 $\mathfrak{C}$는 $\mathbb{Q}$ 위에서 무한차원 벡터공간이다. 앞에서 무한차원이라는 것을 엄밀하게 정의하지도 않았으며, 여기서 꼼

꼼꼼하게 증명하지는 않지만 쉽게 받아들일 수 있을 것이다. 왜냐하면, 작도의 횟수가 늘어 확대체가 점점 커지면 $\mathbb{Q}$ 위에서 벡터공간으로서 이들의 차원도 2, 4, 8, ⋯ 등으로 점점 늘어나기 때문이다.

3. 작도가능한 수의 꼴

예를 들어보자. 실수 γ가 $\mathbb{Q}(\sqrt{2}, \sqrt{3}) = \mathbb{Q}(\sqrt{2})(\sqrt{3})$의 원소라고 하고 다음 계산을 해보자.

$$\gamma = a + b\sqrt{3}, \quad (a, b \in \mathbb{Q}(\sqrt{2}))$$
$$(\gamma - a)^2 = 3b^2,$$
$$\gamma^2 - 2a\gamma + a^2 = 3b^2$$

여기서 a와 b를

$$a = c + d\sqrt{2}, \quad b = e + f\sqrt{2} \quad (c, d, e, f \in \mathbb{Q})$$

로 나타내면 다음을 얻을 수 있다.

$$\gamma^2 - 2(c + d\sqrt{2})\gamma + (c + d\sqrt{2})^2 = 3(e + f\sqrt{2})^2,$$
$$\gamma^2 - 2c\gamma + c^2 + 2d^2 - 3e^2 - 6f^2 = 2(d\gamma - cd + 3ef)\sqrt{2}$$

위의 마지막 식의 양변을 제곱함으로써 등식

$$\gamma^4 + p\gamma^3 + q\gamma^2 + r\gamma + s = 0$$

을 얻는다. 여기서

$$\begin{cases} p = -4c \\ q = 4c^2 + 2(c^2 + 2d^2 - 3e^2 - 6f^2) - 8d^2 \\ r = -4c(c^2 + 2d^2 - 3e^2 - 6f^2) - 16d(-cd + 3ef) \\ s = (c^2 + 2d^2 - 3e^2 - 6f^2)^2 - 8(-cd + 3ef)^2 \end{cases}$$

이다. 따라서 γ는 사차 유리계수다항식 $x^4 + px^3 + qx^2 + rx + s$의 근이 됨을 알 수 있다.

일반적으로, 수 γ가 n단계의 작도 과정을 거쳐 작도되었다면, 위와 같은 계산을 반복함으로써 γ는 유리수를 계수로 가지는 다항식의 근임을 알 수 있다. 즉, 작도가능한 수는 모두 대수적인 수이다.

(대수적인) 수 γ를 근으로 가지며, F의 원소를 계수로 가지는 다항식 중에서 차수가 가장 작으며 최고차항의 계수가 1인 다항식을 F위에서 γ의 '최소다항식(minimal polynomial)'이라고 한다.

예를 들어, $\mathbb{Q}$ 위에서 $\sqrt{2}$ 의 최소다항식은 $x^2 - 2$이고, $\sqrt[3]{2}$ 의 최소다항식은 $x^3 - 2$임은 쉽게 확인할 수 있다. 왜냐하면 $\sqrt{2}$ 는 유리계수 일차식의 근일 수 없으며, $\sqrt[3]{2}$ 역시 유리계수 일차식, 이차식의 근일 수 없기 때문이다(이차식의 근의 공식을 떠올려보라!).

다음 사실은 확대체를 벡터공간으로 보았을 때 차원을 특별히 '차수'라는 용어로 부르는 이유이다.

K가 F의 확대체이고 $\gamma \in K$ 가 F의 원소를 계수로 가지는 어떤 다항식의 근이라고 하자. F위에서 γ의 최소다항식 $p(x)$의 차수가 n이면, $\{1, \gamma, \gamma^2, \cdots, \gamma^{n-1}\}$는 F위에서 확대체 $F(\gamma)$의 기저이다. 특히, F위에

서 $F(\gamma)$의 차수 $[F(\gamma):F]$는 γ의 최소다항식 $p(x)$의 차수인 n과 같다.

위 사실 역시 앞으로의 논의에서 매우 유용하니 꼭 기억하기를 바란다. 예를 들어보자.

- x^3-1의 한 허근을 ω라고 하면, ω는 x^2+x+1의 근이다. ω는 유리수가 아니므로 $\mathbb{Q}$ 위에서 ω의 최소다항식은 x^2+x+1이다. 따라서 $\mathbb{Q}(\omega)$는 $\mathbb{Q}$ 위에서 이차원 벡터공간이다. 즉, $[\mathbb{Q}(\omega):\mathbb{Q}]=2$이다. 또한 $\{1,\omega\}$는 $\mathbb{Q}$ 위에서 $\mathbb{Q}(\omega)$의 기저이다.
- 아까와 마찬가지로 x^3-1의 한 허근을 ω라고 하자. $\sqrt[3]{2}$는 x^3-2의 근이며 x^3-2는 $\mathbb{Q}(\omega)$ 위에서 $\sqrt[3]{2}$의 최소다항식이다. 따라서 $\mathbb{Q}(\omega)(\sqrt[3]{2})=\mathbb{Q}(\omega,\sqrt[3]{2})$는 $\mathbb{Q}(\omega)$ 위에서 삼차원 벡터공간이다. 즉, $[\mathbb{Q}(\omega,\sqrt[3]{2}):\mathbb{Q}(\omega)]=3$이다. 또한 $\{1,\sqrt[3]{2},\sqrt[3]{4}\}$는 $\mathbb{Q}(\omega)$ 위에서 $\mathbb{Q}(\omega,\sqrt[3]{2})$의 기저이다. 한편, $[\mathbb{Q}(\omega,\sqrt[3]{2}):\mathbb{Q}]=[\mathbb{Q}(\omega,\sqrt[3]{2}):\mathbb{Q}(\omega)][\mathbb{Q}(\omega):\mathbb{Q}]=3\times 2=6$이므로 $\mathbb{Q}(\omega,\sqrt[3]{2})$는 $\mathbb{Q}$ 위에서 6차원 벡터공간이며 $\{1,\sqrt[3]{2},\sqrt[3]{4},\omega,\sqrt[3]{2}\omega,\sqrt[3]{4}\omega\}$는 $\mathbb{Q}$ 위에서 $\mathbb{Q}(\omega,\sqrt[3]{2})$의 기저이다.

여광: 수 γ의 F위에서의 최소다항식을 구하면 F위에서 $F(\gamma)$의 기저를 쉽게 알 수 있군요.

여휴: 이를 $\sqrt{\gamma}\notin F$인 $\gamma\in F$에 대해서 $F(\sqrt{\gamma})$의 모든 원소가 $a+b\sqrt{\gamma}$ $(a,b\in F)$로 유일하게 표현된다는 사실을 일반화하여 얻은 결과로 볼 수 있습니다.

여광: 맞습니다. $\sqrt{\gamma}$의 F위에서의 최소다항식이 $x^2-\gamma$이기 때문이죠. $\sqrt{\gamma}$는 F의 원소가 아니므로 $\sqrt{\gamma}$는 F의 원소를 계수로 가지는 일차식의 근이 될 수 없으니까요. 예를 통

해 조금 더 자세히 알고 싶습니다. 증명과정이 없어서 이 사실을 그대로 받아들이기가 힘듭니다.

여휴: 간단한 예를 통해 살펴보도록 하죠. 앞에서 보았듯이 실수 $\sqrt[3]{2}$ 의 $\mathbb{Q}$ 위에서의 최소다항식은 x^3-2입니다. 따라서 모든 유리수와 $\sqrt[3]{2}$ 를 포함하는 가장 작은 체인 $\mathbb{Q}(\sqrt[3]{2})$는 $\mathbb{Q}$ 위에서 기저 $\{1, \sqrt[3]{2}, \sqrt[3]{4}\}$를 가집니다. 즉, $\mathbb{Q}(\sqrt[3]{2})$의 모든 원소를 $a+b\sqrt[3]{2}+c\sqrt[3]{4}$ $(a, b, c \in \mathbb{Q})$ 꼴로 유일하게 표현할 수 있습니다.

여광: 네, 모든 원소를 $a+b\sqrt[3]{2}+c\sqrt[3]{4}$ $(a, b, c \in \mathbb{Q})$ 꼴로 표현할 수 있다는 것이 관건인 것 같습니다. 사실 $\mathbb{Q}(\sqrt[3]{2})$에는 유리수와 $\sqrt[3]{2}$, 그리고 이들의 사칙연산을 이용하여 표현되는 모든 수가 포함되잖아요. 이들이 모두 $a+b\sqrt[3]{2}+c\sqrt[3]{4}$ $(a, b, c \in \mathbb{Q})$ 꼴로 표현된다는 것을 어떻게 확인하죠?

여휴: 그러면 여광 선생이 유리수와 $\sqrt[3]{2}$, 그리고 이들의 사칙연산을 이용해서 복잡한 수를 한 번 제시해 주시겠어요?

여광: 네. 음……, 그런데 아무리 복잡하게 해보려고 해도 결국 분수의 덧셈 계산을 하고 나면 결국

$$\frac{a_0+a_1\sqrt[3]{2}+a_2\sqrt[3]{4}+\cdots+a_n\sqrt[3]{2^n}}{b_0+b_1\sqrt[3]{2}+b_2\sqrt[3]{4}+\cdots+b_m\sqrt[3]{2^m}} \quad (a_0, a_1, \cdots, a_n, b_0, b_1, \cdots, b_m \in \mathbb{Q})$$

꼴로 표현됩니다.

여휴: 그렇습니다. 여기서 $\sqrt[3]{2}$ 가 x^3-2의 근임을 이용하면 $\sqrt[3]{8}=2$, $\sqrt[3]{16}=2\sqrt[3]{2}$, $\sqrt[3]{32}=2\sqrt[3]{4}$ … 등으로 나타낼 수 있으므로 이 역시도

$$\frac{\alpha_0+\alpha_1\sqrt[3]{2}+\alpha_2\sqrt[3]{4}}{\beta_0+\beta_1\sqrt[3]{2}+\beta_2\sqrt[3]{4}}$$

꼴로 귀착됩니다.

여광: 그렇군요! 이제 $a+b\sqrt[3]{2}+c\sqrt[3]{4}$ $(a, b, c \in \mathbb{Q})$ 꼴과 많이 비슷해졌네요. 분모를 적당히 처리해야겠습니다.

여휴: 여기서부터는 구체적인 예를 통해 알아보는 것이 좋겠습니다. 분모가 $1+\sqrt[3]{2}$ (즉,

$\beta_0=1$, $\beta_1=1$, $\beta_2=0$) 라고 합시다. 계산을 통해 다음을 확인할 수 있습니다.

$$0 = (1+\sqrt[3]{2})(1-\sqrt[3]{2}+\sqrt[3]{4})-3$$

여광: 곱셈공식 $(a+b)(a^2-ab+b^2)=a^3+b^3$을 이용하면 쉽게 확인할 수 있습니다.

여휴: 이제 이 식을 다음과 같이 나타냅시다.

$$(1+\sqrt[3]{2}) \cdot \frac{1-\sqrt[3]{2}+\sqrt[3]{4}}{3} = 1$$

여광: 이 식으로부터 $\frac{1}{1+\sqrt[3]{2}}$이 $\frac{1}{3}-\frac{1}{3}\sqrt[3]{2}+\frac{1}{3}\sqrt[3]{4}$로 표현됨을 알 수 있군요.

여휴: 그렇습니다. 결국 $\frac{\alpha_0+\alpha_1\sqrt[3]{2}+\alpha_2\sqrt[3]{4}}{1+\sqrt[3]{2}}$ 꼴의 수는

$$(\alpha_0+\alpha_1\sqrt[3]{2}+\alpha_2\sqrt[3]{4})\left(\frac{1}{3}-\frac{1}{3}\sqrt[3]{2}+\frac{1}{3}\sqrt[3]{4}\right)$$

꼴로 표현되며, 이를 전개하고 다시 $\sqrt[3]{8}=2$, $\sqrt[3]{16}=2\sqrt[3]{2}$를 이용하면 $a+b\sqrt[3]{2}+c\sqrt[3]{4}$ 꼴로 표현할 수 있습니다.

여광: 그렇습니다. 등식 $0=(1+\sqrt[3]{2})(1-\sqrt[3]{2}+\sqrt[3]{4})-3$을 찾는 것이 핵심이군요. 일반적인 $\beta_0+\beta_1\sqrt[3]{2}+\beta_2\sqrt[3]{4}$의 경우에도 이러한 식을 찾아 $\beta_0+\beta_1\sqrt[3]{2}+\beta_2\sqrt[3]{4}$의 역원을 구하는 것이 가능한가요?

여휴: 앞서 살펴본 $1+\sqrt[3]{2}$의 경우보다는 복잡하지만 불가능한 것은 아닙니다. 사실 위 등식 $0=(1+\sqrt[3]{2})(1-\sqrt[3]{2}+\sqrt[3]{4})-3$을 떠올릴 수 있었던 이유는 x^3-2를 $x+1$로 '나누어' 항등식 $x^3-2=(x+1)(x^2-x+1)-3$을 얻었기 때문입니다. 이 경우는 간단하여 한 번의 나눗셈으로 원하는 식을 얻었지만 이러한 나눗셈이 여러 번 필요한 경우도 있습니다. 실제로 $\beta_0+\beta_1\sqrt[3]{2}+\beta_2\sqrt[3]{4}$의 역원을 $a+b\sqrt[3]{2}+c\sqrt[3]{4}$ $(a,b,c\in\mathbb{Q})$ 꼴로 나타내기 위해서 필요한 식은 $(x^3-2)f(x)+(\beta_2x^2+\beta_1x+\beta_0)g(x)=1$ 꼴이며 이는 유클리드 호제법과 그 과정의 역으로 $f(x)$와 $g(x)$를 구할 수 있습니다.

여광: 일단 $(x^3-2)f(x)+(\beta_2x^2+\beta_1x+\beta_0)g(x)=1$인 다항식 $f(x)$와 $g(x)$를 찾고 나면 $x=\sqrt[3]{2}$를 대입하여 $\beta_0+\beta_1\sqrt[3]{2}+\beta_2\sqrt[3]{4}$의 역원을 $\frac{1}{\beta_0+\beta_1\sqrt[3]{2}+\beta_2\sqrt[3]{4}}=g(\sqrt[3]{2})$로 구할

수 있군요!

여휴: 그렇습니다.

4. 문제의 해결

3대 작도불가능문제를 해결해보자.

$\mathbb{Q}$에서 시작하여 n단계의 작도 과정을 거쳐 γ를 작도하였다고 하면 다음 조건을 모두 만족시키는 실수 $\gamma_1, \gamma_2, ..., \gamma_n$이 존재한다는 것이다.

- $F_0 = \mathbb{Q}$에 대하여 $\gamma_1 \in F_0$이고 $\sqrt{\gamma_1} \notin F_0$이다.
- $F_1 = F_0(\sqrt{\gamma_1})$에 대하여 $\gamma_2 \in F_1$이고 $\sqrt{\gamma_2} \notin F_1$이다.
- $F_2 = F_1(\sqrt{\gamma_2})$에 대하여 $\gamma_3 \in F_2$이고 $\sqrt{\gamma_3} \notin F_2$이다.

$\vdots$

- $F_n = F_{n-1}(\sqrt{\gamma_n})$에 대하여 $\gamma_n \in F_{n-1}$이고 $\sqrt{\gamma_n} \notin F_{n-1}$이다.
- γ는 F_n의 원소이다.

이 경우에 F_n은 $\mathbb{Q}$ 위에서 차원이 2^n인 벡터공간이다. 한편 F_n은 모든 유리수와 γ를 품는 체이므로 이를 $\mathbb{Q}(\gamma)$의 확대체로 이해할 수도 있다. 따라서 다음이 성립한다.

$$2^n = [F_n : \mathbb{Q}] = [F_n : \mathbb{Q}(\gamma)][\mathbb{Q}(\gamma) : \mathbb{Q}]$$

위 등식으로부터 $[\mathbb{Q}(\gamma):\mathbb{Q}]$는 2^n의 약수인 $2^k (0 \leq k \leq n)$꼴임을 알 수 있으며 이는 $\mathbb{Q}$ 위에서 작도가능한 수 γ의 최소다항식의 차수가 2의 거듭제곱임을 의미한다. 이 사실의 대우명제는 다음과 같다.

어떤 수 γ에 대하여, $\mathbb{Q}$ 위에서 γ의 최소다항식의 차수가 2의 거듭제곱이 아니면 γ는 작도가능하지 않다.

3대 작도 불가능 문제로 돌아가자.

- $\sqrt[3]{2}$는 작도 불가능하다.
- $\cos 20°$는 작도 불가능하다.
- $\sqrt{\pi}$는 작도 불가능하다.

이제, 세 개의 작도 불가능 문제 중에서 처음 두 문제는 다음과 같은 과정을 통하여 쉽게 해결할 수 있다. 오래된 굵직한 문제를 해결하는 것이 된다.

- $\sqrt[3]{2}$는 $x^3 - 2 = 0$의 실수해이다. 삼차식 $x^3 - 2$는 $\mathbb{Q}$ 위에서 $\sqrt[3]{2}$의 최소다항식이다. '3'은 2의 거듭제곱이 아니므로 $\sqrt[3]{2}$는 작도가 불가능하다.
- 코사인 3배각 공식에 의해 $\frac{1}{2} = \cos 60° = 4\cos^3 20° - 3\cos 20°$이다. 따라서 $\cos 20°$는 삼차식 $8x^3 - 6x - 1$의 근이다. 그런데 이 다항식은 유리수 근을 갖지 않으므로 $\mathbb{Q}$ 위에서 $\cos 20°$의 최소다항식이다. 역시 '3'은 2의 거듭제곱이 아니므로 $\cos 20°$는 작도불가능하다.

참고로, 모든 각에 대한 3등분 작도가 불가능한 것은 아니다. 예를 들어, 크기가 30°인 각은 작도가능하므로 직각의 3등분 작도는 가능하다. 실제로 정삼각형을 작도하고, 정삼각형의 한 내각을 이등분함으로써 30°를 작도할 수 있다.

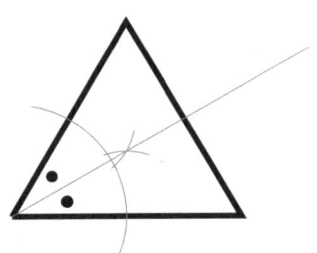

작도가능성의 문제를 대수적 문제로 바꾸어 '3대 작도불가능 문제' 해결의 획기적인 전기를 마련한 사람은 방첼(P. Wantzel, 1814-1848)이다.

동일한 문제를 여러 측면에서 살피는 것은 유익하다. 세 개의 작도불가능 문제 해결과정을 통해 기하학과 대수학의 긴밀한 관계를 알 수 있고, 추상화의 힘을 볼 수 있다. 작도가능성 문제의 해결은 대수학과 기하학의 합력일 뿐만이 아니다. 등장하는 대수적 구조로서 군, 체, 벡터공간 등 여러 개를 동시에 살피는 것이다.

'3대 작도불가능 문제'에서 $\sqrt[3]{2}$ 의 작도불가능성과 cos 20°의 작도불가능성은 위에서와 같이 해결이 되었지만, $\sqrt{\pi}$ 의 작도불가능성 증명은 원주율 π의 초월성을 필요로 한다.

지금까지 우리가 접한 수는 어떤 유리계수 다항식의 근, 즉 대수적인 수이다. 그러나 유리계수다항식의 근이 될 수 없는 수가 있다. 이러한 수를 '초월수(transcendental number)'라고 한다.

다음 사실은 $\sqrt[3]{2}$ 와 cos 20°의 작도불가능성이 증명된 이후, 한 세대 이상이

지난 1882년에 비로소 증명되었다. 이에 관해서는 다시 언급할 것이다.

π는 초월수이다.

이제 이 사실을 이용하여 마지막 3대 작도불가능 문제인 $\sqrt{\pi}$의 작도불가능성을 다음과 같이 보일 수 있다.

$\sqrt{\pi}$가 작도가능하다고 가정하자. 작도가능한 수 전체의 집합 $\mathfrak{C}$는 체이므로 $\pi = \sqrt{\pi} \times \sqrt{\pi}$가 작도가능하다. 이는 π를 근으로 가지는 어떤 유리계수 다항식이 존재한다는 것을 함의한다. 그러나 이는 π가 초월수라는 사실에 모순이다. 따라서 $\sqrt{\pi}$는 작도 불가능하다.

5. 다항식의 풀이와 작도가능성

여광: 이차 유리계수 다항식의 근은 모두 작도가능하다는 것을 알겠습니다.

여휴: 이차 유리계수 다항식의 근은 $a+\sqrt{b}$ (a와 b는 유리수)와 같은 꼴이기 때문입니다. 유클리드는 그의 '원론'에서 이차다항식의 근을 작도로 구했습니다.

$\sqrt{\pi}$의 작도가능성을 설명하기 위해서는 'π가 초월수'라는 사실을 설명하여야 하는 부담을 비켜가기 어려울 것 같지만 $\sqrt[3]{2}$와 $\cos 20°$의 작도불가능성은 삼차다항식의 성질로 설명할 수 있다.

군이나 벡터공간 등과 같은 대수적 구조를 언급하지 않으며 차원과 같은 대수적 개념을 사용하지 않고 삼차다항식의 근의 공식으로부터 $\sqrt[3]{2}$ 또는 $\cos 20°$의 작도불가능성은 설명할 수 없을까?

가. $\sqrt[3]{2}$ 의 작도불가능성

$X^3 + qX + r = 0$의 세 개의 해는 다음과 같다.

$$\sqrt[3]{-\frac{r}{2}+\sqrt{\frac{r^2}{4}+\frac{q^3}{27}}} + \sqrt[3]{-\frac{r}{2}-\sqrt{\frac{r^2}{4}+\frac{q^3}{27}}}$$

$$\sqrt[3]{-\frac{r}{2}+\sqrt{\frac{r^2}{4}+\frac{q^3}{27}}}\,\omega + \sqrt[3]{-\frac{r}{2}-\sqrt{\frac{r^2}{4}+\frac{q^3}{27}}}\,\omega^2$$

$$\sqrt[3]{-\frac{r}{2}+\sqrt{\frac{r^2}{4}+\frac{q^3}{27}}}\,\omega^2 + \sqrt[3]{-\frac{r}{2}-\sqrt{\frac{r^2}{4}+\frac{q^3}{27}}}\,\omega$$

다항식 $x^3 - 2$의 경우 $q = 0$이고 $r = -2$이므로 위 공식에 의하여 세 개의 해는 $\sqrt[3]{2}$, $\sqrt[3]{2}\,\omega$, $\sqrt[3]{2}\,\omega^2$임을 알 수 있다.

여광: $x^3 - 2$의 세 개의 근은 쉽게 구해지는데 왜 복잡한 공식을 사용하나요?
여휴: 삼차다항식 근의 공식이 유효함을 확인할 기회도 되고, 일반적인 삼차다항식 근의 작도불가능성을 살피기 위해 미리 준비하는 것 같습니다.

$x^3 - 2$의 실근 $\sqrt[3]{2}$가 n단계에 걸쳐 작도가능하다고 하면, 다음 조건을 모두 만족시키는 실수 $\gamma_1, \gamma_2, ..., \gamma_n$이 존재한다.

- $F_0 = \mathbb{Q}$에 대하여 $\gamma_1 \in F_0$이고 $\sqrt{\gamma_1} \notin F_0$이다.

- $F_1 = F_0(\sqrt{\gamma_1})$에 대하여 $\gamma_2 \in F_1$이고 $\sqrt{\gamma_2} \notin F_1$이다.

- $F_2 = F_1(\sqrt{\gamma_2})$에 대하여 $\gamma_3 \in F_2$이고 $\sqrt{\gamma_3} \notin F_2$이다.

⋮

- $F_n = F_{n-1}(\sqrt{\gamma_n})$에 대하여 $\gamma_n \in F_{n-1}$이고 $\sqrt{\gamma_n} \notin F_{n-1}$이다.
- $\sqrt[3]{2}$는 F_n의 원소이다.

따라서 $\sqrt[3]{2}$는 $a_n + b_n\sqrt{\gamma_n}$ (a_n, b_n는 F_{n-1}의 원소)의 꼴이다. $a_n + b_n\sqrt{\gamma_n}$을 등식 $x^3 - 2 = 0$에 대입하면 다음을 얻을 수 있다.

$$(a_n + b_n\sqrt{\gamma_n})^3 - 2 = 0,$$
$$a_n^3 + b_n^3\gamma_n\sqrt{\gamma_n} + 3a_n^2 b_n\sqrt{\gamma_n} + 3a_n b_n^2\gamma_n - 2 = 0,$$
$$(a_n^3 + 3a_n b_n^2\gamma_n - 2) + (b_n^3\gamma_n + 3a_n^2 b_n)\sqrt{\gamma_n} = 0$$

여기서 $a_n^3 + 3a_n b_n^2\gamma_n - 2$와 $b_n^3\gamma_n + 3a_n^2 b_n$은 모두 F_{n-1}의 원소이고, $\{1, \sqrt{\gamma_n}\}$은 F_{n-1} 위에서 F_n의 기저(특히, 일차독립)라는 사실에 주목하면

$$\begin{cases} a_n^3 + 3a_n b_n^2\gamma_n - 2 = 0, \\ b_n^3\gamma_n + 3a_n^2 b_n = 0 \end{cases}$$

이 성립한다는 것을 알 수 있다.

이를 이용하면 $a_n - b_n\sqrt{\gamma_n}$도 $x^3 - 2$의 근이라는 것을 알 수 있다. 실제로 직접 계산해보면

$$(a_n - b_n\sqrt{\gamma_n})^3 = (a_n^3 + 3a_n b_n^2\gamma_n) - (b_n^3\gamma_n + 3a_n^2 b_n)\sqrt{\gamma_n} = 2$$

를 얻을 수 있다.

이제 x^3-2의 세 근을 x_1, x_2, x_3라고 하면, 근과 계수의 관계에 의해, $x_1+x_2+x_3=0$이다. 이미 x^3-2의 두 근을 $a_n+b_n\sqrt{\gamma_n}$, $a_n-b_n\sqrt{\gamma_n}$ 꼴로 나타내었으므로 나머지 근은

$$-((a_n+b_n\sqrt{\gamma_n})+(a_n-b_n\sqrt{\gamma_n}))=-2a_n$$

으로 표현할 수 있다. 여기서 세 번째 근인 $-2a_n$이 F_{n-1}의 원소임에 주목하자.

이제 $-2a_n$을 $a_{n-1}+b_{n-1}\sqrt{\gamma_{n-1}}$ $(a_{n-1}, b_{n-1} \in F_{n-2})$꼴로 나타낼 수 있다. $-2a_n$은 x^3-2의 근이므로 방금한 것과 같은 계산을 할 수 있다. 즉,

$$\begin{cases} a_{n-1}^3+3a_{n-1}b_{n-1}^2\gamma_{n-1}-2=0, \\ b_{n-1}^3\gamma_{n-1}+3a_{n-1}^2b_{n-1}=0 \end{cases}$$

을 얻고 이로부터 $a_{n-1}-b_{n-1}\sqrt{\gamma_{n-1}}$이 x^3-2의 근임을 알 수 있다. 다시 근과 계수와의 관계로부터 $-2a_{n-1}$ 역시 x^3-2의 근임을 알 수 있으며 이는 F_{n-2}의 원소이다.

위 과정을 x^3-2의 세 개의 근 중 하나가 체 F_0의 원소임을 보일 때까지 반복할 수 있다. 즉, x^3-2이 유리수 근을 적어도 하나 가진다. 그러나 앞에서 증명하였듯이 이는 모순이다.

여광: 실수 $\sqrt[3]{2}$ 가 작도가능하지 않다는 것을 삼차다항식의 근의 공식과 연계하여 설명하려는

시도는 의미 있다고 봅니다. 그러나 근의 공식으로 x^3-2의 근을 구체적으로 구한 것이 큰 의미는 없어 보입니다.

여휴: 정확한 지적입니다. 근이 $\sqrt[3]{2}$ 라는 것을 알지 못해도 위의 논증에는 아무런 문제가 없기 때문입니다. 이 설명의 큰 의의는 군, 벡터공간, 확대체, 차수 등과 같은 추상대수학적 개념을 사용하지 않는다는 것입니다. 이러한 접근은 작도가능성이 다항식의 풀이와 밀접한 관계에 있음을 이해하는 데에 도움이 될 것입니다.

여광: 수 $\sqrt[3]{2}$의 작도불가능성을 군, 벡터공간 등 대수적 구조를 이용하여 해결하는 접근은 확대체, 확대체의 차수 등 몇 가지 기초적인 개념을 이해하여야 하는 부담이 따릅니다. 그러나 이러한 추상대수학적 접근은 기하학과 대수학의 관계를 이해하는 데에는 도움이 되겠습니다.

여휴: 두 방법 각각은 나름의 가치가 있습니다.

삼차다항식 $x^3 - 3x - 4 = 0$의 세 개의 근은 다음과 같다.

$$\sqrt[3]{2-\sqrt{3}} + \sqrt[3]{2+\sqrt{3}}$$
$$\sqrt[3]{2-\sqrt{3}}\,\omega + \sqrt[3]{2+\sqrt{3}}\,\omega^2$$
$$\sqrt[3]{2-\sqrt{3}}\,\omega^2 + \sqrt[3]{2+\sqrt{3}}\,\omega$$

이 중에서 실근은 $\sqrt[3]{2-\sqrt{3}} + \sqrt[3]{2+\sqrt{3}}$ 이다. 이 수의 작도불가능성을 설명하여 보자.

실수 $\sqrt[3]{2-\sqrt{3}} + \sqrt[3]{2+\sqrt{3}}$ 이 작도가능하다고 하자. $\sqrt[3]{2-\sqrt{3}} = a$, $\sqrt[3]{2+\sqrt{3}} = b$라고 하면 $ab = 1$이다. $a+b$와 ab가 모두 작도가능하므로 a와 b 각각도 작도가능하다.

여광: 왜죠?

여휴: $a+b$와 ab의 값을 알기 때문에 이차방정식을 풀어 a와 b를 구할 수 있습니다. 이 때 a와 b는

$$\frac{(a+b)+\sqrt{(a+b)^2-4ab}}{2}, \quad \frac{(a+b)-\sqrt{(a+b)^2-4ab}}{2}$$

와 같이 $a+b$와 ab, 그리고 사칙연산과 제곱근을 이용하여 나타낼 수 있습니다. $a+b$와 ab가 모두 작도가능하고 작도가능한 수의 제곱근은 작도가능하며, 작도가능한 수 전체의 집합은 체이므로 a와 b 각각은 작도가능합니다.

앞에서 실수 $\sqrt[3]{2}$가 작도가능하지 않다는 것을 보인 것처럼 실수 a가 작도가능하지 않다는 것을 보일 수 있다. 따라서 실수

$$\sqrt[3]{2-\sqrt{3}} + \sqrt[3]{2+\sqrt{3}}$$

이 작도가능하지 않다는 것을 알 수 있다.

나. $\cos 20°$의 작도불가능성

$\cos 20°$는 다항식 $x^3 - \frac{3}{4}x - \frac{1}{8}$의 근이다. $\cos 20°$를 삼차다항식의 근의 공식이 제시하는 꼴로 표현하고 그로부터 $\cos 20°$가 작도가능하지 않음을 설명할 수 있을까? 삼차다항식의 근의 공식으로부터 $x^3 - \frac{3}{4}x - \frac{1}{8}$의 근은 다음과 같이 주어진다.

$$\frac{1}{\sqrt[3]{16}}(\sqrt[3]{1+\sqrt{3}\,i} + \sqrt[3]{1-\sqrt{3}\,i})$$

$$\frac{1}{\sqrt[3]{16}}(\sqrt[3]{1+\sqrt{3}i}\,\omega+\sqrt[3]{1-\sqrt{3}i}\,\omega^2)$$

$$\frac{1}{\sqrt[3]{16}}(\sqrt[3]{1+\sqrt{3}i}\,\omega^2+\sqrt[3]{1-\sqrt{3}i}\,\omega)$$

여광: 세 개의 근 중에서 하나는 실근일 텐데 어느 것이 실근인지 분명하지 않습니다.

여휴: 그렇죠? 복소수의 세제곱근을 구해야 하니 더욱 그렇군요.

여광: 외형적으로는 세 개의 근 모두가 복소수 같아요. 실수인 cos 20°가 그 중 하나임을 알기 때문에 그럴 리가 없잖아요.

여휴: Ⅶ장에서 복소수의 제곱근과 세제곱근에 관하여 논의할 것입니다. 실제로 계산을 해보면 $\sqrt[3]{1+\sqrt{3}i}$ 는 편각(argument)이 20°인 복소수이고 $\sqrt[3]{1-\sqrt{3}i}$ 는 편각이 $-20°$인 복소수입니다. 더 나아가 $\sqrt[3]{1+\sqrt{3}i}$ 의 허수부가 βi이면 $\sqrt[3]{1-\sqrt{3}i}$ 의 허수부는 $-\beta i$입니다. 따라서 $\frac{1}{\sqrt[3]{16}}(\sqrt[3]{1+\sqrt{3}i}+\sqrt[3]{1-\sqrt{3}i})$가 실근인 cos20°입니다.

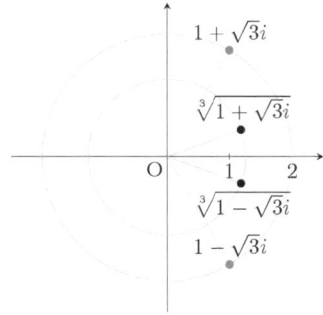

cos20°의 작도불가능성을 다음과 같이 설명하면 어떨까?

실수 $\cos 20° = \frac{1}{\sqrt[3]{16}}(\sqrt[3]{1+\sqrt{3}i}+\sqrt[3]{1-\sqrt{3}i})$가 작도가능하다고 하자. 편의를 위해 $\frac{1}{\sqrt[3]{16}}(\sqrt[3]{1+\sqrt{3}i})=a$, $\frac{1}{\sqrt[3]{16}}(\sqrt[3]{1-\sqrt{3}i})=b$라고 하면 $a+b=$

$\cos 20°$이고 $ab = \frac{1}{4}$이다. $a+b$와 ab가 모두 작도가능하므로 a와 b 각각도 작도가능하다. $x^3 - 3x - 4 = 0$의 실근이 작도가능하지 않다는 앞의 설명과 같은 과정을 통하여 a는 작도가능하지 않다. 결국 $\cos 20°$는 작도가능하지 않다.

적어도 이 책의 수준에서는 위 설명은 바람직하지 않다. 이 책은 실수의 작도가능성만을 논의하기 때문이다. a는 허수이다.

그러나 $\cos 20°$를 삼차다항식의 근의 공식을 이용하지 않더라도 $\sqrt[3]{2}$의 경우와 똑같은 방법으로 $\cos 20°$가 작도가능하지 않음을 보일 수 있다. 앞에서와 마찬가지로 $\cos 20°$를 $a_n + b_n \sqrt{\gamma_n}$으로 나타내면, 다항식 $x^3 - \frac{3}{4}x - \frac{1}{8}$은 $a_n + b_n\sqrt{\gamma_n}$와 $a_n - b_n\sqrt{\gamma_n}$ 모두를 근으로 가지므로 F_{n-1}의 원소인 $-2a_n$ 역시 $x^3 - \frac{3}{4}x - \frac{1}{8}$의 근이 되기 때문이다.

여광: 주어진 삼차다항식의 근을 정확히 구하지 않더라도 앞의 논증이 보편적으로 유효한 것 같아요.

여휴: 예. 유리수 계수를 가지는 삼차다항식의 어떤 근이 작도가능하면 이 다항식은 적어도 하나의 유리수 근을 가진다는 것을 증명한 것이거든요.

여광: 유리수 체 안에서 인수분해가 되지 않는 삼차다항식의 모든 근은 작도가능하지 않겠군요.

여휴: 그렇습니다.

VI. 합력하여 선을

오랫동안 답보 상태에 있던 오차다항식의 풀이에 관한 문제에 새로운 활력을 불러일으킨 사람은 라그랑주(J. Lagrange, 1736-1813)이다. 타르탈리아와 카르다노 등의 업적 이후 200여년이 흐른 후였다.

1. 근과 계수의 관계

$x_1, x_2, \cdots, x_n$에 관한 다항식 $f(x_1, x_2, \cdots, x_n)$이 임의의 치환 $\sigma \in S_n$에 대하여 $f(x_1, x_2, \cdots, x_n) = f(x_{\sigma(1)}, x_{\sigma(2)}, \cdots, x_{\sigma(n)})$을 만족시킬 때 $f(x_1, x_2, \cdots, x_n)$을 대칭다항식(symmetric polynomial)이라고 한다. 대칭다항식 중에서 특별한 형태의 기본대칭다항식(elementary symmetric polynomial)을 생각할 수 있다.

x_1, x_2에 관한 기본대칭다항식(elementary symmetric polynomial)은 $x_1 + x_2$와 $x_1 x_2$이다. 이들은 x_1, x_2를 근으로 가지는 이차다항식 $(x-x_1)(x-x_2) = x^2 - (x_1+x_2)x + x_1 x_2$에서 일차항의 계수이거나 상수항이다. 물론, $+$ 또는 $-$

부호는 고려하지 않는다.

또, x_1, x_2, x_3에 관한 기본대칭다항식은

$$x_1+x_2+x_3, \quad x_1x_2+x_1x_3+x_2x_3, \quad x_1x_2x_3$$

이다. 이들은 x_1, x_2, x_3을 근으로 가지는 삼차다항식

$$(x-x_1)(x-x_2)(x-x_3)=x^3-(x_1+x_2+x_3)x^2+(x_1x_2+x_1x_3+x_2x_3)x-x_1x_2x_3$$

에서 이차항, 일차항의 계수이거나 상수항이다. 역시, + 또는 − 부호는 고려하지 않는다.

일반적으로, x_1, x_2, $\cdots$, x_n에 관한 기본대칭다항식도 동일한 방법으로 정의할 수 있다. 다음은 잘 알려진 사실이다.

> 모든 대칭다항식(symmetric polynomial)은 기본대칭다항식의 다항식으로 표현된다.

먼저 위 사실에서 '기본대칭다항식의 다항식'이 무엇을 의미하는 지 분명하게 하자.

x_1, x_2의 기본대칭다항식은 x_1+x_2와 x_1x_2 두 개다. 이제 두 개의 변수 X_1, X_2에 관한 다항식 $h(X_1, X_2)$를 생각하자. 예를 들어,

$$h(X_1, X_2)=X_1^3+3X_1X_2-X_2$$

라고 하자. 이제 X_1, X_2에 각각 기본대칭다항식 x_1+x_2, x_1x_2를 대입하면

$$h(x_1+x_2, x_1x_2) = (x_1+x_2)^3 + 3(x_1+x_2)x_1x_2 - (x_1x_2)^2$$

과 같이 x_1, x_2에 관한 다항식을 얻는다. 이와 같이 다항식 $h(X_1, X_2)$에서 $X_1 = x_1 + x_2$, $X_2 = x_1 x_2$를 대입하여 얻은 x_1, x_2에 관한 다항식 $h(x_1+x_2, x_1x_2)$를 기본대칭다항식의 다항식이라고 부른다. 기본대칭다항식의 다항식은 대칭다항식임을 쉽게 확인할 수 있다.

이제 위 사실을 몇 가지 예를 통해 확인해보자. 예를 들어, x_1, x_2, x_3에 관한 대칭다항식 $x_1^2 + x_2^2 + x_3^2$과 $x_1^3 + x_2^3 + x_3^3$을 모두 기본대칭다항식 $x_1 + x_2 + x_3$, $x_1x_2 + x_1x_3 + x_2x_3$, $x_1x_2x_3$의 다항식으로 표현할 수 있다. 실제로, 직접 계산하여 다음을 확인할 수 있다.

$$x_1^2 + x_2^2 + x_3^2 = (x_1+x_2+x_3)^2 - 2(x_1x_2+x_1x_3+x_2x_3),$$
$$x_1^3 + x_2^3 + x_3^3 = (x_1+x_2+x_3)^3 - 3(x_1+x_2+x_3)(x_1x_2+x_1x_3+x_2x_3) + 3x_1x_2x_3$$

모든 대칭다항식을 기본대칭다항식의 다항식으로 표현할 수 있다는 것을 증명하지 않아도 이 책의 전체 흐름을 이해하는 데에 아무런 문제가 없다. 그러나 증명이 궁금한 독자를 위해 다음과 같은 증명을 제시할 수 있다. 긴 증명이 부담스러운 독자는 과감하게 넘어가도 좋다.

증명을 시작하기 전에 기본대칭다항식에 관한 몇 가지 사실들을 확인하여야 한다. 이를 위해 x_1, x_2, $\cdots$, x_n에 관한 기본대칭다항식을 다음과 같이 분명하게 정의하자.

$$(x-x_1)(x-x_2)(x-x_3)\cdots(x-x_n) = a_0 + a_1 x + \cdots + a_{n-1}x^{n-1} + x^n$$

이라고 할 때, n개의 변수 $x_1, x_2, \cdots, x_n$에 관한 기본대칭다항식 $e_i(x_1, x_2, \cdots, x_n)$ $(1 \leq i \leq n)$을 다음과 같이 정의한다.

$$e_1(x_1, x_2, \cdots, x_n) = -a_{n-1},$$
$$e_2(x_1, x_2, \cdots, x_n) = a_{n-2},$$
$$\vdots$$
$$e_i(x_1, x_2, \cdots, x_n) = (-1)^i a_{n-i},$$
$$\vdots$$
$$e_n(x_1, x_2, \cdots, x_n) = (-1)^n a_0$$

다음은 기본대칭다항식의 예이다.

$$e_1(x_1) = x_1,$$

$$e_1(x_1, x_2) = x_1 + x_2,$$
$$e_2(x_1, x_2) = x_1 x_2,$$

$$e_1(x_1, x_2, x_3) = x_1 + x_2 + x_3,$$
$$e_2(x_1, x_2, x_3) = x_1 x_2 + x_2 x_3 + x_1 x_3,$$
$$e_3(x_1, x_2, x_3) = x_1 x_2 x_3$$
$$\vdots$$

여기서 변수의 개수에 따라 e_i가 나타내는 다항식이 다름을 유의하자. 이제 기본대칭다항식의 정의로부터 비교적 쉽게 확인할 수 있는 사실들을 알아보자. 다음 두 사실은 자명하다. 몇 가지 예를 통해 그 이유를 알 수 있다.

$x_1, x_2, \cdots, x_{n-1}, x_n$에 관한 기본대칭다항식 $e_i(x_1, x_2, \cdots, x_{n-1}, x_n)$ $(1 \leq i \leq n-1)$에서 $x_n = 0$을 대입하면 $x_1, x_2, \cdots, x_{n-1}$에 관한 기본대칭다항식 $e_i(x_1, x_2, \cdots, x_{n-1})$을 얻는다. 또한 $e_n(x_1, x_2, \cdots, x_{n-1}, 0) = 0$이다.

예를 들어, 다음이 성립한다.

$$e_1(x_1, x_2, 0) = x_1 + x_2 = e_1(x_1, x_2),$$
$$e_2(x_1, x_2, 0) = x_1 x_2 = e_2(x_1, x_2)$$

$x_1, x_2, \cdots, x_{n-1}, x_n$에 관한 다항식 $f(x_1, x_2, \cdots, x_{n-1}, x_n)$이 대칭다항식이면 $f(x_1, x_2, \cdots, x_{n-1}, 0)$도 $x_1, x_2, \cdots, x_{n-1}$에 관한 대칭다항식이다.

예를 들어 x_1, x_2, x_3에 관한 대칭다항식 $f(x_1, x_2, x_3) = x_1^2 + x_2^2 + x_3^2$에 대해 다항식 $f(x_1, x_2, 0) = x_1^2 + x_2^2$는 x_1, x_2에 관한 대칭다항식이다.

다음 사실은 결코 자명하지 않다. 이를 보이기 위해서는 논증이 필요하다.

다항식 $f(x_1, x_2, \cdots, x_n)$이 $n-1$개의 기본대칭다항식
$e_1(x_1, x_2, \cdots, x_n), e_2(x_1, x_2, \cdots, x_n), \cdots, e_{n-1}(x_1, x_2, \cdots, x_n)$
의 다항식이면 다항식 $f(x_1, x_2, \cdots, x_{n-1}, 0)$은 $f(x_1, x_2, \cdots, x_n)$과 같은 차수의 식이다.

복잡해 보이지만 기발한 착상이 없이도 위 사실을 보일 수 있다. 단지 주어진 다항식의 각 항을 적절한 기준에 맞추어 정렬하는 것이면 충분하다. 여기서는 편의상 $n = 4$를 가정하자. 그러나 임의의 자연수 n에 대하여 같은 방법으로 위 사실을 보일 수 있다.

세 개의 기본대칭다항식

$$e_1(x_1, x_2, x_3, x_4) = x_1 + x_2 + x_3 + x_4,$$
$$e_2(x_1, x_2, x_3, x_4) = x_1 x_2 + x_1 x_3 + x_1 x_4 + x_2 x_3 + x_2 x_4 + x_3 x_4,$$
$$e_3(x_1, x_2, x_3, x_4) = x_1 x_2 x_3 + x_1 x_2 x_4 + x_1 x_3 x_4 + x_2 x_3 x_4$$

는 각 항의 차수가 모두 같은 동차다항식(homogeneous polynomial)이다. 따라서 일반성을 잃지 않고 주어진 다항식 $f(x_1, x_2, x_3, x_4)$가 0이 아닌 동차다항식이라고 가정할 수 있다. 그러면 다항식 $f(x_1, x_2, x_3, 0)$은 $f(x_1, x_2, x_3, x_4)$와 같은 차수의 식이거나 0이므로 $f(x_1, x_2, x_3, 0)$이 0이 아님을 보이면 된다.

다항식 $f(x_1, x_2, x_3, x_4)$가 세 개의 기본대칭다항식 $e_1(x_1, x_2, x_3, x_4)$, $e_2(x_1, x_2, x_3, x_4)$, $e_3(x_1, x_2, x_3, x_4)$의 다항식이므로

$$f(x_1, x_2, x_3, x_4) = h(e_1(x_1, x_2, x_3, x_4), e_2(x_1, x_2, x_3, x_4), e_3(x_1, x_2, x_3, x_4))$$

인 다항식 $h(X_1, X_2, X_3)$가 존재한다.

다항식 $f(x_1, x_2, x_3, x_4)$의 각 항 $cx_1^{a_1}x_2^{a_2}x_3^{a_3}x_4^{a_4}$ $(c \neq 0)$을 다음 기준에 따라서 나열하자.

가. x_1에 관한 차수 a_1에 대해서 내림차순
나. a_1이 같을 경우 x_2에 관한 차수 a_2에 대해서 내림차순
다. a_1, a_2가 각각 같은 경우 x_3에 관한 차수 a_3에 대해서 내림차순
라. a_1, a_2, a_3가 각각 같은 경우 x_4에 관한 차수 a_4에 대해서 내림차순

예를 들어 다항식 $(x_1 + x_2 + x_3 + x_4)x_1 x_2 x_3 x_4$는

$$x_1^2 x_2 x_3 x_4 + x_1 x_2^2 x_3 x_4 + x_1 x_2 x_3^2 x_4 + x_1 x_2 x_3 x_4^2$$

와 같이 정렬할 수 있다.

다항식 $h(X_1, X_2, X_3)$의 각 항 $cX_1^{b_1}X_2^{b_2}X_3^{b_3}$에 $X_1 = e_1(x_1, x_2, x_3, x_4)$,

$X_2 = e_2(x_1, x_2, x_3, x_4)$, $X_3 = e_3(x_1, x_2, x_3, x_4)$를 대입하고, 위 기준에 맞춰 항을 나열하였을 때 첫 번째로 얻어지는 항은

$$cx_1^{b_1}(x_1x_2)^{b_2}(x_1x_2x_3)^{b_3} = cx_1^{b_1+b_2+b_3}x_2^{b_2+b_3}x_3^{b_3}$$

이다.

이제 $cX_1^{b_1}X_2^{b_2}X_3^{b_3}$가 다음 과정을 따라서 얻어진 다항식 $h(X_1, X_2, X_3)$의 한 항이라고 하자.

    A. 0이 아닌 항 중 차수 $b_1 + b_2 + b_3$가 최대인 모든 항을 생각한다.
    B. A에서의 항 중 $b_2 + b_3$가 최대인 모든 항을 생각한다.
    C. A에서의 항 중 b_3가 최대인 (유일한)항을 택한다.

예를 들어, 다항식 $X_1^5 + 3X_1^2X_3 - X_2X_3$로부터 X_1^5를 얻는다. 그러면 $cx_1^{b_1+b_2+b_3}x_2^{b_2+b_3}x_3^{b_3}$는 $cX_1^{b_1}X_2^{b_2}X_3^{b_3}$를 제외한 $h(X_1, X_2, X_3)$의 항에서 나타나지 않으므로 $f(x_1, x_2, x_3, x_4)$의 각 항들을 위 기준(가–라)에 맞추어 정렬하면 $cx_1^{b_1+b_2+b_3}x_2^{b_2+b_3}x_3^{b_3}$가 첫 번째 항이 된다. 따라서 $x_4 = 0$을 대입하여 얻은 $f(x_1, x_2, x_3, 0)$은 소거되지 않는 항 $cx_1^{b_1+b_2+b_3}x_2^{b_2+b_3}x_3^{b_3}$을 가짐을 알 수 있다.

이제 모든 준비가 끝났다. 변수의 개수에 관한 수학적 귀납법을 사용하여 대칭다항식은 기본대칭다항식의 다항식으로 표현된다는 것을 증명한다. 명제 $P(n)$을 '변수가 n개인 모든 대칭다항식은 기본대칭다항식의 다항식으로 표현된다'라고 하자.

$n = 1$일 때, 즉 $P(1)$은 분명히 참이다. 이제 k ($k > 1$)보다 작은 모든 자연

수 n에 대하여 $P(n)$이 성립한다고 가정하고, $P(k)$가 참임을 보인다. 변수가 k개인 대칭다항식 $f_1(x_1, x_2, \cdots, x_k)$를 생각한다.

대칭다항식 $f_1(x_1, x_2, \cdots, x_{k-1}, x_k)$에서 $x_k = 0$을 대입하여 얻어지는 다항식 $f_1(x_1, x_2, \cdots, x_{k-1}, 0)$은 $x_1, x_2, \cdots, x_{k-1}$에 관한 대칭다항식이므로 x_1, $x_2, \cdots, x_{k-1}$에 관한 기본대칭다항식의 다항식으로 표현된다. 즉,

$$f_1(x_1, x_2, \cdots, x_{k-1}, 0) \\ = h_1(e_1(x_1, x_2, \cdots, x_{k-1}), e_2(x_1, x_2, \cdots, x_{k-1}), \cdots, e_{k-1}(x_1, x_2, \cdots, x_{k-1}))$$

인 다항식 $h_1(X_1, X_2, \cdots, X_{k-1})$이 존재한다.

이 다항식 $h_1(X_1, X_2, \cdots, X_{k-1})$을 이용하여 $x_1, x_2, \cdots, x_k$에 관한 대칭다항식 $g_1(x_1, x_2, \cdots, x_k)$를 다음과 같이 정의하자.

$$g_1(x_1, x_2, \cdots, x_k) \\ = h_1(e_1(x_1, x_2, \cdots, x_{k-1}, x_k), e_2(x_1, x_2, \cdots, x_{k-1}, x_k), \\ \cdots, e_{k-1}(x_1, x_2, \cdots, x_{k-1}, x_k))$$

여기서

$$f_1(x_1, x_2, \cdots, x_k) - g_1(x_1, x_2, \cdots, x_k) = 0$$

이면, $f_1(x_1, x_2, \cdots, x_k) = g_1(x_1, x_2, \cdots, x_k)$이고, $g_1(x_1, x_2, \cdots, x_k)$는 기본대칭다항식의 다항식으로 표현되므로 증명이 끝난다.

$$f_1(x_1, x_2, \cdots, x_k) - g_1(x_1, x_2, \cdots, x_k) \neq 0$$

인 경우를 생각하자.

다항식 $f_1(x_1, x_2, \cdots, x_k) - g_1(x_1, x_2, \cdots, x_k)$에서 $x_k = 0$을 대입하면

$$\begin{aligned}
& f_1(x_1, x_2, \cdots, x_{k-1}, 0) - g_1(x_1, x_2, \cdots, x_{k-1}, 0) \\
=\, & h_1(e_1(x_1, x_2, \cdots, x_{k-1}), e_2(x_1, x_2, \cdots, x_{k-1}), \\
& \cdots, e_{k-1}(x_1, x_2, \cdots, x_{k-1})) - h_1(e_1(x_1, x_2, \cdots x_{k-1}, 0), \\
& e_2(x_1, x_2, \cdots, x_{k-1}, 0), \cdots, e_{k-1}(x_1, x_2, \cdots, x_{k-1}, 0)) \\
=\, & 0
\end{aligned}$$

을 얻는다. 즉 x_k는 다항식 $f_1(x_1, x_2, \cdots, x_k) - g_1(x_1, x_2, \cdots, x_k)$를 나눈다. 또한, $f_1(x_1, x_2, \cdots, x_k)$와 $g_1(x_1, x_2, \cdots, x_k)$는 대칭다항식이므로 $f_1(x_1, x_2, \cdots, x_k) - g_1(x_1, x_2, \cdots, x_k)$역시 대칭다항식이다. 따라서 모든 x_i ($1 \leq i \leq n$)는 $f_1(x_1, x_2, \cdots, x_k) - g_1(x_1, x_2, \cdots, x_k)$를 나눈다. 결국 $e_k(x_1, x_2, \cdots, x_k) = x_1 x_2 \cdots x_k$가

$$f_1(x_1, x_2, \cdots, x_k) - g_1(x_1, x_2, \cdots, x_k)$$

를 나눈다. 이제 대칭다항식

$$f_2(x_1, x_2, \cdots, x_k) = \frac{f_1(x_1, x_2, \cdots, x_k) - g_1(x_1, x_2, \cdots, x_k)}{e_k(x_1, x_2, \cdots, x_k)}$$

를 생각한다. 다음 사실에 주목하자.

다항식 $f_1(x_1, x_2, \cdots, x_k)$이 $x_1, x_2, \cdots, x_k$에 관한 m차식이면 다항식 $g_1(x_1, x_2, \cdots, x_k)$는 $x_1, x_2, \cdots, x_k$에 관한 m차 이하의 식이다.

왜냐하면 $f_1(x_1, x_2, \cdots, x_{k-1}, 0)$이 $x_1, x_2, \cdots, x_k$에 관한 m차 이하의 식이고,

$$f_1(x_1, x_2, \cdots, x_{k-1}, 0)$$
$$= h_1(e_1(x_1, x_2, \cdots, x_{k-1}), e_2(x_1, x_2, \cdots, x_{k-1}), \cdots, e_{k-1}(x_1, x_2, \cdots, x_{k-1}))$$

와

$$g_1(x_1, x_2, \cdots, x_k)$$
$$= h_1(e_1(x_1, x_2, \cdots, x_{k-1}, x_k), e_2(x_1, x_2, \cdots, x_{k-1}, x_k),$$
$$\cdots, e_{k-1}(x_1, x_2, \cdots, x_{k-1}, x_k))$$

는 같은 차수의 식이기 때문이다. 따라서 $f_2(x_1, x_2, \cdots, x_k)$는 $x_1, x_2, \cdots, x_k$ 에 관한 $(m-1)$차 이하의 식이다.

앞에서 $f_1(x_1, x_2, \cdots, x_k)$에 대하여 행한 과정을 $f_2(x_1, x_2, \cdots, x_k)$에 대하여 반복하여 다항식 $h_2(X_1, X_2, \cdots, X_{k-1})$와 대칭다항식 $g_2(x_1, x_2, \cdots, x_k)$를 정의할 수 있다. 이 때

$$f_2(x_1, x_2, \cdots, x_k) - g_2(x_1, x_2, \cdots, x_k) = 0$$

이면

$$f_2(x_1, x_2, \cdots, x_k) = g_2(x_1, x_2, \cdots, x_k)$$

이다. 이제

$$g_2(x_1, x_2, \cdots, x_k) = f_2(x_1, x_2, \cdots, x_k) = \frac{f_1(x_1, x_2, \cdots, x_k) - g_1(x_1, x_2, \cdots, x_k)}{e_k(x_1, x_2, \cdots, x_k)}$$

에서

$$f_1(x_1, x_2, \cdots, x_k) = g_1(x_1, x_2, \cdots, x_k) + e_k(x_1, x_2, \cdots, x_k) g_2(x_1, x_2, \cdots, x_k)$$

이고,

$$g_1(x_1, x_2, \cdots, x_k), \quad g_2(x_1, x_2, \cdots, x_k), \quad e_k(x_1, x_2, \cdots, x_k)$$

는 모두 기본대칭다항식의 다항식이므로 $f_1(x_1, x_2, \cdots, x_k)$는 기본대칭다항식의 다항식으로 표현된다.

한편, $f_2(x_1, x_2, \cdots, x_k) - g_2(x_1, x_2, \cdots, x_k) \neq 0$인 경우에는 기본대칭다항식 $e_k(x_1, x_2, \cdots, x_k) = x_1 x_2 \cdots x_k$가

$$f_2(x_1, x_2, \cdots, x_k) - g_2(x_1, x_2, \cdots, x_k)$$

를 나눈다. 그러면 앞에서와 같이 대칭다항식 $f_3(x_1, x_2, \cdots, x_k)$를 정의하고 앞의 과정을 반복함으로써 $f_1(x_1, x_2, \cdots, x_k)$는 기본대칭다항식의 다항식으로 표현된다는 것을 보일 수 있다.

이 과정을 반복할 때마다 얻어지는 다항식 f_i는 이전에 얻은 다항식 f_{i-1}보다 작은 차수의 식이다. 따라서 이 과정은 무한히 계속 반복될 수 없으므로 증명은 끝난다.

여광: 증명이 꽤 섬세합니다.
여휴: 그렇습니다. 다른 증명도 있는데 그 역시 꽤 기교적입니다.

이차다항식 $x^2 + ax + b$의 두 근을 α, β라고 하면, 계수 a, b는 다음과 같이 α, β에 관한 기본대칭다항식으로 주어진다.

$$\alpha+\beta=-a,$$
$$\alpha\beta=b$$

삼차방정식 $x^3+ax^2+bx+c=0$의 계수 a, b, c도 주어진 방정식의 세 근 α, β, γ에 관한 기본대칭다항식으로 다음과 같이 주어진다.

$$\alpha+\beta+\gamma=-a,$$
$$\alpha\beta+\beta\gamma+\gamma\alpha=b,$$
$$\alpha\beta\gamma=-c$$

임의의 차수의 방정식에서도 마찬가지이다. 다항식 x^3+ax^2+bx+c에 관한 근의 공식을 구하는 문제는 세 근 α, β, γ를 다항식의 계수 a, b, c의 덧셈, 뺄셈, 곱셈, 나눗셈, 그리고 거듭제곱근을 사용하여 표현하는 것이다. 다음은 라그랑주와 그의 제자 플라나와의 가상 대화이다.

플라나: 선생님, 질문이 있어요. 삼차다항식 x^3+ax^2+bx+c의 세 근을 α, β, γ라고 하면 $\alpha+\beta+\gamma=-a$, $\alpha\beta+\beta\gamma+\gamma\alpha=b$, $\alpha\beta\gamma=-c$입니다. 미지수가 세 개인 연립방정식을 풀면 세 근 α, β, γ 각각을 a, b, c로 나타낼 수 있잖아요? 삼차다항식 x^3+ax^2+bx-c를 푼 것이 되지 않나요?

라그랑주: 그럴듯한 생각이구나. 예를 들어, $\alpha+\beta+\gamma=-a$ 에서 $\gamma=-a-\alpha-\beta$ 이고 이를 $\alpha\beta+\beta\gamma+\gamma\alpha=b$와 $\alpha\beta\gamma=-c$에 대입하면 α, β에 관한 방정식 두 개를 얻고 그 연립방정식을 풀면 되겠다는 생각이지?

플라나: 그게 제 구상입니다.

라그랑주: 그럼 이렇게 하자. 삼차다항식을 풀기 전에 동일한 전략을 이차다항식에 적용해 보자.

플라나: 그것 좋은 생각이십니다. 제가 한 번 해볼게요. 이차다항식 x^2+ax+b의 두 근을

α, β라고 하면, $\alpha+\beta=-a$ 이고 $\alpha\beta=b$입니다. $\alpha+\beta=-a$에서 $\beta=-a-\alpha$임을 알 수 있으므로 $\alpha\beta=b$에서 $\beta=-a-\alpha$을 대입하면 이차방정식 $\alpha^2+a\alpha+b=0$을 얻습니다. 아, 진전이 전혀 없군요. $\alpha^2+a\alpha+b=0$을 푼다는 것은 원래의 이차방정식 $x^2+ax+b=0$을 푼다는 것과 같으므로 원래의 문제로 되돌아왔네요.

라그랑주: 그렇단다. 삼차다항식의 경우도 마찬가지이다. 앞에서 우리가 생각한 전략으로 계산을 직접 해 보면 원래의 문제로 되돌아온다는 것을 알 수 있을 거야.

플라나: 아, 알겠습니다. 계산을 하지 않아도 그럴 것 같아요. $\gamma=-a-\alpha-\beta$를 $\alpha\beta+\beta\gamma+\gamma\alpha=b$와 $\alpha\beta\gamma=-c$에 대입하여 α, β에 관한 방정식 두 개를 얻고 그 다음에 β를 소거하면 α에 관한 삼차식이 나오겠어요. 결국 같은 삼차식을 푸는 문제로 되돌아오겠습니다.

라그랑주: 플라나가 대단하구나. 식을 쓰지 않아도 식의 윤곽이 보이니 말이다.

2. 라그랑주의 시도

라그랑주는 일차, 이차, 삼차, 사차다항식과 오차다항식의 근본적인 차이를 탐구하기 시작했다. 실제에서 이론으로 옮기는 시도인 것이다. 이론화의 시도는 일반화와 추상화로 가는 길목이다.

가. 이차식

이차다항식 x^2-1의 두 근 1, -1 에서 $(-1)^2=1$이다. 즉, x^2-1의 두 근 모두는 그 중 하나인 -1에 의하여 생성된다. 다시 말해, $-1=(-1)^1$이고 $1=(-1)^2$이다.

이차다항식 x^2+ax+b의 두 근을 α, β라고 하고 $\alpha+(-1)\beta=\alpha-\beta$를 생

각한다. 여기서 β 앞에 곱해진 -1은 x^2-1의 두 근 모두를 생성하는 -1이다.

여기에서 대칭을 주목한다. 주어진 다항식의 근 전체의 집합 $\{\alpha, \beta\}$의 대칭에 주목하는 것이다.

집합 $\{\alpha, \beta\}$의 대칭군은 $S_2 = \{1, (12)\}$이다. 여기서 치환 1은 항등치환이고, 치환 (12)는 첫 번째 근 α는 두 번째 근 β로, 두 번째 근 β는 첫 번째 근 α로 대응시키는 것을 뜻한다. 즉, 각각의 치환은 다음과 같다.

$$1 = \begin{cases} \alpha \mapsto \alpha \\ \beta \mapsto \beta \end{cases} \qquad (12) = \begin{cases} \alpha \mapsto \beta \\ \beta \mapsto \alpha \end{cases}$$

$\alpha - \beta$는 항등대칭 1에 의해서 $\alpha - \beta$가 되고, 대칭 (12)에 의하여 $\beta - \alpha$가 된다. 따라서 $S_2 = \{1, (12)\}$의 원소인 두 대칭 중 어느 것을 적용하여 $(\alpha - \beta)^2$을 계산하여도 그 값이 변하지 않는다는 것을 알 수 있다.

S_2의 원소인 모든 대칭에 의하여 $(\alpha - \beta)^2$이 불변이므로 $(\alpha - \beta)^2$은 다항식 $x^2 + ax + b$의 두 근 α, β에 관한 대칭다항식이고, 이는 α, β에 관한 기본대칭다항식의 다항식 $(\alpha + \beta)^2 - 4\alpha\beta$로 표현된다. 그런데 α, β의 기본대칭다항식 $\alpha + \beta, \alpha\beta$는 다항식 $x^2 + ax + b$의 근과 계수의 관계에 의하여 다음과 같이 주어진다.

$$\alpha + \beta = -a,$$
$$\alpha\beta = b$$

따라서 $(\alpha - \beta)^2$은 a와 b의 다항식으로 표현된다.

$$(\alpha - \beta)^2 = (\alpha + \beta)^2 - 4\alpha\beta = a^2 - 4b$$

$(\alpha-\beta)^2$에서 α, β를 서로 맞바꾸어 계산하여도 변하지 않는다. 즉, $(\alpha-\beta)^2$은 α, β에 관한 대칭다항식이며, 이는 $(\alpha-\beta)^2=(\alpha+\beta)^2-4\alpha\beta$와 같이 α, β에 관한 기본대칭다항식의 다항식으로 나타낼 수 있다. 따라서 $(\alpha-\beta)^2$의 값은 근과 계수의 관계로부터 계산할 수 있다.

$$(\alpha-\beta)^2 = a^2 - 4b$$

여기서 a^2-4b의 제곱근을 구함으로써 $\alpha-\beta$를 구할 수 있다. 또한 $\alpha+\beta$는 이미 알고 있으니

$$\begin{cases} \alpha = \dfrac{1}{2}\{(\alpha+\beta)+(\alpha-\beta)\}, \\ \beta = \dfrac{1}{2}\{(\alpha+\beta)-(\alpha-\beta)\} \end{cases}$$

로부터 α와 β를 구할 수 있다.

나. 삼차식

삼차다항식 x^3+ax^2+bx+c의 세 근을 α, β, γ라고 하자. x^3-1의 세 근 1, ω, ω^2에서 $\omega^3=1$이므로 ω는 세 근을 모두 생성한다.

이제, $s=\alpha+\omega\beta+\omega^2\gamma$를 생각하고 $s^3=(\alpha+\omega\beta+\omega^2\gamma)^3$을 계산한다. 라그랑주가 주목한 것은 대칭에 관한 s^3의 성질이다. 그 성질이 무엇인지 알아보자.

집합 $\{\alpha, \beta, \gamma\}$의 대칭군은 $S_3=\{1, (12), (13), (23), (123), (132)\}$이다. 여기서도 S_3의 원소가 뜻하는 바는 앞에서와 마찬가지로 이해한다.

예를 들어, α, β, γ에 (12) 대칭을 적용한다는 말은 첫 번째 α가 두 번째 β

로, 두 번째 β가 첫 번째 α로 바뀌고, 세 번째 γ는 변하지 않는 것으로 이해한다. 따라서 S_3의 원소 각각은 다음과 같다.

$$1 = \begin{cases} \alpha \mapsto \alpha \\ \beta \mapsto \beta \\ \gamma \mapsto \gamma \end{cases} \quad (123) = \begin{cases} \alpha \mapsto \beta \\ \beta \mapsto \gamma \\ \gamma \mapsto \alpha \end{cases} \quad (132) = \begin{cases} \alpha \mapsto \gamma \\ \beta \mapsto \alpha \\ \gamma \mapsto \beta \end{cases}$$

$$(12) = \begin{cases} \alpha \mapsto \beta \\ \beta \mapsto \alpha \\ \gamma \mapsto \gamma \end{cases} \quad (13) = \begin{cases} \alpha \mapsto \gamma \\ \beta \mapsto \beta \\ \gamma \mapsto \alpha \end{cases} \quad (23) = \begin{cases} \alpha \mapsto \alpha \\ \beta \mapsto \gamma \\ \gamma \mapsto \beta \end{cases}$$

S_3의 모든 원소가 ω를 고정시킨다고 하면, S_3의 원소 각각에 관하여 $(\alpha + \omega\beta + \omega^2\gamma)^3$은 두 개의 값을 취한다. 실제로, 세 개의 대칭 $1, (123), (132)$ 중 어느 것을 적용하여도 $s^3 = (\alpha + \omega\beta + \omega^2\gamma)^3$과 $t^3 = (\alpha + \omega^2\beta + \omega\gamma)^3$은 변하지 않는다. 여기서 $t = \alpha + \omega^2\beta + \omega\gamma$이다. 한편, 나머지 세 개의 대칭 $(12), (13), (23)$ 중 어느 것이라도 s^3에 적용하면 t^3이 되고, t^3에 적용하면 s^3이 된다. 따라서 $s^3 + t^3$과 $s^3 t^3$의 값은 S_3 중 어느 것을 적용하여도 변하지 않는다.

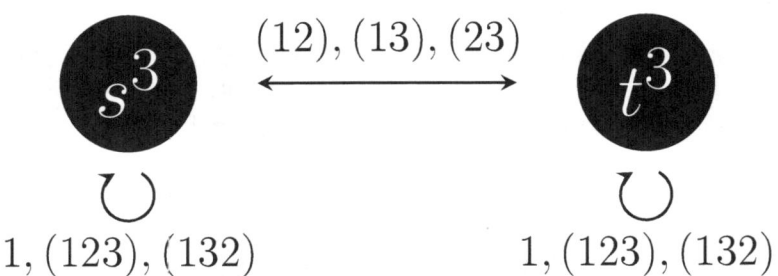

이는 $s^3 + t^3$와 $s^3 t^3$은 다항식 $x^3 + ax^2 + bx + c$의 세 근 α, β, γ에 관한 대칭다항식이라는 뜻이다. 따라서 $s^3 + t^3$과 $s^3 t^3$의 값은 다항식 $x^3 + ax^2 + bx + c$

의 계수 a, b, c의 다항식으로 표현된다. 계산의 수고를 약간 하면 다음을 얻을 수 있다.

$$s^3+t^3 = -2a^3+9ab-27c$$
$$s^3 t^3 = a^6 - 9a^4 b + 27a^2 b^2 - 27b^3 = (a^2-3b)^3$$

여광: 필자가 '계산의 수고를 약간 하면' 된다고 하였는데 정말 '약간'하면 될까요? 수학자들이 '자명하다(trivial),' '분명하다(obvious),' 또는 '쉽다(easy)'라그 하는 부분이 제게는 결코 그렇지 않았던 기억이 많거든요.

여휴: 전문 수학자와 보통 사람들 사이엔 '쉽다'의 느낌에 차이가 있을 수 있습니다. 그러나 꽤 어려운 증명을 그렇게 표현하지는 않습니다. 그럼 제가 계산의 수고를 하겠습니다.

$$\begin{aligned}
&st \\
&= (\alpha+\omega\beta+\omega^2\gamma)(\alpha+\omega^2\beta+\omega\gamma) \\
&= \alpha^2+\omega^2\alpha\beta+\omega\gamma\alpha+\omega\alpha\beta+\omega^3\beta^2+\omega^2\beta\gamma+\omega^2\gamma\alpha+\omega^4\beta\gamma+\omega^3\gamma^2 \\
&= \alpha^2+\beta^2+\gamma^2+(\omega^2+\omega)\alpha\beta+(\omega^2+\omega)\gamma\alpha+(\omega^4+\omega^2)\beta\gamma \\
&= \alpha^2+\beta^2+\gamma^2-(\alpha\beta+\beta\gamma+\gamma\alpha) \\
&= (\alpha+\beta+\gamma)^2-3(\alpha\beta+\beta\gamma+\gamma\alpha) \\
&= (-a)^2-3(b) \\
&= a^2-3b,
\end{aligned}$$

$$\begin{aligned}
&s+t \\
&= (\alpha+\omega\beta+\omega^2\gamma)+(\alpha+\omega^2\beta+\omega\gamma) \\
&= 2\alpha+(\omega+\omega^2)(\beta+\gamma) \\
&= 2\alpha+(-1)(\beta+\gamma) \\
&= 3\alpha+(-1)(\alpha+\beta+\gamma) \\
&= 3\alpha+a
\end{aligned}$$

이제 $s^3+t^3 = (s+t)^3-3st(s+t)$이므로 다음을 알 수 있습니다.

$$\begin{aligned}
&s^3+t^3 \\
&= (s+t)^3-3st(s+t) \\
&= (3\alpha+a)^3-3(a^2-3b)(3\alpha+a) \\
&= 27\alpha^3+a^3+9a\alpha(3\alpha+a)-3(a^2-3b)(3\alpha+a) \\
&= 27\alpha^3+a^3+27a\alpha^2+9a^2\alpha-3(3a^2\alpha+a^3-9b\alpha-3ab) \\
&= 27\alpha^3+27a\alpha^2+27b\alpha-2a^3+9ab \\
&= 27(\alpha^3+a\alpha^2+b\alpha)-2a^3+9ab \\
&= 27(-c)-2a^3+9ab \\
&= -2a^3+9ab-27c
\end{aligned}$$

이차다항식

$$(X-s^3)(X-t^3) = X^2-(s^3+t^3)X+s^3t^3 = X^2+(2a^3-9ab+27c)X+(a^2-3b)^3$$

의 두 근 s^3, t^3을 구하고 $st = a^2 - 3b$가 되도록 s와 t를 구할 수 있다. α, β, γ에 관한 다음 일차연립방정식을 생각한다.

$$\begin{cases} \alpha+\beta+\gamma=-a \\ \alpha+\omega\beta+\omega^2\gamma=s \\ \alpha+\omega^2\beta+\omega\gamma=t \end{cases}$$

이를 행렬로 표현하면 다음과 같다.

$$\begin{bmatrix} 1 & 1 & 1 \\ 1 & \omega & \omega^2 \\ 1 & \omega^2 & \omega \end{bmatrix} \begin{bmatrix} \alpha \\ \beta \\ \gamma \end{bmatrix} = \begin{bmatrix} -a \\ s \\ t \end{bmatrix}$$

여기에서 $\begin{bmatrix} 1 & 1 & 1 \\ 1 & \omega & \omega^2 \\ 1 & \omega^2 & \omega \end{bmatrix}$는 방데르몽드(A. Vandermonde, 1735-1796) 행렬이고 역행렬 $\begin{bmatrix} 1 & 1 & 1 \\ 1 & \omega & \omega^2 \\ 1 & \omega^2 & \omega \end{bmatrix}^{-1}$이 존재하여 $\begin{bmatrix} \alpha \\ \beta \\ \gamma \end{bmatrix} = \begin{bmatrix} 1 & 1 & 1 \\ 1 & \omega & \omega^2 \\ 1 & \omega^2 & \omega \end{bmatrix}^{-1} \begin{bmatrix} -a \\ s \\ t \end{bmatrix}$이다. 실제로, $\begin{bmatrix} 1 & 1 & 1 \\ 1 & \omega & \omega^2 \\ 1 & \omega^2 & \omega \end{bmatrix}$의 역행렬은 다음과 같다.

$$\begin{bmatrix} 1 & 1 & 1 \\ 1 & \omega & \omega^2 \\ 1 & \omega^2 & \omega \end{bmatrix}^{-1} = \frac{1}{3} \begin{bmatrix} 1 & 1 & 1 \\ 1 & \omega^2 & \omega \\ 1 & \omega & \omega^2 \end{bmatrix}$$

여광: 방데르몽드 행렬이 나오니까 옛날 생각이 나네요.

여휴: 여광 선생은 방데르몽드 행렬과 무슨 추억이 있나보죠?

여광: 그렇습니다. 좋은 추억입니다.

여휴: 궁금하군요.

여광: 제가 대학교에서 선형대수학을 배울 때, $\begin{bmatrix} 1 & 1 & 1 \\ 1 & \omega & \omega^2 \\ 1 & \omega^2 & \omega \end{bmatrix}$의 역행렬을 구하기 위해 몇 시간을 계산하였습니다. 3×3 행렬인데 역행렬 계산에 시간이 많이 걸렸습니다.

여휴: 주로 계산 실수 때문이었겠죠?

여광: 그렇습니다. 중간에 계산 하나만 틀려도 다 쓸모없게 되잖아요.

여휴: 맞아요, 그럴 때 참 속상하죠.

여광: 수많은 계산 실수를 한 후, 역행렬 $\frac{1}{3\omega}\begin{bmatrix} \omega & \omega & \omega \\ \omega & 1 & -\omega-1 \\ \omega & -\omega-1 & 1 \end{bmatrix}$을 얻었고, 다각도로 검증한 결과, 옳다는 것을 확인하였습니다. 그러다 우연히 이 꼴보다는 $\frac{1}{3}\begin{bmatrix} 1 & 1 & 1 \\ 1 & -\omega-1 & \omega \\ 1 & \omega & -\omega-1 \end{bmatrix}$ 꼴이 훨씬 간편하고 예쁘다는 것을 알고 쾌재를 불렀습니다. $\omega^2+\omega+1=0$이므로 $\frac{1}{\omega}=-\omega-1$이기 때문입니다.

여휴: 제가 봐도 상당히 예쁩니다.

여광: 우연히 $\frac{1}{3}\begin{bmatrix} 1 & 1 & 1 \\ 1 & -\omega-1 & \omega \\ 1 & \omega & -\omega-1 \end{bmatrix}$보다는 $\frac{1}{3}\begin{bmatrix} 1 & 1 & 1 \\ 1 & \omega^2 & \omega \\ 1 & \omega & \omega^2 \end{bmatrix}$이 더욱 간편하고 더 예쁘고 더 친숙하다는 것을 알았습니다. $\omega^2+\omega+1=0$에 착안 한 것입니다.

여휴: 저도 전적으로 동의합니다. 정말 예쁘네요. 역행렬 $\frac{1}{3}\begin{bmatrix} 1 & 1 & 1 \\ 1 & \omega^2 & \omega \\ 1 & \omega & \omega^2 \end{bmatrix}$의 모습이 원래의 행렬 $\begin{bmatrix} 1 & 1 & 1 \\ 1 & \omega & \omega^2 \\ 1 & \omega^2 & \omega \end{bmatrix}$와 매우 비슷한 모습이잖아요. 특히, '$\frac{1}{3}$'에 있는 '3'이 행렬의 크기 '$3 \times 3$' 그리고 ω가 '삼차' 방정식 x^3-1의 근 모두를 생성한다는 사실은 기억할만하군요.

여광: 한 가지를 더 확인하였던 기억이 납니다.

여휴: 다각도로 점검하는 것은 중요하거니와 재미도 있죠. 무엇을 점검하였나요?

여광: 행렬식입니다. $\begin{bmatrix} 1 & 1 & 1 \\ 1 & \omega & \omega^2 \\ 1 & \omega^2 & \omega \end{bmatrix}$의 행렬식은 $3\omega(\omega-1) = -3(2\omega+1)$이고, $\begin{bmatrix} 1 & 1 & 1 \\ 1 & \omega & \omega^2 \\ 1 & \omega^2 & \omega \end{bmatrix}^{-1}$의 행렬식은 $\frac{1}{9}(2\omega+1)$이며, $-3(2\omega+1) \times \frac{1}{9}(2\omega+1) = 1$이라는 것을 확인한 겁니다.

여휴: 위대한 발견이라고 하기는 그렇지만 계산하는 동안에는 행복했겠어요. 그런데 말입니다, 방데르몽드에 대해 좀 더 살펴보아야 하겠습니다.

여광: 여휴 선생님께서도 방데르몽드 행렬과 무슨 추억이 있나보죠?

여휴: 그건 아닙니다. 삼차다항식의 풀이와 관련되기 때문입니다.

여광: 앞의 풀이 과정에서 방데르몽드 행렬이 등장하였는데 방데르몽드도 뭔가 중요한 역할을 했을 것 같아요.

여휴: 그렇답니다. 조금 후에 그 이야기를 합시다.

이제, $\begin{bmatrix} \alpha \\ \beta \\ \gamma \end{bmatrix} = \frac{1}{3} \begin{bmatrix} 1 & 1 & 1 \\ 1 & \omega^2 & \omega \\ 1 & \omega & \omega^2 \end{bmatrix} \begin{bmatrix} -a \\ s \\ t \end{bmatrix}$이므로 다음을 알 수 있다.

$$\alpha = \frac{-a+s+t}{3},$$
$$\beta = \frac{-a+\omega^2 s + \omega t}{3},$$
$$\gamma = \frac{-a+\omega s + \omega^2 t}{3}.$$

여기서 s와 t는 a, b, c와 그들의 적절한 거듭제곱근으로 나타낼 수 있으므로, 다항식 $x^3 + ax^2 + bx + c$의 세 근 α, β, γ는 다항식 $x^3 + ax^2 + bx + c$의 계수 a, b, c와 그들의 거듭제곱근 그리고 ω, ω^2 등으로 나타낼 수 있다.

플라나: 선생님의 풀이를 자세히 보니 $s = \alpha + \omega\beta + \omega^2\gamma$와 $t = \alpha + \omega^2\beta + \omega\gamma$를 생각하신 것이

핵심인 것 같아요. 어떤 동기로 $\alpha+\omega\beta+\omega^2\gamma$를 생각해 내신 거예요?

라그랑주: 중요한 질문이면서 대답하기 어려운 질문이구나. 이런 식을 생각해 내기가 쉬웠더라면 삼차다항식의 풀이를 발견하는 데 2,000년 가까운 시간이 걸리지는 않았을 거야. 플라나의 질문에 답하기 전에 나도 질문 하나 하자. 삼각형의 세 내각의 합이 180°라는 것을 증명해봐.

플라나: 제 질문과는 전혀 무관한 질문인 것 같아요. 그 증명은 쉽습니다. 삼각형 ABC에서 다음과 같이 보조선을 그리겠습니다. 직선 AD는 선분 BA의 연장이고 직선 AE는 선분 BC와 평행합니다.

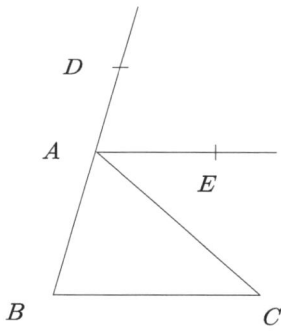

라그랑주: 아, 알겠다. 동위각 엇각의 성질을 이용하려는 것이구나.

플라나: 예, 그렇습니다.

라그랑주: 좋아. 왜 직선 AD와 직선 AE를 보조선으로 그렸니? 그 동기가 뭐니?

플라나: 그렇게 그리면 증명이 되기 때문입니다.

라그랑주: 그래. 그런데 '동기'가 뭐냐고 물으면 약간 당혹스럽지?

플라나: 사실, 그렇습니다.

라그랑주: 정답은 '이렇게 저렇게 해 보니 보조선을 그렇게 그으면 증명이 되더라'인데, 그렇게 말하지 않을 뿐이란다. 내가 $s=\alpha+\omega\beta+\omega^2\gamma$와 $t=\alpha+\omega^2\beta+\omega\gamma$를 생각한 것도 크게 다르지 않아.

플라나: 저도 선생님의 말씀을 어느 정도 이해합니다. 그렇더라도 어떤 실마리 또는 어떤 동기가 있지 않았겠어요?

라그랑주: 있지. '많은 계산 노동의 결과'가 가장 정확한 답인 것은 인정하자. 나의 궁극적인 관심은 '왜 이차, 삼차, 사차다항식은 풀리는 것일까?'이다. 그를 위해 이차다항식의 경우를 꼼꼼하게 살폈어.

플라나: 이차다항식의 풀이에서 특히 어디에 주목하셨나요?

라그랑주: 이차다항식 x^2+ax+b의 두 근을 α, β라고 하고, $\alpha+(-1)\beta=\alpha-\beta$를 생각하자. $(\alpha-\beta)^2$에서 α, β의 위치를 서로 바꾸어 계산하여도 변하지 않으므로 $(\alpha-\beta)^2$는 x^2+ax+b의 계수 a, b에 관한 다항식으로 표현된다. 이로부터 $\alpha-\beta$를 구할 수 있지? 그러면 x^2+ax+b은 풀리잖아? 우리는 $\alpha+\beta$를 이미 알고 있기 때문이다. 여기서 -1은 x^2-1의 모든 근을 생성하는 근이라는 것을 기억하자.

플라나: 아, 알겠습니다. 이차다항식의 경우와 비슷한 과정을 삼차다항식의 경우에 적용하신 것이군요.

라그랑주: 맞아. 이런 과정을 거치면 s^3+t^3과 s^3t^3은 다항식 x^3+ax^2+bx+c의 세 근 α, β, γ에 관한 대칭다항식이므로 s^3+t^3과 s^3t^3의 값은 다항식 x^3+ax^2+bx+c의 계수 a, b, c의 다항식으로 표현된다. 이렇게 얻은 이차다항식을 풀어 s^3, t^3 각각을 구하고 곧 바로 s, t를 구할 수 있게 되는 거야.

플라나: 다음과 같이 이해하면 될까요? 삼차다항식 x^3+ax^2+bx+c의 세 근 α, β, γ에 관한 세 개의 식 $\alpha+\beta+\gamma=-a$, $\alpha\beta+\beta\gamma+\gamma\alpha=b$, $\alpha\beta\gamma=-c$만 가지고는 다항식을 풀 수 없다. 따라서 x^3+ax^2+bx+c의 계수 a, b, c로 표현되는 α, β, γ에 관한 또 다른 관계식을 찾아야 한다. $s=\alpha+\omega\beta+\omega^2\gamma$와 $t=\alpha+\omega^2\beta+\omega\gamma$는 그들의 대칭성으로 인하여 그 필요를 만족시킨다.

라그랑주: 아주 훌륭하다. 삼차다항식의 풀이가 알려지기까지 많은 시간이 걸린 까닭을 어느 정도 이해하겠지?

구체적인 예를 통하여 위의 풀이 과정을 살피자. 방정식 $x^3-3x-4=0$에 대해 앞에서 살핀 절차에 따르면 다음을 얻을 수 있다.

$$s^3 + t^3 = 108,$$
$$s^3 t^3 = 3^6 = 729$$

s^3, t^3을 두 개의 근으로 가지는 이차다항식

$$(X-s^3)(X-t^3) = X^2 - (s^3+t^3)X + s^3 t^3 = X^2 - 108X + 729$$

을 풀어 다음을 구할 수 있다.

$$s^3 = 54 + 27\sqrt{3},$$
$$t^3 = 54 - 27\sqrt{3}$$

따라서 다음을 알 수 있다.

$$s = \sqrt[3]{54+27\sqrt{3}},\ \sqrt[3]{54+27\sqrt{3}}\,\omega,\ \sqrt[3]{54+27\sqrt{3}}\,\omega^2$$
$$t = \sqrt[3]{54-27\sqrt{3}},\ \sqrt[3]{54-27\sqrt{3}}\,\omega,\ \sqrt[3]{54-27\sqrt{3}}\,\omega^2$$

$st = 9$ 이므로 $s = \sqrt[3]{54+27\sqrt{3}}$ 이고 $t = \sqrt[3]{54-27\sqrt{3}}$ 로 택하면, $\frac{s}{3} = \sqrt[3]{2+\sqrt{3}}$ 이고 $\frac{t}{3} = \sqrt[3]{2-\sqrt{3}}$ 이므로 다음이 성립한다.

$$\begin{bmatrix}\alpha\\\beta\\\gamma\end{bmatrix} = \begin{bmatrix}1 & 1 & 1\\1 & \omega & \omega^2\\1 & \omega^2 & \omega\end{bmatrix}^{-1}\begin{bmatrix}-a\\s\\t\end{bmatrix} = \frac{1}{3}\begin{bmatrix}1 & 1 & 1\\1 & \omega^2 & \omega\\1 & \omega & \omega^2\end{bmatrix}\begin{bmatrix}-a\\s\\t\end{bmatrix}$$

$$= \begin{bmatrix}1 & 1 & 1\\1 & \omega^2 & \omega\\1 & \omega & \omega^2\end{bmatrix}\begin{bmatrix}0\\\sqrt[3]{2+\sqrt{3}}\\\sqrt[3]{2-\sqrt{3}}\end{bmatrix} = \begin{bmatrix}\sqrt[3]{2+\sqrt{3}} + \sqrt[3]{2-\sqrt{3}}\\\sqrt[3]{2+\sqrt{3}}\,\omega^2 + \sqrt[3]{2-\sqrt{3}}\,\omega\\\sqrt[3]{2+\sqrt{3}}\,\omega + \sqrt[3]{2-\sqrt{3}}\,\omega^2\end{bmatrix}$$

즉, $x^3 - 3x - 4 = 0$의 세 개의 해는 다음과 같다.

$$\sqrt[3]{2+\sqrt{3}} + \sqrt[3]{2-\sqrt{3}},$$
$$\sqrt[3]{2+\sqrt{3}}\,\omega^2 + \sqrt[3]{2-\sqrt{3}}\,\omega,$$
$$\sqrt[3]{2+\sqrt{3}}\,\omega + \sqrt[3]{2-\sqrt{3}}\,\omega^2$$

플라냐: 선생님, 앞의 풀이 과정에서

$$s = \sqrt[3]{54+27\sqrt{3}},\ \sqrt[3]{54+27\sqrt{3}}\,\omega,\ \sqrt[3]{54+27\sqrt{3}}\,\omega^2$$
$$t = \sqrt[3]{54-27\sqrt{3}},\ \sqrt[3]{54-27\sqrt{3}}\,\omega,\ \sqrt[3]{54-27\sqrt{3}}\,\omega^2$$

을 얻고 $st=9$가 되도록 $s=\sqrt[3]{54+27\sqrt{3}}$ 과 $t=\sqrt[3]{54-27\sqrt{3}}$ 을 택하셨잖아요? 저는 $s=\sqrt[3]{54+27\sqrt{3}}\,\omega$와 $t=\sqrt[3]{54-27\sqrt{3}}\,\omega^2$을 택할 수도 있다고 생각합니다.

라그랑주: 동의한다.

플라냐: s와 t 각각을 $\sqrt[3]{54+27\sqrt{3}}$ 과 $\sqrt[3]{54-27\sqrt{3}}$ 으로 택하면 처음으로 얻어지는 근이 $\sqrt[3]{2+\sqrt{3}}+\sqrt[3]{2-\sqrt{3}}$ 이고 $\sqrt[3]{2+\sqrt{3}}\,\omega^2+\sqrt[3]{2-\sqrt{3}}\,\omega$와 $\sqrt[3]{2+\sqrt{3}}\,\omega+\sqrt[3]{2-\sqrt{3}}\,\omega^2$이 그 다음에 얻어지지만, s와 t 각각을 $\sqrt[3]{54+27\sqrt{3}}\,\omega$와 $\sqrt[3]{54-27\sqrt{3}}\,\omega^2$으로 택하면 처음으로 얻어지는 근이 $\sqrt[3]{2+\sqrt{3}}\,\omega+\sqrt[3]{2-\sqrt{3}}\,\omega^2$이고 $\sqrt[3]{2+\sqrt{3}}\,\omega^2+\sqrt[3]{2-\sqrt{3}}\,\omega$와 $\sqrt[3]{2+\sqrt{3}}+\sqrt[3]{2-\sqrt{3}}$ 이 그 다음에 얻어지겠어요.

라그랑주: 훌륭해. 젊은 사람들의 빠른 머리 회전을 당할 수 없구나. s와 t가 $st=9$임을 만족시키도록 하면 어떻게 택해도 상관없다는 거지. 이러한 현상도 내가 주목하고 있는 근들 사이에 존재하는 대칭성 때문이라고 할 수 있어.

다. $s = \alpha + \omega\beta + \omega^2\gamma$ 와 $t = \alpha + \omega^2\beta + \omega\gamma$

라그랑주가 $s=\alpha+\omega\beta+\omega^2\gamma$와 $t=\alpha+\omega^2\beta+\omega\gamma$를 생각하는 것은 그럴만한

이유가 있다. 다음을 주목하자.

이차다항식 x^2+ax+b의 두 근을 α, β라고 하면 다음이 성립한다.
$$\alpha = \frac{1}{2}(\alpha+\beta)+(\alpha-\beta)$$

$(\alpha-\beta)^2$는 α, β에 관한 대칭식이므로 x^2+ax+b의 계수 a, b에 관한 식으로 표현된다. 이제 $\sqrt{(\alpha-\beta)^2}$로부터 $\alpha-\beta$를 구할 수 있고, $\alpha+\beta=-a$이므로 α를 구할 수 있다.

삼차다항식식 x^3+ax^2+bx+c의 세 근을 α, β, γ라고 하면 다음이 성립한다.

$$\alpha = \frac{1}{3}(\alpha+\beta+\gamma)+(\alpha+\omega\beta+\omega^2\gamma)+(\alpha+\omega^2\beta+\omega\gamma)$$

두 식

$$(\alpha+\omega\beta+\omega^2\gamma)^3+(\alpha+\omega^2\beta+\omega\gamma)^3, \ (\alpha+\omega\beta+\omega^2\gamma)^3(\alpha+\omega^2\beta+\omega\gamma)^3$$

모두는 α, β, γ에 관한 대칭식이므로 x^3+ax^2+bx+c의 계수 a, b, c에 관한 식으로 표현된다. 이로부터 $(\alpha+\omega\beta+\omega^2\gamma)^3$과 $(\alpha+\omega^2\beta+\omega\gamma)^3$을 구할 수 있다. 이제 $\sqrt[3]{(\alpha+\omega\beta+\omega^2\gamma)^3}$, $\sqrt[3]{(\alpha+\omega^2\beta+\omega\gamma)^3}$ 각각으로부터 $\alpha+\omega\beta+\omega^2\gamma$, $\alpha+\omega^2\beta+\omega\gamma$를 구할 수 있고, $\alpha+\beta+\gamma=-a$이므로 α를 구할 수 있다.

x^2-1의 두 근은 1과 -1이다. 이차다항식 x^2+ax+b의 두 근을 α, β라고 할 때, $\alpha+\beta$, $\alpha-\beta$를 이차다항식 x^2+ax+b의 '라그랑주 분해식(Lagrange resolvent)'이라고 한다. x^2-1의 근을 ζ라고 하면 $\alpha+\zeta\beta$가 라그랑주 분해식인 것이다. 이차다항식에는 두 개의 라그랑주 분해식이 있다.

x^3-1의 세 근은 $1,\ \omega,\ \omega^2$이다. 삼차다항식식 x^3+ax^2+bx+c의 세 근을 $\alpha,\ \beta,\ \gamma$라고 할 때, $\alpha+\beta+\gamma,\ \alpha+\omega\beta+\omega^2\gamma,\ \alpha+\omega^2\beta+\omega\gamma$가 삼차다항식 x^3+ax^2+bx+c의 라그랑주 분해식이다. x^3-1의 근을 ζ라고 하면 $\alpha+\zeta\beta+\zeta^2\gamma$가 라그랑주 분해식인 것이다. 삼차다항식에는 세 개의 라그랑주 분해식이 있다.

x^4-1의 네 근은 $1,\ -1,\ i,\ -i$이다. 사차다항식

$$x^4+ax^3+bx^2+cx+d$$

의 네 근을 $\alpha,\ \beta,\ \gamma,\ \delta$라고 할 때,

$$\alpha+\beta+\gamma+\delta,\ \ \alpha-\beta+\gamma-\delta,\ \ \alpha+i\beta-\gamma-i\delta,\ \ \alpha-i\beta-\gamma+i\delta$$

가 사차다항식 $x^4+ax^3+bx^2+cx+d$의 라그랑주 분해식이다. 즉, x^4-1의 근을 ζ라고 하면 $\alpha+\zeta\beta+\zeta^2\gamma+\zeta^3\delta$가 라그랑주 분해식인 것이다. 사차다항식에는 네 개의 라그랑주 분해식이 있다.

여광: 앞에 소개된 라그랑주와 플라나 사이의 가상 대화에서는 $s=\alpha+\omega\beta+\omega^2\gamma$와 $t=\alpha+\omega^2\beta+\omega\gamma$를 생각한 과정을 설명하지 않았는데 사실은 단순한 계산 이전에 나름대로의 수학적 논리가 있었군요.

여휴: 라그랑주가 막무가내로 계산을 했겠어요? 어떤 생각에 따라 계산을 했을 것이고 계산을

많이 하다 보니까 새로운 생각이 또 떠올랐고, 다시 많은 계산을 했겠죠.

여광: 수학적 사고와 계산이 합력하여 수학을 만드는군요.

여휴: 그렇다고 봅니다. 수학의 유장한 역사는 그렇게 진행되고 있습니다. 분해식의 성질 중에서 라그랑주가 주목한 것은 대칭성입니다.

여광: 다항식의 가해성에서 대칭의 역할을 확실하게 인식한 사람이 라그랑주라고 할 수 있겠군요.

여휴: 그렇습니다. 이때 방데르몽드를 기억하여야 합니다.

여광: 삼차다항식의 풀이와 관련하여 방데르몽드의 역할을 아직 말씀하시지 않으셨습니다.

여휴: 라그랑주 분해식(resolvents)이 가지고 있는 대칭성은 훗날 아벨과 갈루아에 의한 문제 해결에 결정적인 길잡이가 되었습니다. 그런데 라그랑주와는 독립적으로 방데르몽드도 똑같은 풀이를 발견하였습니다.

여광: 수학에는 그와 비슷한 사례가 많이 있군요. 비유클리드 기하학의 발견이나 미적분학의 발견이 그러하였잖습니까?

여휴: 맞아요. 방데르몽드의 연구 결과는 파리학술원(Paris Academy)에, 라그랑주의 연구 결과는 베를린학술원(Berlin Academy)에 1770년 같은 해(年)에 보고되었습니다.

여광: 그랬군요. 다항식의 풀이에 관한 긴 세월에 걸친 해결과정에서 방데르몽드의 역할을 저는 모르고 있었습니다.

여휴: 그럴 겁니다. 방데르몽드는 라그랑주도 동일한 연구를 하고 있다는 것을 안 뒤로는 그 문제를 연구하지 않았거든요. 방데르몽드 행렬은 삼차다항식의 풀이 과정에 남아 있는 그의 자취라고 할 수 있어요.

여광: 남과 같은 연구를 하면 어떠하기에 그렇게 쉽게 떠났을까요?

여휴: 사실, 방데르몽드는 음악가였습니다. 바이올린 연주자였죠. 그가 35살이었을 즈음 두 서너 해 동안만 수학을 연구한 것 같아요. 잠시 수학이라는 특별한 음악을 연주한 거죠.

여광: 이참에 하나 기억하고 싶은 게 있습니다. 앞에서 제가 '비유클리드 기하학의 발견'을 언급하였잖아요? 러시아 수학자 로바체브스키가 쌍곡기하학에 관한 연구를 발표하고 출판한 때가 1826-1829년이었고, 헝가리의 보여이가 동일한 기하학에 관한 연구를 출판한

해가 1832년입니다.

여휴: 그렇군요. 갈루아가 유서를 쓴 해가 1832년이지만, 그의 논문은 두 서너 해 전에 이미 쓰였습니다. 아벨과 갈루아에 의해 오차다항식의 풀이 가능성 문제가 해결될 즈음에 평행선 공준 문제도 해결된 것이군요. 새로운 기하학과 새로운 대수학이 거의 같은 시기에 탄생한 것입니다.

라. 사차식

사차다항식의 경우도 같은 방법으로 접근할 수 있다.

사차다항식 $x^4 + ax^3 + bx^2 + cx + d$ 의 네 근을 α, β, γ, δ라고 하자. $x^4 - 1 = 0$의 네 근 $1, i, -1, -i$는 모두 i에 의하여 생성된다. 삼차방정식의 경우와 마찬가지로 $v = \alpha + i\beta + \gamma i^2 + \delta i^3 = \alpha + i\beta - \gamma - i\delta$를 생각하고 v^4을 계산한다.

여기에서는 대칭군 S_4를 생각한다. S_4는 $4! = 4 \times 3 \times 2 \times 1 = 24$개의 원소를 가진다.

앞에서와 마찬가지로, 예를 들어, α, β, γ, δ에 (1234)를 적용한다는 것은 첫 번째 α가 두 번째 β로, 두 번째 β는 세 번째 γ로, 세 번째 γ는 네 번째 δ로, 네 번째 δ는 첫 번째 α로 바뀌는 것으로 이해한다.

v^4은 S_4의 부분군 $\{1, (1234), (13)(24), (1432)\}$에 의하여 불변이다. 그러나 이 상황은 바람직하지 않다. 왜냐하면, S_4에 속한 모든 대칭에 의하여 v^4은 다음과 같이 여섯 개를 취하기 때문이다.

$$((\alpha-\gamma)+(\beta-\delta)i)^4,\ ((\beta-\gamma)+(\alpha-\delta)i)^4,$$
$$((\alpha-\beta)+(\gamma-\delta)i)^4,\ ((\beta-\delta)+(\alpha-\gamma)i)^4,$$

$$((\alpha-\delta)+(\beta-\gamma)i)^4, \ ((\gamma-\delta)+(\alpha-\beta)i)^4$$

즉, 원래 주어진 사차다항식이 사차 이하의 다항식으로 바뀌지 않고 오히려 육차다항식이 얻어진다. 라그랑주는 이 어려움을 극복할 수 있었다.

여광: 여러 개의 분해식 중에서 유용한 것이 있군요.

여휴: 그렇습니다. 사차다항식의 경우에는 $\alpha-\beta+\gamma-\delta$가 그렇습니다.

여광: 왜 그럴까요?

여휴: 정규부분군이 관건입니다.

여광: 예?

여휴: $v=\alpha+i\beta+\gamma i^2+\delta i^3=\alpha+i\beta-\gamma-i\delta$의 경우에는 v^4이 S_4의 부분군 $\{1,(1234),(13)(24),(1432)\}$에 의하여 불변이지만 $\{1,(1234),(13)(24),(1432)\}$는 S_4의 정규부분군이 아닙니다. 이에 비해, $(\alpha-\beta+\gamma-\delta)^2$은 $V_4=\{1,(12)(34),(13)(24),(14)(23)\}$에 의하여 불변이고 V_4는 S_4의 정규부분군이기 때문입니다.

여광: 라그랑주가 정규부분군의 개념을 알고 있었나요?

여휴: 그건 아닌 듯합니다. 만일 그가 정규부분군의 개념을 발견했다면 그가 다항식의 가해성 문제를 해결했을 겁니다.

여광: 계산을 통하여 사차다항식이 가지는 네 개 분해식의 차이를 느꼈겠군요. 어떤 분해식은 다항식을 풀게 하고 어떤 분해식은 그렇지 않다는 것을요.

여휴: 그랬을 겁니다. 그러나 그는 그 차이의 핵심은 인식하지 못한 것 같아요. 정규성(normality)이었거든요.

라그랑주는 분해식 $\alpha-\beta+\gamma-\delta$의 대칭성을 이용하여 사차다항식을 풀 수 있었다. 즉,

$$(\alpha-\beta+\gamma-\delta)^2 = \alpha^2+\beta^2+\gamma^2+\delta^2-2(\alpha\beta+\gamma\delta)+2(\alpha\gamma+\beta\delta)-2(\alpha\delta+\beta\gamma)$$

이 S_4의 정규부분군 $V_4 = \{1, (12)(34), (13)(24), (14)(23)\}$에 의하여 불변이라는 성질을 이용한 것이다.

여기에서는 S_4의 정규부분군 $V_4 = \{1, (12)(34), (13)(24), (14)(23)\}$에 의하여 불변인 다음을 생각하자.

$$s = \alpha\beta+\gamma\delta,$$
$$t = \alpha\gamma+\beta\delta,$$
$$u = \alpha\delta+\beta\gamma$$

세 개의 식 s, t, u 각각은 S_4의 정규부분군

$$V_4 = 1, (12)(34), (13)(24), (14)(23)$$

에 의하여 불변이고, S_4의 원소 어느 것으로 대칭변환을 시행하여도 그들 중 하나가 된다. 따라서

$$s+t+u, \quad st+su+tu, \quad stu$$

는 $x^4+ax^3+bx^2+cx+d$의 네 개의 근 $\alpha, \beta, \gamma, \delta$에 관한 대칭다항식이므로 $x^4+ax^3+bx^2+cx+d$의 계수 a, b, c, d의 다항식으로 표현된다.

방정식 $x^4+ax^3+bx^2+cx+d = 0$에서 근과 계수의 관계를 이용하면 다음을 알 수 있다.

$$s+t+u = b$$

$$st+su+tu = ac-4d$$
$$stu = -(4bd-a^2d-c^2)$$

여휴: 위 사실을 확인하기 위해서도 약간의 수고를 하여야 하겠죠? 이번에는 여광 선생께서 해보시죠?

여광: 그렇게 하겠습니다.

$$s+t+u = (\alpha\beta+\gamma\delta)+(\alpha\gamma+\beta\delta)+(\alpha\delta+\beta\gamma) = b$$

$st+su+tu$
$= (\alpha\beta+\gamma\delta)(\alpha\gamma+\beta\delta)+(\alpha\beta+\gamma\delta)(\alpha\delta+\beta\gamma)+(\alpha\gamma+\beta\delta)(\alpha\delta+\beta\gamma)$
$= (\alpha^2\beta\gamma+\alpha\beta^2\delta+\alpha\gamma^2\delta+\beta\gamma\delta^2)+(\alpha^2\beta\delta+\alpha\beta^2\gamma+\alpha\gamma\delta^2+\beta\gamma^2\delta)$
$\quad +(\alpha^2\gamma\delta+\alpha\beta\gamma^2+\alpha\beta\delta^2+\beta^2\gamma\delta)$
$= \alpha\beta\gamma(\alpha+\beta+\gamma)+\alpha\beta\delta(\alpha+\beta+\delta)+\alpha\gamma\delta(\alpha+\gamma+\delta)+\beta\gamma\delta(\beta+\gamma+\delta)$
$= \alpha\beta\gamma(-a-\delta)+\alpha\beta\delta(-a-\gamma)+\alpha\gamma\delta(-a-\beta)+\beta\gamma\delta(-a-\alpha)$
$= -a(\alpha\beta\gamma+\alpha\beta\delta+\alpha\gamma\delta+\beta\gamma\delta)-4\alpha\beta\gamma\delta$
$= -a(\alpha\beta\gamma+\alpha\beta\delta+\alpha\gamma\delta+\beta\gamma\delta)-4\alpha\beta\gamma\delta$
$= ac-4d$

stu
$= (\alpha\beta+\gamma\delta)(\alpha\gamma+\beta\delta)(\alpha\delta+\beta\gamma)$
$= (\alpha^2\beta\gamma+\alpha\beta^2\delta+\alpha\gamma^2\delta+\beta\gamma\delta^2)(\alpha\delta+\beta\gamma)$
$= \alpha^3\beta\gamma\delta+\alpha^2\beta^2\gamma^2+\alpha^2\beta^2\delta^2+\alpha\beta^3\gamma\delta+\alpha^2\gamma^2\delta^2+\alpha\beta\gamma^3\delta+\alpha\beta\gamma\delta^3+\beta^2\gamma^2\delta^2$
$= \alpha\beta\gamma\delta(\alpha^2+\beta^2+\gamma^2+\delta^2)+(\alpha^2\beta^2\gamma^2+\alpha^2\beta^2\delta^2+\alpha^2\gamma^2\delta^2+\beta^2\gamma^2\delta^2)$
$= \alpha\beta\gamma\delta\{(\alpha+\beta+\gamma+\delta)^2-2(\alpha\beta+\alpha\gamma+\alpha\delta+\beta\gamma+\beta\delta+\gamma\delta)\}$
$\quad +(\alpha\beta\gamma+\alpha\beta\delta+\alpha\gamma\delta+\beta\gamma\delta)^2-2\alpha\beta\gamma\delta(\alpha\beta+\alpha\gamma+\alpha\delta+\beta\gamma+\beta\delta+\gamma\delta)$
$= d(a^2-2b)+(c^2-2bd)$
$= -(4bd-a^2d-c^2)$

따라서

$$(W-s)(W-t)(W-u) = W^3 - bW^2 + (ac-4d)W + (4bd - a^2d - c^2) = 0$$

이다. 이 삼차방정식을 풀면 $\{s,t,u\} = \{\alpha\beta + \gamma\delta,\ \alpha\gamma + \beta\delta,\ \alpha\delta + \beta\gamma\}$ 이다.

여광: 삼차방정식 $W^3 - bW^2 + (ac-4d)W + (4bd - a^2d - c^2) = 0$을 풀기 위해 $X^2 = A$ 꼴 하나와 $X^3 = B$ 꼴 하나를 풀겠군요.

여휴: 그렇습니다.

앞에서 구한 $(W-s)(W-t)(W-u)$의 세 근 중에서 하나를 택하여 $s = \alpha\beta + \gamma\delta$라고 하고 다음 이차방정식을 생각한다.

$$(V-\alpha\beta)(V-\gamma\delta) = V^2 - (\alpha\beta + \gamma\delta)V + \alpha\beta\gamma\delta = V^2 - sV + d = 0$$

이 방정식의 두 개의 해가 $r_1 = \alpha\beta$와 $r_2 = \gamma\delta$이다.

여광: 이 단계에서 $X^2 = A$ 꼴 하나를 풀겠군요.
여휴: 그렇습니다.

이제, $\alpha\beta$를 알기 때문에 $\alpha + \beta$를 구하면 α, β를 구할 수 있다. 실제로, 방정식 $x^4 + ax^3 + bx^2 + cx + d$에서 근과 계수의 관계로부터 다음을 알 수 있다.

$$-c = \alpha\beta\gamma + \alpha\beta\delta + \alpha\gamma\delta + \beta\gamma\delta = r_1(\gamma + \delta) + r_2(\alpha + \beta)$$
$$-a = \alpha + \beta + \gamma + \delta$$

위의 관계에서 얻은 연립방정식

$$\begin{cases} r_2(\alpha+\beta) + r_1(\gamma+\delta) = -c \\ (\alpha+\beta) + (\gamma+\delta) = -a \end{cases}$$

으로부터 $\alpha+\beta = \dfrac{-ar_1+c}{r_1-r_2}$ 임을 알 수 있다. 이제, α, β를 구할 수 있다.

여광: 이 단계에서 $X^2 = A$ 꼴 하나를 또 풀겠군요.

여휴: 예, $\alpha\beta$와 $\alpha+\beta$로부터 α, β 각각을 구하려면 이차방정식을 풀어야하죠.

여광: 지금까지 α, β를 구하기 위해 $X^3 = B$ 꼴 하나, $X^2 = A$ 꼴 세 개를 풀었습니다. 아직 γ, δ는 구하지 못했는데요.

여휴: 아주 섬세한 지적입니다. 필자가 조금 후에 구체적인 예를 통하여 설명할 것입니다.

구체적인 예를 하나 들어보자. 다항식 $x^4 + 2x + \dfrac{3}{4}$의 네 개의 근을 α, β, γ, δ 라고 하고

$$s = \alpha\beta + \gamma\delta,$$
$$t = \alpha\gamma + \beta\delta,$$
$$u = \alpha\delta + \beta\gamma$$

라고 하면,

$$s+t+u = 0, \quad st+su+tu = -3, \quad stu = 4$$

이다. 삼차방정식 $W^3 - 3W - 4 = 0$을 풀어 한 개의 해

$$s = \alpha\beta + \gamma\delta = \sqrt[3]{2-\sqrt{3}} + \sqrt[3]{2+\sqrt{3}}$$

을 구한다.

이차방정식 $V^2 - sV + \frac{3}{4} = V^2 - (\sqrt[3]{2-\sqrt{3}} + \sqrt[3]{2+\sqrt{3}})V + \frac{3}{4} = 0$의 두 근 r_1, r_2는 다음과 같다.

$$\frac{1}{2}\left(\sqrt[3]{2-\sqrt{3}} + \sqrt[3]{2+\sqrt{3}} - \frac{2}{\sqrt{\sqrt[3]{2-\sqrt{3}} + \sqrt[3]{2+\sqrt{3}}}}\right)$$

$$\frac{1}{2}\left(\sqrt[3]{2-\sqrt{3}} + \sqrt[3]{2+\sqrt{3}} + \frac{2}{\sqrt{\sqrt[3]{2-\sqrt{3}} + \sqrt[3]{2+\sqrt{3}}}}\right)$$

일반성을 잃지 않고, $r_1 = \alpha\beta$, $r_2 = \gamma\delta$라고 할 수 있고, 이들 중에서 $r_1 = \alpha\beta$를 $\frac{1}{2}\left(\sqrt[3]{2-\sqrt{3}} + \sqrt[3]{2+\sqrt{3}} - \frac{2}{\sqrt{\sqrt[3]{2-\sqrt{3}} + \sqrt[3]{2+\sqrt{3}}}}\right)$로 택한다. 여기서 다음을 유념한다.

$$\sqrt{(\sqrt[3]{2-\sqrt{3}} + \sqrt[3]{2+\sqrt{3}})^2 - 3} = \frac{2}{\sqrt{\sqrt[3]{2-\sqrt{3}} + \sqrt[3]{2+\sqrt{3}}}}$$

여광: 계산이 복잡하지 않겠지만 등식

$$\sqrt{(\sqrt[3]{2-\sqrt{3}} + \sqrt[3]{2+\sqrt{3}})^2 - 3} = \frac{2}{\sqrt{\sqrt[3]{2-\sqrt{3}} + \sqrt[3]{2+\sqrt{3}}}}$$

을 확인하고 가겠습니다. 편의상, $a = \sqrt[3]{2-\sqrt{3}}$, $b = \sqrt[3]{2+\sqrt{3}}$이라고 하고 $ab = 1$임을 유념하겠습니다. 다음을 알 수 있습니다.

$$\sqrt{(a+b)^2 - 3} = \frac{2}{\sqrt{a+b}},$$

$$(a+b)^2 - 3 = \frac{4}{a+b},$$

$$(a+b)^3 - 3(a+b) - 4 = 0$$

이제, 다음을 알 수 있습니다.

$$(a+b)^3 - 3(a+b) - 4$$
$$= a^3 + 3a^2b + 3ab^2 + b^3 - 3(a+b) - 4$$
$$= a^3 + 3(a+b) + b^3 - 3(a+b) - 4$$
$$= a^3 + b^3 - 4$$
$$= 0$$

여휴: 수고하셨습니다. 기대한 대로 계산이 복잡하지 않군요. 조금 달리 설명할 수 도 있겠어요. 이미 우리는 $a+b$는 삼차방정식 $W^3 - 3W - 4 = 0$의 해라는 것을 알고 있습니다. $(a+b)^3 - 3(a+b) - 4 = 0$인 거죠.

한편,

$$\alpha + \beta = \frac{2}{r_1 - r_2} = -\sqrt{\sqrt[3]{2-\sqrt{3}} + \sqrt[3]{2+\sqrt{3}}}$$

이므로, α, β는 다음과 같다.

$$-\frac{1}{2}\sqrt{\sqrt[3]{2-\sqrt{3}}+\sqrt[3]{2+\sqrt{3}}} + \frac{1}{2}\sqrt{-\sqrt[3]{2-\sqrt{3}}-\sqrt[3]{2+\sqrt{3}}+\frac{4}{\sqrt{\sqrt[3]{2-\sqrt{3}}+\sqrt[3]{2+\sqrt{3}}}}}$$

$$-\frac{1}{2}\sqrt{\sqrt[3]{2-\sqrt{3}}+\sqrt[3]{2+\sqrt{3}}} - \frac{1}{2}\sqrt{-\sqrt[3]{2-\sqrt{3}}-\sqrt[3]{2+\sqrt{3}}+\frac{4}{\sqrt{\sqrt[3]{2-\sqrt{3}}+\sqrt[3]{2+\sqrt{3}}}}}$$

이 때 α, β는 $x^4 + 2x + \frac{3}{4} = 0$의 실수 해이다. 같은 절차에 따라 γ, δ도 구할 수 있다. 실제로, 다음을 알 수 있다.

$$\gamma\delta = \frac{1}{2}(\sqrt[3]{2-\sqrt{3}} + \sqrt[3]{2+\sqrt{3}} + \frac{2}{\sqrt{\sqrt[3]{2-\sqrt{3}} + \sqrt[3]{t2+\sqrt{3}}}}),$$

$$\gamma+\delta = \frac{-2}{r_1-r_2} = \sqrt{\sqrt[3]{2-\sqrt{3}} + \sqrt[3]{2+\sqrt{3}}}$$

따라서 γ, δ는 다음과 같다.

$$\frac{1}{2}\sqrt{\sqrt[3]{2-\sqrt{3}} + \sqrt[3]{2+\sqrt{3}}} + \frac{1}{2}\sqrt{-\sqrt[3]{2-\sqrt{3}} - \sqrt[3]{2+\sqrt{3}} - \frac{4}{\sqrt{\sqrt[3]{2-\sqrt{3}} + \sqrt[3]{2+\sqrt{3}}}}}$$

$$\frac{1}{2}\sqrt{\sqrt[3]{2-\sqrt{3}} + \sqrt[5]{2+\sqrt{3}}} - \frac{1}{2}\sqrt{-\sqrt[3]{2-\sqrt{3}} - \sqrt[3]{2+\sqrt{3}} - \frac{4}{\sqrt{\sqrt[3]{2-\sqrt{3}} + \sqrt[3]{2+\sqrt{3}}}}}$$

이 때, γ, δ는 $x^4+2x+\frac{3}{4}=0$의 허수 해이다.

앞에서 $X^3=B$ 꼴 하나, $X^2=A$ 꼴 세 개를 풀어 α, β를 구하였다. 실제로, α, β를 구하면 쉽게 γ, δ는 구해진다. 이에 대하여 알아보기 위해 $a=\sqrt[3]{2-\sqrt{3}}$, $b=\sqrt[3]{2+\sqrt{3}}$ 이라고 하자. 다음을 기억하자.

$$\alpha\beta = \frac{1}{2}(a+b - \frac{2}{\sqrt{a+b}}),$$
$$\alpha+\beta = -\sqrt{a+b},$$
$$\gamma\delta = \frac{1}{2}(a+b + \frac{2}{\sqrt{a+b}}),$$
$$\gamma+\delta = \sqrt{a+b}$$

다음을 알 수 있다. α는

$$x^2 + \sqrt{a+b}\,x + \frac{a+b}{2} - \frac{1}{\sqrt{a+b}}$$

의 근이고, γ는

$$x^2 - \sqrt{a+b}\,x + \frac{a+b}{2} + \frac{1}{\sqrt{a+b}}$$

의 근이다. 따라서 α, β를 구하면 γ, δ가 구해진다. 지금까지 많은 계산을 하였는데 정리하여 보자.

사차다항식 $x^4 + 2x + \frac{3}{4}$의 네 근을 α, β, γ, δ라고 하고 $s = \alpha\beta + \gamma\delta$, $t = \alpha\gamma + \beta\delta$, $u = \alpha\delta + \beta\gamma$라고 하면, s, t, u 각각은 S_4의 정규부분군 V_4에 의하여 불변이고, S_4의 원소 어느 것으로 대칭변환을 시행하여도 그들 중 하나가 된다. 따라서 $s+t+u$, $st+su+tu$, stu는 α, β, γ, δ에 관한 대칭다항식이므로 이들을 근과 계수와의 관계를 이용하여 구할 수 있다.

이 사실로부터 삼차방정식 $W^3 - 3W - 4 = 0$을 얻었다. S_4의 정규부분군 V_4가 삼차방정식 $W^3 - 3W - 4 = 0$의 세 개의 해

$$\sqrt[3]{2-\sqrt{3}} + \sqrt[3]{2+\sqrt{3}}$$
$$\sqrt[3]{2-\sqrt{3}}\,\omega + \sqrt[3]{2+\sqrt{3}}\,\omega^2$$
$$\sqrt[3]{2-\sqrt{3}}\,\omega^2 + \sqrt[3]{2+\sqrt{3}}\,\omega$$

를 얻게 한 것이다.

삼차방정식 $W^3 - 3W - 4 = 0$의 풀이 과정은 상군 S_4/V_4의 구조에 의하고,

원래의 사차다항식 $x^4+ax^3+bx^2+cx+d$ 의 네 근 α, β, γ, δ를 앞에서 구한 s, t, u으로부터 구하는 풀이 과정은 군 V_4의 구조에 의한다는 것을 알게 될 것이다.

여휴: 궁금한 게 있습니다. 수많은 사차다항식 중에서 필자는 왜 $x^4+2x+\frac{3}{4}$을 사용했을까요? 갈루아군이 S_4이며 정수 계수를 가지는 사차다항식이 많은데 왜 분수 $\frac{3}{4}$를 상수항으로 가지는 다항식을 사용했죠?

여광: '갈루아군'이라는 용어는 아직 설명이 되지 않았는데 어쩌죠?

여휴: 아이쿠, 미안합니다. 다항식의 가해성 여부를 결정하는 중요한 개념으로서 곧 소개될 겁니다.

여광: 원래의 논의로 돌아갑시다. 다항식 $x^4+2x+\frac{3}{4}$의 상수항이 정수가 아니라서 덜 예쁘다고 생각하셨군요.

여휴: 솔직히 그런 느낌이었어요. $x^4+2x+\frac{3}{4}$과 x^3-3x-4는 이 책의 주인공이라고 할 정도로 자주 등장합니다. x^3-3x-4는 정수 계수라서 무난한데 $x^4+2x+\frac{3}{4}$에서 '$\frac{3}{4}$'이 자꾸 눈에 띄어 아쉬웠어요.

여광: 처음에는 저도 '$\frac{3}{4}$'이 눈에 걸렸지만 별 생각 안했습니다. 전체적인 풀이를 따라가기에 급급했나 봅니다. 그런데 궁금증을 해소하셨나요?

여휴: 나름대로 이해하였습니다.

여광: 그렇습니까? 궁금합니다.

여휴: 사차다항식을 푸는 과정에서 갈루아군이 S_3인 삼차다항식을 풀어야 합니다. 그 삼차다항식에 이차항이 없다면 세 근 α, β, γ는
$\alpha=A+B$, $\beta=A\omega+B\omega^2$, $\gamma=A\omega^2+B\omega$

꼴로 주어집니다. 원래의 사차다항식을 풀고, 분해체, 갈루아군, 또는 불변체 등을 여러 번 계산하는 과정에서 $\alpha\beta\gamma$ 또는 $\alpha\beta+\beta\gamma+\alpha\gamma$ 등을 계산하여야 합니다. 이때 $AB=1$ 이면 매우 편리해요. 예를 들어, $AB=1$ 이면 $\alpha\beta\gamma=A^3+B^3$ 이고 $\alpha\beta+\beta\gamma+\alpha\gamma=-3$ 이 됩니다. 이러한 조건을 만족시키는 좋은 예가 x^3-3x-4 입니다. 세 근이

$$\sqrt[3]{2-\sqrt{3}}+\sqrt[3]{2+\sqrt{3}},\ \sqrt[3]{2-\sqrt{3}}\,\omega+\sqrt[3]{2+\sqrt{3}}\,\omega^2,$$
$$\sqrt[3]{2-\sqrt{3}}\,\omega^2+\sqrt[3]{2+\sqrt{3}}\,\omega$$

로서 $A=\sqrt[3]{2-\sqrt{3}}$, $B=\sqrt[3]{2+\sqrt{3}}$ 입니다.

여광: 잠깐만요……. 예, $AB=1$ 입니다. 그래서 x^3-3x-4 를 미리 풀어 놓았군요.

여휴: 그렇다고 봅니다. 한편, 앞에서 갈루아군이 S_4 인 사차다항식 $x^4+ax^3+bx^2+cx+d$ 를 푸는 과정에서 등장하는 삼차다항식의 근을 α, β, γ 라고 하면 다음이 성립한다는 것을 언급했어요.

$\alpha+\beta+\gamma=b$,

$\alpha\beta+\beta\gamma+\alpha\gamma=ac-4d$,

$\alpha\beta\gamma=-(4bd-a^2d-c^2)$

삼차항과 이차항이 없는 사차다항식을 얻고자 $a=b=0$ 이라고 하면 다음과 같습니다.

$\alpha+\beta+\gamma=0$,

$\alpha\beta+\beta\gamma+\alpha\gamma=-4d$,

$\alpha\beta\gamma=c^2$

x^3-3x-4 의 경우에는 $\alpha\beta\gamma=4$ 이고 $\alpha\beta+\beta\gamma+\alpha\gamma=-3$ 입니다. 따라서 $c=2$ 이고 $d=\dfrac{3}{4}$ 입니다. 따라서 $x^4+2x+\dfrac{3}{4}$ 을 택한 것 같아요.

여광: 그럴듯한 생각이십니다. 동일한 절차를 따르면 위 모든 조건을 만족시키되 사차다항식의 계수도 정수인 예를 찾을 수 있겠는데요.

여휴: 그렇겠죠. 저는 틈틈이 시도해보았는데 $x^4+2x+\dfrac{3}{4}$ 보다 좋은 예를 찾지 못했어요. 삼차

다항식 x^3-3x-4의 풀이를 활용하고자 하면 말입니다. x^3-3x-4의 매력이 크거든요.

여광: 그래서 그런지, 갈루아 이론을 설명하는 다른 책을 보면 x^3-3x-4가 자주 등장하더군요.

라그랑주의 핵심 생각은 S_4의 정규부분군 V_4에 의한 $s=\alpha\beta+\gamma\delta$, $t=\alpha\gamma+\beta\delta$, $u=\alpha\delta+\beta\gamma$의 특별한 성질이다. 여기서 다음을 유추할 수 있다.

사차다항식 $x^4+ax^3+bx^2+cx+d$의 네 근을 α, β, γ, δ이라고 할 때, s, t, u를 다음과 같이 잡자.

$$s = (\alpha+\beta-\gamma-\delta)^2,$$
$$t = (\alpha-\beta+\gamma-\delta)^2,$$
$$u = (\alpha-\beta-\gamma+\delta)^2$$

이 새로운 s, t, u에 대해서도 앞에서 택한 s, t, u에서와 똑같은 성질을 확인할 수 있다. 즉, s, t, u 각각은 S_4의 정규부분군 V_4에 의하여 불변이고, S_4의 원소 어느 것으로 대칭변환을 시행하여도 그들 중 하나가 된다. 따라서 이 s, t, u로부터 삼차방정식을 얻어 s, t, u를 구하고, 그 결과로부터 α, β, γ, δ를 구할 수 있다.

여광: 제가 라그랑주의 연구에 관한 어느 책을 읽었는데, 그 책에서는 s, t, u를 다음과 같이 택하였더군요.

$$s = (\alpha+\beta)(\gamma+\delta),$$
$$t = (\alpha+\gamma)(\beta+\delta),$$

$$u = (\alpha+\delta)(\beta+\gamma)$$

여휴: s, t, u의 꼴이 이 책과는 다르지만 그들이 만족시키는 성질, 즉 그들의 대칭성은 같습니다. 따라서 사차방정식을 풀 수 있습니다.

여광: s, t, u를 또 다르게 택할 수도 있겠습니다.

여휴: 그렇습니다. 실제로, 사차다항식 $x^4+ax^3+bx^2+cx+d$의 네 근을 α, β, γ, δ라고 할 때, s, t, u를 다음과 같이 택합니다.

$$s = (\alpha-\beta)^2+(\gamma-\delta)^2,$$
$$t = (\alpha-\gamma)^2+(\beta-\delta)^2,$$
$$u = (\alpha-\delta)^2+(\beta-\gamma)^2$$

이 새로운 s, t, u에 대해서도 앞에서 택한 s, t, u에서와 똑같은 대칭성을 확인할 수 있기 때문에 사차방정식을 풀 수 있습니다.

마. 라그랑주 정리

앞에서 살펴본 바와 같이, 라그랑주는 이차, 삼차, 사차 다항식의 풀이 과정에서 해집합의 대칭성과 관련된 공통된 현상을 감지하였다.

라그랑주가 다항식의 가해성을 연구하는 과정에서 얻은 다음 사실은 '라그랑주 정리'라고 불리며, 이는 군론의 기초이다.

> 유한군 G의 부분군 H의 위수 $|H|$는 G의 위수 $|G|$의 약수이다.

예를 들어, 대칭군 S_3의 부분군의 위수는 $3! = 6$의 약수이므로 1, 2, 3, 6 중 하나이고, 대칭군 S_4의 부분군의 위수는 $4! = 24$의 약수이므로 1, 2, 3, 4, 6, 8, 12, 24 중 하나이다.

라그랑주 정리의 증명은 비교적 쉽다. 이미 대부분의 독자는 앞에서 몇 가지

군의 잉여류를 계산하면서 확인하였을 것이다. 유한군 G의 정규부분군 N이 있으면 상군 G/N을 구성하는 방법을 앞에서 살폈다. 부분군 H가 정규부분군이 아니라고 하더라도 집합 G는 잉여류 xH $(x \in G)$에 의하여 분할되고 각 잉여류의 위수는 같다.

H의 위수와 서로 다른 잉여류의 개수의 곱은 G의 위수이다. 따라서 H의 위수는 G의 위수의 약수이다.

여광: 오차다항식은 과연 풀리는가? 풀린다면 공식은 무엇인가? 풀리지 않는다면 그 까닭은 무엇인가? 이 질문에 답하기 위해 여러 사실이 밝혀졌습니다. 라그랑주는 대칭에 주목하면서 괄목할만한 진전을 이루었군요.

여휴: 여러 사실들이 합력(合力)하여 선(善)을 이루어가는 과정입니다. 라그랑주는 올바른 길에 들어섰고, 후학(後學)들이 그의 연구를 이어 오래된 문제에 마무리를 지을 것입니다.

VII. 아벨의 생각

라그랑주는 오차다항식의 풀이 문제를 해결하지 못했지만 큰 전기를 마련하였다. 그는 문제를 새로운 시각에서 볼 수 있게 한 것이다. 그러나 훗날의 문제 해결은 그가 기대했던 방향은 아니었다.

1. 코시

코시(A. Cauchy, 1789-1857)는 당시 수학계의 리더 중 한 사람이었다. 수학의 여러 분야에 관심을 기울였고 실제로 많은 연구 업적을 쌓았다. 뉴턴과 라이프니츠의 미적분학의 아킬레스건이라고 할 수 있는 '무한소(infinitesimal)' 문제를 해소하는 '$\epsilon - \delta$ 논법'을 완성하는 데에도 결정적인 역할을 한 사람이다.

삼차다항식과 사차다항식의 근을 구한 것은 이탈리아 수학계의 쾌거였다. 이탈리아 수학계는 그 자부심을 오차다항식의 경우에서도 유지하고 싶었을 것이다. 이 일에 나선 사람은 루피니(P. Ruffini, 1765-1822)였다. 그는 '일반적인 오차다항식의 근의 공식은 존재하지 않는다'는 사실의 체계적인 증명을 나름대로 제시한 첫 번째 사람이다. 그는 긴 논문을 통하여 일반적인 오차다항식의 근의 공식은 존재하지 않는다고 단정 지은 것이다. 그러나 수학계의 반응은 기대에 미치지 못했다.

루피니의 연구 결과를 누구보다도 적극적이고 긍정적으로 평가한 사람은 코시이다. 코시는 루피니의 결과를 인정하고 그의 이론을 더욱 발전시켰으며 코시의 이 결과는 훗날 아벨이 '일반적인 오차다항식의 근의 공식은 존재하지 않는다'는 증명을 하는 데 중요한 역할을 하였다.

라그랑주 정리에 의하면 유한군 G의 부분군 H의 위수 $|H|$는 G의 위수 $|G|$의 약수이다. 이제, 다음과 같은 질문이 가능하다.

n이 유한군 G의 위수 $|G|$의 약수이면 위수가 n인 부분군이 항상 존재할까?

G가 유한가환군이면 그렇다. 즉, 유한가환군 G에 대하여 n이 $|G|$의 약수이면 위수가 n인 G의 부분군이 항상 존재한다. 그러나 가환군이 아니면 항상 그런 것은 아니다.

예를 들어, S_4의 정규부분군 A_4의 위수는 12이다. 6은 12의 약수이지만 A_4는 위수가 6인 부분군을 가지지 않는다. 비슷한 예로서, S_5의 정규부분군 A_5의 위수는 60이다. 30은 60의 약수이지만 A_5는 위수가 30인 부분군을 가지지 않는다는 것은 IX장에서 자세히 증명할 것이다. A_5의 이러한 구조는 이 책에서 매우 중요하기 때문이다.

그러나 n이 소수이면 상황이 달라진다. 소수 p가 유한군 G의 위수 $|G|$의 약수이면 위수가 p인 부분군은 항상 존재한다. 이 사실은 보통 '코시 정리'라고 불리며 다항식의 가해성을 논의할 때 결정적으로 이용된다. 이 정리를 다음과 같

이 나타낼 수 있다.

> 유한군 G에 대하여 소수 p가 $|G|$의 약수이면, 군 G는 위수가 p인 부분군을 적어도 하나 가진다.

위 코시의 정리에서 위수가 p인 부분군 H는 순환군이다. 사실, $h \in H$ ($h \neq 1$)에 관하여 h로 생성되는 군 $\langle h \rangle$는 H의 부분군이며 $\{1\}$이 아니다. 그러나 H의 위수는 소수 p 이므로 라그랑주 정리에 의하면 H의 부분군은 H이든가 $\{1\}$이므로 $\langle h \rangle$는 H 자신이다. 즉, H는 순환군이다.

여광: 코시가 '군'이라는 용어를 사용하지는 않았겠죠?

여휴: 다항식의 가해성이 다항식의 근들 사이에 존재하는 대칭성, 즉 치환이 중요한 역할을 한다는 것을 인지한 사람은 라그랑주, 루피니, 아벨, 갈루아 등입니다. '군'이라는 용어를 처음으로 사용하고 대수적 구조로서 보다 명확히 인식한 사람은 갈루아입니다. 그러나 지금 우리가 알고 있는 형식화는 갈루아 이후 계속 진화한 결과입니다.

여광: 그런 과정을 거치면서 대수학이 추상화되었군요.

여휴: 그런 의미에서 '현대'대수학이었고 '추상'대수학이 된 것입니다. 새로운 대수학이 출현한 겁니다.

2. 아벨

문제 해결은 아벨(N. Abel, 1802-1829)의 몫이었다. 아벨은 다항식의 근에 관한 라그랑주와 코시의 논문을 읽었으나 루피니의 논문에 대해서는 알지 못했다. 당시 노르웨이는 수학계의 변방이었고, 루피니의 논문은 이탈리아어로 쓰였던 것이 주된 이유일 것이다. 아벨은 훗날 다른 사람의 논문을 통하여 루피니의 연구를 알게 되었다. 자신보다 먼저 오차다항식의 불가해성을 연구한 학자 루피니가 있었음을 인정했으나 그의 증명이 난해하고 온전하지 못하다고 생각했다.

아벨의 문제해결과정은 루피니의 방법과 근본적으로는 크게 다르지 않았다. 다만, 아벨의 논리는 분명하였고 깔끔한 수학적 기술이었으며 논리의 비약이 없었다.

아벨이 일반오차다항식의 경우에는 근의 공식이 존재하지 않는다는 것을 어떤 절차로 보였는지 대략 살펴보자.

가. 임의의 소수 p에 대하여 다항식 $x^p - 1$의 모든 근은 거듭제곱근을 사용하여 나타낼 수 있다. 이 책에서 가해성과 관련하여 논의되는 다항식은 유리수계수 다항식이지만, 논의의 편의를 위해 유리수체 $\mathbb{Q}$에 $x^p - 1$의 모든 근을 포함시킨 확대체 F에서 생각할 수 있다. 예를 들어, $x^3 - 1$의 허근 $\omega = \frac{-1+\sqrt{3}i}{2}$도 F에 속한다.

나. 아벨은 소수 차수 다항식이 근의 공식을 가지면 그 근은 특별한 형태의 꼴을 취한다는 것을 보였다. 이에 관한 아벨의 정리를 이해하기 위해 몇 가지 표기를 정하자. 여기서 r, s, t는 모두 소수이다.

유리수체 $\mathbb{Q}$와 $\omega = \frac{-1+\sqrt{3}i}{2}$로 생성되는 체 $R_0 = \mathbb{Q}(\omega)$와 R_0의 한 원소의 r 제곱근 P_1에 의해 생성되는 체를 R_1이라고 하자. R_1과 R_1의 한 원소의 s제곱

근 P_2에 의해 생성되는 체를 R_2라고 하자. 소수 제곱근을 통한 이러한 과정을 유한 번 계속하여 R_{m-1}을 얻고, R_{m-1}과 R_{m-1}의 한 원소의 t제곱근 P_m에 의해 생성되는 체를 R_m이라고 하자.

$$R_0 \leq R_1 \leq R_2 \leq \cdots \leq R_m$$

P_1을 추가 ($P_1^r \in R_0$) P_2을 추가 ($P_2^s \in R_1$) P_m을 추가 ($P_m^t \in R_{m-1}$)

다. 이차다항식 $x^2 + bx + c$ $(b, c \in \mathbb{Q})$의 두 근은 $\dfrac{-b+\sqrt{b^2-4c}}{2}$와 $\dfrac{-b-\sqrt{b^2-4c}}{2}$이다. 여기서 $\sqrt{\dfrac{b^2-4c}{4}}$를 P_1로 나타내면 $\dfrac{-b+\sqrt{b^2-4c}}{2}$은 $-\dfrac{b}{2}+P_1$의 꼴이다. 여기서 $-\dfrac{b}{2} \in R_0$이고 P_1은 R_0의 한 원소 $\dfrac{b^2-4c}{4}$의 제곱근이다.

라. 삼차다항식 $x^3 + qx + r$ $(q, r \in \mathbb{Q})$의 세 근은 다음과 같다.

$$\alpha = \sqrt[3]{-\frac{r}{2}+\sqrt{\frac{r^2}{4}+\frac{q^3}{27}}} + \sqrt[3]{-\frac{r}{2}-\sqrt{\frac{r^2}{4}+\frac{q^3}{27}}},$$

$$\beta = \sqrt[3]{-\frac{r}{2}+\sqrt{\frac{r^2}{4}+\frac{q^3}{27}}}\,\omega + \sqrt[3]{-\frac{r}{2}-\sqrt{\frac{r^2}{4}+\frac{q^3}{27}}}\,\omega^2,$$

$$\gamma = \sqrt[3]{-\frac{r}{2}+\sqrt{\frac{r^2}{4}+\frac{q^3}{27}}}\,\omega^2 + \sqrt[3]{-\frac{r}{2}-\sqrt{\frac{r^2}{4}+\frac{q^3}{27}}}\,\omega$$

이제, $-\frac{r}{2}+\sqrt{\frac{r^2}{4}+\frac{q^3}{27}}$ 을 R로 나타내면 $\sqrt[3]{-\frac{r}{2}+\sqrt{\frac{r^2}{4}+\frac{q^3}{27}}}$ 은 $R^{\frac{1}{3}}$이다. 다음을 알 수 있다.

$$R^{-1}R^{\frac{2}{3}}=R^{-\frac{1}{3}},$$
$$R^{-1}=\frac{27}{q^3}\left(\frac{r}{2}+\sqrt{\frac{r^2}{4}+\frac{q^3}{27}}\right),$$
$$R^{-\frac{1}{3}}=\sqrt[3]{\frac{1}{-\frac{r}{2}+\sqrt{\frac{r^2}{4}+\frac{q^3}{27}}}}=-\frac{3}{q}\sqrt[3]{-\frac{r}{2}-\sqrt{\frac{r^2}{4}+\frac{q^3}{27}}}$$

따라서 $\sqrt[3]{-\frac{r}{2}+\sqrt{\frac{r^2}{4}+\frac{q^3}{27}}}+\sqrt[3]{-\frac{r}{2}-\sqrt{\frac{r^2}{4}+\frac{q^3}{27}}}$ 은 다음과 같은 꼴이다.

$$R^{\frac{1}{3}}-\frac{9}{q^2}\left(\frac{r}{2}+\sqrt{\frac{r^2}{4}+\frac{q^3}{27}}\right)R^{\frac{2}{3}}$$

$R^{\frac{1}{3}}$을 P_2로 나타내면, 삼차다항식 x^3+qx+r의 한 근이 $P_2+p_2P_2^2$의 꼴로 표현된다는 것을 알 수 있다. 여기서, p_2와 R는 $R_1(R_0$와 R_0의 한 원소의 제곱근에 의해 생성되는 체)의 원소이다. 임의의 삼차다항식 x^3+ax^2+bx+c ($a, b, c\in\mathbb{Q}$)의 한 근은 $p_1+P_2+p_2P_2^2$의 꼴로 표현된다. 여기서 $p_1\in R_1$이다.

마. 아벨은 유리수계수 오차다항식의 근의 공식이 존재한다면, 다항식의 한 근은 다음과 같은 꼴로 나타낼 수 있음을 보였다.

$$p_1+P+p_2P^2+\cdots+p_{t-1}P^{t-1}$$

여기서 $p_1, p_2, \cdots, p_{t-1}$은 R_m에 속하고, P는 R_m의 한 원소의 t제곱근이다. 사실, P는 P_m의 계수를 적절히 조절하여 $p_1 + P + p_2 P^2 + \cdots + p_{t-1} P^{t-1}$의 표현에서 P의 계수가 1이 되게 할 수 있다.

바. 이차다항식 $x^2 + bx + c$ $(b, c \in \mathbb{Q})$의 두 근을 α, β라고 하면, $P_1 = \sqrt{\dfrac{b^2 - 4c}{4}} = \dfrac{\alpha - \beta}{2}$는 α, β에 관한 다항식이다. 앞의 '라'에서 언급한 삼차다항식 $x^3 + qx + r$의 세 근 α, β, γ에 대하여 $P_2 = R^{\frac{1}{3}} = \sqrt[3]{-\dfrac{r}{2} + \sqrt{\dfrac{r^2}{4} + \dfrac{q^3}{27}}}$ 은 $\dfrac{\alpha + \omega^2 \beta + \omega \gamma}{3}$로서 α, β, γ에 관한 다항식임을 알 수 있다. 여기서 한 가지를 더 주목하자.

$$P_2^3 = -\frac{r}{2} + \sqrt{\frac{r^2}{4} + \frac{q^3}{27}} = \left(\frac{\alpha + \omega^2 \beta + \omega \gamma}{3}\right)^3$$

이므로

$$\sqrt{\frac{r^2}{4} + \frac{q^3}{27}} = \left(\frac{\alpha + \omega^2 \beta + \omega \gamma}{3}\right)^3 + \frac{r}{2}$$

이다.

다항식 $x^3 + qx + r$의 근과 계수의 관계에 의하여 $r = -\alpha\beta\gamma$이므로 P_2를 구성하는 전 단계에 등장하는 $P_1 = \sqrt{\dfrac{r^2}{4} + \dfrac{q^3}{27}}$ 도 α, β, γ에 관한 다항식이다.

사. 아벨은, 주어진 오차다항식이 거듭제곱근을 사용하여 풀리는 경우에 한 근을 $p_1 + P + p_2 P^2 + \cdots + p_{t-1} P^{t-1}$ 꼴로 나타내기 위해 등장하는 P_1, P_2, $\cdots$, P_m은 모두 주어진 오차다항식 근들의 다항식으로 나타낼 수 있음을 보였다.

여광: 아벨 증명의 과정이 꽤 섬세하군요.

여휴: 그렇습니다. 오차다항식의 한 근을 나타낼 수 있는 P를 정할 수 있습니다. 그런데 그 전에 P_1, P_2,..., P_m를 구하는데 그 각각이 오차다항식의 근들의 다항식으로 주어진다는 것입니다. 이게 루피니가 증명하지 못한 내용으로서 아벨 증명의 핵심입니다.

여광: 이 과정이 매우 중요하고 증명도 만만치 않은가 봅니다.

여휴: 아벨의 논문을 보면 그 부분의 증명이 상당히 까다롭다는 것을 알 수 있어요.

여광: 루피니는 그 주장의 증명이 어렵다고 생각하지 않았나보죠?

여휴: 그런 것 같지는 않습니다. 단지, 그 부분을 간과한 것 같아요. 루피니는 그 부분을 여러 차례 보완하여 발표하였으나 수학계의 인정을 받지 못했습니다.

여광: 루피니의 논문을 읽은 코시는 그의 연구 결과를 인정하고 인용했다면서요?

여휴: 그랬습니다. 코시는 그 부분을 진지하게 문제 삼지 않았나 봅니다. 루피니 논문에서의 미진한 부분을 말끔하게 메꾼 사람이 아벨입니다.

여광: 냉엄한 후세 수학자들의 판단은 이해가 되지만, 루피니 입장에서는 참으로 아쉽겠어요.

여휴: 루피니의 증명을 읽어 본 사람은 그에게 충분한 공을 돌립니다. 예를 들어, 그들은 일반 오차다항식의 불가해성에 관한 아벨의 정리를 '루피니-아벨 정리'라고 부릅니다.

여광: 아벨과 루피니의 증명을 이해하기 위해 구체적인 예를 들면 도움이 될 텐데 여의치 못하군요. 아벨은 소수 차수 다항식만을 생각하고 있고, 오차다항식은 이 과정이 가능하지 않다는 것을 증명할 것이니까 오차다항식의 예는 없기 때문입니다.

여휴: 다소 자명하지만 앞에서 살펴본 삼차다항식의 경우를 생각하면 이해가 될 것 같아요.

아. 아벨은 마지막 단계에서 오차다항식이 $p_1 + P + p_2 P^2 + \cdots + p_{t-1} P^{t-1}$ 꼴의 근을 가지면 모순에 이른다는 것을 보였다. 일반적인 오차다항식의 경우에는 근의 공식이 존재하지 않는다는 것을 증명한 것이다.

일반적인 오차다항식의 근의 공식이 존재하지 않으면 오차 이상 임의의 차수 다항식도 일반적인 근의 공식이 존재할 수 없다는 것은 분명하다. 예를 들어, $f(x)$가 근의 공식이 없는 오차다항식이라고 하면 $g(x) = xf(x)$는 근의 공식이 없는 육차다항식이다.

아벨은 다항식의 가해성에 관한 그의 연구 과정에서 군의 가환성(commutativity)이 결정적인 역할을 한다는 것을 알았다. 그의 이 업적은 후대에서도 인정되어 'abelian group(아벨군, 가환군)'은 군론(group theory)의 기초 개념이 되었다.

실제로, 군을 대할 때 가장 먼저 살피는 것은 '아벨군인가 아닌가'이다. 그만큼 연산의 가환성이 군의 구조에 결정적인 영향을 미치는 것이다. 특히, 다항식의 가해성에서 이 성질이 결정적인 역할을 한다는 것을 Ⅷ장에서 알게 될 것이다.

여광: 이 책에서 아벨의 정리를 완전하게 증명하는 것은 어려운가요?

여휴: 아벨 정리의 증명이 쉽다고는 할 수 없습니다. 이 책에서 자세히 소개하기는 무리일 것 같아요.

여광: 왜 그렇죠?

여휴: 여러 이유를 들 수 있어요. 첫째는 이 책의 주제인 갈루아의 이론이 아벨의 정리를 함의한다는 겁니다. 갈루아 이론은 아벨의 정리를 품고 있는 거죠. 둘째, 아벨의 접근은 갈루아와 다소 달라요. 갈루아는 주어진 다항식 개개에 관한 가해성을 판별하는 이론이지만 아벨은 '일반n차다항식(general n-th polynomial)'을 논의합니다. 다시 말하면, 아벨은 '일반오차다항식(general quintic polynomial)'을 통하여 오차다항식 전체를 한꺼번에 논의하는 겁

니다.

여광: 갈루아는 주어진 다항식이 가해다항식인가 아닌가를 판별하는데, 아벨은 '일반오차다항식은 거듭제곱근을 사용하여 풀리지 않는다'를 증명하는군요.

여휴: 맞아요. 따라서 아벨의 증명을 온전하게 이해하려면 몇 개의 개념이나 용어를 추가로 소개하여야 합니다. 예를 들어, '일반오차다항식'이 무엇인지부터 설명하여야 하잖아요.

여광: 그렇더라도 아벨의 증명은 나름의 가치가 있지 않을까요?

여휴: 그럼요. 일단, 수학사적 가치가 지대하잖아요? 다만, 이 책의 목표가 '갈루아의 이론'이므로 아벨 정리의 상세한 설명을 생략하는 것 같아요. 참고로, 아벨 증명에 관한 책이 여러 권 나와 있습니다.

여광: 아벨 증명의 핵심만이라도 살펴보고 싶습니다. 수학사에서 획기적인 사건이라서 그냥 지나기는 아쉽군요.

여휴: 그 마음을 충분히 이해하지만 유감입니다. 주어진 다항식의 계수는 모두 그 다항식의 근들의 기본대칭다항식으로 주어집니다. 또, $P_1, P_2, ..., P_m$도 주어진 다항식의 근들의 다항식이므로 $P_1, P_2, ..., P_m$는 특별한 성질을 가집니다. 그러한 성질 하나하나를 꼼꼼하게 설명하는 것이 적지 않은 부담이 됩니다. 그러나 아주 특별한 예를 통하여 아벨의 증명이 어떻게 마무리 되는지는 살펴볼 수 있습니다.

여광: 그 정도면 만족스러울 것 같습니다.

여휴: 조금 더 살펴봅시다. 어차피 긴 여정인데 '잠시 쉰다'고 생각하죠. 단, 루피니가 간과한 부분을 우리도 생략하고 증명 없이 인정하겠습니다. 유리수계수 오차다항식 $f(x)$의 근의 공식이 존재한다고 하고, $f(x)$의 한 근 α를 $p_1+P+p_2P^2+...+p_{t-1}P^{t-1}$ 꼴로 나타냅시다. 여기서 $p_1, p_2, \cdots, p_{t-1}, P$는 앞에서 설명한 바와 같습니다. $f(x)$의 서로 다른 다섯 개의 근에 관한 대칭군 S_5를 생각합니다. 관례에 따라, $\xi=(12345) \in S_5$는 α는 β, β는 γ, γ는 δ, δ는 ϵ, ϵ는 α로 대응시키는 치환을 나타냅니다. P_1이 치환 ξ에 의해 어떻게 변하는지 봅시다. $P_1^r \in \mathbb{Q}$이므로 P_1은 x^r-a $(a \in \mathbb{Q})$의 근이고, ξ는 모든 유리수를 고정시키므로 $\xi(P_1)$도 x^r-a의 근입니다. 따라서 $\xi(P_1)=\zeta P_1$, $\zeta^r=1$

이죠. 한편, $\xi^5=1$이므로 $\xi^5(P_1)=\zeta^5 P_1 = P_1$입니다. $\zeta^r=\zeta^5=1$인 거죠. 오차다항식의 경우에는 r는 2 또는 3이라고 볼 수 있겠죠? 어느 경우이든지 $\zeta=1$입니다. 따라서 P_1은 ξ에 의하여 불변입니다. 루피니와 아벨의 증명에서는 이 부분에서 P_1이 다항식의 근들의 다항식이라는 사실을 이용합니다.

여광: 같은 방법을 사용하여 P_2의 경우를 살펴보겠습니다. $P_2^s \in R_1$이고, ξ는 모든 유리수와 P_1을 고정시키므로 $\xi(P_2)$는 x^s-b $(b \in R_1)$의 근입니다. 따라서 $\xi(P_2)=\eta P_2$, $\eta^s=1$입니다. $\eta^s=\eta^5=1$이고 이 경우에도 s를 2 또는 3으로 본다면 $\eta=1$입니다. 따라서 P_2는 ξ에 의하여 불변입니다. 루피니와 아벨의 증명에서는 이 부분에서 P_2가 다항식의 근들의 다항식이라는 사실을 이용하겠습니다.

여휴: 그렇습니다. 같은 방법으로 $P_3, ..., P_m$ 모두는 ξ에 의하여 불변임을 보일 수 있습니다. 따라서 $\xi(\alpha)=\xi(p_1+P+p_2P^2+p_3P^3+p_4P^4)=\alpha$입니다. 이것은 모순이죠. $\xi(\alpha)=\beta$이고 $\alpha \neq \beta$이기 때문입니다.

여광: 이 부분은 그렇게 복잡하지는 않습니다.

여휴: 매우 특별한 경우를 생각했기 때문입니다. 뒤에 가서 갈루아의 논증을 살필 텐데, 두 논증의 공통점은 주어진 다항식 사이에 존재하는 대칭성이 관건이라는 것을 알게 될 것입니다.

여광: 루피니의 증명은 쉽게 받아들여지지 않았는데 아벨의 경우는 어땠나요?

여휴: 전체적인 증명이 쉽지만은 않지만, 루피니 논문의 약점이 보완되어서인지 쉽게 인정되었습니다. 아벨이 그의 최종본을 발표한 해가 1828년인데, 해밀턴은 1837년 아벨 논문의 애매한 부분을 모두 해소한 후 아벨의 증명이 옳다는 것을 확증하였습니다.

오차다항식의 풀이에 관한 아벨의 연구에서 주목할 것 중의 하나는 다음이다. 오차다항식의 서로 다른 근을 α, β, γ, δ, ϵ이라고 할 때, 다음 식을 생각한다.

$$(\alpha-\beta)(\alpha-\gamma)(\alpha-\delta)(\alpha-\epsilon)(\beta-\gamma)(\beta-\delta)(\beta-\epsilon)(\gamma-\delta)(\gamma-\epsilon)(\delta-\epsilon)$$

이 값을 $\sqrt{S}$로 나타내면 $\sqrt{S}$는 서로 다른 두 근의 차(difference)를 모두 곱한 것이며, $S=(\sqrt{S})^2$은 S_5에 의하여 불변이고 $\sqrt{S}$는 A_5에 의하여 불변임을 알 수 있다. 아벨이 주목한 이 값은 판별식(discriminant)과 관련되며 다항식의 가해성에서 중요한 역할을 할 것이다.

3. 노동 현장

이곳은 계산이 제법 많은 수학적 노동의 현장이다. 여기가 삼차다항식과 사차다항식의 풀이가 왜 그렇게 오랜 세월을 요구하였는지를 체험할 수 있는 곳이다. 수학의 멋진 생각과 이론은 많은 계산의 결실이다.

가. 문제 제기

앞의 Ⅲ장에서 사차다항식 $x^4+2x+\dfrac{3}{4}$의 네 근을 다음과 같이 구하였다.

$$-\frac{1}{2}\sqrt{\sqrt[3]{2-\sqrt{3}}+\sqrt[3]{2+\sqrt{3}}}+\frac{1}{2}\sqrt{\sqrt[3]{2-\sqrt{3}}\,\omega+\sqrt[3]{2+\sqrt{3}}\,\omega^2}+\frac{1}{2}\sqrt{\sqrt[3]{2-\sqrt{3}}\,\omega^2+\sqrt[3]{2+\sqrt{3}}\,\omega}$$

$$-\frac{1}{2}\sqrt{\sqrt[3]{2-\sqrt{3}}+\sqrt[3]{2+\sqrt{3}}}-\frac{1}{2}\sqrt{\sqrt[3]{2-\sqrt{3}}\,\omega+\sqrt[3]{2+\sqrt{3}}\,\omega^2}-\frac{1}{2}\sqrt{\sqrt[3]{2-\sqrt{3}}\,\omega^2+\sqrt[3]{2+\sqrt{3}}\,\omega}$$

$$\frac{1}{2}\sqrt{\sqrt[3]{2-\sqrt{3}}+\sqrt[3]{2+\sqrt{3}}}+\frac{1}{2}\sqrt{\sqrt[3]{2-\sqrt{3}}\,\omega+\sqrt[3]{2+\sqrt{3}}\,\omega^2}-\frac{1}{2}\sqrt{\sqrt[3]{2-\sqrt{3}}\,\omega^2+\sqrt[3]{2+\sqrt{3}}\,\omega}$$

$$\frac{1}{2}\sqrt{\sqrt[3]{2-\sqrt{3}}+\sqrt[3]{2+\sqrt{3}}}-\frac{1}{2}\sqrt{\sqrt[3]{2-\sqrt{3}}\,\omega+\sqrt[3]{2+\sqrt{3}}\,\omega^2}+\frac{1}{2}\sqrt{\sqrt[3]{2-\sqrt{3}}\,\omega^2+\sqrt[3]{2+\sqrt{3}}\,\omega}$$

또, Ⅲ장 뒷부분과 바로 앞 장에서는 동일한 사차다항식 네 근을 다음과 같이 구하였다.

$$-\frac{1}{2}\sqrt{\sqrt[3]{2-\sqrt{3}}+\sqrt[3]{2+\sqrt{3}}}+\frac{1}{2}\sqrt{-\sqrt[3]{2-\sqrt{3}}-\sqrt[3]{2+\sqrt{3}}+\frac{4}{\sqrt{\sqrt[3]{2-\sqrt{3}}+\sqrt[3]{2+\sqrt{3}}}}}$$

$$-\frac{1}{2}\sqrt{\sqrt[3]{2-\sqrt{3}}+\sqrt[3]{2+\sqrt{3}}}-\frac{1}{2}\sqrt{-\sqrt[3]{2-\sqrt{3}}-\sqrt[3]{2+\sqrt{3}}+\frac{4}{\sqrt{\sqrt[3]{2-\sqrt{3}}+\sqrt[3]{2+\sqrt{3}}}}}$$

$$\frac{1}{2}\sqrt{\sqrt[3]{2-\sqrt{3}}+\sqrt[3]{2+\sqrt{3}}}+\frac{1}{2}\sqrt{-\sqrt[3]{2-\sqrt{3}}-\sqrt[3]{2+\sqrt{3}}-\frac{4}{\sqrt{\sqrt[3]{2-\sqrt{3}}+\sqrt[3]{2+\sqrt{3}}}}}$$

$$\frac{1}{2}\sqrt{\sqrt[3]{2-\sqrt{3}}+\sqrt[3]{2+\sqrt{3}}}-\frac{1}{2}\sqrt{-\sqrt[3]{2-\sqrt{3}}-\sqrt[3]{2+\sqrt{3}}-\frac{4}{\sqrt{\sqrt[3]{2-\sqrt{3}}+\sqrt[3]{2+\sqrt{3}}}}}$$

위 네 근은 이차방정식 $V^2-(\sqrt[3]{2-\sqrt{3}}+\sqrt[3]{2+\sqrt{3}})V+\frac{3}{4}=0$을 풀어 구한 것이다(224쪽). 마찬가지로, $V^2-(\sqrt[3]{2-\sqrt{3}}\,\omega+\sqrt[3]{2+\sqrt{3}}\,\omega^2)V+\frac{3}{4}=0$을 풀어 $x^4+2x+\frac{3}{4}$의 네 근을 구하면 다음과 같다.

$$-\frac{1}{2}\sqrt{\sqrt[3]{2-\sqrt{3}}\,\omega+\sqrt[3]{2+\sqrt{3}}\,\omega^2}+\frac{1}{2}\sqrt{-\sqrt[3]{2-\sqrt{3}}\,\omega-\sqrt[3]{2+\sqrt{3}}\,\omega^2+\frac{4}{\sqrt{\sqrt[3]{2-\sqrt{3}}\,\omega+\sqrt[3]{2+\sqrt{3}}\,\omega^2}}}$$

$$-\frac{1}{2}\sqrt{\sqrt[3]{2-\sqrt{3}}\,\omega+\sqrt[3]{2+\sqrt{3}}\,\omega^2}-\frac{1}{2}\sqrt{-\sqrt[3]{2-\sqrt{3}}\,\omega-\sqrt[3]{2+\sqrt{3}}\,\omega^2+\frac{4}{\sqrt{\sqrt[3]{2-\sqrt{3}}\,\omega+\sqrt[3]{2+\sqrt{3}}\,\omega^2}}}$$

$$\frac{1}{2}\sqrt{\sqrt[3]{2-\sqrt{3}}\,\omega+\sqrt[3]{2+\sqrt{3}}\,\omega^2}+\frac{1}{2}\sqrt{-\sqrt[3]{2-\sqrt{3}}\,\omega-\sqrt[3]{2+\sqrt{3}}\,\omega^2-\frac{4}{\sqrt{\sqrt[3]{2-\sqrt{3}}\,\omega+\sqrt[3]{2+\sqrt{3}}\,\omega^2}}}$$

$$\frac{1}{2}\sqrt{\sqrt[3]{2-\sqrt{3}}\,\omega+\sqrt[3]{2+\sqrt{3}}\,\omega^2}-\frac{1}{2}\sqrt{-\sqrt[3]{2-\sqrt{3}}\,\omega-\sqrt[3]{2+\sqrt{3}}\,\omega^2-\frac{4}{\sqrt{\sqrt[3]{2-\sqrt{3}}\,\omega+\sqrt[3]{2+\sqrt{3}}\,\omega^2}}}$$

또, $V^2-(\sqrt[3]{2-\sqrt{3}}\,\omega^2+\sqrt[3]{2+\sqrt{3}}\,\omega)V+\frac{3}{4}=0$을 풀어 $x^4+2x+\frac{3}{4}$의 네 근을 구하면 다음과 같다.

$$-\frac{1}{2}\sqrt{\sqrt[3]{2-\sqrt{3}}\,\omega^2+\sqrt[3]{2+\sqrt{3}}\,\omega}+\frac{1}{2}\sqrt{-\sqrt[3]{2-\sqrt{3}}\,\omega^2-\sqrt[3]{2+\sqrt{3}}\,\omega+\frac{4}{\sqrt{\sqrt[3]{2-\sqrt{3}}\,\omega^2+\sqrt[3]{2+\sqrt{3}}\,\omega}}}$$

$$-\frac{1}{2}\sqrt{\sqrt[3]{2-\sqrt{3}}\,\omega^2+\sqrt[3]{2+\sqrt{3}}\,\omega}-\frac{1}{2}\sqrt{-\sqrt[3]{2-\sqrt{3}}\,\omega^2-\sqrt[3]{2+\sqrt{3}}\,\omega+\frac{4}{\sqrt{\sqrt[3]{2-\sqrt{3}}\,\omega^2+\sqrt[3]{2+\sqrt{3}}\,\omega}}}$$

$$\frac{1}{2}\sqrt{\sqrt[3]{2-\sqrt{3}}\,\omega^2+\sqrt[3]{2+\sqrt{3}}\,\omega}+\frac{1}{2}\sqrt{-\sqrt[3]{2-\sqrt{3}}\,\omega^2-\sqrt[3]{2+\sqrt{3}}\,\omega-\frac{4}{\sqrt{\sqrt[3]{2-\sqrt{3}}\,\omega^2+\sqrt[3]{2+\sqrt{3}}\,\omega}}}$$

$$\frac{1}{2}\sqrt{\sqrt[3]{2-\sqrt{3}}\,\omega^2+\sqrt[3]{2+\sqrt{3}}\,\omega}-\frac{1}{2}\sqrt{-\sqrt[3]{2-\sqrt{3}}\,\omega^2-\sqrt[3]{2+\sqrt{3}}\,\omega-\frac{4}{\sqrt{\sqrt[3]{2-\sqrt{3}}\,\omega^2+\sqrt[3]{2+\sqrt{3}}\,\omega}}}$$

결국, 사차다항식 $x^4+2x+\frac{3}{4}$의 네 근이 네 가지의 다른 꼴로 구해진 것이다.

네 개의 해집합에 속하는 각각의 근은 다른 해집합의 한 근과 같을 텐데 어느 것이 어느 것과 같은가?

나. 문제 상황

제기된 문제는 간단하지 않다. 심오한 수학이 아니라 계산 때문이다. 계산이 만만치 않은 것이다. 이유는 다음과 같다.

실수 r에 대하여 $\sqrt{r}$가 무엇인지 분명하다. r가 음수인 경우에도 그렇다. 예를 들어, $\sqrt{-3}$은 $\sqrt{3}\,i$이다.

그러나 복소수 z에 대하여, 제곱하여 z가 되는 복소수가 두 개 있는데 그 중 어떤 것이 $\sqrt{z}$인지를 정해야 한다. 더욱이 두 개의 복소수 z_1, z_2에 대하여 $\sqrt{z_1 z_2} = \sqrt{z_1}\sqrt{z_2}$라는 성질을 보장할 수 있도록 $\sqrt{z}$를 정의할 수 있을까?

$\sqrt{z}$가 뜻하는 바를 어떻게 정하느냐에 따라 앞에서 구한 $x^4+2x+\frac{3}{4}$의 근들을

구별할 수 있다.

다. 문제 해결

- $\sqrt{(-1)(-1)} = \sqrt{1} = 1$이 $\sqrt{-1}\sqrt{-1} = ii = -1$과 같지 않다는 사실은 고등학교 수학에서도 주목하는 바이다.
- 임의의 두 복소수 z_1, z_2에 대하여 $\sqrt{z_1 z_2} = \sqrt{z_1}\sqrt{z_2}$가 항상 성립하도록 $\sqrt{z}$를 정의하지 않아도 될 것이다. $\sqrt{z}$의 뜻을 명확히 하면 $\sqrt{z_1 z_2}$와 $\sqrt{z_1}\sqrt{z_2}$가 같지 않아도 그 둘 사이의 관계는 알 수 있기 때문이다. 따라서 $\sqrt{z}$가 정확히 무엇을 뜻하는지를 정하는 것이 중요하다.
- 임의의 $z \in \mathbb{C}$에 대하여 $z^{\frac{1}{2}}, z^{\frac{1}{3}}$ 등 거듭제곱에 관한 논의를 (복소)해석학적으로 엄밀하게 접근할 필요가 있지만, 이 책에 사용되는 경우는 $z^{\frac{1}{2}}$와 $z^{\frac{1}{3}}$ 두 가지 경우뿐이므로 각각의 경우에 직관적으로 접근할 수 있다. 여기서는 $z^{\frac{1}{2}}$의 경우를 살핀다.

허수 $z \in \mathbb{C}$에 대하여 $z = (\alpha + \beta i)^2$ ($\alpha, \beta \in \mathbb{R}$)라고 하면

$$z = (-\alpha - \beta i)^2$$

이다. $\alpha \neq 0$이므로 $\alpha > 0$이든가 $\alpha < 0$이다. $\alpha > 0$이면 $\sqrt{z} = \alpha + \beta i$이고 $\alpha < 0$이면 $\sqrt{z} = -\alpha - \beta i$로 정하자.

위의 정의를 쉽게 말하면 다음과 같다.

$z = (\alpha + \beta i)^2$ $(\alpha \neq 0)$에 대하여 제곱해서 z가 되는 복소수를 $\alpha + \beta i$ 와 $-\alpha - \beta i$라고 할 때, $\sqrt{z}$는 $\alpha + \beta i$와 $-\alpha - \beta i$ 중에서 실수부가 양수인 것을 택한다.

다음을 알 수 있다.

복소평면의 제1사분면과 제2사분면에 있는 복소수 z의 $\sqrt{z}$는 제1사분면에 있고, 제3사분면과 제4사분면에 있는 복소수 z의 $\sqrt{z}$는 제4사분면에 있다.

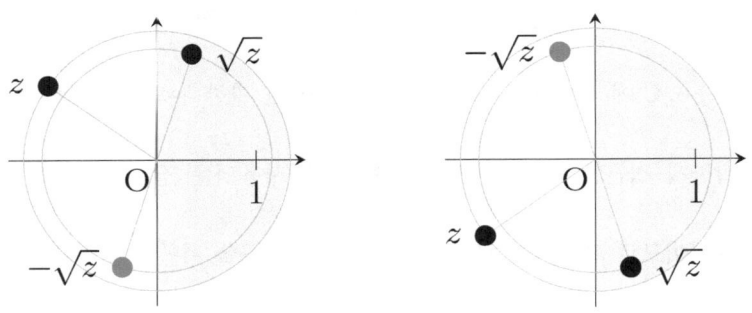

몇 개의 예를 들어보자.

$\sqrt{i} = \frac{\sqrt{2}}{2} + \frac{\sqrt{2}}{2}i$ 이고 $\sqrt{-i} = \frac{\sqrt{2}}{2} - \frac{\sqrt{2}}{2}i$ 이며, $\omega = \frac{-1+\sqrt{3}i}{2}$ 라고 하면 $\sqrt{\omega} = \frac{1+\sqrt{3}i}{2}$ 이다.

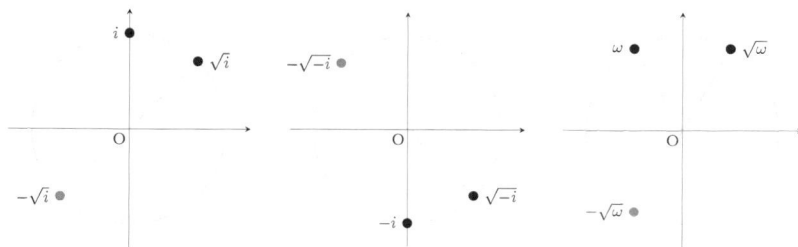

한편, $\omega^2 = \dfrac{-1-\sqrt{3}\,i}{2}$에 대하여 $\sqrt{\omega^2} = \dfrac{1-\sqrt{3}\,i}{2}$이다. 또,

$$i\omega = \dfrac{-\sqrt{3}-i}{2} = \left(\dfrac{(\sqrt{2}-\sqrt{6})+(\sqrt{2}+\sqrt{6})i}{4}\right)^2$$

이므로

$$\sqrt{i\omega} = \dfrac{(\sqrt{6}-\sqrt{2})-(\sqrt{2}+\sqrt{6})i}{4}$$

임을 알 수 있다. 다음을 유념하자.

$$\sqrt{i}\,\sqrt{-i} = \dfrac{1}{2}+\dfrac{1}{2}=1=\sqrt{i\times(-i)}\,,$$

$$\sqrt{\omega}\,\sqrt{\omega} = \dfrac{-1+\sqrt{3}\,i}{2} \neq \dfrac{1-\sqrt{3}\,i}{2} = \sqrt{\omega^2}\,,$$

$$\sqrt{i}\,\sqrt{\omega} = \left(\dfrac{\sqrt{2}}{2}+\dfrac{\sqrt{2}}{2}i\right)\left(\dfrac{1+\sqrt{3}\,i}{2}\right)$$

$$= \dfrac{(\sqrt{2}-\sqrt{6})+(\sqrt{2}+\sqrt{6})i}{4} \neq \sqrt{i\omega}$$

임의의 복소수 z_1, z_2에 대하여 $\sqrt{z_1 z_2} = \sqrt{z_1}\sqrt{z_2}$ 이든가 $\sqrt{z_1 z_2} = -\sqrt{z_1}\sqrt{z_2}$ 이다. 0이 아닌 복소수의 제곱근은 두 개 있는데, 그 '제곱근'이 어떤 복소수를 뜻하는지 정확히 설명하여야 한다.

- 두 복소수 $\sqrt[3]{2-\sqrt{3}}\,\omega + \sqrt[3]{2+\sqrt{3}}\,\omega^2$, $\sqrt[3]{2-\sqrt{3}}\,\omega^2 + \sqrt[3]{2+\sqrt{3}}\,\omega$ 각각은 복소평면의 몇 사분면에 있는지 조사하자. 먼저, $\sqrt[3]{2-\sqrt{3}}$ 와 $\sqrt[3]{2+\sqrt{3}}$ 각각을 a, b라고 하면, $\omega^2 = -\omega - 1$, $\omega = \dfrac{-1+\sqrt{3}i}{2}$ 이므로 $a\omega + b\omega^2 = \dfrac{-a-b}{2} + \dfrac{\sqrt{3}(a-b)}{2}i$ 이다. $a+b > 0$, $a-b < 0$ 이므로 $\sqrt[3]{2-\sqrt{3}}\,\omega + \sqrt[3]{2+\sqrt{3}}\,\omega^2$ 는 복소평면의 제3사분면에 있다. 따라서 $\sqrt{\sqrt[3]{2-\sqrt{3}}\,\omega + \sqrt[3]{2+\sqrt{3}}\,\omega^2}$ 를 $\alpha + \beta i$ 라고 하면 $\alpha + \beta i$ 는 제4사분면에 있다. 즉, $\alpha > 0$ 이고 $\beta < 0$ 이다.

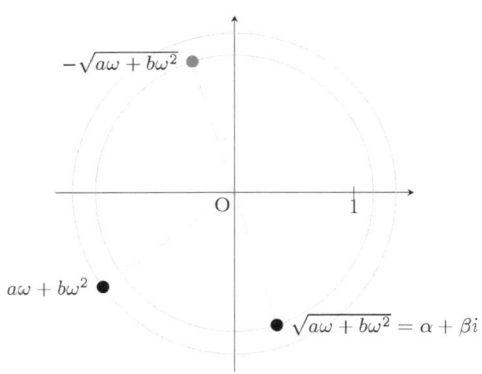

한편, $\sqrt[3]{2-\sqrt{3}}\,\omega^2 + \sqrt[3]{2+\sqrt{3}}\,\omega = \dfrac{-a-b}{2} - \dfrac{\sqrt{3}(a-b)}{2}i$ 이므로 제2사분면에 있다. 따라서 $\sqrt{\sqrt[3]{2-\sqrt{3}}\,\omega^2 + \sqrt[3]{2+\sqrt{3}}\,\omega}$ 는 제1사분면에 있다.

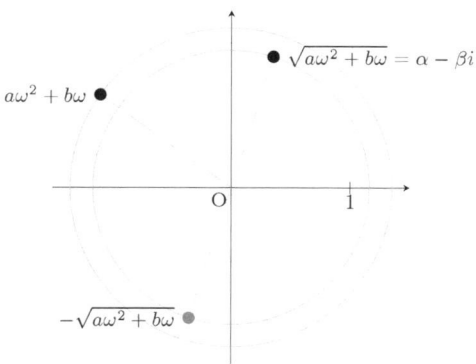

실제로, $\sqrt{\sqrt[3]{2-\sqrt{3}}\,\omega^2 + \sqrt[3]{2+\sqrt{3}}\,\omega} = \alpha - \beta i$ 임을 알 수 있다. 따라서 다음 값은 양의 실수이다.

$$\sqrt{\sqrt[3]{2-\sqrt{3}}\,\omega + \sqrt[3]{2+\sqrt{3}}\,\omega^2} + \sqrt{\sqrt[3]{2-\sqrt{3}}\,\omega^2 + \sqrt[3]{2+\sqrt{3}}\,\omega} = 2\alpha$$

- $-\sqrt[3]{2-\sqrt{3}} - \sqrt[3]{2+\sqrt{3}} + \dfrac{4}{\sqrt{\sqrt[3]{2-\sqrt{3}} + \sqrt[3]{2+\sqrt{3}}}}$ 는 양수임은 금방 알 수 있다. 따라서 두 개의 실근에 대하여 다음을 알 수 있다.

$$-\frac{1}{2}\sqrt{\sqrt[3]{2-\sqrt{3}} + \sqrt[3]{2+\sqrt{3}}} + \frac{1}{2}\sqrt{\sqrt[3]{2-\sqrt{3}}\,\omega + \sqrt[3]{2+\sqrt{3}}\,\omega^2} + \frac{1}{2}\sqrt{\sqrt[3]{2-\sqrt{3}}\,\omega^2 + \sqrt[3]{2+\sqrt{3}}\,\omega}$$

$$= -\frac{1}{2}\sqrt{\sqrt[3]{2-\sqrt{3}} + \sqrt[3]{2+\sqrt{3}}} + \frac{1}{2}\sqrt{-\sqrt[3]{2-\sqrt{3}} - \sqrt[3]{2+\sqrt{3}} + \frac{4}{\sqrt{\sqrt[3]{2-\sqrt{3}} + \sqrt[3]{2+\sqrt{3}}}}}$$

$$-\frac{1}{2}\sqrt{\sqrt[3]{2-\sqrt{3}} + \sqrt[3]{2+\sqrt{3}}} - \frac{1}{2}\sqrt{\sqrt[3]{2-\sqrt{3}}\,\omega + \sqrt[3]{2+\sqrt{3}}\,\omega^2} - \frac{1}{2}\sqrt{\sqrt[3]{2-\sqrt{3}}\,\omega^2 + \sqrt[3]{2+\sqrt{3}}\,\omega}$$

$$= -\frac{1}{2}\sqrt{\sqrt[3]{2-\sqrt{3}} + \sqrt[3]{2+\sqrt{3}}} - \frac{1}{2}\sqrt{-\sqrt[3]{2-\sqrt{3}} - \sqrt[3]{2+\sqrt{3}} + \frac{4}{\sqrt{\sqrt[3]{2-\sqrt{3}} + \sqrt[3]{2+\sqrt{3}}}}}$$

- 다음 세 개의 관계식은 참고 할만하다.

$$\sqrt{(\sqrt[3]{2-\sqrt{3}}+\sqrt[3]{2+\sqrt{3}})^2-3}=\frac{2}{\sqrt{\sqrt[3]{2-\sqrt{3}}+\sqrt[3]{2+\sqrt{3}}}},$$

$$(\sqrt{\sqrt[3]{2-\sqrt{3}}\,\omega+\sqrt[3]{2+\sqrt{3}}\,\omega^2}+\sqrt{\sqrt[3]{2-\sqrt{3}}\,\omega^2+\sqrt[3]{2+\sqrt{3}}\,\omega})^2$$
$$=-\sqrt[3]{2-\sqrt{3}}-\sqrt[3]{2+\sqrt{3}}+\frac{4}{\sqrt{\sqrt[3]{2-\sqrt{3}}+\sqrt[3]{2+\sqrt{3}}}},$$

$$(\sqrt{\sqrt[3]{2-\sqrt{3}}\,\omega+\sqrt[3]{2+\sqrt{3}}\,\omega^2}-\sqrt{\sqrt[3]{2-\sqrt{3}}\,\omega^2+\sqrt[3]{2+\sqrt{3}}\,\omega})^2$$
$$=-\sqrt[3]{2-\sqrt{3}}-\sqrt[3]{2+\sqrt{3}}-\frac{4}{\sqrt{\sqrt[3]{2-\sqrt{3}}+\sqrt[3]{2+\sqrt{3}}}}$$

다음을 이용한 것이다.

$$\sqrt{\sqrt[3]{2-\sqrt{3}}\,\omega+\sqrt[3]{2+\sqrt{3}}\,\omega^2}\times\sqrt{\sqrt[3]{2-\sqrt{3}}\,\omega^2+\sqrt[3]{2+\sqrt{3}}\,\omega}$$
$$=\sqrt{(\sqrt[3]{2-\sqrt{3}}\,\omega+\sqrt[3]{2+\sqrt{3}}\,\omega^2)(\sqrt[3]{2-\sqrt{3}}\,\omega^2+\sqrt[3]{2+\sqrt{3}}\,\omega)}$$

- 두 개의 허근에 대해서도 다음을 알 수 있다.

$$\frac{1}{2}\sqrt{\sqrt[3]{2-\sqrt{3}}+\sqrt[3]{2+\sqrt{3}}}+\frac{1}{2}\sqrt{\sqrt[3]{2-\sqrt{3}}\,\omega+\sqrt[3]{2+\sqrt{3}}\,\omega^2}-\frac{1}{2}\sqrt{\sqrt[3]{2-\sqrt{3}}\,\omega^2+\sqrt[3]{2+\sqrt{3}}\,\omega}$$
$$=\frac{1}{2}\sqrt{\sqrt[3]{2-\sqrt{3}}+\sqrt[3]{2+\sqrt{3}}}-\frac{1}{2}\sqrt{-\sqrt[3]{2-\sqrt{3}}-\sqrt[3]{2+\sqrt{3}}-\frac{4}{\sqrt{\sqrt[3]{2-\sqrt{3}}+\sqrt[3]{2+\sqrt{3}}}}}$$

$$\frac{1}{2}\sqrt{\sqrt[3]{2-\sqrt{3}}+\sqrt[3]{2+\sqrt{3}}}-\frac{1}{2}\sqrt{\sqrt[3]{2-\sqrt{3}}\,\omega+\sqrt[3]{2+\sqrt{3}}\,\omega^2}+\frac{1}{2}\sqrt{\sqrt[3]{2-\sqrt{3}}\,\omega^2+\sqrt[3]{2+\sqrt{3}}\,\omega}$$
$$=\frac{1}{2}\sqrt{\sqrt[3]{2-\sqrt{3}}+\sqrt[3]{2+\sqrt{3}}}+\frac{1}{2}\sqrt{-\sqrt[3]{2-\sqrt{3}}-\sqrt[3]{2+\sqrt{3}}-\frac{4}{\sqrt{\sqrt[3]{2-\sqrt{3}}+\sqrt[3]{2+\sqrt{3}}}}}$$

- 다음 네 개의 근에 관하여 살펴보자.

$$-\frac{1}{2}\sqrt{\sqrt[3]{2-\sqrt{3}}\,\omega+\sqrt[3]{2+\sqrt{3}}\,\omega^2}+\frac{1}{2}\sqrt{-\sqrt[3]{2-\sqrt{3}}\,\omega-\sqrt[3]{2+\sqrt{3}}\,\omega^2+\frac{4}{\sqrt{\sqrt[3]{2-\sqrt{3}}\,\omega+\sqrt[3]{2+\sqrt{3}}\,\omega^2}}}$$

$$-\frac{1}{2}\sqrt{\sqrt[3]{2-\sqrt{3}}\,\omega+\sqrt[3]{2+\sqrt{3}}\,\omega^2}-\frac{1}{2}\sqrt{-\sqrt[3]{2-\sqrt{3}}\,\omega-\sqrt[3]{2+\sqrt{3}}\,\omega^2+\frac{4}{\sqrt{\sqrt[3]{2-\sqrt{3}}\,\omega+\sqrt[3]{2+\sqrt{3}}\,\omega^2}}}$$

$$\frac{1}{2}\sqrt{\sqrt[3]{2-\sqrt{3}}\,\omega+\sqrt[3]{2+\sqrt{3}}\,\omega^2}+\frac{1}{2}\sqrt{-\sqrt[3]{2-\sqrt{3}}\,\omega-\sqrt[3]{2+\sqrt{3}}\,\omega^2-\frac{4}{\sqrt{\sqrt[3]{2-\sqrt{3}}\,\omega+\sqrt[3]{2+\sqrt{3}}\,\omega^2}}}$$

$$\frac{1}{2}\sqrt{\sqrt[3]{2-\sqrt{3}}\,\omega+\sqrt[3]{2+\sqrt{3}}\,\omega^2}-\frac{1}{2}\sqrt{-\sqrt[3]{2-\sqrt{3}}\,\omega-\sqrt[3]{2+\sqrt{3}}\,\omega^2-\frac{4}{\sqrt{\sqrt[3]{2-\sqrt{3}}\,\omega+\sqrt[3]{2+\sqrt{3}}\,\omega^2}}}$$

앞에서 얻은 다음 사실을 기억하자.

$$\sqrt{\sqrt[3]{2-\sqrt{3}}\,\omega+\sqrt[3]{2+\sqrt{3}}\,\omega^2}\ \text{은 제4사분면에 있다.}$$

다음을 증명할 수 있다.

$$\frac{2}{\sqrt{\sqrt[4]{2-\sqrt{3}}\,\omega+\sqrt[3]{2+\sqrt{3}}\,\omega^2}}=\sqrt{(\sqrt[3]{2-\sqrt{3}}\,\omega+\sqrt[3]{2+\sqrt{3}}\,\omega^2)^2-3}$$

양변은 모두 제1사분면에 있고, 양변을 제곱하면 같기 때문이다.

- 다음 네 개의 근에 관하여 살펴보자.

$$-\frac{1}{2}\sqrt{\sqrt[3]{2-\sqrt{3}}\,\omega^2+\sqrt[3]{2+\sqrt{3}}\,\omega}+\frac{1}{2}\sqrt{-\sqrt[3]{2-\sqrt{3}}\,\omega^2-\sqrt[3]{2+\sqrt{3}}\,\omega+\frac{4}{\sqrt{\sqrt[3]{2-\sqrt{3}}\,\omega^2+\sqrt[3]{2+\sqrt{3}}\,\omega}}}$$

$$-\frac{1}{2}\sqrt{\sqrt[3]{2-\sqrt{3}}\,\omega^2+\sqrt[3]{2+\sqrt{3}}\,\omega}-\frac{1}{2}\sqrt{-\sqrt[3]{2-\sqrt{3}}\,\omega^2-\sqrt[3]{2+\sqrt{3}}\,\omega+\frac{4}{\sqrt{\sqrt[3]{2-\sqrt{3}}\,\omega^2+\sqrt[3]{2+\sqrt{3}}\,\omega}}}$$

$$\frac{1}{2}\sqrt{\sqrt[3]{2-\sqrt{3}}\,\omega^2+\sqrt[3]{2+\sqrt{3}}\,\omega}+\frac{1}{2}\sqrt{-\sqrt[3]{2-\sqrt{3}}\,\omega^2-\sqrt[3]{2+\sqrt{3}}\,\omega-\frac{4}{\sqrt{\sqrt[3]{2-\sqrt{3}}\,\omega^2+\sqrt[3]{2+\sqrt{3}}\,\omega}}}$$

$$\frac{1}{2}\sqrt{\sqrt[3]{2-\sqrt{3}}\,\omega^2+\sqrt[3]{2+\sqrt{3}}\,\omega}-\frac{1}{2}\sqrt{-\sqrt[3]{2-\sqrt{3}}\,\omega^2-\sqrt[3]{2+\sqrt{3}}\,\omega}-\frac{4}{\sqrt{\sqrt[3]{2-\sqrt{3}}\,\omega^2+\sqrt[3]{2+\sqrt{3}}\,\omega}}$$

계산을 더 하여야 한다. 편의를 위해 앞에서처럼 $\sqrt[3]{2-\sqrt{3}}$ 와 $\sqrt[3]{2+\sqrt{3}}$ 각각을 a, b라고 나타내자. 다음을 증명하였거나 증명할 수 있다.

$a\omega+b\omega^2$은 제3사분면에 있다.
$\sqrt{a\omega+b\omega^2}$ 은 제4사분면에 있다.
$a\omega^2+b\omega$은 제2사분면에 있다.
$\sqrt{a\omega^2+b\omega}$ 은 제1사분면에 있다.
$\dfrac{2}{\sqrt{a+b}}=\sqrt{(a+b)^2-3}$
$\dfrac{2}{\sqrt{a\omega+b\omega^2}}=\sqrt{(a\omega+b\omega^2)^2-3}$
$\dfrac{2}{\sqrt{a\omega^2+b\omega}}=\sqrt{(a\omega^2+b\omega)^2-3}$

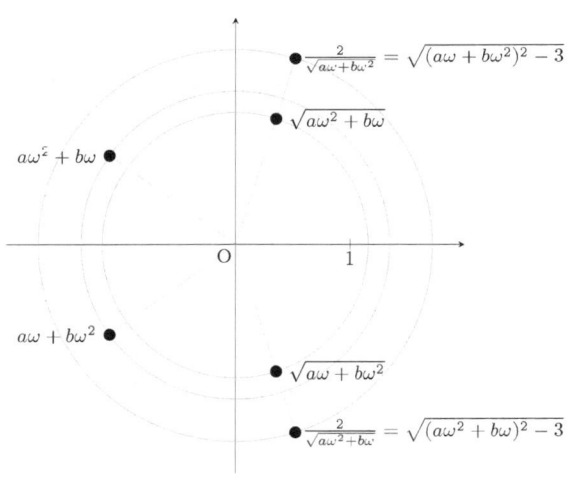

앞에서 다음을 확인하였다.

$$\sqrt{a\omega+b\omega^2}+\sqrt{a\omega^2+b\omega}=\sqrt{-a-b+\frac{4}{\sqrt{a+b}}},$$

$$\sqrt{a\omega+b\omega^2}-\sqrt{a\omega^2+b\omega}=-\sqrt{-a-b-\frac{4}{\sqrt{a+b}}}$$

이제,

$$|a\omega+b\omega^2|^2=|a\omega^2+b\omega|^2=a^2+b^2-1$$

이고 $(a+b)^2=a^2+b^2+2$ 이므로 $|a\omega+b\omega^2|<|a+b|$ 이다. 따라서 $\sqrt{a\omega+b\omega^2}+\sqrt{a+b}$ 의 실수 부분은 양수이고, $\sqrt{a\omega+b\omega^2}-\sqrt{a+b}$ 의 실수 부분은 음수이다. 마찬가지로, $\sqrt{a\omega^2+b\omega}+\sqrt{a+b}$ 의 실수 부분은 양수이고, $\sqrt{a\omega^2+b\omega}-\sqrt{a+b}$ 의 실수 부분은 음수이다. 계산 과정에서 $ab=1$ 임을 이용하면 다음을 증명할 수 있다.

$$\sqrt{a\omega+b\omega^2}+\sqrt{a+b}=\sqrt{-a\omega^2-b\omega+\frac{4}{\sqrt{a\omega^2+b\omega}}},$$

$$-\sqrt{a\omega+b\omega^2}+\sqrt{a+b}=\sqrt{-a\omega^2-b\omega-\frac{4}{\sqrt{a\omega^2+b\omega}}},$$

$$\sqrt{a\omega^2+b\omega}+\sqrt{a+b}=\sqrt{-a\omega-b\omega^2+\frac{4}{\sqrt{a\omega+b\omega^2}}},$$

$$-\sqrt{a\omega^2+b\omega}+\sqrt{a+b}=\sqrt{-a\omega-b\omega^2-\frac{4}{\sqrt{a\omega+b\omega^2}}}$$

여광: 잠깐 쉬고 가요.

여휴: 좋은 생각입니다.

여광: 앞에서 푼 삼차방정식 $x^3-3x-4=0$ 의 해는 $\sqrt[3]{2-\sqrt{3}}+\sqrt[3]{2+\sqrt{3}}$, $\sqrt[3]{2-\sqrt{3}}\,\omega+\sqrt[3]{2+\sqrt{3}}\,\omega^2$, $\sqrt[3]{2-\sqrt{3}}\,\omega^2+\sqrt[3]{2+\sqrt{3}}\,\omega$ 이므로 '복소수의 세제곱근'을 구할 필요가

없습니다. 그러나 삼차방정식 $x^3-6x+2=0$의 경우는 다릅니다. $x^3-6x+2=0$의 해는 다음과 같이 주어지기 때문입니다.

$\sqrt[3]{-1-\sqrt{7}i}+\sqrt[3]{-1+\sqrt{7}i}$,

$\sqrt[3]{-1-\sqrt{7}i}\,\omega+\sqrt[3]{-1+\sqrt{7}i}\,\omega^2$,

$\sqrt[3]{-1-\sqrt{7}i}\,\omega^2+\sqrt[3]{-1+\sqrt{7}i}\,\omega$

여휴: 그렇습니다. 여기서는 $\sqrt[3]{-1-\sqrt{7}i}$가 뜻하는 복소수가 무엇인지 분명하게 정해야 하겠습니다. 여광 선생의 생각은 무엇인가요?

여광: 다음과 같이 정할 수 있다고 생각합니다.

$(\alpha+\beta i)^3=-1-\sqrt{7}i$을 만족시키는 $z=\alpha+\beta i$는 세 개 있다. 이 중에는 $\alpha>0$인 z가 있다. $\alpha>0$인 z가 한 개밖에 없으면 $\sqrt[3]{-1-\sqrt{7}i}$는 $\alpha+\beta i$이다. $\alpha>0$인 z가 두 개 있다고 하자. 즉, $(\alpha_1+\beta_1 i)^3=(\alpha_2+\beta_2 i)^3=-1-\sqrt{7}i$라고 하자. $-1-\sqrt{7}i$는 실수가 아니므로 $\alpha_1>\alpha_2$이거나 $\alpha_2>\alpha_1$이다. $\alpha_1>\alpha_2$이면 $\sqrt[3]{-1-\sqrt{7}i}$은 $\alpha_1+\beta_1 i$이고, $\alpha_2>\alpha_1$이면 $\sqrt[3]{-1-\sqrt{7}i}$은 $\alpha_2+\beta_2 i$이다.

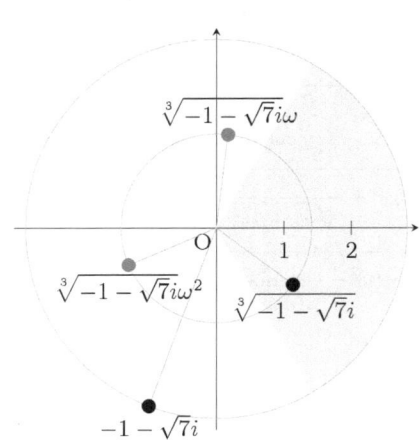

여휴: 좋은 생각이라고 생각합니다.

4. 노동의 결실

필자가 필요한 모든 계산을 이곳에 제시하려면 이보다 더 많은 식을 써야 한다. 이미 해결 방법을 설명하였음에도 새로울 것이 없는 내용을 장황하게 나열하여야 하는 것이다. 이는 책의 모습을 답답하게 하며 독자들이 원하는 바도 아니거니와 오히려 독자들에게 불쾌감을 줄 수 있다. 이 정도로 계산을 마무리한다.

네 가지 꼴로 주어진 사차다항식 $x^4+2x+\frac{3}{4}$의 네 개의 근에 관한 지금까지의 논의를 정리하면 다음과 같다.

두 개의 실근의 경우는 다음과 같다.

$$-\frac{1}{2}\sqrt{\sqrt[3]{2-\sqrt{3}}+\sqrt[3]{2+\sqrt{3}}}+\frac{1}{2}\sqrt{\sqrt[3]{2-\sqrt{3}}\,\omega+\sqrt[3]{2+\sqrt{3}}\,\omega^2}+\frac{1}{2}\sqrt{\sqrt[3]{2-\sqrt{3}}\,\omega^2+\sqrt[3]{2+\sqrt{3}}\,\omega}$$

$$=-\frac{1}{2}\sqrt{\sqrt[3]{2-\sqrt{3}}+\sqrt[3]{2+\sqrt{3}}}+\frac{1}{2}\sqrt{-\sqrt[3]{2-\sqrt{3}}-\sqrt[3]{2+\sqrt{3}}+\frac{4}{\sqrt{\sqrt[3]{2-\sqrt{3}}+\sqrt[3]{2+\sqrt{3}}}}}$$

$$=\frac{1}{2}\sqrt{\sqrt[3]{2-\sqrt{3}}\,\omega+\sqrt[3]{2+\sqrt{3}}\,\omega^2}-\frac{1}{2}\sqrt{-\sqrt[3]{2-\sqrt{3}}\,\omega-\sqrt[3]{2+\sqrt{3}}\,\omega^2-\frac{4}{\sqrt{\sqrt[3]{2-\sqrt{3}}\,\omega+\sqrt[3]{2+\sqrt{3}}\,\omega^2}}}$$

$$=\frac{1}{2}\sqrt{\sqrt[3]{2-\sqrt{3}}\,\omega^2+\sqrt[3]{2+\sqrt{3}}\,\omega}-\frac{1}{2}\sqrt{-\sqrt[3]{2-\sqrt{3}}\,\omega^2-\sqrt[3]{2+\sqrt{3}}\,\omega-\frac{4}{\sqrt{\sqrt[3]{2-\sqrt{3}}\,\omega^2+\sqrt[3]{2+\sqrt{3}}\,\omega}}}$$

$$-\frac{1}{2}\sqrt{\sqrt[3]{2-\sqrt{3}}+\sqrt[3]{2+\sqrt{3}}}-\frac{1}{2}\sqrt{\sqrt[3]{2-\sqrt{3}}\,\omega+\sqrt[3]{2+\sqrt{3}}\,\omega^2}-\frac{1}{2}\sqrt{\sqrt[3]{2-\sqrt{3}}\,\omega^2+\sqrt[3]{2+\sqrt{3}}\,\omega}$$

$$=-\frac{1}{2}\sqrt{\sqrt[3]{2-\sqrt{3}}+\sqrt[3]{2+\sqrt{3}}}-\frac{1}{2}\sqrt{-\sqrt[3]{2-\sqrt{3}}-\sqrt[3]{2+\sqrt{3}}+\frac{4}{\sqrt{\sqrt[3]{2-\sqrt{3}}+\sqrt[3]{2+\sqrt{3}}}}}$$

$$=-\frac{1}{2}\sqrt{\sqrt[3]{2-\sqrt{3}}\,\omega+\sqrt[3]{2+\sqrt{3}}\,\omega^2}-\frac{1}{2}\sqrt{-\sqrt[3]{2-\sqrt{3}}\,\omega-\sqrt[3]{2+\sqrt{3}}\,\omega^2+\frac{4}{\sqrt{\sqrt[3]{2-\sqrt{3}}\,\omega+\sqrt[3]{2+\sqrt{3}}\,\omega^2}}}$$

$$=-\frac{1}{2}\sqrt{\sqrt[3]{2-\sqrt{3}}\,\omega^2+\sqrt[3]{2+\sqrt{3}}\,\omega}-\frac{1}{2}\sqrt{-\sqrt[3]{2-\sqrt{3}}\,\omega^2-\sqrt[3]{2+\sqrt{3}}\,\omega+\frac{4}{\sqrt{\sqrt[3]{2-\sqrt{3}}\,\omega^2+\sqrt[3]{2+\sqrt{3}}\,\omega}}}$$

두 개의 허근의 경우는 다음과 같다.

$$\frac{1}{2}\sqrt{\sqrt[3]{2-\sqrt{3}}+\sqrt[3]{2+\sqrt{3}}}-\frac{1}{2}\sqrt{\sqrt[3]{2-\sqrt{3}}\,\omega+\sqrt[3]{2+\sqrt{3}}\,\omega^2}+\frac{1}{2}\sqrt{\sqrt[3]{2-\sqrt{3}}\,\omega^2+\sqrt[3]{2+\sqrt{3}}\,\omega}$$

$$=\frac{1}{2}\sqrt{\sqrt[3]{2-\sqrt{3}}+\sqrt[3]{2+\sqrt{3}}}+\frac{1}{2}\sqrt{-\sqrt[3]{2-\sqrt{3}}-\sqrt[3]{2+\sqrt{3}}-\frac{4}{\sqrt{\sqrt[3]{2-\sqrt{3}}+\sqrt[3]{2+\sqrt{3}}}}}$$

$$=-\frac{1}{2}\sqrt{\sqrt[3]{2-\sqrt{3}}\,\omega+\sqrt[3]{2+\sqrt{3}}\,\omega^2}+\frac{1}{2}\sqrt{-\sqrt[3]{2-\sqrt{3}}\,\omega-\sqrt[3]{2+\sqrt{3}}\,\omega^2+\frac{4}{\sqrt{\sqrt[3]{2-\sqrt{3}}\,\omega+\sqrt[3]{2+\sqrt{3}}\,\omega^2}}}$$

$$=\frac{1}{2}\sqrt{\sqrt[3]{2-\sqrt{3}}\,\omega^2+\sqrt[3]{2+\sqrt{3}}\,\omega}+\frac{1}{2}\sqrt{-\sqrt[3]{2-\sqrt{3}}\,\omega^2-\sqrt[3]{2+\sqrt{3}}\,\omega-\frac{4}{\sqrt{\sqrt[3]{2-\sqrt{3}}\,\omega^2+\sqrt[3]{2+\sqrt{3}}\,\omega}}}$$

$$\frac{1}{2}\sqrt{\sqrt[3]{2-\sqrt{3}}+\sqrt[3]{2+\sqrt{3}}}+\frac{1}{2}\sqrt{\sqrt[3]{2-\sqrt{3}}\,\omega+\sqrt[3]{2+\sqrt{3}}\,\omega^2}-\frac{1}{2}\sqrt{\sqrt[3]{2-\sqrt{3}}\,\omega^2+\sqrt[3]{2+\sqrt{3}}\,\omega}$$

$$=\frac{1}{2}\sqrt{\sqrt[3]{2-\sqrt{3}}+\sqrt[3]{2+\sqrt{3}}}-\frac{1}{2}\sqrt{-\sqrt[3]{2-\sqrt{3}}-\sqrt[3]{2+\sqrt{3}}-\frac{4}{\sqrt{\sqrt[3]{2-\sqrt{3}}+\sqrt[3]{2+\sqrt{3}}}}}$$

$$=\frac{1}{2}\sqrt{\sqrt[3]{2-\sqrt{3}}\,\omega+\sqrt[3]{2+\sqrt{3}}\,\omega^2}+\frac{1}{2}\sqrt{-\sqrt[3]{2-\sqrt{3}}\,\omega-\sqrt[3]{2+\sqrt{3}}\,\omega^2-\frac{4}{\sqrt{\sqrt[3]{2-\sqrt{3}}\,\omega+\sqrt[3]{2+\sqrt{3}}\,\omega^2}}}$$

$$=-\frac{1}{2}\sqrt{\sqrt[3]{2-\sqrt{3}}\,\omega^2+\sqrt[3]{2+\sqrt{3}}\,\omega}+\frac{1}{2}\sqrt{-\sqrt[3]{2-\sqrt{3}}\,\omega^2-\sqrt[3]{2+\sqrt{3}}\,\omega+\frac{4}{\sqrt{\sqrt[3]{2-\sqrt{3}}\,\omega^2+\sqrt[3]{2+\sqrt{3}}\,\omega}}}$$

Ⅷ. 갈루아의 생각

아벨은 '근의 공식으로 풀 수 없는 오차다항식이 존재한다'는 사실을 증명하였다. 갈루아(E. Galois, 1811-1832)는 근의 공식으로 풀 수 없는 오차다항식이 존재한다는 사실을 증명한 것은 물론이고 '근의 공식이 존재하기 위한 필요충분조건'이 무엇인지도 제시하였다. 이 이론을 '갈루아이론(Galois Theory)'이라고 한다. 갈루아에 의하여 소개된 대칭의 언어를 살핀다.

1. 해집합의 대칭성

이차다항식의 두 개의 근 α, β로 이루어진 집합 $\{\alpha, \beta\}$의 대칭군은 S_2이다. 대칭군 S_2는 그 자체로 가환군(아벨군)이다.

삼차다항식의 세 개의 근 α, β, γ로 이루어진 집합 $\{\alpha, \beta, \gamma\}$의 대칭군은 S_3이다. S_3는 가환군이 아닌 군 중에서 제일 작지만, 가환군이 아니기 때문에 삼차다항식을 푸는데 많은 세월이 요구되었던 것이다.

대칭군 S_3는 가환군은 아니지만 정규부분군 A_3가 존재하여 상군 S_3/A_3을 얻을 수 있다. 오랜 시간이 걸렸지만 풀리는 이유이다. 다음을 주목한다.

A_3와 $S_3/A_3 \simeq Z_2$는 모두 가환군이다.
A_3의 위수는 3이고, $S_3/A_3 \simeq Z_2$의 위수는 2로서,
3과 2는 모두 소수이다.

사차다항식의 네 개의 근 α, β, γ, δ로 이루어진 집합 $\{\alpha, \beta, \gamma, \delta\}$의 대칭군은 S_4이다. 대칭군 S_4에 대하여 다음을 살폈다.

S_4는 가환군이 아니지만 정규부분군 V_4을 가진다.
V_4는 가환군이다.
상군 S_4/V_4는 S_3과 동형이다.

한편, 다음을 알 수 있다.

S_4의 정규부분군 V_4는 가환군이고, V_4는 정규부분군
$\{1, (12)(34)\}$를 가진다.
S_4/V_4와 동형인 S_3는 가환군이 아니지만 정규부분군 A_3을 가진다.
A_3과 상군 $S_3/A_3 \simeq Z_2$는 모두 가환군이다.

오차다항식의 다섯 개의 근 α, β, γ, δ, ε로 이루어진 집합 $\{\alpha, \beta, \gamma, \delta, \varepsilon\}$의 대칭군은 S_5이다. 대칭군 S_5에 대하여 다음이 성립한다.

S_5는 가환군이 아니다.
S_5의 정규부분군은 $\{1\}$, A_5, S_5 뿐이다.

상군 S_5/A_5는 Z_2와 동형이므로 가환군이다.

A_5는 가환군이 아니고 $\{1\}$과 자신 외의 정규부분군을 가지지 않는다.

여기서 다음을 주목한다.

- A_5는 가환군이 아니다.
- A_5는 $\{1\}$과 자신 외의 정규부분군을 가지지 않는다.
- A_5의 위수는 $60 = 2 \times 2 \times 3 \times 5$ 이지만 A_5는 소수 위수를 가지는 상군을 얻을 수 없다.

이것이 일반적인 오차다항식은 근의 공식이 없는 이유가 될 것이다. 이와 관련하여 일차, 이차, 삼차, 사차식의 경우에는 오차식의 경우와 다르다는 것을 살피자.

가. 일차식

일차다항식 $ax+b$의 한 근 α로 이루어진 집합 $\{\alpha\}$의 대칭성은 원소가 한 개인 집합의 대칭군 S_1의 성질이다. S_1은 항등원 하나로 이루어진 자명한 군으로서 더 이상의 논의가 필요하지 않다. 실제로, $ax+b=0$의 해는 $x=-\frac{b}{a}$임을 금방 알 수 있다.

나. 이차식

이차다항식 x^2+ax+b의 두 근 α, β로 이루어진 집합 $\{\alpha, \beta\}$의 대칭성은

원소가 두 개인 집합의 대칭군 S_2의 성질이다. $S_2 = \{1, (12)\}$는 가환군이다. 이 차방정식 $x^2 + ax + b = 0$의 풀이는 항상 $X^2 = A$꼴의 이차방정식의 풀이로 바꾼다.

여광: '일차방정식 $ax + b = 0$'이라고 할 때 '$a \neq 0$'이라는 단서를 달아야 하지 않을까요?

여휴: 좋은 질문입니다. '일차방정식 $ax + b = 0$'이라고 하여 $ax + b = 0$이 일차임을 선언하면 $a \neq 0$의 의미를 내포한 것으로 이해하는 것이 관례입니다.

여광: '이차방정식 $ax^2 + bx + c = 0$'이라고 할 때에도 '$a \neq 0$'이라는 단서는 필요하지 않겠군요.

여휴: 그렇습니다. 수학자들은 불필요한 단서나 설명은 피합니다. 때로는 '결벽증 수준'이라는 느낌이 들 정도입니다.

다. 삼차식

삼차다항식 $x^3 + ax^2 + bx + c$의 세 근을 α, β, γ로 이루어진 집합 $\{\alpha, \beta, \gamma\}$의 대칭성은 원소가 세 개인 집합의 대칭군 S_3의 성질이다.

$$S_3 = \{1, (12), (13), (23), (123), (132)\}$$

S_3는 정규부분군 $N = A_3 = \{1, (123), (132)\}$를 가지고, S_3의 N에 의한 상군은 $S_3/N = \{N, (12)N\}$이다. 여기서 다음과 같이 두 개의 잉여류가 있다.

$N = \{1, (123), (132)\}$,
$(12)N = \{(12), (23), (13)\}$

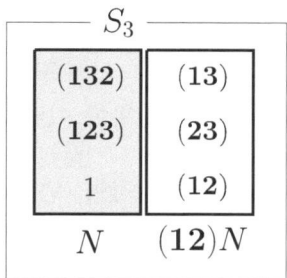

앞에서 다음을 관찰하였다.

$s^3 = (\alpha + \omega\beta + \omega^2\gamma)^3$은 정규부분군 N에 의하여 불변이다. 즉, N에 속한 모든 대칭에 관하여 s^3은 변하지 않는다. 또한, $(12)N = \{(12), (23), (13)\}$에 속하는 모든 대칭에 의해서는 s^3이 $t^3 = (\alpha + \omega^2\beta + \omega\gamma)^3$으로 변한다. 여기서, $t = \alpha + \omega^2\beta + \omega\gamma$이다. 한편, t^3은 N에 속하는 모든 대칭에 의하여 불변이고, $(12)N = \{(12), (23), (13)\}$에 속하는 모든 대칭에 의해서는 s^3으로 변한다.

	s^3	t^3
N	s^3	t^3
$(12)N$	t^3	s^3

집합 $\{s^3, t^3\}$ 위에는 다음과 같은 두 개의 대칭이 있다.

$$1 = \begin{cases} s^3 \mapsto s^3 \\ t^3 \mapsto t^3 \end{cases} \qquad (12) = \begin{cases} s^3 \mapsto t^3 \\ t^3 \mapsto s^3 \end{cases}$$

가환군이 아닌 군 S_3에 관한 원래의 상황이 이렇게 간단하게 변할 수 있는 것은 N이 S_3의 정규부분군이고 s^3과 t^3 각각이 N에 의해 불변이기 때문이다.

실제로, S_3/N은 $\mathbb{Z}_2$와 동형이고, N은 $\mathbb{Z}_3$와 동형이므로 삼차방정식의 풀이는 $X^2 = A$ 꼴과 $X^3 = B$ 꼴의 풀이로 바뀌게 된다. 이에 관해서는 다시 설명할 것이다.

여광: 필자가 뒤에 가서 다시 설명하겠지만 당장에 궁금한 게 있습니다. 왜 이차다항식은 S_2와 관계되고, 삼차다항식은 S_3와 관계되나요?

여휴: 갈루아이론의 주요 내용이니 궁금한 게 당연합니다. 그러나 조금 기다리면 필자가 잘 설명할 것입니다. 대충 이야기 하면 이렇습니다. 갈루아는 주어진 다항식의 모든 근을 품는 '특별한' 체위에서의 '특별한' 함수(변환)를 생각할 겁니다. 그런데 그 함수들은 주어진 다항식의 근을 그 다항식의 근으로 대응시켜요. 그 함수들로부터 다항식들의 근 전체로 이루어진 집합에서의 치환을 얻게 되죠. 예를 들어, 삼차다항식이 주어지면 그 다항식의 세 개의 근 전체의 집합 $\{\alpha, \beta, \gamma\}$에서 치환을 얻게 되는 겁니다. 따라서 삼차다항식의 세 개의 근 사이에 존재하는 대칭성은 대칭군 S_3의 성질에 의하여 결정됩니다.

라. 사차식

사차다항식 $x^4 + ax^3 + bx^2 + cx + d$ 의 네 근 $\alpha, \beta, \gamma, \delta$으로 이루어진 집합 $\{\alpha, \beta, \gamma, \delta\}$의 대칭성은 원소가 네 개인 집합의 대칭군 S_4의 성질이다. S_4는 자명한 부분군 S_4와 1 외에 자명하지 않은 정규부분군을 두 개 가진다. 하나는 S_4에 있는 우치환 전체의 집합인 교대군 A_4이고, 다른 하나는 $V_4 = \{1, (12)$

$(34),(13)(24),(14)(23)\}$ 이다.

특히, S_4의 V_4에 의한 상군 S_4/V_4은 다음과 같다.

$$S_4/V_4 = \{\, V_4,\ (12)V_4,\ (23)V_4,\ (13)V_4,\ (123)V_4,\ (132)V_4\,\}$$

각각의 잉여류, 즉 S_4의 V_4에 의한 잉여류는 다음과 같다.

$$V_4 = \{1,(12)(34),(13)(24),(14)(23)\}$$
$$(12)V_4 = \{(12),(34),(1324),(1423)\}$$
$$(23)V_4 = \{(23),(1342),(1243),(14)\}$$
$$(13)V_4 = \{(13),(1234),(24),(1432)\}$$
$$(123)V_4 = \{(123),(134),(243),(142)\}$$
$$(132)V_4 = \{(132),(234),(124),(143)\}$$

앞에서 $s = \alpha\beta + \gamma\delta$, $t = \alpha\gamma + \beta\delta$, $u = \alpha\delta + \beta\gamma$를 생각했다. s, t, u 각각은 임의의 $\sigma \in S_4$에 대하여 s, t, u 중 하나로 변한다.

여광: s는 임의의 $\sigma \in S_4$에 대하여 s, t, u 중 하나로 변한다는 것을 믿겠습니다. 이 사실을 보다 멋지게 설명하고 싶은데요.

여휴: 당연해 보이는 이야기를 '멋있게' 설명하라니 어렵군요.

여광: 깔끔하고 명쾌하게 설명하고 싶은 겁니다.

여휴: 제가 한번 시도하여 보겠습니다. s, t, u 각각은 주어진 사차다항식의 서로 다른 네 개의 근 α, β, γ, δ 중에서 '두 근의 곱 더하기 나머지 두 근의 곱'입니다. 그런데 α, β, γ, δ 중에서 '두 근의 곱 더하기 나머지 두 근의 곱'은 세 가지 꼴 s, t, u밖에 없습니다. 임의의 $\sigma \in S_4$는 집합 $\{\alpha, \beta, \gamma, \delta\}$ 위에서의 일대일대응이므로 s, t, u 각각은 임의의 $\sigma \in S_4$에 대하여 s, t, u 중 하나일 수밖에 없습니다. 멋있나요?

여광: 제가 이해하였으니 멋있다고 하겠습니다. 다음 설명은 어떤가요? 임의의 $\sigma \in S_4$는 S_4의 V_4에 의한 여섯 개의 잉여류

$V_4,\ (12)V_4,\ (23)V_4, (13)V_4,\ (123)V_4,\ (132)V_4$

중 하나에 속해야 합니다. $s,\ t,\ u$ 각각은 V_4에 의해서는 불변이므로 $1,\ (12),\ (23),\ (13),\ (123),\ (132)$에 의한 변환만을 조사하면 됩니다. 직접 계산해 보면 $s,\ t,\ u$ 각각은 $s,\ t,\ u$ 중 하나로 변환된다는 것을 알 수 있습니다.

여휴: 제 방법보다 더 멋있습니다. V_4에 의한 불변이라는 사실을 이용하여, 계산을 간소화 한 아이디어가 돋보입니다.

각 잉여류에 따른 $s,\ t,\ u$ 각각의 변화는 다음 표와 같다.

	s	t	u
V_4	s	t	u
$(12)V_4$	s	u	t
$(13)V_4$	u	t	s
$(23)V_4$	t	s	u
$(123)V_4$	u	s	t
$(132)V_4$	t	u	s

위 표에서 t가 잉여류 $(123)V_4$에 의해 s로 변환된다는 것을 확인하여보자.

$(123)V_4 = \{(123), (134), (243), (142)\}$이다. $(123)V_4$의 원소 (123)은 사차다항식의 네 개의 근 $\alpha,\ \beta,\ \gamma,\ \delta$로 구성된 집합 $\{\alpha,\ \beta,\ \gamma,\ \delta\}$의 치환 중에서 α를 β로 보내고 β를 γ로 보내며 γ를 α로 보내고 δ는 변화시키지 않는다. 따라서 $t = \alpha\gamma + \beta\delta$를 $s = \alpha\beta + \gamma\delta$로 변환시킨다. 이제, t는 V_4의 원소에 의해서 변하지 않으므로 $(123)V_4$에 속하는 다른 치환에 의해서도 t가 s로 변환된다는

것을 확인할 수 있다.

하나 더 확인하자. t의 $(12)V_4$에 의한 변환을 생각하자. t는 V_4의 원소에 의해서는 변하지 않고, (12)에 의해서는 u로 변한다. 따라서 t의 $(12)V_4$에 의한 변환은 u이다. s나 u 등 다른 경우도 t의 경우와 똑같이 설명할 수 있다.

집합 $\{s,\ t,\ u\}$ 위에는 다음과 같은 여섯 개의 대칭이 있다.

$$1 = \begin{cases} s \mapsto s \\ t \mapsto t \\ u \mapsto u \end{cases} \quad (12) = \begin{cases} s \mapsto t \\ t \mapsto s \\ u \mapsto u \end{cases} \quad (13) = \begin{cases} s \mapsto u \\ t \mapsto t \\ u \mapsto s \end{cases}$$

$$(23) = \begin{cases} s \mapsto s \\ t \mapsto u \\ u \mapsto t \end{cases} \quad (123) = \begin{cases} s \mapsto t \\ t \mapsto u \\ u \mapsto s \end{cases} \quad (132) = \begin{cases} s \mapsto u \\ t \mapsto s \\ u \mapsto t \end{cases}$$

앞의 표에서 $(12)V_4$에 치환 (12)가 등장하고, 방금 살핀 여섯 개의 대칭 중에 (12)가 있다. 이때 두 치환은 서로 다른 뜻이다.

실제로, $(12)V_4$에 등장하는 치환 (12)는 사차다항식의 네 개의 근 $\alpha,\ \beta,\ \gamma,\ \delta$로 구성된 집합 $\{\alpha,\ \beta,\ \gamma,\ \delta\}$의 치환 중에서 α를 β로 보내고 β를 α로 보내며 다른 두 근 $\gamma,\ \delta$는 변화시키지 않는 치환을 나타낸다.

한편, 여섯 개의 치환 중에서 치환 (12)는 s를 t로 보내고 t를 s로 보내며 u를 변화시키지 않는 치환을 나타낸다.

대칭군 S_4의 상황이 S_3의 상황으로 간단하게 변한 것은 $V_4 = \{1, (12)(34),\ (13)(24), (14)(23)\}$이 S_4의 정규부분군이기 때문이다.

$S_4/V_4 = \{\ V_4,\ (12)V_4,\ (23)V_4,\ (13)V_4,\ (123)V_4,\ (132)V_4\ \}$에서 다음을 주목한다.

- 임의의 $\sigma \in S_4$에 대하여 $\sigma V_4 = V_4 \sigma$이다. 이는 V_4가 S_4의 정규부분군이라는 말과 같은 말이다.

- 상군 S_4/V_4는 S_3와 동형이다.

이제, 상군 $S_4/V_4 \simeq S_3$에서 다음을 알 수 있다.

> 사차다항식의 풀이과정에서 일단 삼차다항식 하나를 풀어야 한다. 앞에서 언급하였듯이, 삼차다항식의 풀이는 간단한(특수한) 형태의 삼차다항식 하나와 이차다항식 하나를 푸는 문제로 귀착된다.

한편, V_4의 부분군 $H = \langle (12)(34) \rangle$에 대하여 $H \simeq \mathbb{Z}_2$이고 $V_4/H \simeq \mathbb{Z}_2$에서 다음을 알 수 있다.

> 사차다항식의 풀이 과정에서 두 개의 이차다항식 풀이가 추가로 필요하다. 결국, 사차방정식의 풀이는 $X^3 = A$ 꼴의 삼차방정식 하나와 $X^2 = B$, $X^2 = C$, 그리고 $X^2 = D$ 꼴의 이차방정식 세 개의 풀이로 바뀌게 된다.

이게 갈루아 이론이 말하는 바이다. 좀 더 자세히 알아보자.

자연수 $n \geq 2$의 '소인수분해'를 알면 n의 '모든 약수', '약수의 개수' 등을 쉽게 구할 수 있다. 유한군에 대해서도 다음과 같이 유한군의 '분해(decomposition)'를 생각할 수 있다.

대칭군 S_4는 정규부분군 V_4를 가진다. 이 사실로부터 S_4를 두 개의 상군 $S_4/V_4 \simeq S_3$와 $V_4/\{1\} \simeq V_4$로 '분해'할 수 있다.

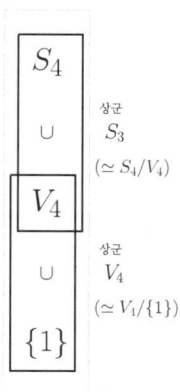

대칭군 S_4를 분해하여 얻은 두 개의 상군 S_3와 V_4 중 먼저 S_3를 살펴보자. 군 S_3는 정규부분군 A_3를 가진다. 따라서 S_3는 다시 두 개의 상군 $S_3/A_3 \simeq \mathbb{Z}_2$와 $A_3/\{1\} \simeq A_3 \simeq \mathbb{Z}_3$로 분해된다. 한편, V_4는 정규부분군 $H = \langle (12)(34) \rangle$를 가진다. 따라서 V_4 역시 다시 두 개의 상군 $V_4/H \simeq \mathbb{Z}_2$와 $H/\{1\} \simeq H \simeq \mathbb{Z}_2$로 분해된다.

지금까지 S_4를 분해하여 세 개의 $\mathbb{Z}_2$와 한 개의 $\mathbb{Z}_3$을 얻었다. 그러나 $\mathbb{Z}_2$와 $\mathbb{Z}_3$는 이와 같은 방법으로 더 이상 분해할 수 없다. 왜냐하면 $\mathbb{Z}_2$와 $\mathbb{Z}_3$는 모두 $\{1\}$과 자기 자신 외에는 (정규)부분군을 가지지 않기 때문이다.

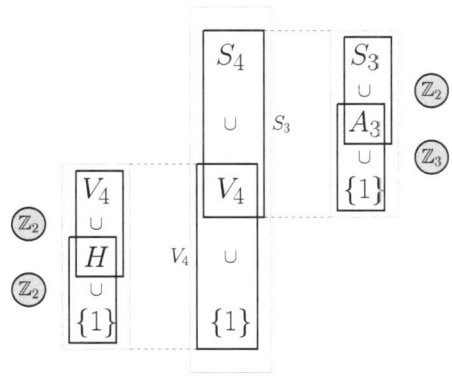

세 개의 Z_2와 한 개의 Z_3를 대칭군 S_4의 구성인자(composition factor)라고 한다. 1과 자신만을 약수로 가지는 소수들이 2이상의 자연수를 건설하기 위한 기본 벽돌이라면 '{1}과 자신만을 정규부분군으로 가지는 유한군'들은 유한군을 건설하기 위한 기본벽돌이다. 대칭군 S_4를 세 개의 Z_2와 한 개의 Z_3을 쌓아올려 만든 군으로 이해할 수 있다.

여광: 소인수분해처럼 유한군을 더 이상 분해되지 않는 군들로 분해한다는 것이 매우 인상적입니다.

여휴: 어떤 대상을 연구할 때 이를 더 이상 분해되지 않는 입자들로 분해하여 이들로부터 그 대상의 성질을 설명하는 경우가 많습니다.

여광: 소인수분해와 비교하면서 유한군을 구성인자들로 분해하는 것에 대해 좀 더 알고 싶습니다.

여휴: 좋은 생각입니다. 소인수분해는 아주 익숙한 개념이니까요.

여광: 사실 여러 개의 소수들의 곱인 자연수가 주어지면 다양한 방법으로 소인수분해를 할 수 있습니다. 예를 들어 12를 먼저 2×6으로 분해한 뒤 6을 다시 2×3으로 분해하여 $12 = 2^2 \times 3$을 구할 수 있지만 12를 3×4로 분해한 뒤 4를 다시 2^2로 분해하여 $12 = 2^2 \times 3$을 구할 수도 있습니다.

여휴: 맞습니다. 어떠한 방식으로 구해도 같은 결과를 얻을 수 있습니다. 이를 '정수론의 기본 정리(Fundamental Theorem of Arithmetic)'라고도 부르죠.

여광: 유한군을 구성인자들로 분해하는 경우에도 그럴까요? 예를 들어 대칭군 S_4를 분해하려고 할 때 필자처럼 S_4의 정규부분군 V_4를 택하여 S_3와 V_4를 얻을 수 있지만 정규부분군 A_4를 택하여 Z_2와 A_4를 얻을 수도 있습니다. 이제 A_4를 다시 분해해보면……. 결국 이 방법으로도 세 개의 Z_2와 한 개의 Z_3를 얻었네요!

여휴: 사실 유한군을 어떠한 방식으로 분해하여도 같은 구성인자들을 얻을 수 있다는 것을 보

일 수 있습니다. 이를 보이기 위해서 '동형정리' 등의 사실이 이용되니 다음에 다른 추상대수학 책을 찾아보는 것으로 하죠.

여광: 필자가 더 이상 분해되지 않는 유한군들을 유한군을 구성하는 벽돌이라고 한 이유이군요. 두 개의 유한군을 쌓아올릴 때 사용한 벽돌들이 다르면 두 개의 유한군은 반드시 다르다는 것이죠?

여휴: 그렇습니다. 소인수분해와 닮은 면이 많이 있죠.

여광: 벽돌 얘기가 나와서 말인데 어떤 유한군을 구성하는 데 사용한 벽돌들을 모두 알고 있다면 원래의 유한군을 다시 복원할 수 있을까요? 자연수의 경우에는 어떤 자연수를 구성하는 데 사용한 벽돌들을 모두 알고 있으면 원래의 수를 구할 수 있잖아요. 예를 들어 어떤 수가 세 개의 2, 한 개의 3, 한 개의 5로 구성되었다는 것을 알면 그 수를 '$2^3 \times 3 \times 5 = 120$'와 같이 곱하여 구할 수 있습니다.

여휴: 이 질문에 대해서는 우리가 이미 살펴본 간단한 예를 통해 답할 수 있을 것 같군요. 먼저 순환군 Z_6를 분해해 볼까요?

여광: 원소의 개수가 여섯 개 밖에 되지 않으니 어렵지 않습니다. Z_6는 정규부분군 $N=\{0,2,4\}$를 가지므로 Z_6는 $Z_6/N \simeq Z_2$와 $N/\{0\} \simeq Z_3$로 분해됩니다. Z_2와 Z_3는 더 이상 분해되지 않으니 여기서 끝냅니다. 따라서 Z_6의 구성인자는 Z_2와 Z_3입니다.

여휴: 이미 대칭군 S_3의 구성인자가 Z_2와 Z_3라는 것을 확인했었죠?

여광: 역시 예상했던 대로 군의 이론은 간단하지 않습니다. 둘 다 Z_2와 Z_3로부터 구성되었지만 Z_6은 가환군이고 S_3는 비가환군이므로 이들은 분명히 다릅니다. 결국 사용한 벽돌뿐만 아니라 그 벽돌들을 '어떻게' 쌓아올렸는지도 함께 알아야 원래의 군을 복원할 수 있다는 것이군요.

여휴: 소수들로 자연수를 구성하는 방법은 여광 선생이 말씀하신대로 곱하는 방법이 유일한 반면 분해되지 않는 유한군들로 유한군을 구성하는 방법은 유일하지 않습니다. 가장 간단한 방법으로는 '직적(direct product)'이 있고 그 이외에도 '반직적(semidirect product)', '중심

확대(central extension)' 등이 있습니다.

군론의 기본적인 사실들을 이용하면 다음을 증명할 수 있다.

유한군 G의 구성인자가 H_1, H_2, $\cdots$, H_t이면 다음을 만족시키는 G의 부분군열 $G = G_0 \geq G_1 \geq G_2 \geq \cdots \geq G_t = \{1\}$과 치환 $\sigma \in S_t$가 존재한다.
- 각각의 i $(i=1, \cdots, t)$에 대하여 G_i 는 G_{i-1} 의 정규부분군이다.
- 각각의 i $(i=1, \cdots, t)$에 대하여 $G_{i-1}/G_i \simeq H_{\sigma(i)}$이다.

다시 말해 유한군 G의 구성인자 H_1, H_2, $\cdots$, H_t가 상군으로서 정확히 한 번씩 나타나는 G의 부분군열이 존재한다.

위 사실을 대칭군 S_4의 경우를 통해 확인해보자. 대칭군 S_4의 구성인자는 세 개의 $\mathbb{Z}_2$와 한 개의 $\mathbb{Z}_3$이다. 다음과 같은 S_4의 부분군열을 생각할 수 있다.

$$S_4 \geq A_4 \geq V_4 \geq H \geq \{1\}$$

이미 앞에서 다음 사실을 확인하였다.

- A_4는 S_4의 정규부분군이고 $S_4/A_4 \simeq \mathbb{Z}_2$이다.
- V_4는 A_4의 정규부분군이고 $A_4/V_4 \simeq \mathbb{Z}_3$이다.
- H는 V_4의 정규부분군이고 $V_4/H \simeq \mathbb{Z}_2$이다.
- $\{1\}$은 H의 정규부분군이고 $H/\{1\} \simeq \mathbb{Z}_2$이다.

따라서 위 부분군열에서 세 개의 $\mathbb{Z}_2$와 한 개의 $\mathbb{Z}_3$가 등장한다.

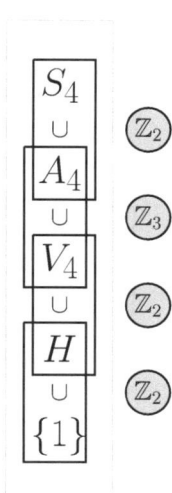

여광: 필자가 말한 조건을 만족시키는 부분군열을 찾는 것이 쉽지 않아 보입니다. 필자는 어떻게 S_3의 정규부분군 A_3로부터 S_4의 정규부분군 A_4를 찾아낸 것일까요?

여휴: 앞에서 S_4/V_4와 S_3가 동형이라는 것을 확인했습니다. S_4/V_4의 원소들이 S_3의 어떤 원소들과 각각 대응되는지 기억하나요?

여광: 기억합니다. 먼저 상군 S_4/V_4의 모든 원소들을 다음과 같이 쓸 수 있습니다.

$$V_4, \ (12)V_4, \ (23)V_4, \ (13)V_4, \ (123)V_4, \ (132)V_4$$

이 때 V_4는 1로, $(12)V_4$는 (12)로, $(13)V_4$는 (13)으로, $(123)V_4$는 (123)으로, 마지막으로 $(132)V_4$는 (132)로 대응됩니다.

여휴: 맞습니다. $A_3 = \{1, (123), (132)\}$가 S_3의 정규부분군이므로 $\{V_4, (123)V_4, (132)V_4\}$가 S_4/V_4의 정규부분군이라고 할 수 있습니다. 이제 이 정규부분군에 등장하는 잉여류 $V_4, (123)V_4, (132)V_4$의 합집합을 계산해봅시다.

여광: 앞에서 이미 계산했습니다. A_4이군요!

여휴: 다른 군에 대해서도 이와 같은 방법으로 찾을 수 있습니다. 군 G의 정규부분군 N에 대

하여 상군 G/N이 정규부분군 $\{xN, yN, \cdots\}$을 가지면 $xN \cup yN \cup \cdots$는 G의 정규부분군이 되며 N을 정규부분군으로 가집니다. 뿐만 아니라 $(G/N)/\{xN, yN, \cdots\}$는 $G/(xN \cup yN \cup \cdots)$과 동형이고 $\{xN, yN, \cdots\}/\{N\}$은 $(xN \cup yN \cup \cdots)/N$과 동형입니다.

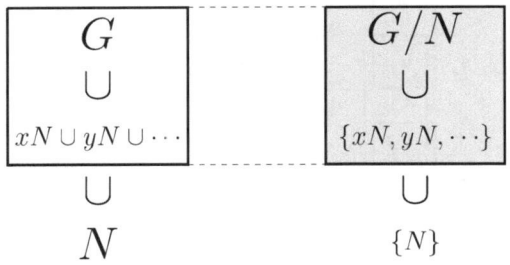

$$G/(xN \cup yN \cup \cdots) \simeq (G/N)/\{xN, yN, \cdots\}$$

이 사실은 '대응정리(correspondence theorem)'라고 불립니다. 이를 보이기 위해서는 역시 '동형정리' 등이 요구되니 자세한 내용은 추상대수학 책을 찾아보는 것으로 합시다.

여광: 그렇게 합시다. 결국 이 과정을 반복하면 필자가 말한 조건을 만족시키는 부분군열을 찾을 수 있게 되는군요.

여휴: 맞습니다.

2이상의 자연수의 소인수분해와 마찬가지로 유한군 G의 구성인자들로부터 G의 성질을 유추할 수 있다. 특히, 다항식으로부터 얻어진 군의 구성인자들이 모두 Z_p (p는 소수) 꼴인지 아닌지에 따라 다항식의 가해성이 결정된다는 것은 갈루아 이론의 핵심이다.

이차, 삼차, 사차다항식의 경우를 통해 확인하였듯이 Z_p (p는 소수) 꼴의 구성인자는 다항식의 근의 공식을 구하기 위해서 $X^p = A$ 꼴의 방정식을 풀어야 한다는 것을 의미한다.

2. 정규부분군의 역할

정규부분군의 중요성을 살펴보기 위해 다음 몇 가지 예를 생각하자.

- 삼차방정식과 관련하여 S_3은 정규부분군 A_3가 존재하므로 일반적으로 주어진 삼차방정식은 $X^3 = A$ 꼴과 $X^2 = B$ 꼴의 방정식 풀이로 귀착된다.
- 앞에서 사차다항식 $x^4 + ax^3 + bx^2 + cx + d$의 네 근을 α, β, γ, δ라고 하고, $v = \alpha + \beta i + \gamma i^2 + \delta i^3 = \alpha + \beta i - \gamma - \delta i$를 생각하였을 때, v^4의 값은 S_4에 속하는 24개의 치환에 의해 여섯 개를 취하기 때문에 방정식을 푸는 데에 아무런 도움이 되지 않는다. 그 이유는 v^4을 변하지 않게 하는, 즉 v^4를 고정(fix)시키는, S_4의 정규부분군이 1 외에는 없기 때문이다. 이와는 달리, $s = \alpha\beta + \gamma\delta$를 고정시키는 S_4의 정규부분군 V_4가 존재한다. 실제로, S_4는 자명하지 않은 정규부분군으로서 A_4와 V_4만을 가진다.
- S_4의 24개 치환 중에서 $s = \alpha\beta + \gamma\delta$을 변하지 않게 하는 것 전체의 집합을 H라고 하면 H는 다음과 같다.

$$H = \{1, (12)(34), (13)(24), (14)(23), (12), (34), (1324), (1423)\}$$

여광: S_4의 원소 중에서 $s = \alpha\beta + \gamma\delta$를 고정시키는 것이 V_4의 원소만이 아니군요.

여휴: 그렇습니다. H의 모든 원소가 s를 고정시킨다는 것은 쉽게 확인할 수 있죠?

여광: 그렇습니다. 그런데 S_4의 원소 중에서 s를 고정시키는 것이 'H의 원소 밖에는 없다'는 주장에는 아직 확신이 없어요.

여휴: 좋은 불신입니다. 어떻게 설명하면 여광 선생의 불신이 불식될까요?

여광: H의 원소가 아닌 $\sigma \in S_4$가 있다고 합시다. σ가 s를 고정시키지 않는다는 것을 보여야 합니다. 그러기 위해서는 ……. 그러기 위해서는 …….

여휴: 그 다음 이야기가 이어지지 않나요?

H에 의한 잉여류는 세 개 있으며 그 중의 하나는 H 자체이고 다른 두 개의 잉여류는 다음과 같다. 치환의 연산은, 관례에 따라, 오른쪽에서 왼쪽으로 하는 것으로 한다.

$$(13)H = \{(24), (1432), (13), (1234), (142), (243), (134), (123)\}$$
$$(23)H = \{(14), (23), (1342), (1243), (132), (234), (124), (143)\}$$

S_4의 부분군 H에 의한 세 개의 잉여류 H, $(13)H$, $(23)H$에 대하여 (13)과 (23) 모두는 s를 고정시키지 않으므로 두 개의 잉여류 $(13)H$, $(23)H$ 각각에 속하는 모든 원소는 s를 고정시키지 않는다.

집합 S_4는 세 개의 부분집합 H, $(13)H$, $(23)H$로 분할(partition)된다. 따라서 S_4의 원소 중에서 s를 고정시키는 것은 H의 원소 밖에 없다.

여휴: 여광 선생의 불신이 불식되었나요?

여광: 그렇습니다. s를 고정시키는 것이 H의 원소 밖에는 없다는 것은 알겠습니다. 다른 두 원소 $t = \alpha\gamma + \beta\delta$와 $u = \alpha\delta + \beta\gamma$ 각각을 고정시키는 것도 H의 원소인가요?

이제, 세 개의 잉여류 H, $(13)H$, $(23)H$에 의하여 $t = \alpha\gamma + \beta\delta$, $u = \alpha\delta + \beta\gamma$가 어떻게 변하는지 살펴보자.

아래 표는 각 잉여류에 의한 s, t, u 각각의 변화를 나타낸 것이다.

	s	t	u
$H = V_4 \cup (12)V_4$	s	t 또는 u	t 또는 u
$(13)H = (13)V_4 \cup (123)V_4$	u	s 또는 t	s 또는 t
$(23)H = (23)V_4 \cup (132)V_4$	t	s 또는 u	s 또는 u

사실, H는 S_4의 정규부분군이 아니다. 예를 들어, 다음을 확인할 수 있다.

$$H(13) = V_4(13) \cup (12)V_4(13) = (13)V_4 \cup (132)V_4 \neq (13)H$$

여기서 $(12)V_4(13)$과 $(132)V_4$가 같다는 것은 V_4가 S_4의 정규부분군이므로 $V_4(13) = (13)V_4$라는 사실을 이용하면 알 수 있다.

한편, H에 관한 우잉여류를 활용하면 다음 표를 얻을 수 있다.

	s	t	u
H	s	t 또는 u	t 또는 u
$H(13)$	t 또는 u	t 또는 u	s
$H(23)$	t 또는 u	s	t 또는 u

이 상황은 좌잉여류를 사용하는 경우와 완전히 다르다. 좌잉여류 또는 우잉여류 어느 것과도 무관한 규칙성이 없다. 따라서 부분군 H에 의해서는 방정식의 차수를 줄이는 데 성공할 수 없다는 것을 알 수 있다. 이는 H가 S_4의 정규부분군이

아니기 때문이다.

그러나 H의 부분군 V_4는 S_4의 정규부분군이다. 이 사실이 사차다항식을 풀 수 있게 하는 열쇠로서 사차다항식을 삼차와 이차로 차수를 줄이게 하는 역할을 한다.

사실, $S_4/V_4 \simeq S_3$는 A_3와 동형인 정규부분군을 가지고, V_4는 위수가 4인 가환군으로서 위수가 2인 정규부분군을 가진다. 결국, 일반적인 사차다항식은 $X^3 = A$ 꼴 한 개와 $X^2 = B$ 꼴 세 개를 푸는 문제로 귀착된다. 여기서 $|S_4| = 24 = 2 \times 2 \times 2 \times 3$임을 주목한다.

여광: 정규부분군의 특징이 두드러지는군요. 예를 들어, $H(13)$과 $(13)H$가 다르기 때문에 S_4를 부분군 H를 이용하여 동치류로 분할할 때 그 동치류들을 일관성 있게 나타내기도 쉽지 않아요.

여휴: 더 나아가 $(13)H = (24)H$ 이고 $(23)H = (14)H$이지만
$(13)(23)H \neq (24)(14)H$
라서 S_4의 H에 의한 동치류 전체의 집합 $\{1, (13)H, (23)H\}$에 연산을 자연스럽게 정의하기도 어렵습니다.

여광: 쉽게 말하면, H는 S_4의 정규부분군이 아니기 때문에 상군을 구성할 수 없다는 거죠?

여휴: 예, 그렇습니다. 다시 말하면, S_4의 부분군 H는 정규부분군이 아니므로 H를 이용하여 S_4를 동치류로 분할할 때 그 동치류들이 군 즉 상군의 구조를 가지지 못합니다.

여광: 이와는 다르게 S_4의 부분군 V_4는 정규부분군이므로 V_4를 이용하여 S_4를 동치류로 분할할 때 그 동치류들이 군 즉 상군의 구조를 가지게 되므로 일반적인 사차다항식의 풀이가 삼차다항식 또는 이차다항식의 풀이로 귀착되는군요.

여휴: 그렇습니다.

3. 분해체

근의 공식 문제는 주어진 다항식의 모든 근을 적절한 형태의 수들의 덧셈, 뺄셈, 곱셈, 나눗셈, 그리고 거듭제곱근을 사용하여 나타낼 수 있는 지를 살피는 문제이다.

우리가 생각하는 집합은 덧셈, 뺄셈, 곱셈, 나눗셈을 계산함에 전혀 지장이 없어야 한다.

유리수 전체의 집합은 그러한 집합이다. 이런 의미에서 $\mathbb{Q}$ 를 '유리수체 $\mathbb{Q}$'라고 한다. 집합 $\mathbb{Q}$ 가 작도가능성과 다항식의 가해성 문제에서 중요한 출발점이 되는 이유이다.

이제, 풀고자 하는 다항식이 주어진다. 우리가 생각하는 다항식은 유리수를 계수로 가지는 이차 이상의 다항식이므로 주어진 다항식의 근이 유리수가 아닐 가능성이 크다. 다시 말하여, 유리수 체 $\mathbb{Q}$ 는 주어진 다항식의 근을 가지고 있지 않을 수 있다. 예를 들어, $x^2 - 2 = 0$의 해는 $\mathbb{Q}$ 에 있지 않다.

따라서 $\mathbb{Q}$ 를 확장하여 주어진 다항식의 모든 근을 가지도록 한다. 여기서 두 가지를 유념한다.

- 확장된 집합은 체가 되어야 한다.
- 다항식의 근을 모두 가지는 체 중에서 가장 작도록 한다.

이러한 조건을 만족시키는 체를 $\mathbb{Q}$ 위에서 주어진 다항식의 '분해체(splitting field)'라고 한다. 다항식은 그 분해체 안에서 모든 근을 가지므로 일차인수들의 곱으로 '분해(split)'된다. 이 책에서 분해체는 중요한 개념이므로 여러 예를 들어보자.

가. 이차식

이차다항식 x^2-2의 두 근은 $\sqrt{2}$, $-\sqrt{2}$이다. 유리수체 $\mathbb{Q}$에 이 두 개의 근을 첨가한 체를 생각한다. 복소수 체 $\mathbb{C}$도 유리수체 $\mathbb{Q}$와 $\sqrt{2}$, $-\sqrt{2}$를 모두 포함하는 체이지만 너무 크다.

우리가 찾는 것은 $\mathbb{Q}$와 $\sqrt{2}$, $-\sqrt{2}$를 모두 포함하는 체 중에서 가장 작은 것이다. $\mathbb{Q}$와 $\sqrt{2}$, $-\sqrt{2}$를 모두 포함하는 체 중에서 가장 작은 체, 즉 다항식 x^2-2의 분해체를 찾는 것이다.

다항식 x^2-2의 분해체를 K로 나타내면, K는 모든 유리수와 $\sqrt{2}$를 품고 있으며 덧셈과 곱셈에 관하여 닫혀 있으므로, $a+b\sqrt{2}$ ($a, b \in \mathbb{Q}$) 꼴의 모든 수는 K의 원소이다.

한편, $a+b\sqrt{2}$, $a, b \in \mathbb{Q}$ 꼴의 수들로만 이루어진 집합

$$\{a+b\sqrt{2} \mid a, b \in \mathbb{Q}\}$$

는 체가 된다는 것을 쉽게 알 수 있다.

집합 $\{a+b\sqrt{2} \mid a, b \in \mathbb{Q}\}$가 체가 된다는 것을 증명하는 과정에서 약간의 계산이 필요한 부분은 $a+b\sqrt{2}$가 0이 아닐 때 곱셈에 관한 역원을 가지는 것을 보이는 것이다. 실제로, 그 과정을 '분모의 유리화'라고 한다.

다항식 x^2-2의 분해체는 $\{a+b\sqrt{2} \mid a, b \in \mathbb{Q}\}$이다. 이 체는 유리수 전체 $\mathbb{Q}$와 $\sqrt{2}$를 가지는 가장 작은 체이며 $\mathbb{Q}(\sqrt{2})$로 나타낸다.

한편, 체 $\mathbb{Q}(\sqrt{2})$는 $\mathbb{Q}$ 위에서 벡터공간으로 볼 수 있고, 기저는 $\{1, \sqrt{2}\}$이므로 $\mathbb{Q}(\sqrt{2})$는 $\mathbb{Q}$ 위에서 이차원 벡터공간이다.

이차다항식 $x^2 - 1$의 분해체가 $\mathbb{Q}$ 자체라는 것은 분명할 것이다.

나. 삼차식

삼차다항식의 예도 들어보자. 다항식 $x^3 - 2$는 세 개의 근 $\sqrt[3]{2}, \sqrt[3]{2}\omega, \sqrt[3]{2}\omega^2$을 가진다. 따라서 $x^3 - 2$의 분해체는 $\mathbb{Q}$와 $\sqrt[3]{2}, \sqrt[3]{2}\omega, \sqrt[3]{2}\omega^2$을 가지는 가장 작은 체이다. 이는 $\mathbb{Q}$, $\sqrt[3]{2}$, 그리고 ω를 가지는 가장 작은 체로서 $\mathbb{Q}(\sqrt[3]{2}, \omega)$이다. 여기서 잠시 계산을 더 하자.

- $\mathbb{Q}$는 $\mathbb{Q}(\sqrt[3]{2}, \omega)$의 부분집합이고, $\sqrt[3]{2}, \sqrt[3]{2}\omega, \sqrt[3]{2}\omega^2$은 모두 $\mathbb{Q}(\sqrt[3]{2}, \omega)$에 속한다. 따라서 $\mathbb{Q}(\sqrt[3]{2}, \omega)$는 $\mathbb{Q}, \sqrt[3]{2}, \sqrt[3]{2}\omega, \sqrt[3]{2}\omega^2$을 가지는 체이다.

- K를 $\mathbb{Q}, \sqrt[3]{2}, \sqrt[3]{2}\omega, \sqrt[3]{2}\omega^2$ 모두를 가지는 체라고 하자. $\omega = \frac{1}{2} \times (\sqrt[3]{2})^2 \times (\sqrt[3]{2}\omega)$이므로 $\omega \in K$이다. 따라서 $\mathbb{Q}(\sqrt[3]{2}, \omega)$는 K에 포함된다.

위의 세 사실로부터 $\mathbb{Q}$와 $\sqrt[3]{2}, \sqrt[3]{2}\omega, \sqrt[3]{2}\omega^2$를 가지는 가장 작은 체는 $\mathbb{Q}(\sqrt[3]{2}, \omega)$라는 것을 알 수 있다. 한편, 다음 사실을 기억하자.

- $\{1, \omega\}$는 $\mathbb{Q}(\sqrt[3]{2})$ 위에서의 벡터공간 $\mathbb{Q}(\sqrt[3]{2}, \omega)$의 기저이다.

- $\{1, \sqrt[3]{2}, \sqrt[3]{4}\}$는 $\mathbb{Q}$ 위에서의 벡터공간 $\mathbb{Q}(\sqrt[3]{2})$의 기저이다.

이상으로부터 $\{1, \sqrt[3]{2}, \sqrt[3]{4}, \omega, \sqrt[3]{2}\omega, \sqrt[3]{4}\omega\}$는 $\mathbb{Q}$ 위에서의 벡터공간 $\mathbb{Q}(\sqrt[3]{2}, \omega)$의 기저이다. 따라서 체 $\mathbb{Q}(\sqrt[3]{2}, \omega)$는 다음과 같은 꼴의 수 전체 집합이다.

$$a + \sqrt[3]{2}b + \sqrt[3]{4}c + \omega d + \sqrt[3]{2}\omega e + \sqrt[3]{4}\omega f \quad (a,b,c,d,e,f \in \mathbb{Q})$$

또한 $\mathbb{Q}(\sqrt[3]{2}, \omega)$는 $\mathbb{Q}$ 위에서 6차원 벡터공간이다. 즉,

$$[\mathbb{Q}(\sqrt[3]{2}, \omega) : \mathbb{Q}] = 6$$

이다.

삼차다항식 $(x-1)(x-2)(x-3)$의 분해체는 $\mathbb{Q}$ 이고, 삼차다항식 $x^3 - 1 = (x-1)(x^2+x+1)$의 분해체는 x^2+x+1의 분해체 $\mathbb{Q}(\omega)$이다.

다. 사차식

사차다항식 $(x^2-2)(x^2-3)$의 분해체는 $\mathbb{Q}(\sqrt{2}, \sqrt{3})$이고, x^4-1의 분해체는 $\mathbb{Q}(i)$이다. x^4-2의 분해체를 계산하여 보자. x^4-2의 네 근은 다음과 같다.

$$\sqrt[4]{2}, \ -\sqrt[4]{2}, \ \sqrt[4]{2}i, \ -\sqrt[4]{2}i$$

다항식 x^3-2의 경우와 같은 방법으로 x^4-2의 분해체는 다음과 같음을 알 수 있다.

$$\mathbb{Q}(\sqrt[4]{2})(i) = \mathbb{Q}(\sqrt[4]{2}, i) = \mathbb{Q}(i)(\sqrt[4]{2})$$

라. 오차식

오차다항식 $(x-1)^2(x^3-2)$의 분해체는 x^3-2의 분해체 $\mathbb{Q}(\sqrt[3]{2}, \omega)$이다. x^5-1의 분해체는 $x^4+x^3+x^2+x+1$의 분해체로서 $\mathbb{Q}(\zeta)$이다. 여기서 ζ는 $\zeta = e^{\frac{2\pi i}{5}} = \cos\frac{2\pi}{5} + i\sin\frac{2\pi}{5}$이다. $x^4+x^3+x^2+x+1$의 네 근은 $\zeta, \zeta^2, \zeta^3, \zeta^4$이기 때문이다. 이러한 ζ에 관해서는 다시 언급할 것이다.

4. 갈루아군

K가 체라고 할 때, K에서 K로의 동형사상 전체의 집합 $\text{Aut}(K) = \text{Aut}(K) = \{\sigma \mid \sigma : K \to K \text{ 는 동형사상}\}$을 생각하자. 이 집합 $\text{Aut}(K)$에 사상(함수)의 합성 연산을 생각하면, $\text{Aut}(K)$는 군을 이룸을 쉽게 보일 수 있다.

여광: 먼저 '동형사상'이란 용어를 분명하게 해야 할 것 같습니다.

여휴: 앞서 G와 G'을 두 개의 군이라고 할 때 일대일대응 $f : G \to G'$이 군 G의 모든 원소 x, y에 대하여 $f(xy) = f(x)f(y)$를 만족시키면 f를 동형사상이라고 했습니다. 체 K에서 K로의 동형사상도 같은 방법으로 정의됩니다. 다만 군이 하나의 연산을 가지는 반면 체는 두 개의 연산(덧셈, 곱셈)을 가지는 것에 주목합시다. 일대일대응 $\sigma : K \to K$가 K의 모든 원소 x, y에 대하여 $\sigma(x+y) = \sigma(x) + \sigma(y)$, $\sigma(xy) = \sigma(x)\sigma(y)$를 만족시키면 σ를 K의 자기동형사상(automorphism)이라고 부릅니다. $\text{Aut}(K)$에서 Aut가 영어 'automorphism'에서 온 것입니다.

여광: Aut(K)이 정말로 군의 구조를 가지는지 살펴보면 좋을 것 같습니다.

여휴; 좋은 생각이십니다. 함께 하나 하나 확인하여 봅시다.

여광: Aut(K)에서의 연산은 함수의 합성이 되겠습니다. 동형사상에 동형사상을 합성하면 동형사상이므로 Aut(K)는 연산에 관하여 닫혀 있습니다.

여휴: 함수의 합성성, 즉 사상의 합성에 관해서 결합법칙이 성립하는 것은 잘 알려진 사실입니다.

여광: 항등사상이 연산에 관한 항등원이 되겠습니다.

여휴: 동형사상은 역사상을 가지고 그 역사상 역시 Aut(K)의 원소입니다. 따라서 Aut(K)의 모든 원소는 연산에 관한 역원을 가집니다.

여광: 그런데 '자기동형사상'은 왜 생각하는 것입니까? 지금까지 '동형사상'은 서로 '다른' 두 개의 군 혹은 체가 대수적으로 '구조'가 같은지 비교하기 위해 필요한 개념이라고 생각했습니다. 그런데 이미 같다고 알고 있는 체 위에서의 '자기동형사상'은 왜 필요합니까?

여휴: 여광 선생 말씀도 맞습니다. 하지만 자기동형사상도 주어진 체의 구조에 관한 많은 정보를 담고 있습니다. 이전에 정사각형의 대칭성을 어떻게 설명하였는지 기억하십니까?

여광: 기억합니다. 주어진 정사각형을 '그대로' 보존시키는 등거리변환들을 이용했습니다. 이들은 합성연산에 관해 군을 이루고, 이 군을 정이면체군이라고 했습니다.

여휴: 마찬가지입니다. 이번에도 주어진 체의 대칭성을 설명하기 위해 주어진 체를 '그대로' 보존시키는 동형사상들을 이용한 것입니다.

여광: 그렇군요! 정이면체군처럼 시각적으로 그 대칭이 보이진 않지만 같은 원리로 체의 구조를 알아보기 위해 도입된 개념으로 이해해도 되겠지요?

여휴: 맞습니다.

이제 동형사상 중에서 특별한 것을 생각하자. 예를 들어, 다항식 $x^2 - 2$의 분해체 $K = \mathbb{Q}(\sqrt{2})$에서 $K = \mathbb{Q}(\sqrt{2})$로의 동형사상 중 유리수는 변화시키지 않는 것 전체의 집합 $G(K/\mathbb{Q})$를 생각하자.

$$G(K/\mathbb{Q}) = \{\sigma \mid \sigma : K \to K \text{는 동형사상}, \ \sigma\mid_{\mathbb{Q}} = I\}$$

여기서 $\sigma\mid_{\mathbb{Q}} = I$ 는 동형사상 σ를 $\mathbb{Q}$에 축소시키면 $\mathbb{Q}$에서 항등함수가 된다는 것을 나타내며 σ는 유리수를 변화시키지 않는다는 뜻이다. 다시 말하면, $G(K/\mathbb{Q})$의 원소는 K 위에서의 동형사상 σ로서 모든 유리수 x에 관해서 $\sigma(x) = x$인 성질을 만족시키는 것이다.

$G(K/\mathbb{Q})$는 군이 되며, 이 군을 $\mathbb{Q}$ 위에서 다항식 $x^2 - 2$의 '갈루아군(Galois group)'이라고 한다.

여광: 유리수계수다항식의 분해체 K는 유리수체 $\mathbb{Q}$의 확대체입니다. K에서 K로의 동형사상 σ에 대하여 $\sigma(1) = 1$이므로 σ는 모든 유리수를 변화시키지 않습니다. 따라서 다음이 성립합니다.

$$G(K/\mathbb{Q}) = \mathrm{Aut}(K) = \{\sigma \mid \sigma : K \to K \text{는 동형사상}\}$$

여휴: 좋은 지적입니다. '$\sigma(1) = 1$'이라는 사실로부터 σ는 모든 유리수를 변화시키지 않는다는 것을 어떻게 설명할 수 있을까요?

여광: 다음과 같이 하면 되지 않을까요?

먼저, $\sigma(0) = 0$입니다.

$\sigma(1) = 1$이므로 모든 자연수를 고정시킵니다.

n이 자연수라고 하면 $0 = \sigma(0) = \sigma(n-n) = \sigma(n) + \sigma(-n)$입니다.

따라서 $\sigma(-n) = -\sigma(n) = -n$입니다.

결국 σ는 모든 정수를 고정시킵니다.

한편, 자연수 n에 대하여 σ는 $\frac{1}{n}$을 고정시킵니다. 즉 $\sigma\left(\frac{1}{n}\right) = \frac{1}{n}$입니다. 이유는 다음과 같습니다.

$$1 = \sigma(1) = \sigma\left(n \times \frac{1}{n}\right) = \sigma(n) \times \sigma\left(\frac{1}{n}\right) = n \times \sigma\left(\frac{1}{n}\right)$$

이제 임의의 유리수 $\frac{m}{n}$ (m은 정수, n은 자연수)에 대하여 다음이 성립합니다.

$$\sigma\left(\frac{m}{n}\right) = \sigma\left(m \times \frac{1}{n}\right) = \sigma(m) \times \sigma\left(\frac{1}{n}\right) = m \times \frac{1}{n} = \frac{m}{n}$$

여휴: 결국 σ는 모든 유리수를 고정시키는군요.

$\mathbb{Q}$의 확대체 F에 대하여 $f(x)$가 F의 원소들을 계수로 가지는 다항식이라고 하자. F위에서 다항식 $f(x)$의 분해체를 K라고 할 때 'F 위에서' 다항식 $f(x)$의 갈루아군을 생각할 수 있다.

$$G(K/F) = \{\sigma \mid \sigma : K \to K \text{ 는 동형사상}, \sigma\mid_F = I\}$$

이 책에서는 특히 유리수체 $\mathbb{Q}$와 더불어, 모든 유리수와 $x^p - 1$ (p는 소수)의 모든 근들을 품는 가장 작은 체위에서 갈루아군을 생각한다. 다음 사실은 갈루아 이론에서 자주 이용된다.

> K가 F의 확대체이고 $f(x)$가 F의 원소들을 계수로 가지는 다항식이라고 하자. $u \in K$가 $f(x)$의 근이고 $\sigma \in G(K/F)$이면, $\sigma(u)$도 $f(x)$의 근이다.

이 책에서는 증명을 하지 않는 주장도 있으나 위의 주장은 증명해보자. 이 사실이 우리에게 중요하기도 하거니와 재미있게 증명될 수 있기 때문이다.

먼저, 증명 전에 다음을 주목하자. 체 K 위에서의 동형사상 $\sigma : K \to K$에 대하여 $\sigma(0) = 0$이다. 이유는 다음과 같다.

$$\sigma(0) = \sigma(0+0) = \sigma(0) + \sigma(0)$$

K의 원소 $\sigma(0)$는 $\sigma(0)+\sigma(0)$라는 성질을 가진다. K는 체로서 덧셈에 관한 군이므로 $\sigma(0)$의 덧셈에 관한 역원 $-\sigma(0)$이 K에 존재한다. $\sigma(0)=\sigma(0)+\sigma(0)$의 양변에 $-\sigma(0)$을 더하면 $0=\sigma(0)$을 얻는다.

왜, u가 $f(x)$의 근이면 $\sigma(u)$도 그러한지 알아보자. 즉, $f(u)=0$이면 $f(\sigma(u))=0$임을 보이고자 하는 것이다.

먼저, $f(x)=c_0+c_1x+c_2x^2+\cdots+c_nx^n$ ($c_0, c_1, c_2, \cdots, c_n \in F$)라고 하면 u가 $f(x)$의 근이므로 $c_0+c_1u+c_2u^2+\cdots+c_nu^n=0$이다. $\sigma \in G(K/F)$이므로 각각의 $c_i \in F$ ($i=0, 1, 2, \cdots, n$)에 대하여 $\sigma(c_i)=c_i$이다. $\sigma \in G(K/F)$는 F의 모든 원소를 고정시키기 때문이다. 다음을 알 수 있다.

$$\begin{aligned}0 = \sigma(0) &= \sigma(c_0+c_1u+c_2u^2+\cdots+c_nu^n)\\ &= \sigma(c_0)+\sigma(c_1)\sigma(u)+\sigma(c_2)(\sigma(u))^2+\cdots+\sigma(c_n)(\sigma(u))^n\\ &= c_0+c_1\sigma(u)+c_2(\sigma(u))^2+\cdots+c_n(\sigma(u))^n\\ &= f(\sigma(u))\end{aligned}$$

따라서 $\sigma(u)$는 $f(x)$의 근이다.

앞에서 이차다항식, 삼차다항식, 사차다항식, 오차다항식 각각에 관련되는 대칭군은 S_2, S_3, S_4, S_5라고 하였다. 왜 그러한지 이제는 어렵지 않게 설명할 수 있다.

유리계수를 가지는 이차다항식 $f(x)$의 두 근을 α, β라고 하면 $\mathbb{Q}$ 위에서 $f(x)$의 분해체는 $\mathbb{Q}(\alpha, \beta)$이다. 또한 $\mathbb{Q}(\alpha, \beta)$의 모든 원소는 유리수와 α, β의 사칙연산으로 나타낼 수 있음에 주목하자. 따라서 갈루아군 $G(K/\mathbb{Q})$의 원소 σ는 α와 β를 각각 어디에 대응시키는지에 의해 완전히 결정된다. 예를 들어

$\mathbb{Q}(\alpha,\beta)$의 원소 $\frac{\alpha-\beta^2}{3}+\alpha\beta$는 동형사상 σ에 의해 $\frac{\sigma(\alpha)-(\sigma(\beta))^2}{3}+\sigma(\alpha)\sigma(\beta)$로 대응된다. 한편, 갈루아군 $G(K/\mathbb{Q})$에 속하는 임의의 σ에 대하여 $\sigma(\alpha)$는 α이거나 β이다. 즉, σ를 집합 $\{\alpha,\beta\}$의 대칭군 S_2의 원소로 볼 수 있다.

같은 방법으로, 삼차다항식의 갈루아군은 대칭군 S_3이거나 S_3의 부분군임을 알 수 있다. 몇 가지 예를 들어보자.

- $K=\mathbb{Q}(\sqrt{2})$는 $\mathbb{Q}$ 위에서 $f(x)=x^2-2$의 분해체이고 $\sqrt{2}$는 $f(x)$의 근이다. 임의의 $\sigma \in G(K/\mathbb{Q})$에 대하여 $\sigma(\sqrt{2})$도 $f(x)$의 근이므로 $\sigma(\sqrt{2})$는 $\sqrt{2}$이든가 $-\sqrt{2}$이다. 즉, σ는 다음 두 가지 중 하나를 만족시킨다.

$$\sqrt{2}\mapsto\sqrt{2} \quad \text{또는} \quad \sqrt{2}\mapsto-\sqrt{2}$$

첫 번째 경우는 항등사상을 나타낸다. 두 번째의 경우에는 임의의 $a+b\sqrt{2}\in K$에 대하여 다음이 성립하여야 한다.

$$\sigma(a+b\sqrt{2})=\sigma(a)+\sigma(b\sqrt{2})=\sigma(a)+\sigma(b)\sigma(\sqrt{2})$$
$$=a+b\sigma(\sqrt{2})=a-b\sqrt{2}$$

간단한 계산을 통하여 $\sigma(a+b\sqrt{2})=a-b\sqrt{2}$로 정의된 일대일대응 $\sigma:K\to K$는 동형사상임을 확인할 수 있다. 즉 임의의 $a+b\sqrt{2}$, $c+d\sqrt{2}$ $\in K$에 대하여 다음이 성립함을 보일 수 있다.

$$\sigma((a+b\sqrt{2})+(c+d\sqrt{2}))=\sigma(a+b\sqrt{2})+\sigma(c+d\sqrt{2}),$$
$$\sigma((a+b\sqrt{2})(c+d\sqrt{2}))=\sigma(a+b\sqrt{2})\sigma(c+d\sqrt{2})$$

따라서 σ는 $G(K/\mathbb{Q})$의 원소이며 두 번째 경우를 만족시킨다. 한편, 다음이 성립한다.

$$\sigma^2(\alpha) = \sigma(a - b\sqrt{2}) = a + b\sqrt{2}$$

따라서 $G(K/\mathbb{Q})$는 위수가 2인 순환군 $\mathbb{Z}_2$이다.

- $K = \mathbb{Q}(\omega)$는 $\mathbb{Q}$ 위에서 $f(x) = x^2 + x + 1$의 분해체이고 ω는 $f(x)$의 근이다. 임의의 $\sigma \in G(K/\mathbb{Q})$에 대하여 $\sigma(\omega)$도 $f(x)$의 근이므로 $\sigma(\omega)$는 ω이든가 ω^2이다. 즉, σ는 다음 두 가지 중 하나를 만족시킨다.

  $\omega \mapsto \omega$ 또는 $\omega \mapsto \omega^2$

  앞에서와 마찬가지로 각각의 경우를 만족시키는 $G(K/\mathbb{Q})$의 원소가 존재함을 보일 수 있다. 즉 $G(K/\mathbb{Q})$는 위수가 2인 순환군 $\mathbb{Z}_2$임을 알 수 있다.

- $K = \mathbb{Q}(\sqrt[3]{2}, \omega)$는 $\mathbb{Q}$ 위에서 $x^3 - 2$의 분해체이고, $\sqrt[3]{2}, \sqrt[3]{2}\omega, \sqrt[3]{2}\omega^2$은 $x^3 - 2$의 근이며, ω와 ω^2은 $x^2 + x + 1$의 근이다. 따라서 임의의 $\delta \in G(K/\mathbb{Q})$에 대하여 $\delta(\sqrt[3]{2})$는 $\sqrt[3]{2}, \sqrt[3]{2}\omega, \sqrt[3]{2}\omega^2$ 중 하나이고, $\delta(\omega)$는 ω, ω^2 중 하나이다. 결국, $\delta \in G(K/\mathbb{Q})$는 다음 여섯 가지 경우 중 하나이다.

$$1 = \begin{cases} \sqrt[3]{2} \mapsto \sqrt[3]{2} \\ \omega \mapsto \omega \end{cases} \qquad \tau = \begin{cases} \sqrt[3]{2} \mapsto \sqrt[3]{2} \\ \omega \mapsto \omega^2 \end{cases}$$

$$\sigma = \begin{cases} \sqrt[3]{2} \mapsto \sqrt[3]{2}\omega \\ \omega \mapsto \omega \end{cases} \qquad \tau\sigma = \begin{cases} \sqrt[3]{2} \mapsto \sqrt[3]{2}\omega^2 \\ \omega \mapsto \omega^2 \end{cases}$$

$$\sigma^2 = \begin{cases} \sqrt[3]{2} \mapsto \sqrt[3]{2}\omega^2 \\ \omega \mapsto \omega \end{cases} \qquad \tau\sigma^2 = \begin{cases} \sqrt[3]{2} \mapsto \sqrt[3]{2}\omega \\ \omega \mapsto \omega^2 \end{cases}$$

역으로 각각의 경우를 만족시키는 $G(K/\mathbb{Q})$의 원소가 존재한다는 사실을 보일 수 있다. 더욱이 갈루아군 $G(K/\mathbb{Q}) = \{1, \sigma, \sigma^2, \tau, \tau\sigma, \tau\sigma^2\}$은 S_3와 동형이라는 것을 확인할 수 있다. 왜냐하면 삼차다항식의 갈루아군 $G(K/\mathbb{Q})$는 S_3의 한 부분군과 동형인데 $G(K/\mathbb{Q})$와 S_3의 위수가 같기 때문이다. $x^3 - 2$의 세 근 $\sqrt[3]{2}$, $\sqrt[3]{2}\omega$, $\sqrt[3]{2}\omega^2$을 각각 어디로 대응시키는지에 따라 동형사상 1, σ, σ^2, τ, $\tau\sigma$, $\tau\sigma^2$을 S_3의 원소로 나타내 보자.

관례에 따라, 예를 들어, $\sqrt[3]{2}$를 $\sqrt[3]{2}\omega$로 대응시키고 $\sqrt[3]{2}\omega$를 $\sqrt[3]{2}\omega^2$으로 대응시키며 $\sqrt[3]{2}\omega^2$을 $\sqrt[3]{2}$로 대응시키는 치환을 (123)으로 표현한다. 마찬가지로, $\sqrt[3]{2}$은 고정시키고 $\sqrt[3]{2}\omega$를 $\sqrt[3]{2}\omega^2$으로 대응시키고 $\sqrt[3]{2}\omega^2$을 $\sqrt[3]{2}\omega$로 대응시키는 치환을 (23)으로 표현한다. $\tau\sigma \in G(K/\mathbb{Q})$를 직접 계산하여 치환으로 나타내보자.

먼저 $\tau\sigma(\sqrt[3]{2}) = \sqrt[3]{2}\omega^2$이다. 이제 $\tau\sigma$가 동형사상이라는 사실을 이용하여 다음을 얻을 수 있다.

$$\tau\sigma(\sqrt[3]{2}\omega) = \tau\sigma(\sqrt[3]{2})\tau\sigma(\omega) = \sqrt[3]{2}\omega^2 \times \omega^2 = \sqrt[3]{2}\omega,$$
$$\tau\sigma(\sqrt[3]{2}\omega^2) = \tau\sigma(\sqrt[3]{2})(\tau\sigma(\omega))^2 = \sqrt[3]{2}\omega^2 \times (\omega^2)^2 = \sqrt[3]{2}$$

$\tau\sigma$는 $\sqrt[3]{2}\omega$를 고정시키고 $\sqrt[3]{2}$를 $\sqrt[3]{2}\omega^2$으로 $\sqrt[3]{2}\omega^2$을 $\sqrt[3]{2}$로 대응시키므로 $\tau\sigma$를 S_3의 원소 (13)으로 나타낼 수 있다. $G(K/\mathbb{Q})$의 원소와

$$S_3 = \{1, (123), (132), (12), (13), (23)\}$$

의 원소 각각의 관계는 다음과 같다.

$$1 = \begin{cases} \sqrt[3]{2} & \mapsto \sqrt[3]{2} \\ \sqrt[3]{2}\,\omega & \mapsto \sqrt[3]{2}\,\omega \\ \sqrt[3]{2}\,\omega^2 & \mapsto \sqrt[3]{2}\,\omega^2 \end{cases} \qquad \tau = (23) = \begin{cases} \sqrt[3]{2} & \mapsto \sqrt[3]{2} \\ \sqrt[3]{2}\,\omega & \mapsto \sqrt[3]{2}\,\omega^2 \\ \sqrt[3]{2}\,\omega^2 & \mapsto \sqrt[3]{2}\,\omega \end{cases}$$

$$\sigma = (123) = \begin{cases} \sqrt[3]{2} & \mapsto \sqrt[3]{2}\,\omega \\ \sqrt[3]{2}\,\omega & \mapsto \sqrt[3]{2}\,\omega^2 \\ \sqrt[3]{2}\,\omega^2 & \mapsto \sqrt[3]{2} \end{cases} \qquad \tau\sigma = (13) = \begin{cases} \sqrt[3]{2} & \mapsto \sqrt[3]{2}\,\omega^2 \\ \sqrt[3]{2}\,\omega & \mapsto \sqrt[3]{2}\,\omega \\ \sqrt[3]{2}\,\omega^2 & \mapsto \sqrt[3]{2} \end{cases}$$

$$\sigma^2 = (132) = \begin{cases} \sqrt[3]{2} & \mapsto \sqrt[3]{2}\,\omega^2 \\ \sqrt[3]{2}\,\omega & \mapsto \sqrt[3]{2} \\ \sqrt[3]{2}\,\omega^2 & \mapsto \sqrt[3]{2}\,\omega \end{cases} \qquad \tau\sigma^2 = (12) = \begin{cases} \sqrt[3]{2} & \mapsto \sqrt[3]{2}\,\omega \\ \sqrt[3]{2}\,\omega & \mapsto \sqrt[3]{2} \\ \sqrt[3]{2}\,\omega^2 & \mapsto \sqrt[3]{2}\,\omega^2 \end{cases}$$

여광: 드디어 '다항식'과 '군'이 만났네요! '다항식'이 주어지면 먼저 그 다항식의 분해체를 생각하고 갈루아'군'을 얻습니다. 그런데 다항식의 갈루아군을 계산하는 과정에서 질문이 있습니다. 필자가 제시한 처음 두 개의 예에서는 직접 계산하여 가능한 모든 경우에 해당하는 동형사상이 존재한다는 것을 확인할 수 있었습니다. 그러나 세 번째 예에서는 요구되는 계산이 많이 복잡합니다. 일단 분해체 K는 $c + \sqrt[3]{2}\,b + \sqrt[3]{4}\,c + \omega d + \sqrt[3]{2}\,\omega e + \sqrt[3]{4}\,\omega f (a,b,c,d,e,f \in \mathbb{Q})$ 꼴의 수들로 이루어진 집합입니다. 예를 들어 두 번째(σ)의 경우 $\sigma(a + \sqrt[3]{2}\,b + \sqrt[3]{4}\,c + \omega d + \sqrt[3]{2}\,\omega e + \sqrt[3]{4}\,\omega f) = a + \sqrt[3]{2}\,\omega b + \sqrt[3]{4}\,\omega^2 c + \omega d + \sqrt[3]{2}\,\omega^2 e + \sqrt[3]{4}\,f$와 같이 정의된 일대일대응이 동형사상임을 보이는 계산은 만만치 않습니다.

여휴: 좋은 질문입니다. $\mathbb{Q}$ 위에서 분해체 $\mathbb{Q}(\sqrt[3]{2},\omega)$의 기저를 구했던 방법을 기억하십니까?

여광: 네. 먼저 $\mathbb{Q}$ 위에서 $\mathbb{Q}(\sqrt[3]{2})$의 기저 $\{1, \sqrt[3]{2}, \sqrt[3]{4}\}$를 구하고 $\mathbb{Q}(\sqrt[3]{2})$ 위에서 $\mathbb{Q}(\sqrt[3]{2},\omega)$의 기저 $\{1,\omega\}$를 구한 뒤 이들을 각각 곱해서 $\mathbb{Q}$ 위에서 분해체 $\mathbb{Q}(\sqrt[3]{2},\omega)$의 기저 $\{1, \sqrt[3]{2}, \sqrt[3]{4}, \omega, \sqrt[3]{2}\,\omega, \sqrt[3]{4}\,\omega\}$를 구했습니다.

여휴: 그렇습니다. 여광 선생 말씀대로 $\mathbb{Q}(\sqrt[3]{2},\omega)$의 기저를 구하기 위해서 두 단계로 나누어서 생각했습니다. 이 경우에도 같은 방법을 이용합니다. 다음은 잘 알려진 사실입니다.

K가 F의 확대체라고 하고 $\alpha \in K$가 F 위에서 대수적인 원소라고 하자. 즉 F의 원소를 계수로 가지고 α를 근으로 가지는 다항식이 존재한다고 가정하자. 이 때 그러한 다항식 중 가장 차수가 작은 다항식을 $p(x)$라고 하자. $\beta \in F(\alpha)$ 역시 $p(x)$의 근이고 $\delta: F \to F$ 가 F위에서의 동형사상이면 다음을 만족시키는 $F(\alpha)$ 위에서의 동형사상 $\tilde{\delta}: F(\alpha) \to F(\alpha)$가 존재한다.

- 모든 $x \in F$에 대하여 $\tilde{\delta}(x) = \delta(x)$ 이다.
- $\tilde{\delta}(\alpha) = \beta$이다.

이 사실을 보이려면 '다항식환(polynomial ring)', '이데알(ideal)', '상환(quotient ring)', '극대이데알(maximal ideal)', '기약다항식(irreducible polynomial)', '동형정리' 등 많은 개념을 설명해야 하니 지금은 저를 믿어주세요.

여광: 어쩔 수 없군요. 믿겠습니다. 그래도 꽤나 복잡해 보입니다.

여휴: 구체적인 예를 살펴보면 한결 나아질 겁니다. 예를 들어 필자는

$$\sigma = \begin{cases} \sqrt[3]{2} \mapsto \sqrt[3]{2}\omega \\ \omega \mapsto \omega \end{cases}$$

를 만족시키는 $K = \mathbb{Q}(\sqrt[3]{2}, \omega)$ 위에서의 동형사상이 있다고 주장하고 있죠?

여광: 그렇습니다. 그런 동형사상이 있다면 아까 말씀드린 대로 σ는

$$\sigma(a + \sqrt[3]{2}b + \sqrt[3]{4}c + \omega d + \sqrt[3]{2}\omega e + \sqrt[3]{4}\omega f) = a + \sqrt[3]{2}\omega b + \sqrt[3]{4}\omega^2 c + \omega d + \sqrt[3]{2}\omega^2 e + \sqrt[3]{4} f$$

와 같이 정의된 일대일대응인데 이것이 정말 동형사상이 되는 것을 보이기 어렵습니다.

여휴: 단계를 나누어 생각합시다. 먼저 $\mathbb{Q}$의 확대체 $\mathbb{Q}(\omega)$를 생각합시다. 즉 $F = \mathbb{Q}$, $\alpha = \omega$라고 생각하는 겁니다. ω를 근으로 가지고 유리계수 다항식 중 가장 차수가 작은 다항식은 $x^2 + x + 1$입니다. ω^2도 이 다항식의 근이고 확대체 $\mathbb{Q}(\omega)$의 원소입니다. 자, 그럼 앞서 제가 말씀드린 사실로부터 어떤 결과를 얻을 수 있나요?

여광: δ를 $\mathbb{Q}$ 위에서의 항등사상으로 생각하면 모든 유리수를 고정시키고 ω를 ω^2으로 대응시키는 $\mathbb{Q}(\omega)$위에서의 동형사상 $\tilde{\delta}$가 존재합니다.

여휴: 맞습니다. 편의상 새롭게 얻은 동형사상 $\tilde{\delta}$를 σ_0라고 합시다.

여광: 다음 단계로 넘어가기 위한 준비이군요.

여휴: 그렇습니다. 이제 $\mathbb{Q}(\omega)$의 확대체 $K=\mathbb{Q}(\sqrt[3]{2},\omega)=\mathbb{Q}(\omega)(\sqrt[3]{2})$를 생각합시다. 즉 이 단계에서는 $F=\mathbb{Q}(\omega)$, $\alpha=\sqrt[3]{2}$ 라고 생각하는 겁니다. $\mathbb{Q}(\omega)$의 원소들을 계수로 가지고 $\sqrt[3]{2}$를 근으로 가지는 다항식 중 가장 차수가 작은 다항식은 x^3-2입니다. 또한 $\sqrt[3]{2}\omega$는 $\mathbb{Q}(\sqrt[3]{2},\omega)$의 원소로서 이 다항식의 근입니다.

여광: 이제 길이 보입니다. 앞에서 얻었던 $\mathbb{Q}(\omega)$위에서의 동형사상 σ_0를 δ라고 생각하면 $\mathbb{Q}(\omega)$의 모든 원소를 σ_0에 의하여 대응시키고 $\sqrt[3]{2}$를 $\sqrt[3]{2}\omega$로 대응시키는 K위에서의 동형사상 $\tilde{\delta}$가 존재합니다. 그런데 σ_0는 모든 유리수를 고정시키고 ω를 ω^2으로 대응시 켰으니 $\tilde{\delta}$도 그래야합니다. 결국 이 동형사상 $\tilde{\delta}$가 우리가 찾는 동형사상이군요!

여휴: 그렇습니다. 나머지 경우들도 같은 방법으로 확인할 수 있습니다. 다항식의 갈루아군을 계산하는 데 아주 유용한 방법이니 기억하는 것이 좋겠습니다.

$\mathbb{Q}$ 위에서 삼차다항식 $(x-1)(x-2)(x-3)$의 갈루아군은 $G(\mathbb{Q}/\mathbb{Q})=\{1\}$ 이고, $\mathbb{Q}$ 위에서 삼차다항식 $x^3-1=(x-1)(x^2+x+1)$의 갈루아군은 이차다항 식 x^2+x+1의 갈루아군 $\mathbb{Z}_2$이다.

- $K=\mathbb{Q}(\sqrt{2},\sqrt{3})$는 $\mathbb{Q}$ 위에서 다항식 $(x^2-2)(x^2-3)$의 분해체이다. 다항식 x^2-2의 근은 $\sqrt{2}$와 $-\sqrt{2}$이고 다항식 x^2-3의 근은 $\sqrt{3}$과 $-\sqrt{3}$이므로 임의의 $\delta\in G(K/\mathbb{Q})$에 대하여 $\sigma(\sqrt{2})$는 $\sqrt{2}$ 이거나 $-\sqrt{2}$ 이고, $\sigma(\sqrt{3})$는 $\sqrt{3}$ 이거나 $-\sqrt{3}$이다. 결국, $\delta\in G(K/\mathbb{Q})$는 다음과 같은 네 가지 경우 중 하나이다.

$$1 = \begin{cases} \sqrt{2} \mapsto \sqrt{2} \\ \sqrt{3} \mapsto \sqrt{3} \end{cases} \qquad \sigma = \begin{cases} \sqrt{2} \mapsto \sqrt{2} \\ \sqrt{3} \mapsto -\sqrt{3} \end{cases}$$

$$\tau = \begin{cases} \sqrt{2} \mapsto -\sqrt{2} \\ \sqrt{3} \mapsto \sqrt{3} \end{cases} \qquad \tau\sigma = \begin{cases} \sqrt{2} \mapsto -\sqrt{2} \\ \sqrt{3} \mapsto -\sqrt{3} \end{cases}$$

역으로 각각의 경우를 만족시키는 $G(K/\mathbb{Q})$의 원소가 존재한다는 사실을 보일 수 있다. 따라서 $G(K/\mathbb{Q})$는 위수가 4인 가환군 V_4이다.

- $K = \mathbb{Q}(\sqrt[4]{2}, i)$는 $\mathbb{Q}$ 위에서 다항식 $x^4 - 2$의 분해체이다. 삼차다항식 $x^3 - 2$의 갈루아군 $G(\mathbb{Q}(\sqrt[3]{2}, \omega)/\mathbb{Q})$의 경우와 똑같은 절차로 $G(K/\mathbb{Q})$는 D_4임을 알 수 있다. 직접 계산을 하자.

$\sqrt[4]{2}, \sqrt[4]{2}i, -\sqrt[4]{2}, -\sqrt[4]{2}i$는 $x^4 - 2$의 근으로서 K의 원소이고, $i, -i$는 $x^2 + 1$의 근으로서 역시 K의 원소이다. 따라서 임의의 $\delta \in G(K/\mathbb{Q})$에 대하여 $\delta(\sqrt[4]{2})$는 $\sqrt[4]{2}, \sqrt[4]{2}i, -\sqrt[4]{2}, -\sqrt[4]{2}i$ 중 하나이고, $\delta(i)$는 $i, -i$ 중 하나이다. 결국, $\delta \in G(K/\mathbb{Q})$는 다음 여덟 가지 경우 중 하나이다.

$$1 = \begin{cases} \sqrt[4]{2} \mapsto \sqrt[4]{2} \\ i \mapsto i \end{cases} \qquad \tau = \begin{cases} \sqrt[4]{2} \mapsto \sqrt[4]{2} \\ i \mapsto -i \end{cases}$$

$$\sigma = \begin{cases} \sqrt[4]{2} \mapsto \sqrt[4]{2}i \\ i \mapsto i \end{cases} \qquad \tau\sigma = \begin{cases} \sqrt[4]{2} \mapsto -\sqrt[4]{2}i \\ i \mapsto -i \end{cases}$$

$$\sigma^2 = \begin{cases} \sqrt[4]{2} \mapsto -\sqrt[4]{2} \\ i \mapsto i \end{cases} \qquad \tau\sigma^2 = \begin{cases} \sqrt[4]{2} \mapsto -\sqrt[4]{2} \\ i \mapsto -i \end{cases}$$

$$\sigma^3 = \begin{cases} \sqrt[4]{2} \mapsto -\sqrt[4]{2}\,i \\ i \mapsto i \end{cases} \qquad \tau\sigma^3 = \begin{cases} \sqrt[4]{2} \mapsto \sqrt[4]{2}\,i \\ i \mapsto -i \end{cases}$$

역으로 각각의 경우를 만족시키는 $G(K/\mathbb{Q})$의 원소가 존재한다는 사실을 보일 수 있다.

이들을 x^4-2의 네 근 $\sqrt[4]{2},\ \sqrt[4]{2}\,i,\ -\sqrt[4]{2},\ -\sqrt[4]{2}\,i$에 대한 치환으로 나타내 보자. 관례에 따라, $\sqrt[4]{2}$를 $\sqrt[4]{2}\,i$, $\sqrt[4]{2}\,i$를 $-\sqrt[4]{2}$, $-\sqrt[4]{2}$를 $-\sqrt[4]{2}\,i$, $-\sqrt[4]{2}\,i$를 $\sqrt[4]{2}$로 대응시키는 치환을 (1234)로 표현한다. 마찬가지로, $\sqrt[4]{2}$와 $\sqrt[4]{2}\,i$는 고정시키고, $-\sqrt[4]{2}$는 $-\sqrt[4]{2}\,i$, $-\sqrt[4]{2}\,i$는 $-\sqrt[4]{2}$로 대응시키는 치환을 (34)로 표현한다. 이 방법으로 $G(K/\mathbb{Q})$의 원소들은 각각

$$D_4 = \{1,\ (1234),\ (13)(24),\ (1432),\ (24),\ (14)(23),\ (13),\ (12)(34)\}$$

의 원소들로 다음과 같이 나타낼 수 있다.

$$1 = \begin{cases} \sqrt[4]{2} \mapsto \sqrt[4]{2} \\ \sqrt[4]{2}\,i \mapsto \sqrt[4]{2}\,i \\ -\sqrt[4]{2} \mapsto -\sqrt[4]{2} \\ -\sqrt[4]{2}\,i \mapsto -\sqrt[4]{2}\,i \end{cases} \qquad \tau = (24) = \begin{cases} \sqrt[4]{2} \mapsto \sqrt[4]{2} \\ \sqrt[4]{2}\,i \mapsto -\sqrt[4]{2}\,i \\ -\sqrt[4]{2} \mapsto -\sqrt[4]{2} \\ -\sqrt[4]{2}\,i \mapsto \sqrt[4]{2}\,i \end{cases}$$

$$\sigma = (1234) = \begin{cases} \sqrt[4]{2} \mapsto \sqrt[4]{2}\,i \\ \sqrt[4]{2}\,i \mapsto -\sqrt[4]{2} \\ -\sqrt[4]{2} \mapsto -\sqrt[4]{2}\,i \\ -\sqrt[4]{2}\,i \mapsto \sqrt[4]{2} \end{cases} \qquad \tau\sigma = (14)(23) = \begin{cases} \sqrt[4]{2} \mapsto -\sqrt[4]{2}\,i \\ \sqrt[4]{2}\,i \mapsto -\sqrt[4]{2} \\ -\sqrt[4]{2} \mapsto \sqrt[4]{2}\,i \\ -\sqrt[4]{2}\,i \mapsto \sqrt[4]{2} \end{cases}$$

$$\sigma^2 = (13)(24) = \begin{cases} \sqrt[4]{2} & \mapsto -\sqrt[4]{2} \\ \sqrt[4]{2}\,i & \mapsto -\sqrt[4]{2}\,i \\ -\sqrt[4]{2} & \mapsto \sqrt[4]{2} \\ -\sqrt[4]{2}\,i & \mapsto \sqrt[4]{2}\,i \end{cases} \quad \tau\sigma^2 = (13) = \begin{cases} \sqrt[4]{2} & \mapsto -\sqrt[4]{2} \\ \sqrt[4]{2}\,i & \mapsto \sqrt[4]{2}\,i \\ -\sqrt[4]{2} & \mapsto \sqrt[4]{2} \\ -\sqrt[4]{2}\,i & \mapsto -\sqrt[4]{2}\,i \end{cases}$$

$$\sigma^3 = (1432) = \begin{cases} \sqrt[4]{2} & \mapsto -\sqrt[4]{2}\,i \\ \sqrt[4]{2}\,i & \mapsto \sqrt[4]{2} \\ -\sqrt[4]{2} & \mapsto \sqrt[4]{2}\,i \\ -\sqrt[4]{2}\,i & \mapsto -\sqrt[4]{2} \end{cases} \quad \tau\sigma^3 = (12)(34) = \begin{cases} \sqrt[4]{2} & \mapsto \sqrt[4]{2}\,i \\ \sqrt[4]{2}\,i & \mapsto \sqrt[4]{2} \\ -\sqrt[4]{2} & \mapsto -\sqrt[4]{2}\,i \\ -\sqrt[4]{2}\,i & \mapsto -\sqrt[4]{2} \end{cases}$$

$\mathbb{Q}$ 위에서 갈루아군이 S_4인 사차다항식 $x^4 + 2x + \dfrac{3}{4}$의 분해체와 갈루아군에 관하여 자세히 살피기 위해서는 약간의 계산을 하여야 한다. IX장에 가서 꼼꼼하게 할 것이다.

- 오차다항식 $(x-1)^2(x^3-2) \in \mathbb{Q}[x]$의 갈루아군은 삼차다항식 $x^3 - 2$의 갈루아군 S_3이다.

오차다항식 $x^5 - 1$의 분해체 $K = \mathbb{Q}(\zeta)$ ($\zeta = \cos\dfrac{2\pi}{5} + i\sin\dfrac{2\pi}{5}$)에 관하여 $G(K/\mathbb{Q})$를 계산하여 보자. 실제로, $\sigma \in G(K/\mathbb{Q})$이면 $\sigma(\zeta)$는 ζ, ζ^2, ζ^3, ζ^4 중 하나이다. 또한 각각의 경우를 만족시키는 $G(K/\mathbb{Q})$의 원소가 존재한다. 이 네 가지 동형사상 모두는 서로 다르고, 이들 전체로 이루어진 집합은 $\mathbb{Z}_4$와 동형인 군이다. 즉, $G(K/\mathbb{Q})$는 $\mathbb{Z}_4$와 동형이다.

일반적인 오차다항식의 갈루아군 계산은 쉽지 않다. 그러나 갈루아군이 S_5인 오차다항식을 제시하는 것은 어렵지 않다.

- Ⅲ장에서 '사차다항식의 근도 일반적으로는 작도가능하지 않을 수 있다고 짐작하는 것은 자연스럽다'라고 언급한 바 있다.

앞서 여러 차례 계산한 $x^4+2x+\frac{3}{4}$의 두 실근은 작도가능하지 않다는 것을 Ⅹ장에서 설명할 것이다.

5. 불변체

세 개의 근 α, β, γ를 가지는 삼차다항식을 풀면서 다음을 확인하였다.

- α, β, γ에 관한 대칭다항식은 대칭군 S_3의 모든 원소에 의하여 변하지 않는 α, β, γ에 관한 다항식이다.
- 대칭군 S_3는 정규부분군 A_3를 가진다.
- $(\alpha+\beta\omega+\gamma\omega^2)^3$, $(\alpha+\beta\omega^2+\gamma\omega)^3$은 A_3의 모든 원소에 의하여 변하지 않는다.
- $(\alpha+\beta\omega+\gamma\omega^2)^3$, $(\alpha+\beta\omega^2+\gamma\omega)^3$은 주어진 다항식의 계수와 $X^2=A$꼴의 방정식의 해, 즉 A의 제곱근을 이용하여 나타낼 수 있다.

네 개의 근 α, β, γ, δ를 가지는 사차다항식을 풀면서 다음을 확인하였다.

- α, β, γ, δ에 관한 대칭다항식은 대칭군 S_4의 모든 원소에 의하여 변하지 않는 α, β, γ, δ에 관한 다항식이다.

- 대칭군 S_3는 정규부분군 V_4를 가진다.
- $\alpha\beta+\gamma\delta$, $\alpha\gamma+\beta\delta$, $\alpha\delta+\beta\gamma$는 V_4의 모든 원소에 의하여 변하지 않는다.
- $\alpha\beta+\gamma\delta$, $\alpha\gamma+\beta\delta$, $\alpha\delta+\beta\gamma$는 주어진 다항식의 계수와 $X^2=A$ 꼴의 방정식 하나, $X^3=B$ 꼴의 방정식 하나의 해, 즉 A의 제곱근과 B의 세제곱근을 이용하여 나타낼 수 있다.

삼차, 사차다항식의 풀이에서 대칭군 S_3, S_4의 정규부분군 A_3, V_4을 찾고 이들에 의하여 '변하지 않는' 근들의 다항식을 찾는 것이 문제해결의 열쇠였다.

다항식 $f(x)$와 무관하게 K가 F의 확대체일 때 군 $G(K/F)$을

$$G(K/F) = \{\sigma \mid \sigma : K \to K \text{ 는 동형사상}, \sigma\mid_F = I\}$$

와 같이 정의할 수 있다. 이를 F위에서 K의 갈루아군이라고 한다. 따라서 F위에서 다항식 $f(x)$의 분해체 K의 갈루아군 $G(K/F)$은 F위에서 다항식 $f(x)$의 갈루아군이다.

확대체가 있으면 그로부터 군을 얻을 수 있다. 이제, 이 반대 방향을 생각하여 보자. 이를 위해, 체 E가 K와 F 사이에 있을 때, 즉 $F \le E \le K$일 때, 체 E를 K와 F의 중간체라고 부르자. 이제, $F \le K$이고 H가 $G(K/F)$의 부분군일 때,

$$K_H = \{k \in K \mid \text{임의의 } \sigma \in H \text{에 대하여 } \sigma(k) = k \text{ 이다.}\}$$

는 F를 품는 K의 부분체라는 것을 쉽게 알 수 있다.

이때, K_H를 H에 의한 K의 '불변체(fixed field)'라고 한다. K의 원소 중에서 H에 속하는 모든 사상에 의하여 불변인(고정된) 것들의 집합이 K_H인 것이다. 몇 개의 예를 들어보자.

- $\mathbb{Q}$ 위에서 다항식 $f(x) = x^3 - 2$의 분해체는 $K = \mathbb{Q}(\sqrt[3]{2}, \omega)$이다. 앞에서 계산한 바에 따르면 $f(x)$의 갈루아군

$$S_3 = \{1, \sigma = (123), \sigma^2 = (132), \tau = (23), \tau\sigma = (13), \tau\sigma^2 = (12)\}$$

의 부분군 $I = \{1, \sigma, \sigma^2\}$에 의한 불변체 K_I는 $\mathbb{Q}(\omega)$이고, 부분군 $J = \{1, \tau\}$에 의한 불변체 K_J는 $\mathbb{Q}(\sqrt[3]{2})$이다.

- $\mathbb{Q}$ 위에서 다항식 $f(x) = (x^2 - 2)(x^2 - 3)$의 분해체는 $K = \mathbb{Q}(\sqrt{2}, \sqrt{3})$이다. 앞(293-294쪽)에서 계산한 바에 따르면 $f(x)$의 갈루아군 $V_4 = \{1, \tau, \sigma, \tau\sigma\}$의 부분군 $I = \{1, \sigma\}$에 의한 불변체 K_I는 $\mathbb{Q}(\sqrt{2})$이고, 부분군 $H = \{1, \tau\}$에 의한 불변체 K_H는 $\mathbb{Q}(\sqrt{3})$이며, 부분군 $J = \{1, \tau\sigma\}$에 의한 불변체 K_J는 $\mathbb{Q}(\sqrt{6})$이다.

갈루아군과 불변체 사이에 다음 사실을 알 수 있다.

- K의 부분체이고 F의 확대체 L, M에 대하여 $L \leq M$이면 $G(K/F) \geq$

$G(K/L) \geq G(K/M) \geq \{1\}$이다.

- $G(K/F)$의 부분군 I, J에 대하여 $I \geq J$이면 $F \leq K_I \leq K_J \leq K$ 이다.

수학적으로 정확한 표현은 아니지만 다음과 같이 이해하면 기억하는 데 도움이 된다.

더 '많은' 원소들을 고정시키는 동형사상은 '적고', 더 '많은' 동형사상에 의해 변하지 않는 원소는 '적다'.

H가 $G(K/F)$의 부분군이면 $F \leq K_H \leq K$이므로 $F \leq K_{G(K/F)} \leq K$이다. 특히, $F = K_{G(K/F)}$일 때, K를 갈루아확대체(Galois extension)라고 한다. 예를 들어보자.

- $\mathbb{Q}$ 위에서 다항식 $x^2 - 2 \in \mathbb{Q}[x]$의 분해체 $K = \mathbb{Q}(\sqrt{2})$에 대해 $K_{G(K/\mathbb{Q})}$ $= \mathbb{Q}$이므로 $\mathbb{Q}(\sqrt{2})$는 $\mathbb{Q}$의 갈루아확대체이다.

- $\mathbb{Q}$ 위에서 다항식 $x^3 - 2 \in \mathbb{Q}[x]$의 분해체 $K = \mathbb{Q}(\sqrt[3]{2}, \omega)$에 대해 $K_{G(K/\mathbb{Q})} = \mathbb{Q}$이므로 $\mathbb{Q}(\sqrt[3]{2}, \omega)$는 $\mathbb{Q}$의 갈루아확대체이다.

- $\mathbb{Q} \leq K = \mathbb{Q}(\sqrt[3]{2}, \omega)$의 중간체 $M = \mathbb{Q}(\omega)$는 $\mathbb{Q}$의 갈루아확대체이다. $M_{G(M/\mathbb{Q})} = \mathbb{Q}$이기 때문이다. 여기서 $M = \mathbb{Q}(\omega)$는 다항식 $x^2 + x + 1$ $\in \mathbb{Q}[x]$의 분해체임을 유념하자.

- $\mathbb{Q} \leq K = \mathbb{Q}(\sqrt[3]{2}, \omega)$의 중간체 $L = \mathbb{Q}(\sqrt[3]{2})$는 $\mathbb{Q}$의 갈루아확대체가 아닙니다. $L_{G(L/\mathbb{Q})} = L \neq \mathbb{Q}$ 이기 때문이다. 실제로, $G(L/\mathbb{Q}) = 1$이다. 왜냐하면, 임의의 $\sigma \in G(L/\mathbb{Q})$에 대하여 $\sigma(\sqrt[3]{2})$는 $x^3 - 2$의 세 개의 근 $\sqrt[3]{2}, \sqrt[3]{2}\omega, \sqrt[3]{2}\omega^2$ 중 하나이어야 하는데 $\mathbb{Q}(\sqrt[3]{2})$에는 $\sqrt[3]{2}$ 밖에 없으므로 $\sigma(\sqrt[3]{2}) = \sqrt[3]{2}$이기 때문이다. 여기서 $L = \mathbb{Q}(\sqrt[3]{2})$는 다항식 $x^3 - 2$의 분해체가 아님을 유념하자. 실제로 어떤 다항식의 분해체가 $\sqrt[3]{2}$를 포함하면 그 분해체는 반드시 $\sqrt[3]{2}\omega$와 $\sqrt[3]{2}\omega^2$을 함께 가진다.

- $K = \mathbb{Q}(\sqrt{2}, \sqrt{3})$, $L = \mathbb{Q}(\sqrt{2})$, $M = \mathbb{Q}(\sqrt{3})$, 그리고 $N = \mathbb{Q}(\sqrt{6})$이라고 하면 L, M, N은 모두 $\mathbb{Q}$의 갈루아확대체이다. 여기서 L, M, N 각각은 유리계수 다항식 $x^2 - 2$, $x^2 - 3$, $x^2 - 6$의 분해체임을 유념하자.

6. 분해체의 성질

다항식의 분해체는 다음과 같은 성질을 가진다. 이들에 관한 증명은 생략하자.

- F위에서 어떤 다항식의 분해체 K가 F의 원소를 계수로 가지는 기약다항식 $p(x)$의 근을 하나 가지면 K는 $p(x)$의 모든 근을 가지게 된다. 이러한 성질을 가지는 확대체를 '정규확대체(normal extension)'라고 한다. 여기서 기약다항식은 자신 보다 차수가 낮고 F의 원소를 계수로 가지는 두 개의 다항식의 곱으로 표현할 수 없는 다항식을 의미한다. 분해체는 항상 정규확대체이다. 예를

들어 보자. $\mathbb{Q}$ 위에서 다항식 x^2-2의 분해체는 $K=\mathbb{Q}(\sqrt{2})$이다. 유리계수 다항식 x^2-2x-1은 두 개의 유리계수 일차다항식의 곱으로 나타낼 수 없으므로 기약다항식이다. 기약다항식 x^2-2x-1의 한 근은 $1+\sqrt{2}$이고 $1+\sqrt{2}\in K$이다. 기약다항식 x^2-2x-1의 다른 근인 $1-\sqrt{2}$도 $\mathbb{Q}(\sqrt{2})$의 원소이다.

IX장에서 정규부분군과 정규확대체 사이의 밀접한 관계를 설명할 것이다.

- K가 F의 확대체일 때, 항상 $F \subset K_{G(K/F)}$이지만, $K_{G(K/F)} \subset F$라고는 할 수 없다. 그러나 K가 F 위에서 어떤 다항식의 분해체이면 항상 $K_{G(K/F)} \subset F$가 되어 $F = K_{G(K/F)}$이다. 다시 말하여, K가 F 위에서 분해체이면 K는 F의 갈루아확대체이다. 결국, K가 F 위에서 어떤 다항식의 분해체이면 K는 F의 정규확대체이고 갈루아확대체이다.

IX. 깊은 대칭

대칭은 깊이 묻힌 보화였다. 갈루아의 언어는 대칭을 깊이 그리고 아름답게 설명하고, 종국에는 오차다항식 풀이의 비밀을 드러나게 한다.

1. 가해군

유한군 G가 다음 세 가지 조건 모두를 만족시키는 부분군 열(series)을 가지면 G를 가해군(可解群, solvable group, soluble group)이라고 한다.

- $G = G_0 \geq G_1 \geq \cdots \geq G_{t-1} \geq G_t = \{1\}$
- 각각의 $i\,(i = 1, \cdots, t)$에 대하여 G_i는 G_{i-1}의 정규부분군이다.
- 각각의 $i\,(i = 1, \cdots, t)$에 대하여 상군 G_{i-1}/G_i는 소수(prime number) 위수를 가진다.

상군 G_{i-1}/G_i가 소수 위수를 가지면 G_{i-1}/G_i는 순환군이며 따라서 가환군(아벨군)이다. 가해군의 정의에서 '정규부분군'과 '가환군(아벨군)'의 중요성을 주목하여야 한다.

여광: 어떤 추상대수학 책을 보니 가해군의 정의가 이 책과 다르던데요.

여휴: 그럴 겁니다. 대부분의 책에서는 가해군을 다음과 같이 정의합니다.

> 유한군 G가 다음 세 가지 조건을 모두 만족시키는 부분군 열(series)을 가지면 G를 가해군이라고 한다.
> - $G = G_0 \geq G_1 \geq \cdots \geq G_{t-1} \geq G_t = \{1\}$
> - 각각의 $i(i=1,\cdots,t)$에 대하여 G_i는 G_{i-1}의 정규부분군이다.
> - 각각의 $i(i=1,\cdots,t)$에 대하여 상군 G_{i-1}/G_i는 가환군이다.

이 책에서는 상군 G_{i-1}/G_i가 소수 위수임을 요구하는데 다른 책에서는 G_{i-1}/G_i가 가환군임을 요구하는 거죠.

여광: G_{i-1}/G_i가 소수 위수이면 당연히 가환군이 되기 때문에 이 책의 정의가 더 강한 요구를 하는 것 같습니다.

여휴: 그렇게 보이지만 사실은 같은 정의입니다. 두 정의는 동치라는 말입니다. G_{i-1}/G_i가 가환군이면 G_{i-1}과 G_i 사이에 정규부분군을 필요한 만큼 끼워 모든 G_{i-1}/G_i가 소수 위수가 되도록 할 수 있기 때문입니다. 이 책에서 논의하는 가해군의 부분군 열은 모두 소수 위수이므로 정의를 처음부터 그렇게 한 것 같습니다.

여광: 그렇군요. 부분군을 필요한 만큼 끼워 넣을 수 있는 이유는 앞에서 유한군을 구성인자들로 분해 한 뒤 부분군 열을 얻는 것과 같은 방법으로 설명할 수 있겠군요.

여휴: 맞습니다. 따라서 '어떤 군이 가해군이다'라고 하는 것은 '그 군의 구성인자가 모두 소수 위수를 가지는 순환군이다'라고 하는 것과 같은 말입니다. 즉 소수 위수를 가지는 순환군들로 쌓아올려 만든 유한군을 가해군이라고 부르는 것입니다.

가해군에서 '가해(solvable)'의 의미는 다항식에서 '가해성', 즉 '근의 공식으로 풀수 있는'의 의미와 통한다. 즉, 다항식이 근의 공식으로 풀리기 위해서는 그 다항식의 갈루아군이 가해군이어야 하고, 이는 곧 갈루아군이 위의 정의를 만족시킬수 있도록 부분군 열을 가져야 한다는 것을 알게 될 것이다. 몇 가지 가해군의 예를 들어 보자.

- 모든 가환군은 가해군이다. 그 이유를 간단한 예를 통하여 살핀다. 먼저, 가환군에 관한 다음 두 사실을 기억한다.

  유한가환군 G의 위수를 n이라고 하고 k가 n의 약수이면 G는 위수가 k인 부분군을 가진다.

  가환군의 모든 부분군은 정규부분군이다.

예를 들어, 위수가 $24=2^3 \times 3$인 가환군 G를 생각한다. G는 위수가 8인 정규부분군 G_1을 가지고, G_1은 위수가 4인 정규부분군 G_2를 가지며, G_2는 위수가 2인 정규부분군 G_3를 가진다. 이제 부분군 열 $G = G_0 \geq G_1 \geq G_2 \geq G_3 \geq G_4 = 1$은 가해군의 정의를 만족시킨다. 이 때 등장하는 소수는 3, 2, 2, 2이다.

$|G_0/G_1| = 3,$
$|G_1/G_2| = 2,$
$|G_2/G_3| = 2,$
$|G_3/G_4| = |G_3/1| = |G_3| = 2$

$$G \overset{③}{\geq} G_1 \overset{②}{\geq} G_2 \overset{②}{\geq} G_3 \overset{②}{\geq} \{1\}$$

다음과 같이 설명할 수도 있다. 위수가 24인 가환군 G는 위수가 12인 정규부분군 G_1'을 가지고, G_1'은 위수가 6인 정규부분군 G_2'을 가지며, G_2'은 위수가 3인 정규부분군 G_3'을 가진다. 이제 부분군 열 $G = G_0 \geq G_1' \geq G_2' \geq G_3' \geq G_4 = 1$은 가해군의 정의를 만족시킨다. 이 때 등장하는 소수는 2, 2, 2, 3이다.

$$|G_0/G_1'| = 2,$$
$$|G_1'/G_2'| = 2,$$
$$|G_2'/G_3'| = 2,$$
$$|G_3'/G_4| = |G_3'/1| = |G_3'| = 3$$

$$G \overset{②}{\geq} G_1' \overset{②}{\geq} G_2' \overset{②}{\geq} G_3' \overset{③}{\geq} \{1\}$$

이상의 예로부터, 가해군의 정의를 만족시키는 부분군 열이 유일하지 않을 수 있다는 것을 알 수 있다. 위수가 4인 가환군 $V_4 = \{1, (12)(34), (13)(24), (14)(23)\}$의 부분군 열도 다음과 같이 다양하게 제시할 수 있다.

$$V_4 \geq \langle (12)(34) \rangle \geq \{1\}$$
$$V_4 \geq \langle (13)(24) \rangle \geq \{1\}$$
$$V_4 \geq \langle (14)(23) \rangle \geq \{1\}$$

임의의 자연수 n에 관해서 위수가 n인 가환군은 가해군이라는 것도 동일한 절차를 적용하여 증명할 수 있다.

여광: 소인수분해처럼 유한군을 분해하는 방법도 먼저 어느 정규부분군으로 분해하는지에 따라 유일하지 않을 수 있기 때문에 가해군의 정의를 만족시키는 부분군 열도 유일하지 않을 수 있는 것입니다.

여휘: 맞습니다. 하지만 유한군을 분해하는 방법과 무관하게 항상 같은 결과를 얻기 때문에 가해군의 정의를 만족시키는 부부군 열을 어떤 것으로 탁하는지는 등장하는 소수들은 영향을 받지 않습니다. 위수가 24인 가환군에 대해서 필자가 두 가지 방법으로 구한 부분군 열에 등장하는 소수들은 세 개의 2와 한 개의 3으로서 같습니다.

- $S_3 (= D_3)$는 가해군이다. $G_0 = S_3$이라고 하고 $G_1 = A_3$이라고 하면 위의 조건을 만족시키는 다음과 같은 부분군 열을 생각할 수 있다.

$$G_0 \geq G_1 \geq 1$$

이 때 등장하는 소수는 2와 3이다. $|G_0/G_1| = 2$이고 $|G_1/1| = |G_1| = 3$인 것이다.

$$S_3 \overset{②}{\geq} A_3 \overset{③}{\geq} \{1\}$$

'S_3이 가해군'이라는 사실이 일반적인 삼차다항식이 풀린다는 것을 뜻한다.

- S_4는 가해군이다. $G_0 = S_4$, $G_1 = A_4$, $G_2 = V_4$, 그리고 $G_3 = \langle (12)(34) \rangle$ 라고 하면 위의 조건을 만족시키는 다음과 같은 부분군 열을 생각할 수 있다.

$$G_0 \geq G_1 \geq G_2 \geq G_3 \geq 1$$

이때 등장하는 소수는 2, 3, 2, 2이다. 실제로, 다음을 알 수 있다.

$|G_0/G_1| = 2$, $|G_1/G_2| = 3$,

$|G_2/G_3| = 2$, $|G_3/1| = |G_3| = 2$

$$S_4 \overset{②}{\geq} A_4 \overset{③}{\geq} V_4 \overset{②}{\geq} \langle (12)(34) \rangle \overset{②}{\geq} \{1\}$$

'S_4가 가해군'이라는 사실이 일반적인 사차다항식이 풀린다는 것을 뜻한다.

여광: 가해군이 아닌 군도 있을까요? 지금까지 살펴본 예에서는 부분군 열에 등장하는 소수들은 그냥 원래의 군의 소인수분해에서 등장하는 소수입니다. 위수가 $4 = 2^2$인 군 V_4의 부분군 열에는 두 개의 2가, 위수가 $6 = 2 \times 3$인 군 S_3의 부분군 열에는 2와 3이 하나씩, 위수가 $24 = 2^3 \times 3$인 군 S_4의 부분군 열에는 세 개의 2와 한 개의 3이 등장했습니다. 마치 합성수를 위수로 갖는 유한군이 항상 분해되는 것처럼 보입니다.

여휴: 그렇지 않습니다. 여광 선생은 더 이상 분해되지 않는 군, 즉 정규부분군을 $\{1\}$과 자기 자신 밖에 가지지 않는 군의 예를 얼마나 알고 있나요?

여광: 먼저 소수 위수를 가지는 순환군 Z_p (p는 소수)는 $\{1\}$과 자기 자신 외엔 부분군을 가지지 않으니 더 이상 분해되지 않는 군이고……. 이런, 제가 알고 있는 그러한 군은 소

수 위수를 가지는 순환군 뿐이네요!

여휴: 필자가 계속해서 가해군과 다항식의 가해성을 연관 지으려고 하니 오차다항식과 연관된 군 S_5를 살펴보면 다른 예를 찾을 수 있지 않을까요? 조금만 더 기다려 봅시다.

가. 단순군

S_5는 가해군일까? 아니다. S_5에 있는 수 '5'가 '오차다항식'에 있는 '5'이다. 다시 말하여, S_5가 가해군이 아니므로 일반적인 오차다항식은 거듭제곱근을 사용하여 풀 수 없는 것이다. 이게 갈루아 이론의 핵심이고 이 책의 지향점이다.

군 G의 두 개의 부분군 G와 $\{1\}$은 정규부분군이다. 이 두 부분군은 특별히 중요하다고 할 수 없다. 자명하기 때문이다. 군 G가 G와 $\{1\}$ 이외의 정규부분군을 가지지 않는 군을 '단순군(simple group)'이라고 한다.

위수가 소수(prime number)인 유한군은 당연히 단순군이다. 그러나 이 단순군은 순환군으로서 가환군이므로 이름 그대로 단순하다. 참고로, 앞에서 위수가 소수인 유한군은 순환군이라는 것을 설명했다.

단순군 중에서 유의미한 것은 비가환 단순군이다. 앞으로 알게 되겠지만 비가환 단순군은 다른 측면에서는 결코 단순하지 않다. 자명하지 않은(non-trivial) 정규부분군이 없어 '단순'하지만, 이 군이 하는 행동은 복잡하여 다루기가 매우 까다롭다. 구조가 단순하여 성질이 복잡한 것이다.

비가환 단순군 중에서 위수가 가장 작은 것은 '위수가 60인 A_5'라는 사실이 알려져 있다. S_5의 부분군 A_5이다. 여기서 수 '5'에 주목한다. 이 사실이 일반적인 오차다항식은 근의 공식을 가지지 않는다는 사실과 긴밀히 연계되기 때문이다. 갈루아가 이 사실을 알았다.

A_5의 위수는 $60 = 2^2 \times 3 \times 5$이다. 이 군이 가해군이면 다음 조건을 만족시키는 A_5의 정규부분군들이 있어야 한다.

- $A_5 = G_0 \geq G_1 \geq \cdots \geq G_{t-1} \geq G_t = \{1\}$
- 각각의 $i(i=1,\cdots,t)$에 대하여 G_i는 G_{i-1}의 정규부분군이다.
- 각각의 $i(i=1,\cdots,t)$에 대하여 상군 G_{i-1}/G_i는 소수 위수를 가진다.

비가환군인 A_5가 가해군이 아니라는 것은, A_5와 1 사이에 그러한 '사다리'를 놓을 수 없다는 말이다. 사실, A_5는 단순군이다.

나. A_5의 단순성

A_5는 왜 단순군인지 살펴보자. 이 증명은 제법 많은 계산을 요구하지만 이 사실이 이 책에서 가장 중요하다는 것을 감안하여 면밀하게 살핀다.

1) 치환 $\sigma \in S_n$가 r개의 자연수를 순환적으로 변환시키고 그 밖의 자연수를 고정시킬 때, σ를 'r항순환(r-cycle)치환'이라고 한다. S_5에는 (12)와 같은 2항순환치환, (123)과 같은 3항순환치환, (1234)와 같은 4항순환치환, 그리고 (12345)와 같은 5항순환치환이 있다. 2항순환치환을 '호환(transposition)'이라고 한다. 다른 것은 고정시키고 두 개만 상호 간에 교환한다는 의미이다.

2) 순환치환 $(a_1 a_2 \cdots a_k)$와 $(b_1 b_2 \cdots b_\ell)$에 대하여 $\{a_1, a_2, \cdots, a_k\} \cap$

$\{b_1, b_2, \cdots, b_\ell\} = \varnothing$ 일 때 그 두 순환치환은 '분리되었다(separated)'고 한다. 예를 들어, (12)와 (345)는 분리된 순환치환이지만, (123)과 (345)는 분리된 순환치환이 아니다. 분리된 순환치환 $(a_1 a_2 \cdots a_k)$, $(b_1 b_2 \cdots b_\ell)$은 항상 가환적이다. 즉

$$(a_1 a_2 \cdots a_k)(b_1 b_2 \cdots b_\ell) = (b_1 b_2 \cdots b_\ell)(a_1 a_2 \cdots a_k)$$

이다.

또한 임의의 치환 $\alpha \in S_n$은 항상 분리된 순환치환의 곱으로 나타낼 수 있다. 앞에서와 마찬가지로 관례에 따라 0개의 분리된 순환치환의 곱은 항등치환 1로 생각한다.

3) 항등치환은 $1 = (12)(12)$이고 일반적인 k항순환치환 $(a_1 a_2 \cdots a_k)$는 다음과 같이 호환의 곱으로 표시된다.

$$(a_1 a_2 \cdots a_k) = (a_1 a_k)(a_1 a_{k-1}) \cdots (a_1 a_3)(a_1 a_2)$$

예를 들어, $(12345) = (15)(14)(13)(12)$이다. 따라서 임의의 치환 $\alpha \in S_5$는 항상 호환의 곱으로 나타낼 수 있다. 앞에서 언급하였듯이, 짝수 개의 호환의 곱으로 표현되는 치환을 '우치환(even permutation)'이라고 한다. 참고로, '우(偶)'는 '짝수'를 뜻하는 한자어이다.

S_5에 있는 120개 치환을 모두 분리된 순황치환의 곱으로 나타내었을 때 다음과 같이 일곱 가지 다른 꼴로 분류할 수 있다.

꼴	예	개수	홀짝성(parity)
1	1	1	우치환
(**)	(12)	10	기치환
(***)	(123)	20	우치환
(****)	(1234)	30	기치환
(*****)	(12345)	24	우치환
(**)(**)	(12)(34)	15	우치환
(**)(***)	(12)(345)	20	기치환

우치환 전체 집합은 S_5의 부분군으로서 '교대군(alternating group)'이라고 하고 A_5로 나타낸다. A_5는 S_5의 정규부분군이며 위수는 60이다.

잠시, 계산을 하자. 일부는 이미 앞에서 계산했던 것이다. 먼저, A_5는 왜 (부)군인가? 우치환에 우치환을 연산하면 우치환이고, $1 \in A_5$이다. 따라서 A_5는 연산에 관하여 닫혀있고, 항등원을 가진다. 또, 호환의 곱

$$(a_1 b_1)(a_2 b_2) \cdots (a_{k-1} b_{k-1})(a_k b_k)$$

의 역원은 호환의 순서를 역으로 바꾼

$$(a_k b_k)(a_{k-1} b_{k-1}) \cdots (a_2 b_2)(a_1 b_1)$$

이다. $(a_1 b_1)(a_2 b_2) \cdots (a_{k-1} b_{k-1})(a_k b_k)$가 짝수 개의 곱이면, 그의 역원 $(a_k b_k)(a_{k-1} b_{k-1}) \cdots (a_2 b_1)(a_1 b_1)$도 짝수 개의 곱이다. 따라서 A_5의 임의의 원소의 역원은 A_5 안에 있다.

이제, A_5는 왜 정규부분군인가?

임의의 $\sigma \in S_5$에 대하여 $\sigma A_5 = A_5 \sigma$임을 보이면 된다. σ가 우치환이면 σA_5, $A_5 \sigma$ 모두는 A_5와 같고, σ가 기치환이면 σA_5, $A_5 \sigma$ 모두는 기치환 전체의 집합인 $S_5 - A_5$와 같다. 따라서 임의의 $\sigma \in S_5$에 대하여 항상 $\sigma A_5 = A_5 \sigma$이다. 앞에서 언급한 바 있는 이 사실은 중요하므로 기억하여야 한다.

4) A_5의 모든 원소는 3항순환치환의 곱이다.

모든 3항순환치환은 우치환이므로 3항순환치환의 곱은 우치환이다. 역으로, A_5의 원소, 즉 임의의 우치환은 3항순환치환의 곱으로 표현된다. 왜 그럴까? 우치환은 짝수 개의 호환의 곱이므로 호환의 쌍의 곱으로 표시된다. 호환의 쌍은 서로 다른 a, b, c, d에 대하여 $(ab)(cd)$, $(ab)(ac)$, $(ab)(ab)$의 세 가지 유형이 있다. 그런데

$$(ab)(cd) = (adb)(adc), \quad (ab)(ac) = (acb), \quad (ab)(ab) = (abc)(acb)$$

로 표현할 수 있으므로 A_5의 원소는 모두 3항순환치환의 곱으로 표현할 수 있다.

모든 치환은 호환의 곱으로 표현되고, 모든 우치환은 3항순환치환의 곱으로 표현된다.

여광: 계산을 해보니 정말 $(ab)(cd) = (adb)(adc)$, $(ab)(ac) = (acb)$, $(ab)(ab) = (abc)(acb)$이네요! 뒤의 두 식은 비교적 자연스럽습니다. 앞에서 이미 (acb)를 $(ab)(ac)$와

같이 나타낼 수 있다는 것을 확인하였었고 $(abc)^2 = (acb)$, $(abc)^3 = 1$을 확인했었기 때문입니다. 반면 첫 번째 식은 어떻게 알아낸 것인지 궁금하네요. 물론 많은 계산 경험을 통해 얻어진 것이겠지만 나중에 다시 증명하거나 다른 사람에게 설명할 때 쉽게 떠오르지 않을 거 같아요.

여휴: 사실 첫 번째 식을 쉽게 기억하는 방법이 있습니다. 이미 잘 알고 있는 두 번째 식을 이용하는 것입니다.

여광: 두 호환이 하나의 원소를 공유하면 그 두 호환의 곱은 3항치환으로 나타낼 수 있다는 사실을 이용한다는 말씀이시군요.

여휴: 그렇습니다. $(ab)(cd)$에서 두 호환은 공유하는 원소가 없습니다. 즉 두 호환이 분리되어 있죠. 그런데 $(ad)(ad) = 1$임을 이용하면 $(ab)(cd)$는 $(ab)(ad)(ad)(cd)$로 나타낼 수 있습니다.

여광: 아하! 그러면 처음 두 호환은 a를 공유하니 $(ab)(ad) = (adb)$와 같이 삼항치환으로 쓸 수 있고 그 뒤에 두 호환은 d를 공유하니 $(ad)(cd) = (da)(dc) = (dca)$와 같이 삼항치환으로 쓸 수 있습니다. (dca)는 d를 c로, c를 a로, a를 d로 대응시키는 치환이므로 (adc)로도 나타낼 수 있습니다. 따라서 첫 번째 식인 $(ab)(cd) = (adb)(adc)$를 얻을 수 있군요.

여휴: 그렇습니다. $(ad)(ad)$ 대신 $(bc)(bc)$를 이용해서 $(ab)(cd)$가 두 삼항치환의 곱이 된다는 것을 보일 수 있습니다.

5) N이 A_5의 정규부분군이고, N이 하나의 3항순환치환을 포함하고 있으면, $N = A_5$이다.

N에 3항순환치환 $(a_1 a_2 a_3)$이 있다고 하자. 즉, $(a_1 a_2 a_3) \in N$이다. $(a_1 a_3 a_2) = (a_1 a_2 a_3)(a_1 a_2 a_3)$은 N의 원소이다. 이제 $k = 4$ 또는 5에 대하여 $\tau = (a_1 a_2)(a_3 a_k)$라고 하면, N이 정규부분군이므로 $\tau(a_1 a_3 a_2)\tau^{-1}$도 N의 원소이

다.

$$\tau(a_1 a_3 a_2)\tau^{-1} = (a_1 a_2)(a_3 a_k)(a_1 a_3 a_2)(a_3 a_k)(a_1 a_2) = (a_1 a_2 a_k)$$

이미 $(a_1 a_2 a_3) \in N$ 이므로 N은 3항순환치환 $(a_1 a_2 a_3)$, $(a_1 a_2 a_4)$, $(a_1 a_2 a_5)$를 모두 포함한다. $(a_1 a_2 a_3)$, $(a_1 a_2 a_4)$, $(a_1 c_2 a_5)$ 이외의 3항순환치환은 $\{k, \ell, m\} = \{3, 4, 5\}$에 대하여

$$(a_1 a_k a_2),\ (a_1 a_k a_\ell),\ (a_2 a_k a_\ell),\ (a_k a_\ell a_m)$$

꼴 중 하나로 표시할 수 있고 다음이 성립한다.

$$\begin{aligned}
(a_1 a_k a_2) &= (a_1 a_2 a_k)(a_1 a_2 a_k) \in N, \\
(a_1 a_k a_\ell) &= (a_1 a_2 a_\ell)(a_1 a_2 a_k)(a_1 a_2 a_k) \in N, \\
(a_2 a_k a_\ell) &= (a_1 a_2 a_\ell)(a_1 a_2 a_\ell)(a_1 a_2 a_k) \in N, \\
(a_k a_\ell a_m) &= (a_1 a_2 a_k)(a_1 a_2 a_k)(a_1 a_2 a_m)(a_1 a_2 a_\ell)(a_1 a_2 a_\ell)(a_1 a_2 a_k) \in N
\end{aligned}$$

N이 모든 꼴의 3항순환치환을 포함한다. 모든 우치환은 3항순환치환의 곱이므로 모든 우치환은 N의 원소이다. 이제 N은 A_5를 도함하므로 $N = A_5$이다.

여광: N의 '정규성' 때문에 N이 하나의 3항순환치환을 가지면 결국 모든 3항순환치환을 가지게 되는군요. 그나저나 계산이 점점 복잡해집니다. 물론 식이 주어진 경우에는 차근차근 계산하면 되겠지만 역시 이 식들을 어떻게 생각해냈는지 의문입니다. 특히 마지막 식은 정말 복잡합니다. 저 식을 기억하지 않은 상태에서 누군가 3항순환치환 (345)를 (123), (124), (125)의 곱으로 나타내라고 한다면 해낼 자신이 없습니다. 이번에도 좋은 방법

을 알고 계십니까?

여휴: 이번에도 사실 별 거 없습니다. $(ab)(ab)$꼴을 필요에 따라 추가하는 것입니다. 간단히 예를 들어 보겠습니다. 먼저 (245)를 (123), (124), (125)의 곱으로 나타내 봅시다. (245)는 $(25)(24)$와 같이 나타낼 수 있습니다. (123), (124), (125)에는 모두 1이 등장하는데 $(25)(24)$에는 1이 등장하지 않죠. 따라서 이번에는 두 호환 사이에 $(12)(12)$를 곱하는 겁니다.

여광: 이제 제가 해보겠습니다. 그러면 $(25)(24)$는 $(25)(\mathbf{12})(\mathbf{12})(24)$와 같이 나타낼 수 있고 두 호환씩 묶어서 계산하면 $(152)(124) = (125)(125)(124)$가 됩니다. 같은 방법으로 (145)는 $(125)(124)(124)$로 나타낼 수 있다는 것을 확인할 수 있겠네요.

여휴: 맞습니다. 이제 여광 선생이 말씀하신 (345)를 (123), (124), (125)의 곱으로 나타내 볼까요?

여광: (345)를 일단 두 호환의 곱인 $(35)(34)$로 나타냅니다. 이번엔 1, 2가 둘 다 등장하지 않네요. 일단 2가 등장하게 해야겠네요. 두 호환이 3을 공유하고 있으니 중간에 $(23)(23)$을 곱하겠습니다. 그러면 $(35)(\mathbf{23})(\mathbf{23})(34) = (253)(234)$가 됩니다. 아하! (253), (234) 모두 방금 한 것과 같은 꼴입니다. $(253) = (123)(123)(125)$이고 $(234) = (124)(123)(123)$입니다. 따라서 (345)는 $(123)(123)(125)(124)(123)(123)$과 같이 나타낼 수 있습니다.

6) A_5는 비가환 단순군이다.

이 사실이 가장 중요하다. A_3은 단순군이지만 가환군이고, A_4는 비가환군이지만 단순군은 아닌데 A_5는 비가환 단순군인 것이다. A_5가 비가환군인 것은 분명하므로 A_5가 단순군임을 보인다.

이를 위해서 A_5의 정규부분군 $N(\neq \{1\})$이 A_5임을 보이면 된다. N에 속하는 치환 중 항등원(항등치환)이 아닌 것은 다음 중 한 가지 꼴이다.

$$(123),\ (12345),\ (12)(34)$$

여기서 1, 2, 3, 4, 5 각각의 대신에 a, b, c, d, e로 대체하여도 되므로 일반성을 잃지 아니한다.

- $(123) \in N$이면 N이 3항순환치환을 가지므로 $N = A_5$이다.
- $(12345) \in N$이면 다음을 알 수 있다.

  $(132)(12345)(132)^{-1} = (132)(12345)(123) = (12453) \in N$

  $(12345)^{-1}(12453) = (235) \in N$

  N이 3항순환치환을 가지므로 $N = A_5$이다.

- $(12)(34) \in N$이면 다음을 알 수 있다.

  $(45)(12)(34)(45)^{-1} = (45)(12)(34)(45) = (12)(35) \in N$

  $(12)(34)(12)(35) = (34)(35) = (354) \in N$

  N이 3항순환치환을 가지므로 $N = A_5$이다.

여광: 드디어 소수 위수를 가지지 않는 단순군의 예를 하나 알게 되었습니다. 기대했던 대로 역시 S_5에서 찾을 수 있었네요. S_5의 부분군인 A_5가 단순군입니다. A_5의 정규부분군이 1이 아닌 치환을 하나라도 가지면 하나의 3항순환치환을 가지게 되고 그러면 또 모든 3항순환치환을 가지게 되어 그 정규부분군은 A_5일 수 밖에 없군요. 증명이 참 재미있네요. 증명과정에서 N의 정규성 때문에 $\sigma\tau\sigma^{-1}$ 꼴의 계산을 많이 했습니다. τ가 정규부분군 N의 원소이면 임의의 치환 $\sigma \in S_5$에 대하여 $\sigma\tau\sigma^{-1}$는 항상 정규부분군 N의 원소가 되기 때문입니다.

여휴: 맞습니다. 사실 $\sigma\tau\sigma^{-1}$ 꼴의 계산을 쉽게 하는 방법이 있습니다.

여광: 궁금합니다. 1, 2, 3, 4, 5 각각에 σ^{-1}을 먼저 적용시키고, 다음에 τ를, 마지막으로 σ를 적용시키는 것 말고 다른 방법이 있다는 것입니까?

여휴: 그렇습니다. 예를 통해 알아봅시다. $\sigma=(132)$, $\tau=(12345)$라고 하고 $\sigma\tau\sigma^{-1}$을 계산해 봅시다. $\sigma\tau\sigma^{-1}$은 1, 2, 3, 4, 5를 각각 어디로 대응시키는 지로 설명할 수도 있지만 $\sigma(1), \sigma(2), \sigma(3), \sigma(4), \sigma(5)$를 각각 어디로 대응시키는 지로도 설명할 수 있습니다.

여광: $\{1, 2, 3, 4, 5\} = \{\sigma(1), \sigma(2), \sigma(3), \sigma(4), \sigma(5)\}$이기 때문이죠. 제가 계산해 보겠습니다. 먼저 $\sigma(1)$은 σ^{-1}에 의하여 1로 대응됩니다. 그리고 1은 τ에 의하여 $\tau(1)=2$로 대응되고 2는 σ에 의하여 $\sigma(2)$로 대응됩니다. 같은 방법으로 계산하면 $\sigma\tau\sigma^{-1}$은 $\sigma(1), \sigma(2), \sigma(3), \sigma(4), \sigma(5)$를 각각

$\sigma(2), \sigma(3), \sigma(4), \sigma(5), \sigma(1)$

로 대응시킵니다. 따라서 $\sigma\tau\sigma^{-1}$을 $(\sigma(1)\ \sigma(2)\ \sigma(3)\ \sigma(4)\ \sigma(5))$로 쓸 수 있습니다.

여휴: 그렇습니다. τ가 어떤 치환이었죠?

여광: $\tau=(12345)$이었습니다. $\sigma\tau\sigma^{-1}$은 $\tau=(12345)$에서 1, 2, 3, 4, 5 대신 $\sigma(1), \sigma(2), \sigma(3), \sigma(4), \sigma(5)$를 쓴 것과 같군요!

여휴: 이 방법은 일반적인 경우에도 통합니다. 여광 선생이 계산한 대로 $\tau(i)=j$이면 $\sigma(i)$가 $\sigma\tau\sigma^{-1}$에 의해 $\sigma(\tau(i))=\sigma(j)$로 대응되기 때문이죠.

여광: 이제 $\sigma\tau\sigma^{-1}$ 꼴의 계산을 쉽게 할 수 있게 되었습니다. 예를 들어

$(45)(12)(34)(45)^{-1}$

를 계산하려면 $(12)(34)$에서 1, 2, 3, 4 대신 각각 (45)에 의해 대응되는 1, 2, 3, 5를 써서 $(12)(35)$를 얻으면 되는군요.

여휴: 맞습니다. 유용한 방법이니 기억해 두시면 좋습니다.

이미 몇 번을 강조했는지 모르지만 또 한다. A_3는 가환단순군이므로 일반적인 삼차다항식의 근의 공식이 존재하고, A_4는 비가환군이지만 단순군이 아니므로

일반적인 사차다항식의 근의 공식도 존재한다. 그러나 A_5는 비가환 단순군이므로 일반적인 오차다항식의 근의 공식이 존재하지 않게 된다.

다. S_5의 비가해성

- S_5의 정규부분군은 1, A_5, S_5 뿐이다.

$N \neq \{1\}$을 S_5의 정규부분군이라고 하면 임의의 $\sigma \in A_5$에 대해

$$\sigma(A_5 \cap N) = (\sigma A_5) \cap (\sigma N) = (A_5 \sigma) \cap (N \sigma) = (A_5 \cap N)\sigma$$

이므로 $A_5 \cap N$은 A_5의 정규부분군이다. 그런데 A_5는 단순군이므로 $A_5 \cap N = A_5$ 또는 $A_5 \cap N = \{1\}$ 이다. 먼저, $A_5 \cap N = A_5$, 즉 $A_5 \subset N$인 경우에 N은 A_5 또는 S_5이다. N이 기치환 σ를 하나라도 가지면 N은 A_5와 σA_5를 모두 포함하는데 $S_5 = A_5 \cup \sigma A_5$이므로 $N = S_5$이기 때문이다. 이제, $A_5 \cap N = \{1\}$인 경우에는 N은 위수가 2인 S_5의 정규부분군이다. 왜 그럴까? N에는 항등원 1과 항등원이 아닌 원소 σ가 있다. 이제 1이 아닌 다른 원소 μ가 N에 있다고 하자. 이 때 A_5와 N은 항등원만을 공유하므로 σ와 μ 모두 기치환이다. 따라서 A_5의 항등원에 의한 잉여류는 A_5이고, A_5의 σ에 의한 잉여류 σA_5는 $S_5 - A_5$이며, A_5의 μ에 의한 잉여류 μA_5도 $S_5 - A_5$이다. σ가 $S_5 - A_5 = \mu A_5$의 원소이므로 σ는 적당한 $\alpha \in A_5$에 대해서 $\sigma = \mu \alpha$와 같이 나타낼 수 있다. 즉 $\mu^{-1}\sigma = \alpha$는 A_5의 원소이다. 또한 μ와 σ는 모두 N의 원소이

므로 $\mu^{-1}\sigma$도 N의 원소이다. 그런데 A_5와 N은 단지 항등원 1만을 공유하므로 $\mu^{-1}\sigma = 1$이어야 한다. 즉 $\mu = \sigma$이다. 따라서 N은 위수가 2인 정규부분군이다. $N = \{1, \sigma\}$라고 하면 임의의 $x \in S_5$에 대하여 $\{x, x\sigma\} = xN = Nx = \{x, \sigma x\}$, 즉 $x\sigma = \sigma x$이므로 σ는 S_5의 모든 원소와 가환적(commutative)이다. 한편 $\sigma^2 = 1$이므로 σ는 (ab) 또는 $(ab)(cd)$꼴이다. 그러나

$$(ab)(ac) = (acb) \neq (abc) = (ac)(ab),$$
$$(ab)(cd)(ce) = (ab)(ced) \neq (ab)(cde) = (ab)(ce)(cd) = (ce)(ab)(cd)$$

이므로 (ab)는 (ac)와 가환적이지 않으며 $(ab)(cd)$는 (ce)와 가환적이지 않다. 따라서 $A_5 \cap N$일 수 없다. 그러므로 S_5의 정규부분군은 1, A_5, S_5 뿐이다.

- S_5는 가해군이 아니다.

  $G_0 = S_5$라고 하자. $G_0/\{1\} \simeq S_5$는 소수 위수를 가지지 않으므로 가해군의 정의를 만족시키는 부분군 열을 얻기 위해서는 반드시 G_0와 $\{1\}$ 사이에 적당한 G_0의 정규부분군 G_1을 끼워 넣어야 한다. 그런데 S_5는 $\{1\}$, S_5 외엔 A_5만을 정규부분군으로 가진다. 이제 $G_1 = A_5$라고 하면 $G_1 \geq G_0 \geq \{1\}$을 얻는다. $G_0/G_1 \simeq \mathbb{Z}_2$이므로 여기까지는 괜찮다. 하지만 문제는 $G_1 \geq \{1\}$에서 발생한다. $G_1/\{1\} \simeq A_5$는 소수 위수를 가지지 않으므로 다시 G_1과 $\{1\}$ 사이에 적당한 G_1의 정규부분군 G_2를 끼워 넣어야 한다. 그런데 $G_1 = A_5$는 단순군이다! 다시 말해 A_5는 $\{1\}$과 A_5 외엔 정규부분군을 가지지 않는다. 따라서 가해군의 정의를 만족시키는 부분군 열을 얻을 수 없다.

여광: S_5가 가해군이 아니라는 사실을 앞에서 살펴보았던 우한군의 분해로도 설명할 수 있습니다. S_5의 정규부분군 A_5에 의해 S_5는 $S_5/A_5 \simeq Z_2$와 $A_5/\{1\} \simeq A_5$로 분해됩니다. 그런데 Z_2와 A_5는 모두 단순군이므로 더 이상 분해되지 않습니다. 따라서 S_5는 Z_2와 A_5를 구성인자로 가집니다. 특히 S_5가 소수 위수를 가지지 않는 A_5를 구성인자로 가지므로 S_5는 가해군이 아닙니다.

여휴: 좋은 방법입니다.

또 강조한다. S_5가 가해군이 아니기 때문에 갈루아군이 S_5와 동형인 오차다항식은 거듭제곱근을 사용하여 풀 수 없다. 갈루아군이 S_5와 동형인 오차다항식은 근의 공식이 없다. 이게 갈루아 유언의 핵심 내용이다.

다음은 갈루아군이 S_5와 동형인 오차다항식의 예이다.

$$2x^5 - 5x^4 + 5, \; x^5 - 4x + 2, \; x^5 - 10x + 2$$

사실, 위의 세 다항식과 같이 '꼭 두 개의 허근만을 가지는 오차 기약다항식'은 모두 갈루아군이 S_5와 동형이 되어 근의 공식으로 풀리지 않는다.

2. 갈루아이론의 기본정리

앞에서 여러 차례 언급한 '대수학의 기본정리'를 기억할 것이다. 우리가 곧 만나야 할 큰 명제는 '갈루아이론의 기본정리'이다.

'미적분학의 기본정리(Fundamental Theorem of Calculus)'가 무엇인지 기억하는가? 적분을 계산할 때 거의 무의식적으로 사용하기 때문에 그 가치를 인지하지 못할

수도 있을 것이다. 예를 들어,

$$\int_0^1 x \, dx = \left[\frac{1}{2}x^2\right]_0^1 = \frac{1}{2} \times 1^2 - \frac{1}{2} \times 0^2 = \frac{1}{2}$$

이라고 계산하였다면, 독자는 이미 미적분학의 기본정리를 사용한 것이다. 정적분을 계산함에 부정적분을 사용한 것이다. 미적분학의 기본정리 덕분에 계산이 한결 쉬워졌다. 얼마나 편리한가.

기본정리는 그 이름대로 가장 기초가 되고, 가장 중요하며, 가장 유용하다는 것을 짐작할 수 있다. 다음은 갈루아이론의 핵심 정리 중의 하나로서 '갈루아이론의 기본정리(Fundamental Theorem of Galois Theory)'라고 한다. 이는 주어진 다항식의 가해성 문제를 그 다항식의 해집합의 대칭군의 문제로 변환시킨다.

K가 F의 갈루아확대체라고 하자.
- K와 F 사이의 중간체 전체의 집합을 Σ라고 하고, $G(K/F)$의 모든 부분군의 집합을 Γ라고 하자. 임의의 $E \in \Sigma$와 $H \in \Gamma$에 대하여, 다음과 같이 정의된 두 함수를 생각하자.
$\Phi : \Sigma \to \Gamma$, $\Phi(E) = G(K/E)$,
$\Psi : \Gamma \to \Sigma$, $\Psi(H) = K_H$
그러면, $\Phi \circ \Psi = I_\Gamma$이고 $\Psi \circ \Phi = I_\Sigma$이다. 여기서 I_Γ와 I_Σ는 각각 Γ와 Σ에서의 항등함수를 나타낸다.
- 다음이 성립한다.
$F \leq L \leq M \leq K$이면
$[M:L] = |G(K/L) : G(K/M)|$ 이다.
$J \leq H \leq G(K/F)$이면
$|H:J| = [K_J : K_H]$이다.
- 중간체 E가 F의 정규확대체이면, 또 그러한 경우에만 $G(K/E)$

는 $G(K/F)$의 정규부분군이 된다. 이 때, $G(E/F) \simeq G(K/F)/G(K/E)$이다.

매우 복잡해 보인다. 하나씩 살펴보기로 하자. 갈루아이론의 기본정리를 다음과 같이 이해할 수 있다.

- K와 F 사이의 중간체 전체의 집합 Σ 과 K의 F에 의한 갈루아군 $G(K/F)$의 부분군 전체의 집합 Γ 사이에는 일대일대응이 존재한다. 즉, K와 F 사이의 중간체 하나에 $G(K/F)$의 부분군 하나 그리고 오직 하나가 대응한다.

두 함수 Φ, Ψ 사이에 $\Phi \circ \Psi = I_\Gamma$이고 $\Psi \circ \Phi = I_\Sigma$인 관계가 성립한다는 것이 이 뜻이다. 이 때 Ψ는 Φ의 역함수가 되며 Φ는 Ψ의 역함수가 된다. 따라서 Γ에 속하는 모든 원소, 즉 $G(K/F)$의 모든 부분군은 적당한 $E \in \Sigma$, 즉 $F \leq K$의 중간체에 의하여 $G(K/E)$로 유일하게 나타낼 수 있다.

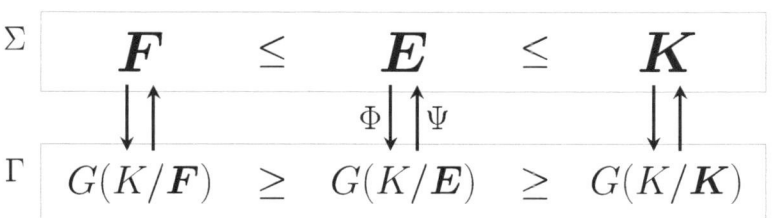

이를 증명하기 위해 먼저 K가 F의 갈루아확대체이므로 K는 E의 갈루아확대체임을 유념한다. 갈루아확대체의 정의에 의하여 $\Psi \circ \Phi = I_\Sigma$이다.

여광: 정말 갈루아확대체의 정의만 이용해서 $\Psi \circ \Phi = I_\Sigma$가 됨을 보일 수 있을까요?

여휴: 먼저 $\Psi \circ \Phi(F)$를 계산해볼까요?

여광: $\Psi \circ \Phi(F) = \Psi(G(K/F)) = K_{G(K/F)}$입니다. '$K_{G(K/F)} = F$'를 만족시키는 확대체 K를 갈루아확대체라고 정의하였으니 $\Psi \circ \Phi(F) = F$입니다. 여기까지는 좋네요. 이제 나머지 $F \leq K$의 중간체 E에 대해서도 $\Psi \circ \Phi(E) = E$임을 보여야 합니다. 이를 위해서도 갈루아확대체의 정의를 이용한다는 거죠?

여휴: $\Psi \circ \Phi(E)$는 $K_{G(K/E)}$입니다. 그러니 $K_{G(K/E)} = E$임을 보이기 위해서는 이제 더 이상 K를 F위에서의 벡터공간으로 볼 필요가 없습니다. K를 E위에서의 벡터공간으로 보는 것이죠. K가 F의 갈루아확대체이므로 K는 F위에서 F의 원소를 계수로 가지는 어떤 다항식 $f(x)$의 분해체입니다. 이 다항식을 E의 원소를 계수로 가지는 다항식으로도 볼 수 있고 이러한 관점에서 K는 E위에서 $f(x)$의 분해체로 볼 수 있습니다. 따라서 K는 역시 E의 갈루아확대체입니다. 그러니 갈루아확대체 정의를 이용하여 $\Psi \circ \Phi(E) = E$임을 설명할 수 있습니다.

관계식 $\Phi \circ \Psi = I_\Gamma$의 증명은 대부분의 추상대수학 책에 소개되어 있다. 여기서 주목할 것은 이 관계식은 K가 F의 갈루아확대체가 아니어도 성립한다는 것이다. 다시 말하여 F위에서 K가 유한 차수를 가지는 확대체이면 $\Phi \circ \Psi = I_\Gamma$는 항상 성립한다.

여광: 두 개의 관계식 $\Phi \circ \Psi = I_\Gamma$과 $\Psi \circ \Phi = I_\Sigma$ 중에서 $\Psi \circ \Phi = I_\Sigma$가 관건이군요.

여휴: 그렇습니다. K가 F의 갈루아확대체이기를 요구하는 것은 관계식 $\Psi \circ \Phi = I_\Sigma$을 위함입니다.

- Σ에 속하는 두 중간체 L, M 사이에 $L \leq M$의 관계가 있으면 M은 L 위에서의 벡터공간이다. 이 때 $G(K/F)$의 두 개의 부분군 $G(K/L)$,

$G(K/M)$ 사이에는 $G(K/L) \geq G(K/M)$의 관계가 있음을 앞에서 확인하였다. L위에서 벡터공간 M의 차원(dimension) $[M:L]$은, L, M 각각에 대응하는 $\varGamma$의 두 원소 $G(K/L)$, $G(K/M)$ 사이에 정의되는 지수(index) $|G(K/L):G(K/M)|$와 같다. 이 역도 성립한다.

기본적인 군론과 갈루아확대체의 성질 그리고 벡터 공간의 차원에 관한 관계로부터 이를 증명할 수 있다. 갈루아확대체의 다음 사실을 이용한다.

K가 F의 갈루아확대체이면 $|G(K/F)| = [K:F]$이다.

$|G(K/F)|$는 군 $G(K/F)$의 위수(order)이고 $[K:F]$는 K의 F위에서의 차수(degree)이다.

여광: 확대체의 차수에 대해 다시 기억하십시다. $[K:F]$ 즉 K의 F위에서의 차수는 무엇이죠?

여휴: F의 확대체 K는 F위에서의 벡터공간입니다. 벡터공간 K의 차원이 $[K:F]$ 즉 K의 F위에서의 차수입니다.

K를 L, M의 갈루아확대체로 볼 수 있으므로 다음을 알 수 있다.

$$|G(K/L):G(K/M)| = \frac{|G(K/L)|}{|G(K/M)|} = \frac{[K:L]}{[K:M]} = [M:L]$$

여기서 $|G(K/L):G(K/M)|$는 $G(K/L)$의 부분군 $G(K/M)$의 $G(K/L)$에서의 지수(index)를 나타낸다.

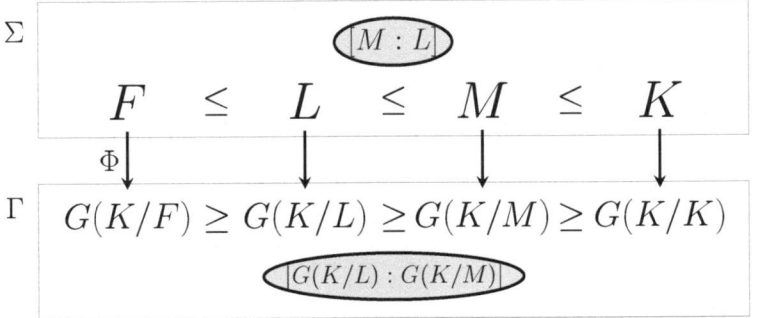

여광: 갈루아이론의 기본정리에서 군, 체, 벡터공간 등 대표적인 대수적 구조들과 그들 각각의 성질이 결정적 역할을 하는군요.

여휴: 다항식의 가해성 문제를 추상화하여 대수적 구조에 관한 문제로 귀착시킨 것입니다.

한편, $|H| = |G(K/K_H)| = [K : K_H]$이므로 다음이 성립한다.

$$|H : J| = \frac{|H|}{|J|} = \frac{[K : K_H]}{[K : K_J]} = [K_J : K_H]$$

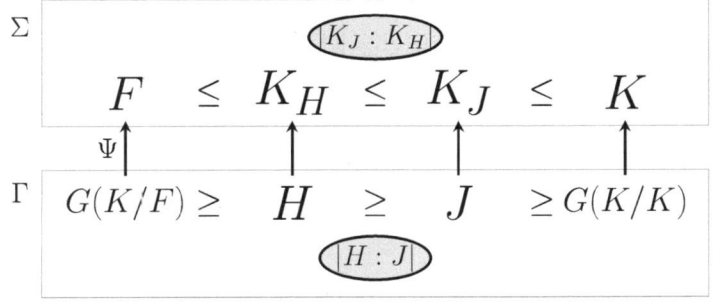

- K 와 F 사이의 중간체 E 가 F 의 '정규'확대체이면, 갈루아군 $G(K/F)$ 의 구조를 더욱 간단하게 살필 수 있다. $G(K/F)$ 의 '정규'부분군을 얻어 $G(K/F)$ 의 상군을 얻을 수 있기 때문이다. 역으로, 갈루아군 $G(K/F)$ 가

정규부분군 N을 가지면 N에 의한 불변체 K_N은 F의 정규확대체이다.

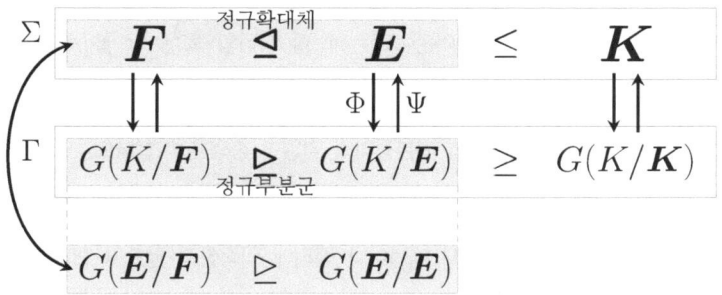

갈루아군이 자명하지 않은 정규부분군을 가지고 있으면 다항식의 갈루아확대체 K와 F 사이에 중간체를 하나 얻을 수 있고 그 중간체는 F위에서 갈루아확대체이므로 문제를 원래보다 간단하게 할 수 있는 것이다.

여광: 갈루아이론의 기본 정리의 마지막 부분이 압권입니다.

여휴: 정규부분군의 역할과 가치를 알 수 있습니다.

여광: 정규부분군과 그에 의한 상군의 개념이 갈루아가 발견한 깊은 대칭이었고, 갈루아이론의 핵심이라고 생각합니다.

여휴: 주어진 다항식의 갈루아군이 자명하지 않은 정규부분군을 가지고 있으면 다항식의 간단한 경우로 나누어 풀 수 있다는 이야기입니다.

여광: 일반적인 삼차다항식의 갈루아군은 S_3인데 S_3은 자명하지 않은 정규부분군 A_3를 가집니다. 이 때문에 일반적인 삼차다항식의 풀이는 $X^3 = A$ 꼴 하나와 $X^2 = B$ 꼴 하나의 방정식을 푸는 경우로 바뀌는군요.

여휴: 일반적인 사차다항식의 갈루아군은 S_4인데 S_4는 자명하지 않은 정규부분군 V_4를 가집니다. 이 때문에 일반적인 사차다항식의 풀이는 일반적인 삼차방정식의 풀이 하나와 $X^2 = B$ 꼴의 방정식 두 개를 푸는 경우로 바뀝니다.

여광: 일반적인 사차다항식의 풀이 과정에서 풀게 되는 일반적인 삼차다항식의 풀이는 $X^3 = A$ 꼴 하나와 $X^2 = B$ 꼴 하나를 푸는 경우로 바뀌는군요.

여휴: 결국 일반적인 사차다항식의 풀이는 $X^3 = A$ 꼴 하나와 $X^2 = B$ 꼴 세 개의 방정식을 푸는 경우로 귀착됩니다.

여광: 멋있습니다. 그런데 갈루아이론의 기본정리의 엄밀한 증명은 어렵나요?

여휴: 여광 선생의 질문에 답하기가 어렵습니다. 군론에 익숙한 전문 수학자에게는 어렵지 않습니다. 그러나 군론의 여러 가지 개념이나 정리에 익숙하지 않으면 쉽다고 할 수 없습니다. 갈루아 이론을 개략적으로 이해하려는 이 책의 취지를 유념하면 완벽한 증명을 꼭 이해할 필요는 없다고 봅니다.

몇 가지 예를 들어보자.

가. 매우 간단한 경우

$\mathbb{Q}$ 위에서 다항식 $(x^2 - 2)(x^2 - 3)$의 분해체는 $\mathbb{Q}(\sqrt{2}, \sqrt{3})$이고, 갈루아군 $G(\mathbb{Q}(\sqrt{2}, \sqrt{3})/\mathbb{Q})$는 $V_4 = \{1, \sigma, \tau, \tau\sigma\}$이다.

$$1 = \begin{cases} \sqrt{2} \mapsto \sqrt{2} \\ \sqrt{3} \mapsto \sqrt{3} \end{cases} \quad \sigma = \begin{cases} \sqrt{2} \mapsto \sqrt{2} \\ \sqrt{3} \mapsto -\sqrt{3} \end{cases}$$

$$\tau = \begin{cases} \sqrt{2} \mapsto -\sqrt{2} \\ \sqrt{3} \mapsto \sqrt{3} \end{cases} \quad \tau\sigma = \begin{cases} \sqrt{2} \mapsto -\sqrt{2} \\ \sqrt{3} \mapsto -\sqrt{3} \end{cases}$$

이 경우는 매우 단순해서 갈루아군의 모든 부분군과 각각의 부분군에 의한 불변체를 쉽게 계산할 수 있으며 $\mathbb{Q} \leq K$의 모든 중간체와 각각의 중간체 위에서 갈루아군을 쉽게 계산할 수 있다. 직접 계산하여 갈루아이론의 기본정리의 내용을 하나씩 확인해 보자. 사실 대부분은 앞에서 계산하였다.

체와 군의 관계를 살피자. 이를 위해, $\mathbb{Q}(\sqrt{2}, \sqrt{3})$을 K로 나타내자. V_4의 부분군 중에서 자명한 부분군인 V_4와 $\{1\}$을 제외한 부분군은 다음과 같이 세 개 있다.

$$\langle \sigma \rangle = \{1, \sigma\},$$
$$\langle \tau \rangle = \{1, \tau\},$$
$$\langle \tau\sigma \rangle = \{1, \tau\sigma\}$$

여광: $\langle \sigma \rangle$는 σ로 생성되는 순환군을 나타내죠?
여휴: 예, V_4의 부분군 중에서 σ를 가지는 가장 작은 군이죠.

- $\langle \sigma \rangle$에 의한 불변체는 $\mathbb{Q}(\sqrt{2})$이다.

K는 다음 꼴의 수 전체의 집합임을 기억하자.

$$a + b\sqrt{2} + c\sqrt{3} + d\sqrt{6} \quad (a, b, c, d \in \mathbb{Q})$$

K의 원소 $a + b\sqrt{2} + c\sqrt{3} + d\sqrt{6}$은 σ에 의해

$$\sigma(a + b\sqrt{2} + c\sqrt{3} + d\sqrt{6})$$
$$= \sigma(a + b\sqrt{2} + c\sqrt{3} + d\sqrt{2}\sqrt{3}) = a + b\sqrt{2} - c\sqrt{3} - d\sqrt{3}$$

으로 대응된다.

따라서 σ에 의해 고정되는 수는 $a + b\sqrt{2}$ 꼴의 모든 수이다. 즉 $\langle \sigma \rangle$의 의한 불변체는 $\mathbb{Q}(\sqrt{2})$이다. $\langle \sigma \rangle$의 V_4에서의 지수(index)는 2이고, $\mathbb{Q}(\sqrt{2})$의 $\mathbb{Q}$ 위에서의 차수(degree)도 2라는 사실을 확인할 수 있다.

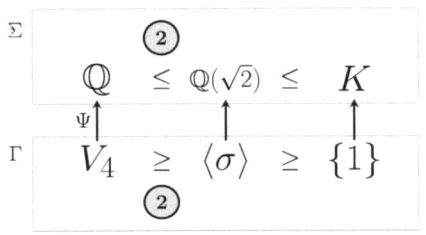

- $\langle \tau \rangle$에 의한 불변체는 $\mathbb{Q}(\sqrt{3})$이다. τ가 $\sqrt{3}$을 고정시키기 때문이다. $\langle \tau \rangle$의 V_4에서의 지수는 2이고, $\mathbb{Q}(\sqrt{3})$의 $\mathbb{Q}$ 위에서의 차수도 2라는 사실도 확인할 수 있다.

- $\langle \tau\sigma \rangle$에 의한 불변체는 $\mathbb{Q}(\sqrt{6})$이다. $\tau\sigma$가 $\sqrt{6}$을 고정시키기 때문이다. $\langle \tau\sigma \rangle$의 V_4에서의 지수는 2이고, $\mathbb{Q}(\sqrt{6})$의 $\mathbb{Q}$ 위에서의 차수도 2라는 사실도 확인할 수 있다.

이제 $\mathbb{Q} \leq K$의 모든 중간체를 계산하고, 각각의 중간체 위에서 갈루아군을 계산해보자. K의 원소가 모두 $a + b\sqrt{2} + c\sqrt{3} + d\sqrt{6}$ $(a, b, c, d \in \mathbb{Q})$ 꼴이라는 사실에 주목하면 $\mathbb{Q}(\sqrt{2})$, $\mathbb{Q}(\sqrt{3})$, $\mathbb{Q}(\sqrt{6})$는 $\mathbb{Q} \leq K$의 중간체임을 알 수 있다. 사실 이미 앞에서 이 세 개의 중간체는 V_4의 자명하지 않은 세 개의 부분군 $\langle \sigma \rangle$, $\langle \tau \rangle$, $\langle \tau\sigma \rangle$에 의한 불변체로서 등장하였다. 실제로 간단한 계산을 통해 $\mathbb{Q} \leq K$의 중간체는 세 개 뿐임을 확인할 수 있다.

여광: 정말 간단할까요? 저는 사실 $\mathbb{Q} \leq K$의 중간체가 세 개뿐이라는 사실이 와 닿지 않습니다. 물론 갈루아이론의 기본정리가 말하는 바이기는 하지만 저의 직관과는 상충합니다.

실제로 $a+b\sqrt{2}+c\sqrt{3}+d\sqrt{6}$ $(a, b, c, d \in \mathbb{Q})$ 꼴의 수가 모두 K의 원소이니 간단하게 유리수체와 $a+b\sqrt{2}+c\sqrt{3}+d\sqrt{6}$을 품는 가장 작은 체인 $\mathbb{Q}(a+b\sqrt{2}+c\sqrt{3}+d\sqrt{6})$ 모두가 $\mathbb{Q} \leq K$의 중간체 아닌가요? 예를 들어 $\mathbb{Q}(\sqrt{2}+\sqrt{3})$이나 $\mathbb{Q}(\sqrt{2}+2\sqrt{3}-\sqrt{6})$ 등은 모두 $\mathbb{Q} \leq K$의 중간체입니다. 물론 그 중에는 같은 것들도 있겠지만 유리수 a, b, c, d를 '아무거나' 택해도 되니 세 개보다는 더 많을 것 같습니다. 이 뿐만이 아니라 $\mathbb{Q}(\sqrt{2}+\sqrt{3}, \sqrt{2}+2\sqrt{3}-\sqrt{6})$과 같이 $\mathbb{Q}$에 K의 원소를 여러 개 첨가하여 $\mathbb{Q} \leq K$의 중간체를 만들 수 있습니다.

여휴: 몇 가지 계산을 해보고 나면 싱겁게 여광 선생이 예상하신 것만큼 많은 중간체를 얻을 수 없다는 것을 알 수 있을 겁니다.

여광: 계산할 준비가 되었습니다. 저의 예상과는 다른 결과를 눈으로 직접 봐야하니 마음을 단단히 먹겠습니다.

여휴: 자, 그러면 먼저 L을 $\mathbb{Q} \leq K$의 중간체라고 하고
$a+b\sqrt{2}+c\sqrt{3}+d\sqrt{6}$ $(a, b, c, d \in \mathbb{Q})$
를 한 원소라고 합시다. 그러면 분명히 $a \in L$이고
$b\sqrt{2}+c\sqrt{3}+d\sqrt{6} = (a+b\sqrt{2}+c\sqrt{3}+d\sqrt{6})-a$
역시 L의 원소입니다.

여광: 생각해야할 변수를 하나 줄였군요.

여휴: 맞습니다. L이 $\mathbb{Q}$를 포함하기 때문에 $a+b\sqrt{2}+c\sqrt{3}+d\sqrt{6}$가 L의 원소라고 하는 것은 $b\sqrt{2}+c\sqrt{3}+d\sqrt{6}$이 L의 원소라고 하는 것과 같은 말이죠. 먼저 간단한 경우부터 생각해보겠습니다. $b \neq 0$, $c \neq 0$이고 $d=0$이라고 가정합시다.

여광: L에 $b\sqrt{2}+c\sqrt{3}$ $(b, c \neq 0)$ 꼴의 원소가 있다고 가정하자는 말씀이시군요.

여휴: 그렇습니다. L은 체이므로 $b\sqrt{2}+c\sqrt{3}$의 곱셈에 관한 역원을 가지고 있습니다. 한번 계산해 볼까요?

여광: 이전에도 많이 했던 계산입니다. '분모의 유리화'를 이용하면 됩니다. $b\sqrt{2}+c\sqrt{3}$의 곱셈에 관한 역원은

$$\frac{1}{b\sqrt{2}+c\sqrt{3}} = \frac{b\sqrt{2}-c\sqrt{3}}{(b\sqrt{2}+c\sqrt{3})(b\sqrt{2}-c\sqrt{3})} = \frac{b\sqrt{2}-c\sqrt{3}}{2b^2-3c^2}$$

입니다. L이 이 수도 원소로 가지게 되겠네요.

여휴: 여기서 $2b^2-3c^2$이 유리수라는 점을 주목하면

$$b\sqrt{2}-c\sqrt{3} = (2b^2-3c^2) \times \frac{b\sqrt{2}-c\sqrt{3}}{2b^2-3c^2}$$

역시 L의 원소가 되는 것을 알 수 있습니다.

여광: 그렇군요. 결국

$$\sqrt{2} = \frac{1}{2b}\{(b\sqrt{2}+c\sqrt{3})+(b\sqrt{2}-c\sqrt{3})\},$$

$$\sqrt{3} = \frac{1}{3c}\{(b\sqrt{2}+c\sqrt{3})-(b\sqrt{2}-c\sqrt{3})\}$$

이므로 L이 $\sqrt{2}$와 $\sqrt{3}$을 모두 원소로 가지니 $L=K$일 수 밖에 없군요. 같은 방법을 이용하면 L이 $b\sqrt{2}+d\sqrt{6}$ ($b \neq 0, d \neq 0$) 꼴의 원소를 갖거나 $c\sqrt{3}+d\sqrt{6}$ ($c \neq 0, d \neq 0$) 꼴의 원소를 가지면 $L=K$이 되는 것도 보일 수 있겠네요.

여휴: 그럼 이제 좀 더 복잡한 계산을 해봅시다. L이 $b\sqrt{2}+c\sqrt{3}+d\sqrt{6}$ ($b \neq 0$, $c \neq 0$, $d \neq 0$) 꼴의 원소를 가진다고 가정합시다.

여광: 이번엔 간단히 분모의 유리화를 한번 이용하는 것으로 충분할 것 같지 않아 보입니다.

여휴: 네, 좀 더 많은 단계가 요구됩니다. 계산을 간단하게 바꾸기 위해 $d=1$이라고 합시다. 이렇게 해도 일반성을 잃지 않습니다.

여광: 동의합니다. L이 $b\sqrt{2}+c\sqrt{3}+d\sqrt{6}$ ($b \neq 0$, $c \neq 0$, $d \neq 0$)을 원소로 가진다고 하는 것과 L이 $\frac{b}{d}\sqrt{2}+\frac{c}{d}\sqrt{3}+\sqrt{6}$ 을 원소로 가진다고 하는 것이 같은 말이기 때문이죠. 그러니 처음부터 $\sqrt{6}$ 앞에 곱해진 수 d가 1인 L의 원소를 생각해도 된다는 말씀이시죠?

여휴: 그렇습니다. 먼저 $(a\sqrt{2}+b\sqrt{3}+\sqrt{6})^2$을 전개해볼까요?

여광: 전개하면

$$2a^2+3b^2+6+6b\sqrt{2}+4a\sqrt{3}+2ab\sqrt{6}$$

을 얻습니다. 물론 이 수는 L의 원소입니다.

여휴: $2a^2+3b^2+6$이 유리수이므로 $6b\sqrt{2}+4a\sqrt{3}+2ab\sqrt{6}$도 L의 원소입니다.

여광: 이 수를 2로 나눈 $2b\sqrt{2}+2a\sqrt{3}+ab\sqrt{6}$도 L의 원소입니다. 그러니

$$ab(a\sqrt{2}+b\sqrt{3}+\sqrt{6})-(2b\sqrt{2}+2a\sqrt{3}+ab\sqrt{6})$$
$$=(a^2b-2b)\sqrt{2}+(ab^2-2a)\sqrt{3}$$
$$=b(a^2-2)\sqrt{2}+a(b^2-2)\sqrt{3}$$

도 L의 원소인데 $b(a^2-2)$와 $a(b^2-2)$는 0이 될 수 없으니 아까의 상황이 되어버렸네요! 결국 이 경우에도 $L=K$가 됩니다.

여휴: 맞습니다. 결국 $b, c, d \neq 0$에 대하여 L이

$b\sqrt{2}+c\sqrt{3}, \quad b\sqrt{2}+d\sqrt{6}, \quad c\sqrt{3}+d\sqrt{6},$

$b\sqrt{2}+c\sqrt{3}+d\sqrt{6}$

꼴의 원소를 하나라도 가지게 되면 $L=K$가 됩니다.

여광: 그런 원소들을 가지지 않는 $\mathbb{Q} \leq K$의 중간체는 결국

$a+b\sqrt{2}$ 꼴의 원소들만을 가지는 $\mathbb{Q}(\sqrt{2})$,

$a+c\sqrt{3}$ 꼴의 원소들만을 가지는 $\mathbb{Q}(\sqrt{3})$,

$a+d\sqrt{6}$ 꼴의 원소들만을 가지는 $\mathbb{Q}(\sqrt{6})$

뿐이겠네요. 아, 물론 a 꼴의 원소들만을 가지는 $\mathbb{Q}$도 있습니다.

사실 $\mathbb{Q} \leq K$의 각각의 중간체 $\mathbb{Q}(\sqrt{2})$, $\mathbb{Q}(\sqrt{3})$, $\mathbb{Q}(\sqrt{6})$ 위에서 갈루아군을 계산하는 것은 매우 쉽다.

$\sqrt{2}$를 고정시키는 것은 1과 σ 뿐이므로 $G(K/\mathbb{Q}(\sqrt{2}))=\langle\sigma\rangle$이다.
$\sqrt{3}$을 고정시키는 것은 1과 τ 뿐이므로 $G(K/\mathbb{Q}(\sqrt{3}))=\langle\tau\rangle$이다.
$\sqrt{6}$을 고정시키는 것은 1과 $\tau\sigma$ 뿐이므로 $G(K/\mathbb{Q}(\sqrt{6}))=\langle\tau\sigma\rangle$이다.

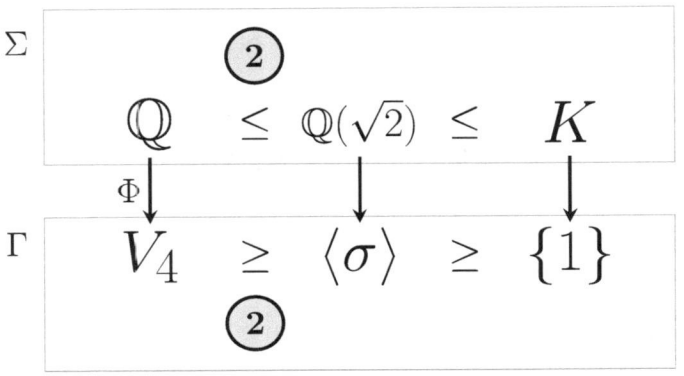

이상을 종합하여 다음과 같은 표를 얻을 수 있다.

Σ (중간체)	Γ (부분군)
K	V_4
$\mathbb{Q}(\sqrt{2})$	$\langle \sigma \rangle$
$\mathbb{Q}(\sqrt{3})$	$\langle \tau \rangle$
$\mathbb{Q}(\sqrt{6})$	$\langle \tau\sigma \rangle$
$\mathbb{Q}$	$\{1\}$

한편, V_4는 가환군이므로 모든 부분군은 정규부분군이다. 또한 각 부분군에 의한 불변체는 모두 정규확대체이다. $\mathbb{Q}(\sqrt{2})$, $\mathbb{Q}(\sqrt{3})$, $\mathbb{Q}(\sqrt{6})$ 각각은 $\mathbb{Q}$ 위에서 x^2-2, x^2-3, x^2-6의 분해체이고, 분해체는 정규확대체이기 때문이다.

$$\Sigma \quad \mathbb{Q} \trianglelefteq \mathbb{Q}(\sqrt{2}) \leq K$$
$$\Phi \downarrow \qquad \downarrow \qquad \downarrow$$
$$\Gamma \quad V_4 \trianglerighteq \langle \sigma \rangle \geq \{1\}$$

나. 비교적 간단한 삼차식의 경우

$\mathbb{Q}$ 위에서 다항식 $f(x) = x^3 - 2$의 분해체는 $K = \mathbb{Q}(\omega, \sqrt[3]{2})$이고 $f(x)$의 갈루아군은 $G(K/\mathbb{Q}) = S_3 = \{1, \sigma, \sigma^2, \tau, \tau\sigma, \tau\sigma^2\}$이다. 여기서 σ와 τ는 다음과 같이 주어진다.

$$\sigma = \begin{cases} \sqrt[3]{2} \mapsto \sqrt[3]{2}\,\omega \\ \omega \mapsto \omega \end{cases} \qquad \tau = \begin{cases} \sqrt[3]{2} \mapsto \sqrt[3]{2} \\ \omega \mapsto \omega^2 \end{cases}$$

실제로, 갈루아군 S_3의 원소는 다음과 같다. 앞에서 이미 계산하였으나 편의를 위해 다시 나타낸다.

$$1 = \begin{cases} \sqrt[3]{2} \mapsto \sqrt[3]{2} \\ \sqrt[3]{2}\,\omega \mapsto \sqrt[3]{2}\,\omega \\ \sqrt[3]{2}\,\omega^2 \mapsto \sqrt[3]{2}\,\omega^2 \end{cases} \qquad \tau = (23) = \begin{cases} \sqrt[3]{2} \mapsto \sqrt[3]{2} \\ \sqrt[3]{2}\,\omega \mapsto \sqrt[3]{2}\,\omega^2 \\ \sqrt[3]{2}\,\omega^2 \mapsto \sqrt[3]{2}\,\omega \end{cases}$$

$$\sigma = (123) = \begin{cases} \sqrt[3]{2} \mapsto \sqrt[3]{2}\,\omega \\ \sqrt[3]{2}\,\omega \mapsto \sqrt[3]{2}\,\omega^2 \\ \sqrt[3]{2}\,\omega^2 \mapsto \sqrt[3]{2} \end{cases} \qquad \tau\sigma = (13) = \begin{cases} \sqrt[3]{2} \mapsto \sqrt[3]{2}\,\omega^2 \\ \sqrt[3]{2}\,\omega \mapsto \sqrt[3]{2}\,\omega \\ \sqrt[3]{2}\,\omega^2 \mapsto \sqrt[3]{2} \end{cases}$$

$$\sigma^2 = (132) = \begin{cases} \sqrt[3]{2} \mapsto \sqrt[3]{2}\,\omega^2 \\ \sqrt[3]{2}\,\omega \mapsto \sqrt[3]{2} \\ \sqrt[3]{2}\,\omega^2 \mapsto \sqrt[3]{2}\,\omega \end{cases} \qquad \tau\sigma^2 = (12) = \begin{cases} \sqrt[3]{2} \mapsto \sqrt[3]{2}\,\omega \\ \sqrt[3]{2}\,\omega \mapsto \sqrt[3]{2} \\ \sqrt[3]{2}\,\omega^2 \mapsto \sqrt[3]{2}\,\omega^2 \end{cases}$$

이제 체와 군과의 관계를 살필 수 있다. 이 경우도 갈루아군의 모든 부분군과 각각의 부분군에 의한 불변체를 쉽게 계산할 수 있으며 $\mathbb{Q} \le K$의 모든 중간체와 각각의 중간체 위에서 갈루아군을 쉽게 계산할 수 있다. 사실 대부분은 앞에서 계산한 것이다.

S_3의 부분군 중에서 자명한 부분군인 S_3와 $\{1\}$을 제외한 부분군은 다음과 같이 네 개 있다.

$$\langle \sigma \rangle = \{1, \sigma, \sigma^2\},$$
$$\langle \tau \rangle = \{1, \tau\},$$
$$\langle \tau\sigma \rangle = \{1, \tau\sigma\},$$
$$\langle \tau\sigma^2 \rangle = \{1, \tau\sigma^2\}$$

먼저, $\langle \sigma \rangle$, $\langle \tau \rangle$ 각각에 의한 불변체는 $\mathbb{Q}(\omega)$, $\mathbb{Q}(\sqrt[3]{2})$임이 분명하고, $\langle \tau\sigma \rangle$, $\langle \tau\sigma^2 \rangle$ 각각에 의한 불변체는 $\mathbb{Q}(\sqrt[3]{2}\omega)$, $\mathbb{Q}(\sqrt[3]{2}\omega^2)$임도 쉽게 알 수 있다. 또한 $\langle \sigma \rangle$의 S_3에서의 지수는 2이고 $\mathbb{Q}(\omega)$의 $\mathbb{Q}$ 위에서의 차수도 2임을 알 수 있다. 마찬가지로 $\langle \tau \rangle$, $\langle \tau\sigma \rangle$, $\langle \tau\sigma^2 \rangle$의 S_3에서의 지수는 모두 3이고 $\mathbb{Q}(\sqrt[3]{2})$, $\mathbb{Q}(\sqrt[3]{2}\omega)$, $\mathbb{Q}(\sqrt[3]{2}\omega^2)$의 $\mathbb{Q}$에서의 차수는 모두 3이라는 사실도 알 수 있다.

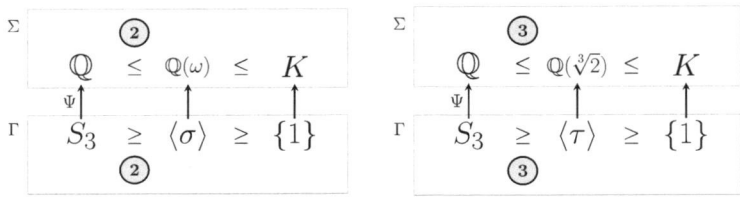

이제 $\mathbb{Q} \leq K$의 각각의 중간체 위에서 갈루아군을 계산해보자. $\mathbb{Q}(\omega)$, $\mathbb{Q}(\sqrt[3]{2})$, $\mathbb{Q}(\sqrt[3]{2}\omega)$, $\mathbb{Q}(\sqrt[3]{2}\omega^2)$은 분명히 $\mathbb{Q} \leq K$의 중간체이다. 실제로 몇 가지 경우로 나누어 계산을 해보면 $\mathbb{Q} \leq K$의 중간체는 네 개 뿐임을 확인할 수

있다.

ω를 고정시키는 것은 1, σ, σ^2 뿐이므로 $G(K/\mathbb{Q}(\omega)) = \langle \sigma \rangle$이다.
$\sqrt[3]{2}$를 고정시키는 것은 1과 τ 뿐이므로 $G(K/\mathbb{Q}(\sqrt[3]{2})) = \langle \tau \rangle$이다.
$\sqrt[3]{2}\,\omega$를 고정시키는 것은 1과 $\tau\sigma$ 뿐이므로 $G(K/\mathbb{Q}(\sqrt[3]{2}\,\omega)) = \langle \tau\sigma \rangle$이다.
$\sqrt[3]{2}\,\omega^2$을 고정시키는 것은 1과 $\tau\sigma^2$ 뿐이므로 $G(K/\mathbb{Q}(\sqrt[3]{2}\,\omega^2)) = \langle \tau\sigma^2 \rangle$이다.

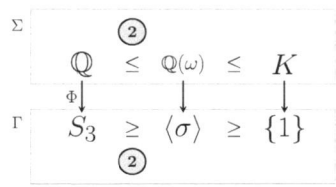
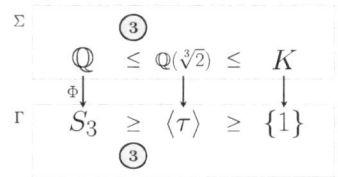

다음과 같은 표를 얻을 수 있다.

Σ (중간체)	Γ (부분군)
K	S_3
$\mathbb{Q}(\omega)$	$\langle \sigma \rangle$
$\mathbb{Q}(\sqrt[3]{2})$	$\langle \tau \rangle$
$\mathbb{Q}(\sqrt[3]{2}\,\omega)$	$\langle \tau\sigma \rangle$
$\mathbb{Q}(\sqrt[3]{2}\,\omega^2)$	$\langle \tau\sigma^2 \rangle$
$\mathbb{Q}$	$\{1\}$

여기서 S_3의 정규부분군 $\langle \sigma \rangle$에 주목할 필요가 있다. $\langle \sigma \rangle$는 S_3의 교대군 A_3이다. $\langle \sigma \rangle$의 S_3에서의 지수(index)는 2이다. 갈루아이론의 기본정리에 의하면 이는 $\langle \sigma \rangle$에 의한 불변체 $\mathbb{Q}(\omega)$는 $\mathbb{Q}$ 위에서의 차수가 2인 정규확대체라는 말

이다. 사실, $\mathbb{Q}(\omega)$는 $\mathbb{Q}$ 위에서 다항식 x^2+x+1의 분해체이므로 정규확대체이다.

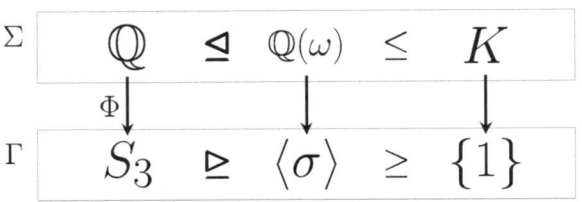

다. 약간 복잡한 삼차식의 경우

일반적인 형태, 즉 약간 복잡한 경우를 살피자. 이제 분해체, 갈루아군, 불변체 등을 앞에서와 같이 직접 계산하는 것은 만만하지 않다. 갈루아이론의 기본정리의 도움을 받자.

삼차다항식 x^3-3x-4의 세 근은 다음과 같다.

$$\alpha = \sqrt[3]{2-\sqrt{3}} + \sqrt[3]{2+\sqrt{3}}$$
$$\beta = \sqrt[3]{2-\sqrt{3}}\,\omega + \sqrt[3]{2+\sqrt{3}}\,\omega^2$$
$$\gamma = \sqrt[3]{2-\sqrt{3}}\,\omega^2 + \sqrt[3]{2+\sqrt{3}}\,\omega$$

편의상 $\sqrt[3]{2-\sqrt{3}}$ 을 a, $\sqrt[3]{2+\sqrt{3}}$ 을 b로 나타내자. 세 근 $\alpha=a+b$, $\beta=a\omega+b\omega^2$, $\gamma=a\omega^2+b\omega$에 관하여 $(\alpha-\beta)(\alpha-\gamma)(\beta-\gamma)$를 다음과 같이 계산하여 $-18i$를 얻는다. 여기서 $b=\dfrac{1}{a}$임을 유념한다.

$$(\alpha-\beta)(\alpha-\gamma)(\beta-\gamma)$$
$$= (a+b-a\omega-b\omega^2)(a+b-a\omega^2-b\omega)(a\omega+b\omega^2-a\omega^2-b\omega)$$

$$= \omega\{a(1-\omega)+b(1-\omega^2)\}\{a(1-\omega^2)+b(1-\omega)\}\{a(1-\omega)-b(1-\omega)\}$$
$$= \omega(1-\omega)^3\{a+b(1+\omega)\}\{a(1+\omega)+b\}(a-b)$$
$$= \omega(1-\omega)^3(-\omega^2)(a^2+1+b^2)(a-b)$$
$$= -(1-\omega)^3(a^3-b^3)$$
$$= -18i$$

따라서 $i = -\frac{1}{18}(\alpha-\beta)(\alpha-\gamma)(\beta-\gamma)$는 K의 원소이다.

$\mathbb{Q}$ 위에서 다항식 x^3-3x-4의 분해체를 K라고 하면 $\mathbb{Q}(i)$는 $\mathbb{Q} \leq K$의 중간체이다. $\mathbb{Q}(i)$는 $\mathbb{Q}$ 위에서 x^2+1의 분해체이므로 정규확대체이다. 갈루아이론의 기본정리에 의하여 $\mathbb{Q}$ 위에서 x^3-3x-4의 갈루아군 $G(K/\mathbb{Q})$는 정규부분군 $G(K/\mathbb{Q}(i))$를 가진다. 또한 $[\mathbb{Q}(i):\mathbb{Q}]=2$이므로 $|G(K/\mathbb{Q}):G(K/\mathbb{Q}(i))|=2$이다.

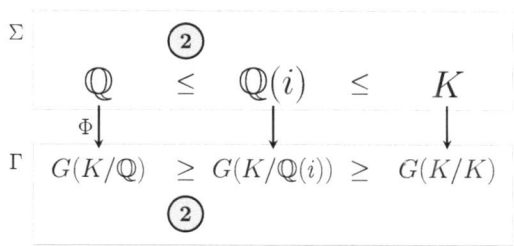

또한 $\mathbb{Q}(i)$는 K일 수 없다. x^3-3x-4는 α를 근으로 가지는 유리계수다항식 중 차수가 가장 작으므로 K의 세 원소 $1, \alpha, \alpha^2$은 $\mathbb{Q}$ 위에서 일차독립이다. 이는 $[K:\mathbb{Q}] \geq 3$을 뜻하는데 $[\mathbb{Q}(i):\mathbb{Q}]=2$이기 때문이다.

여광: S_3에서 위수가 2인 원소는 (12), (23), (13) 뿐이므로 $\mathbb{Q}(i)$는 K가 아님을 다음과 같이 설명할 수 있습니다.

$K = \mathbb{Q}(i)$라고 하자. $G(K/\mathbb{Q})$는 위수가 2인 S_3의 부분군이므로 $\langle (12) \rangle$, $\langle (13) \rangle$, $\langle (23) \rangle$ 중 하나이다. 이는 삼차다항식 $x^3 - 3x - 4$의 세 근 α, β, γ 중 하나가 갈루아군 $G(K/\mathbb{Q})$에 의해 변하지 않음을 뜻한다. 갈루아이론의 기본정리의 의하면 $G(K/\mathbb{Q})$에 의한 불변체는 $\mathbb{Q}$이므로 세 근 중 하나는 반드시 유리수이다. 그런데 이는 $x^3 - 3x - 4$는 유리수 근을 가지지 않는다는 사실에 모순이다. 따라서 $\mathbb{Q}(i)$는 K가 아닙니다.

여광: 좋은 방법입니다. 여광 선생의 방법에서도 $\mathbb{Q}$ 위에서 $x^3 - 3x - 4$의 기약성을 이용했군요.

삼차다항식의 갈루아군이 S_3의 부분군과 동형이라는 것에 유념하면 $\mathbb{Q}$ 위에서 다항식 $x^3 - 3x - 4$의 갈루아군 $G(K/\mathbb{Q})$는 S_3이고 $\mathbb{Q}(i)$ 위에서 K의 갈루아군 $G(K/\mathbb{Q}(i))$는 A_3임을 알 수 있다. 다시 갈루아이론의 기본정리를 이용하면 A_3에 의한 불변체는 $\mathbb{Q}(i)$임을 알 수 있다.

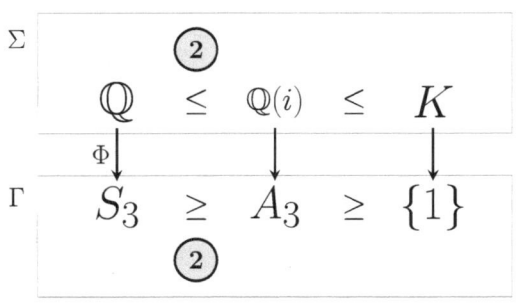

갈루아군이 S_3인 삼차다항식의 세 근을 α, β, γ라고 하고, '세 근의 차의 곱

$X = (\alpha - \beta)(\alpha - \gamma)(\beta - \gamma)$'를 주목한다. X^2은 S_3에 의해 불변이고, X는 A_3에 의해 불변이다. X^2은 α, β, γ의 기본대칭다항식의 대칭식으로 나타낼 수 있으므로 위에서와 같이 삼차다항식의 세 개의 근을 알지 못해도 X^2과 X를 구할 수 있다. 이는 주어진 삼차다항식의 세 근을 모르더라도 주어진 다항식의 갈루아군을 계산할 수 있다는 것을 의미한다. 따라서 $(\alpha - \beta)(\alpha - \gamma)(\beta - \gamma)$는 삼차다항식의 분해체와 갈루아군을 이해하는 데에 유용하다.

라. 비교적 간단한 사차식의 경우

$\mathbb{Q}$ 위에서 다항식 $x^4 - 2$의 갈루아군은 정이면체군 D_4이며 각각의 원소는 다음과 같다. 앞에서 이미 계산하였으나 편의를 위해 다시 나타낸다.

$$1 = \begin{cases} \sqrt[4]{2} & \mapsto \sqrt[4]{2} \\ \sqrt[4]{2}\,i & \mapsto \sqrt[4]{2}\,i \\ -\sqrt[4]{2} & \mapsto -\sqrt[4]{2} \\ -\sqrt[4]{2}\,i & \mapsto -\sqrt[4]{2}\,i \end{cases} \qquad \tau = (24) = \begin{cases} \sqrt[4]{2} & \mapsto \sqrt[4]{2} \\ \sqrt[4]{2}\,i & \mapsto -\sqrt[4]{2}\,i \\ -\sqrt[4]{2} & \mapsto -\sqrt[4]{2} \\ -\sqrt[4]{2}\,i & \mapsto \sqrt[4]{2}\,i \end{cases}$$

$$\sigma = (1234) = \begin{cases} \sqrt[4]{2} & \mapsto \sqrt[4]{2}\,i \\ \sqrt[4]{2}\,i & \mapsto -\sqrt[4]{2} \\ -\sqrt[4]{2} & \mapsto -\sqrt[4]{2}\,i \\ -\sqrt[4]{2}\,i & \mapsto \sqrt[4]{2} \end{cases} \qquad \tau\sigma = (14)(23) = \begin{cases} \sqrt[4]{2} & \mapsto -\sqrt[4]{2}\,i \\ \sqrt[4]{2}\,i & \mapsto -\sqrt[4]{2} \\ -\sqrt[4]{2} & \mapsto \sqrt[4]{2}\,i \\ -\sqrt[4]{2}\,i & \mapsto \sqrt[4]{2} \end{cases}$$

$$\sigma^2 = (13)(24) = \begin{cases} \sqrt[4]{2} & \mapsto -\sqrt[4]{2} \\ \sqrt[4]{2}\,i & \mapsto -\sqrt[4]{2}\,i \\ -\sqrt[4]{2} & \mapsto \sqrt[4]{2} \\ -\sqrt[4]{2}\,i & \mapsto \sqrt[4]{2}\,i \end{cases} \qquad \tau\sigma^2 = (13) = \begin{cases} \sqrt[4]{2} & \mapsto -\sqrt[4]{2} \\ \sqrt[4]{2}\,i & \mapsto \sqrt[4]{2}\,i \\ -\sqrt[4]{2} & \mapsto \sqrt[4]{2} \\ -\sqrt[4]{2}\,i & \mapsto -\sqrt[4]{2}\,i \end{cases}$$

$$\sigma^3 = (1432) = \begin{cases} \sqrt[4]{2} & \mapsto -\sqrt[4]{2}i \\ \sqrt[4]{2}i & \mapsto \sqrt[4]{2} \\ -\sqrt[4]{2} & \mapsto \sqrt[4]{2}i \\ -\sqrt[4]{2}i & \mapsto -\sqrt[4]{2} \end{cases} \quad \tau\sigma^3 = (12)(34) = \begin{cases} \sqrt[4]{2} & \mapsto \sqrt[4]{2}i \\ \sqrt[4]{2}i & \mapsto \sqrt[4]{2} \\ -\sqrt[4]{2} & \mapsto -\sqrt[4]{2}i \\ -\sqrt[4]{2}i & \mapsto -\sqrt[4]{2} \end{cases}$$

갈루아이론의 기본정리를 따라 D_4의 부분군 각각에 대한 불변체를 구해보자. D_4의 자명하지 않은 부분군은 다음과 같다.

위수	부분군
4	$\langle \sigma^2, \tau \rangle$, $\langle \sigma \rangle$, $\langle \sigma^2, \tau\sigma \rangle$
2	$\langle \tau \rangle$, $\langle \tau\sigma^2 \rangle$, $\langle \sigma^2 \rangle$, $\langle \tau\sigma \rangle$, $\langle \tau\sigma^3 \rangle$

- $\langle \sigma^2, \tau \rangle = \{1, \tau, \sigma^2, \tau\sigma^2\}$의 D_4에서의 지수는 2이고, 모든 원소가 $\sqrt{2}$를 고정시킨다. 따라서 $\langle \sigma^2, \tau \rangle$에 의한 불변체는 $\mathbb{Q}(\sqrt{2})$를 품고 $\mathbb{Q}$ 위에서의 차수 2를 가진다. 그런데 $\mathbb{Q}(\sqrt{2})$의 $\mathbb{Q}$ 위에서의 차수는 2이다. 따라서 불변체는 $\mathbb{Q}(\sqrt{2})$이다.

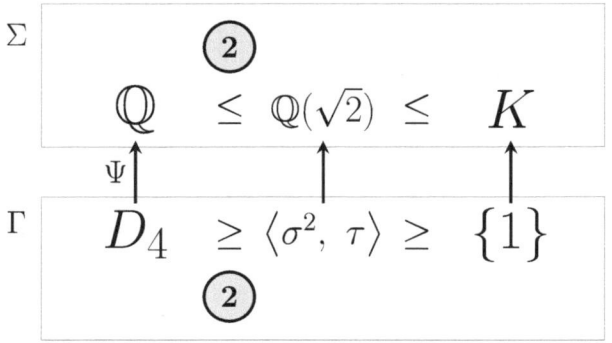

여광: 왜죠?

여휴: 유한집합 S의 부분집합 T에 대해 T가 S와 같은 개수의 원소를 가지고 있으면 $T=S$라고 할 수 있는 것처럼 $\mathbb{Q}$ 위에서 벡터공간 V가 n차원이고 V의 부분공간 W가 $\mathbb{Q}$ 위에서 역시 n차원이면 $V=W$라는 사실을 보일 수 있습니다. 여기서 이 사실을 이용했습니다.

- $\langle \sigma \rangle = \{1, \sigma, \sigma^2, \sigma^3\}$의 D_4에서의 지수는 2이고, 모든 원소가 i를 고정시킨다. $\mathbb{Q}(i)$의 $\mathbb{Q}$ 위에서의 차수는 2이므로 불변체는 $\mathbb{Q}(i)$이다.

- $\langle \sigma^2, \tau\sigma \rangle = \{1, \tau\sigma, \sigma^2, \tau\sigma^3\}$의 D_4에서의 지수는 2이고, 모든 원소가 $\sqrt{2}\,i$를 고정시킨다. $\mathbb{Q}(\sqrt{2}\,i)$의 $\mathbb{Q}$ 위에서의 차수는 2이므로 불변체는 $\mathbb{Q}(\sqrt{2}\,i)$이다.

- $\langle \tau \rangle = \{1, \tau\}$의 D_4에서의 지수는 4이고, 모든 원소가 $\sqrt[4]{2}$를 고정시킨다. $\mathbb{Q}$ 위에서 $\sqrt[4]{2}$의 최소다항식은 $x^4 - 2$이다. 따라서 $\mathbb{Q}(\sqrt[4]{2})$의 $\mathbb{Q}$ 위에서의 차수는 4이므로 불변체는 $\mathbb{Q}(\sqrt[4]{2})$이다.

- $\langle \tau\sigma^2 \rangle = \{1, \tau\sigma^2\}$의 D_4에서의 지수는 4이고, 모든 원소가 $\sqrt[4]{2}\,i$를 고정시킨다. $\mathbb{Q}$ 위에서 $\sqrt[4]{2}\,i$의 최소다항식은 $x^4 - 2$이다. 따라서 $\mathbb{Q}(\sqrt[4]{2}\,i)$의 $\mathbb{Q}$ 위에서의 차수는 4이므로 불변체는 $\mathbb{Q}(\sqrt[4]{2}\,i)$이다.

- $\langle \sigma^2 \rangle = \{1, \sigma^2\}$의 D_4에서의 지수는 4이고, 모든 원소가 $\sqrt{2}$와 i를 고정시킨다. $\mathbb{Q}(\sqrt{2}, i) = \mathbb{Q}(\sqrt{2})(i)$의 $\mathbb{Q}$ 위에서의 차수는 4이므로 불변체는 $\mathbb{Q}(\sqrt{2}, i)$이다.

- $\langle \tau\sigma \rangle = \{1, \tau\sigma\}$의 D_4에서의 지수는 4이고, 모든 원소가 $\sqrt[4]{2} - \sqrt[4]{2}\,i$를 고정시킨다. $\mathbb{Q}$ 위에서 $\sqrt[4]{2} - \sqrt[4]{2}\,i$의 최소다항식은 $x^4 + 8$이다. $\mathbb{Q}(\sqrt[4]{2} - \sqrt[4]{2}\,i)$

의 $\mathbb{Q}$ 위에서의 차수는 4이므로 불변체는 $\mathbb{Q}(\sqrt[4]{2}-\sqrt[4]{2}i)$이다.

- $\langle \tau\sigma^3 \rangle = \{1, \tau\sigma^3\}$의 D_4에서의 지수는 4이고, 모든 원소가 $\sqrt[4]{2}+\sqrt[4]{2}i$를 고정시킨다. $\mathbb{Q}$ 위에서 $\sqrt[4]{2}+\sqrt[4]{2}i$의 최소다항식은 x^4+8이다. $\mathbb{Q}(\sqrt[4]{2}+\sqrt[4]{2}i)$의 $\mathbb{Q}$ 위에서의 차수는 4이므로 불변체는 $\mathbb{Q}(\sqrt[4]{2}+\sqrt[4]{2}i)$이다.

이상을 종합하여 다음과 같은 표를 얻을 수 있다.

Σ (중간체)	Γ (부분군)
K	S_3
$\mathbb{Q}(\sqrt{2})$	$\langle \sigma^2, \tau \rangle$
$\mathbb{Q}(i)$	$\langle \sigma \rangle$
$\mathbb{Q}(\sqrt{2}i)$	$\langle \sigma^2, \tau\sigma \rangle$
$\mathbb{Q}(\sqrt[4]{2})$	$\langle \tau \rangle$
$\mathbb{Q}(\sqrt[4]{2}i)$	$\langle \tau\sigma^2 \rangle$
$\mathbb{Q}(\sqrt{2}, i)$	$\langle \sigma^2 \rangle$
$\mathbb{Q}(\sqrt[4]{2}-\sqrt[4]{2}i)$	$\langle \tau\sigma \rangle$
$\mathbb{Q}(\sqrt[4]{2}+\sqrt[4]{2}i)$	$\langle \tau\sigma^3 \rangle$
$\mathbb{Q}$	$\{1\}$

마. 환경의 개선

이번에는 여러 계산을 편하게 하며 갈루아 이론의 내용을 살필 수 있는 방법을 알아보자.

일반적으로 삼차방정식의 풀이에서는 x^2+x+1의 근인 ω가 유용하다. 예를 들어, ω는 x^3-1의 근이므로 x^3-2의 근은 $\sqrt[3]{2}$, $\sqrt[3]{2}\omega$, $\sqrt[3]{2}\omega^2$이다. 복소수

ω는 $\dfrac{-1+\sqrt{-3}}{2}$과 같이 거듭제곱근을 사용하여 나타낼 수 있으므로, 유리수체 $\mathbb{Q}$에 처음부터 ω를 포함시켜 생각할 수 있다.

삼차다항식 $f(x) = x^3 - 3x - 8$의 세 근은 다음과 같다.

$$\alpha = \sqrt[3]{4-\sqrt{15}} + \sqrt[3]{4+\sqrt{15}}$$
$$\beta = \sqrt[3]{4-\sqrt{15}}\,\omega + \sqrt[3]{4+\sqrt{15}}\,\omega^2$$
$$\gamma = \sqrt[3]{4-\sqrt{15}}\,\omega^2 + \sqrt[3]{4+\sqrt{15}}\,\omega$$

여기에서는 유리수계수다항식인 $f(x) = x^3 - 3x - 8$을 $F = \mathbb{Q}(\omega)$의 원소를 계수로 가지는 다항식으로 생각하고 분해체 K를 구한다.

여광: 삼차다항식의 근을 나타낼 때 ω를 사용하면 편합니다. 사차다항식의 근도 ω를 사용하여 나타내면 편합니다. 예를 들어, 결국, $x^4 + 2x + \dfrac{3}{4}$의 한 근은 다음과 같습니다.

$$-\frac{1}{2}\sqrt{\sqrt[3]{2-\sqrt{3}} + \sqrt[3]{2+\sqrt{3}}} + \frac{1}{2}\sqrt{\sqrt[3]{2-\sqrt{3}}\,\omega + \sqrt[3]{2+\sqrt{3}}\,\omega^2} + \frac{1}{2}\sqrt{\sqrt[3]{2-\sqrt{3}}\,\omega^2 + \sqrt[3]{2+\sqrt{3}}\,\omega}$$

유리수체 $\mathbb{Q}$에 처음부터 ω를 포함시켜 생각하면 여러 가지가 편리하군요.

여휴: 이때, 복소수 ω는 거듭제곱근을 사용하여 나타낼 수 있다는 것을 유념하여야 합니다. 유리수체 $\mathbb{Q}$에 ω를 포함시킬 정당성이 확보하는 것이거든요. 즉 ω를 처음부터 포함시켜도 우리가 알고자 하는 다항식의 가해성은 영향을 받지 않습니다.

편의상 $\sqrt[3]{4-\sqrt{15}}$를 a, $\sqrt[3]{4+\sqrt{15}}$를 b로 나타내면 다음을 알 수 있다.

$$b = \frac{\alpha + \beta\omega + \gamma\omega^2}{3} \in K, \quad a = \frac{1}{b} \in K$$

따라서 $F(a)$는 K에 포함된다. 또한 $b=\dfrac{1}{a}$이고 $\omega\in F(a)$이므로 다항식의 세 근 $\alpha=a+b$, $\beta=a\omega+b\omega^2$, $\gamma=a\omega^2+b\omega$ 모두 $F(a)$의 원소이다. 따라서 $F(a)=K$이다. 즉, F위에서 $f(x)$의 분해체는 $K=F(\alpha,\beta,\gamma)=F(a)=F(b)$이다.

개선된 환경에서는 다항식의 갈루아군을 직접 계산할 수 있다. 먼저 다음과 같이 $(x-a)(x-a\omega)(x-a\omega^2)(x-b)(x-b\omega)(x-b\omega^2)$을 계산하여 a, $a\omega$, $a\omega^2$, b, $b\omega$, $b\omega^2$은 모두 x^6-8x^3+1의 근임을 알 수 있다.

$$(x-a)(x-a\omega)(x-a\omega^2)(x-b)(x-b\omega)(x-b\omega^2)$$
$$=(x^3-a^3)(x^3-b^3)=x^6-(a^3+b^3)x^3+a^3b^3=x^6-8x^3+1$$

따라서 임의의 $\delta\in G(K/F)$에 대하여 $\delta(a)$는 a, $a\omega$, $a\omega^2$, b, $b\omega$, $b\omega^2$ 중 하나이다. 결국, $\delta\in G(K/F)$는 다음 여섯 가지 경우 중 하나이다.

$$1:a\mapsto a, \quad \sigma:a\mapsto a\omega, \quad \sigma^2:a\mapsto a\omega^2,$$
$$\tau:a\mapsto b, \quad \tau\sigma:a\mapsto b\omega, \quad \tau\sigma^2:a\mapsto b\omega^2$$

ω는 다항식 x^2+x+1의 근이지만 $\omega\in F$이므로 임의의 $\delta\in G(K/F)$에 대하여 $\delta(\omega)=\omega$이다. 또한 $b=\dfrac{1}{a}$임을 이용하여 각각의 $\delta\in G(K/F)$가 다항식의 세 개의 근 α, β, γ를 각각 어디로 대응시키는지 계산할 수 있다.

$$1=\begin{cases}\alpha\mapsto\alpha\\\beta\mapsto\beta\\\gamma\mapsto\gamma\end{cases} \qquad \tau=(23)=\begin{cases}\alpha\mapsto\alpha\\\beta\mapsto\gamma\\\gamma\mapsto\beta\end{cases}$$

$$\sigma = (123) = \begin{cases} \alpha \mapsto \beta \\ \beta \mapsto \gamma \\ \gamma \mapsto \alpha \end{cases} \quad \tau\sigma = (13) = \begin{cases} \alpha \mapsto \gamma \\ \beta \mapsto \beta \\ \gamma \mapsto \alpha \end{cases}$$

$$\sigma^2 = (132) = \begin{cases} \alpha \mapsto \gamma \\ \beta \mapsto \alpha \\ \gamma \mapsto \beta \end{cases} \quad \tau\sigma^2 = (12) = \begin{cases} \alpha \mapsto \beta \\ \beta \mapsto \alpha \\ \gamma \mapsto \gamma \end{cases}$$

예를 들어 $\tau\sigma$인 경우 아래 계산을 통해 σ가 β를 고정시키고 α를 γ로, γ를 α로 대응시킨다는 것을 확인할 수 있다. 즉 $\tau\sigma = (13)$이다.

$$\tau\sigma(\alpha) = \tau\sigma(a+b) = \tau\sigma\left(a + \frac{1}{a}\right) = \tau\sigma(a) + \frac{1}{\tau\sigma(a)} = b\omega + \frac{1}{b\omega} = b\omega + a\omega^2 = \gamma,$$

$$\tau\sigma(\beta) = \tau\sigma(a\omega + b\omega^2) = \tau\sigma\left(a\omega + \frac{\omega^2}{a}\right) = \tau\sigma(a)\omega + \frac{\omega^2}{\tau\sigma(a)} = b\omega^2 + \frac{\omega^2}{b\omega} = b\omega^2 + a\omega = \beta,$$

$$\tau\sigma(\gamma) = \tau\sigma(a\omega^2 + b\omega) = \tau\sigma\left(a\omega^2 + \frac{\omega}{a}\right) = \tau\sigma(a)\omega^2 + \frac{\omega}{\tau\sigma(a)} = b + \frac{\omega}{b\omega} = b + a = \alpha$$

역으로 각각의 경우를 만족시키는 $G(K/F)$의 원소가 존재한다는 사실을 보여 $G(K/F) = S_3$임을 확인하자.

- $a^3 = 4 - \sqrt{15}$는 F의 원소가 아니다. 실제로 $F = \mathbb{Q}(\omega)$의 임의의 원소는 $p + q\omega$ (p, q는 유리수)로 표현되므로 F에 속한 모든 원소들의 실수부분은 유리수이다. 특히 F에 속한 실수들은 모두 유리수이다. $a^3 = 4 - \sqrt{15}$는 유리수가 아닌 실수이므로 F의 원소가 아니다. 따라서 a 역시 F의 원소가 아님을 알 수 있다.

- 갈루아이론의 기본정리에 의하면 $G(K/F)$의 불변체는 F이다. 항등사상 1은 a를 고정시키고 a는 F의 원소가 아니므로 $G(K/F)$에는 a를 고정시키지 않

는 다른 원소가 있어야 한다.

- $G(K/F)$에 σ가 속하지 않으면 τ, $\tau\sigma$, $\tau\sigma^2$ 중 하나가 속해야한다. $G(K/F)$에 σ가 속한다고 하자. σ와 σ^2은 $a^3 = a(a\omega)(a\omega^2)$를 고정시키고 a^3은 F의 원소가 아니므로 이 경우에도 $G(K/F)$에 a^3을 고정시키지 않는 다른 원소, 즉 τ, $\tau\sigma$, $\tau\sigma^2$ 중 하나가 속해야한다.

- $a+b$는 유리수가 아닌 실수이므로 F의 원소가 아니다. 실제로 $x^3 - 3x - 8$는 유리수 근을 가지지 않는다. 또한 $a\omega + b\omega^2$, $a\omega^2 + b\omega$의 실수부분은 모두 $-\frac{1}{2}(a+b)$이고 이는 유리수가 아니므로 $a\omega + b\omega^2$, $a\omega^2 + b\omega$는 F의 원소가 아닙니다.

- τ, $\tau\sigma$, $\tau\sigma^2$ 중 하나가 $G(K/F)$에 속한다고 하자. τ, $\tau\sigma$, $\tau\sigma^2$는 각각 $a+b$, $a\omega + b\omega^2$, $a\omega^2 + b\omega$를 고정시킨다. 이들은 모두 F의 원소가 아니므로 $G(K/F)$에는 적어도 두 개의 항등사상을 제외한 원소가 속해야 한다. 그러나 $G(K/F)$가 적어도 두 개의 항등사상을 제외한 원소를 가지면 $G(K/F) = S_3$임을 보일 수 있다. 예를 들어 $G(K/F)$가 σ와 $\tau\sigma$를 가지면 $\tau = (\tau\sigma)\sigma^2$이므로 τ는 $G(K/F)$의 원소이고 S_3의 원소들은 모두 σ와 τ의 곱으로 표현할 수 있으므로 $G(K/F) = S_3$이다.

이제, S_3의 정규부분군 $A_3 = \{1, (123), (132)\}$에 의한 불변체를 알아보자. 갈루아이론의 기본정리에 따르면 A_3에 의한 불변체는 F위에서 차수가 2인 확대체이어야 한다. A_3의 S_3에서의 지수가 2이기 때문이다.

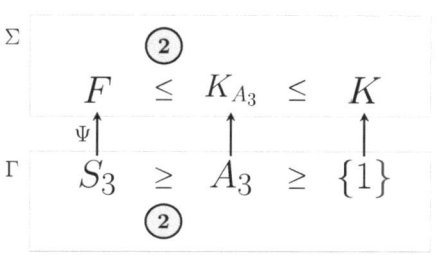

$(\alpha + \omega\beta + \omega^2\gamma)^3 = 27(4 + \sqrt{15})$와 $(\alpha + \omega^2\beta + \omega\gamma)^3 = 27(4 - \sqrt{15})$는 A_3에 의해 불변이다. 즉, $\sqrt{15}$는 A_3에 의해 불변이다. 그런데 F위에서 $F(\sqrt{15})$의 차수가 2이므로 $F(\sqrt{15})$는 A_3에 의한 불변체이다.

이상을 다음과 같이 요약할 수 있다.

- $F = \mathbb{Q}(\omega)$위에서 $f(x) = x^3 - 3x - 8$의 가해성의 문제는 $f(x)$의 갈루아군의 가해성의 문제이다.
- $f(x)$의 갈루아군은 S_3이며 S_3는 지수가 2인 정규부분군 A_3를 갖는다.
- A_3에 의한 불변체는 $F(\sqrt{15})$이다. 따라서 $X^2 = 15$를 풀어야 한다. 이 과정은 상군 $S_3/A_3 \simeq \mathbb{Z}_2$에 해당한다.
- 마지막으로 $X^3 = 4 - \sqrt{15}$를 풀어야 한다. 이는 $A_3 \simeq \mathbb{Z}_3$에 해당한다. 여기서 다항식 $X^3 - 4 + \sqrt{15}$의 계수는 $F(\sqrt{15})$의 원소임을 주목하자. 따라서

$F(\sqrt{15})$에 $X^3 = 4 - \sqrt{15}$의 근 $\sqrt[3]{4-\sqrt{15}}$를 첨가하여 다항식의 분해체 $F(\sqrt{15})(\sqrt[3]{4-\sqrt{15}})$를 얻을 수 있다. 이는 처음부터 $x^3 - 1$의 근 ω를 추가하여 생각했기 때문이다. 뒤에서 그 이유를 알아본다.

- $f(x)$의 근은 $F(\sqrt{15}, \sqrt[3]{4-\sqrt{15}}) = \mathbb{Q}(\omega, \sqrt[3]{4-\sqrt{15}})$에 존재하므로 $f(x)$의 근을 유리수, ω, 그리고 $\sqrt[3]{4-\sqrt{15}}$를 이용하여 나타낼 수 있다. 즉, $f(x)$는 거듭제곱근을 이용하여 풀 수 있다.

바. 개선된 환경에서의 $x^3 - 3x - 4$

앞에서 이미 살펴본 삼차다항식 $x^3 - 3x - 4$의 경우를 다시 살펴보자. 앞 선 방법보다 훨씬 쉽고 명료하다는 것을 알게 될 것이다. 삼차다항식 $x^3 - 3x - 8$의 경우와 다르지 않다. 여기에서는 $\sqrt[3]{2-\sqrt{3}}$을 a, $\sqrt[3]{2+\sqrt{3}}$을 b로 나타낸다. 다항식의 세 근은 다음과 같다.

$$\alpha = a + b,$$
$$\beta = a\omega + b\omega^2,$$
$$\gamma = a\omega^2 + b\omega$$

앞에서와 마찬가지로 $F = \mathbb{Q}(\omega)$라고 하고 $f(x)$를 F의 원소를 계수로 가지는 다항식으로 생각한다. 다음을 알 수 있다.

$$b = \frac{\alpha + \beta\omega + \gamma\omega^2}{3} \in K, \quad a = \frac{1}{b} \in K$$

$f(x)$의 분해체는 $K = F(\alpha, \beta, \gamma) = F(a) = F(b)$이다.

$a, a\omega, a\omega^2$ 그리고 $b, b\omega, b\omega^2$은 모두 $x^6 - 4x^3 + 1$의 근이므로 임의의 $\delta \in G(K/F)$에 대하여 $\delta(a)$는 $a, a\omega, a\omega^2, b, b\omega, b\omega^2$ 중 하나이다. 결국, $\delta \in G(K/F)$는 다음 여섯 가지 경우 중 하나이고 $\delta(\omega) = \omega$이다.

$$1 : a \mapsto a, \quad \sigma : a \mapsto a\omega, \quad \sigma^2 : a \mapsto a\omega^2,$$
$$\tau : a \mapsto b, \quad \tau\sigma : a \mapsto b\omega, \quad \tau\sigma^2 : a \mapsto b\omega^2.$$

앞에서와 마찬가지로 각각의 경우를 만족시키는 $G(K/F)$의 원소가 존재한다는 사실을 보일 수 있다. 따라서 갈루아군 $G(K/F)$는 S_3이다.

$$1 = \begin{cases} \alpha \mapsto \alpha \\ \beta \mapsto \beta \\ \gamma \mapsto \gamma \end{cases} \quad \tau = (23) = \begin{cases} \alpha \mapsto \alpha \\ \beta \mapsto \gamma \\ \gamma \mapsto \beta \end{cases}$$

$$\sigma = (123) = \begin{cases} \alpha \mapsto \beta \\ \beta \mapsto \gamma \\ \gamma \mapsto \alpha \end{cases} \quad \tau\sigma = (13) = \begin{cases} \alpha \mapsto \gamma \\ \beta \mapsto \beta \\ \gamma \mapsto \alpha \end{cases}$$

$$\sigma^2 = (132) = \begin{cases} \alpha \mapsto \gamma \\ \beta \mapsto \alpha \\ \gamma \mapsto \beta \end{cases} \quad \tau\sigma^2 = (12) = \begin{cases} \alpha \mapsto \beta \\ \beta \mapsto \alpha \\ \gamma \mapsto \gamma \end{cases}$$

이제, S_3의 정규부분군 A_3에 의한 불변체를 알아보자.

$(\alpha + \omega\beta + \omega^2\gamma)^3 = 27(2 + \sqrt{3})$과 $(\alpha + \omega^2\beta + \omega\gamma)^3 = 27(2 - \sqrt{3})$은 A_3에 의해 불변이다. 즉, $\sqrt{3}$은 A_3에 의해 불변이다. 따라서 S_3의 정규부분군 A_3에 의한 불변체는 $F(\sqrt{3})$이다. 이상을 다음과 같이 요약할 수 있다.

- $F = \mathbb{Q}(\omega)$ 위에서 $f(x) = x^3 - 3x - 4$의 가해성의 문제는 $f(x)$의 갈루아군

의 가해성의 문제이다.

- $f(x)$의 갈루아군은 S_3이며 S_3는 지수가 2인 정규부분군 A_3을 갖는다.
- A_3에 의한 불변체는 $F(\sqrt{3})$이다. 따라서 $X^2 = 3$을 풀어야 한다. 이 과정은 상군 $S_3/A_3 \simeq \mathbb{Z}_2$에 해당한다.
- 마지막으로 $X^3 = 2 - \sqrt{3}$ 즉, $X^3 - 2 + \sqrt{3} = 0$을 풀어야 한다. 이는 $A_3 \simeq \mathbb{Z}_3$에 해당한다. 여기서 다항식 $X^3 - 2 + \sqrt{3}$의 계수는 $F(\sqrt{3})$의 원소임에 주목하자. 따라서 $F(\sqrt{3})$에 $X^3 = 2 - \sqrt{3}$의 근 $\sqrt[3]{2-\sqrt{3}}$을 첨가하여 다항식의 분해체 $F(\sqrt{3})(\sqrt[3]{2-\sqrt{3}})$을 얻을 수 있다. 이는 처음부터 $x^3 - 1$의 근 ω를 추가하여 생각했기 때문이다. 뒤에서 그 이유를 알아본다.
- $f(x)$의 근은 $F(\sqrt{3}, \sqrt[3]{2-\sqrt{3}}) = \mathbb{Q}(\omega, \sqrt[3]{2-\sqrt{3}})$에 존재하므로 $f(x)$의 근을 유리수, ω, 그리고 $\sqrt[3]{2-\sqrt{3}}$을 이용하여 나타낼 수 있다. 즉, $f(x)$는 거듭제곱근을 이용하여 풀 수 있다.

유리수계수 삼차다항식을 풀 때, 기초체로서 유리수 체 $\mathbb{Q}$ 대신에 $F = \mathbb{Q}(\omega)$로 하면 여러 면에서 편리하다는 것을 알았다. 그 중의 하나는, 일반적인 삼차방정식의 풀이는 $X^2 = A$ 꼴의 이차방정식 하나와 $X^3 = B$ 꼴의 삼차방정식 하나를 푸는 것으로 귀착된다는 것이다.

삼차방정식의 풀이에서 ω가 중요한 역할을 하는 이유는 ω가 $x^3 - 1 = 0$의 해 세 개를 모두 생성하기 때문이다.

이차방정식에서는 $x^2 - 1 = 0$의 해 두 개를 생성하는 해는 -1이다. 그러나

-1은 이미 유리수 체에 속하기 때문에 특별한 조작이 불필요하다. 즉 일반적인 이차방정식의 풀이는 항상 $X^2 = A$ 꼴 하나로 귀착된다.

사차방정식의 경우에는 4 이하의 소수인 2와 3이 관건이다. 즉, 사차방정식의 풀이는 ω를 기초체에 속하게 하면 일반적인 사차방정식은 $X^2 = A$, $X^3 = B$, $X^2 = C$, $X^2 = D$ 각각의 꼴을 푸는 것으로 귀착된다.

사. 사차식의 경우

다항식 $f(x) = x^4 + 2x + \dfrac{3}{4}$ 의 경우를 생각하자. 여기에서는 계산을 제법 많이 하여야 한다. 사실, 이 부분이 이 책의 자랑이다. 여기에 있는 계산을 다른 책에서 만나기는 어려울 것이기 때문이다.

$\mathbb{Q}$ 위에서 $f(x)$의 분해체를 K로 나타내자. 다음을 유념한다.

- Ⅲ장에서 얻은 $f(x)$의 네 근 α, β, γ, δ에 대하여 $s = \alpha\beta + \gamma\delta = \sqrt[3]{2 - \sqrt{3}} + \sqrt[3]{2 + \sqrt{3}}$ 는 K의 원소이다.

- Ⅲ장에서 논의한 다항식 $W^3 - 3W - 4 \in \mathbb{Q}[x]$의 세 근 s, t, u를 다음과 같이 놓자. 편의상 $\sqrt[3]{2 - \sqrt{3}} = a$, $\sqrt[3]{2 + \sqrt{3}} = b$라고 한다.

$$s = \alpha\beta + \gamma\delta = \sqrt[3]{2 - \sqrt{3}} + \sqrt[3]{2 + \sqrt{3}} = a + b$$
$$t = \alpha\gamma + \beta\delta = \sqrt[3]{2 - \sqrt{3}}\,\omega + \sqrt[3]{2 + \sqrt{3}}\,\omega^2 = a\omega + b\omega^2$$
$$u = \alpha\delta + \beta\gamma = \sqrt[3]{2 - \sqrt{3}}\,\omega^2 + \sqrt[3]{2 + \sqrt{3}}\,\omega = a\omega^2 + b\omega$$

앞으로의 논의를 위하여 다음을 기억한다(VII장).

$b = \dfrac{1}{a}$

$s = a + b$는 양의 실수이다.

$t = a\omega + b\omega^2$은 제3사분면에 있고, $\sqrt{t}$는 제4사분면에 있다.

$u = a\omega^2 + b\omega$는 제2사분면에 있고, $\sqrt{u}$는 제1사분면에 있다.

$a - b$는 음의 실수이다.

$a\omega - b\omega^2$은 제1사분면에 있다.

$a\omega^2 - b\omega$는 제4사분면에 있다.

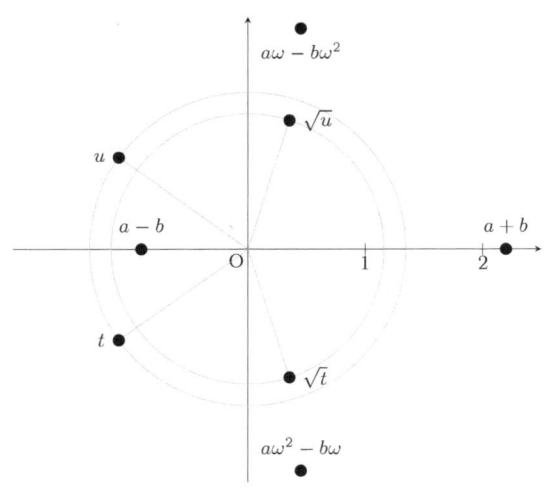

위 사실로부터 다음을 알 수 있다.

$$\sqrt{s^2 - \frac{16}{s}} = \sqrt{-3(a-b)^2} = \sqrt{3}\,(b-a)i$$

$$\sqrt{t^2 - \frac{16}{t}} = \sqrt{-3(a\omega - b\omega^2)^2} = \sqrt{3}\,(b\omega^2 - a\omega)i$$

$$\sqrt{u^2 - \frac{16}{u}} = \sqrt{-3(a\omega^2 - b\omega)^2} = \sqrt{3}\,(a\omega^2 - b\omega)i$$

여광: 앞의 세 개 주장을 증명하기가 어렵지 않겠죠?

여휴: 어렵지 않지만 기술적으로 약간 수고하여야 합니다. 예를 들어, 복소수의 제곱근이 무엇을 뜻하는지 정의하여야 합니다. 일반적으로 복소수의 제곱근은 두 개의 복소수인데 그 중 어느 수를 뜻하는지 명확히 하여야 합니다.

여광: 그렇겠군요. 0이 아닌 양의 실수 a의 제곱근은 실수 $\sqrt{a}$입니다. 0이 아닌 양의 실수 a에 대하여 $-a$의 제곱근은 복소수 $\sqrt{a}\,i$입니다. 그러나 복소수의 제곱근은 복소평면 위의 두 복소수일 텐데 그 중 어느 것인지 분명하게 정하여야 하겠습니다.

여휴: 그 문제만 해결하면 그 다음부터는 단순한 계산입니다. 저자의 계산을 믿어도 되지만 믿어지지 않으면 다음을 유념하며 직접 확인할 수 있습니다.

$$ab = 1$$

$$\sqrt{s^2 - 3} = \frac{2}{\sqrt{s}}$$

여광: $ab=1$은 금방 확인되는데 $\sqrt{s^2-3} = \frac{2}{\sqrt{s}}$ 는 왜 그렇죠?

여휴: 여광 선생은 천생 수학자이십니다. 직접 확인하지 않고는 믿으려 하지 않으니 말입니다. s는 $W^3 - 3W - 4$의 근이므로 $s^3 - 3s - 4 = 0$이기 때문입니다.

- $x^4 + 2x + \dfrac{3}{4}$의 네 근 α, β, γ, δ는 다음과 같다(Ⅶ장).

$$-\frac{1}{2}\sqrt{\sqrt[3]{2-\sqrt{3}}+\sqrt[3]{2+\sqrt{3}}}+\frac{1}{2}\sqrt{-\sqrt[3]{2-\sqrt{3}}-\sqrt[3]{2+\sqrt{3}}+\frac{4}{\sqrt{\sqrt[3]{2-\sqrt{3}}+\sqrt[3]{2+\sqrt{3}}}}}$$

$$-\frac{1}{2}\sqrt{\sqrt[3]{2-\sqrt{3}}+\sqrt[3]{2+\sqrt{3}}}-\frac{1}{2}\sqrt{-\sqrt[3]{2-\sqrt{3}}-\sqrt[3]{2+\sqrt{3}}+\frac{4}{\sqrt{\sqrt[3]{2-\sqrt{3}}+\sqrt[3]{2+\sqrt{3}}}}}$$

$$\frac{1}{2}\sqrt{\sqrt[3]{2-\sqrt{3}}+\sqrt[3]{2+\sqrt{3}}}-\frac{1}{2}\sqrt{-\sqrt[3]{2-\sqrt{3}}-\sqrt[3]{2+\sqrt{3}}-\frac{4}{\sqrt{\sqrt[3]{2-\sqrt{3}}+\sqrt[3]{2+\sqrt{3}}}}}$$

$$\frac{1}{2}\sqrt{\sqrt[3]{2-\sqrt{3}}+\sqrt[3]{2+\sqrt{3}}}+\frac{1}{2}\sqrt{-\sqrt[3]{2-\sqrt{3}}-\sqrt[3]{2+\sqrt{3}}-\frac{4}{\sqrt{\sqrt[3]{2-\sqrt{3}}+\sqrt[3]{2+\sqrt{3}}}}}$$

여기서 $s=\sqrt[3]{2-\sqrt{3}}+\sqrt[3]{2+\sqrt{3}}$ 이므로 네 근을 다시 표현하면 다음과 같다.

$$-\frac{1}{2}\sqrt{s}+\frac{1}{2}\sqrt{-s+\frac{4}{\sqrt{s}}} \qquad -\frac{1}{2}\sqrt{s}-\frac{1}{2}\sqrt{-s+\frac{4}{\sqrt{s}}}$$

$$\frac{1}{2}\sqrt{s}-\frac{1}{2}\sqrt{-s-\frac{4}{\sqrt{s}}} \qquad \frac{1}{2}\sqrt{s}+\frac{1}{2}\sqrt{-s-\frac{4}{\sqrt{s}}}$$

- $\mathbb{Q}(i)$는 다항식 x^2+1의 분해체이고, $\mathbb{Q}\left(s,\sqrt{s^2-\frac{16}{s}}\right)$는 W^3-3W-4의 분해체이다. 왜냐하면 W^3-3W-4의 분해체는 $\mathbb{Q}(s,t,u)$인데, t와 u는 s를 이용해서 표현할 수 있고 s를 제외한 나머지 두 근은 $-\frac{1}{2}s-\frac{1}{2}\sqrt{s^2-\frac{16}{s}}$ 과 $-\frac{1}{2}s+\frac{1}{2}\sqrt{s^2-\frac{16}{s}}$ 이기 때문이다. 실제로,

$$W^3-3W-4=(W-s)(W^2+sW+s^2-3)$$

이고 W^2+sW+s^2-3의 두 근은 $-\frac{1}{2}s-\frac{1}{2}\sqrt{s^2-\frac{16}{s}}$ 과 $-\frac{1}{2}s+\frac{1}{2}\sqrt{s^2-\frac{16}{s}}$ 이다. 이때,

$$\sqrt{(\sqrt[3]{2-\sqrt{3}}+\sqrt[3]{2+\sqrt{3}})^2-3}=\frac{2}{\sqrt{\sqrt[3]{2-\sqrt{3}}+\sqrt[3]{2+\sqrt{3}}}}$$

즉, $\sqrt{s^2-3}=\frac{2}{\sqrt{s}}$ 임을 이용한다. 사실, 다음이 성립한다.

$$\mathbb{Q}\left(s,\sqrt{s^2-\frac{16}{s}}\right)=\mathbb{Q}\left(t,\sqrt{t^2-\frac{16}{t}}\right)=\mathbb{Q}\left(u,\sqrt{u^2-\frac{16}{u}}\right)$$

따라서 두 확대체 $\mathbb{Q}(i)$와 $\mathbb{Q}\left(s,\sqrt{s^2-\frac{16}{s}}\right)$은 $\mathbb{Q}$ 위의 정규확대체이고 갈루아확대체이다.

$\mathbb{Q}$ 위에서 $W^3-3W-4=0$의 갈루아군 $G(\mathbb{Q}(s,t,u)/\mathbb{Q})$이 S_3임을 기억하자. 이를 이용하여 $\mathbb{Q}$ 위에서 다항식 $x^4+2x+\frac{3}{4}$의 갈루아군 $G(K/\mathbb{Q})$가 S_4임을 보일 수 있다.

- $\mathbb{Q}(s,t,u)$는 $\mathbb{Q}$ 위의 정규확대체이므로 갈루아이론의 기본 정리에 의해 $G(K/\mathbb{Q}(s,t,u))$는 $G(K/\mathbb{Q})$의 정규부분군이고,

  $G(K/\mathbb{Q})/G(K/\mathbb{Q}(s,t,u))\simeq G(\mathbb{Q}(s,t,u)/\mathbb{Q})\simeq S_3$

이다. 즉 $G(K/\mathbb{Q})$는 S_4의 부분군과 동형이거니와 상군 S_3를 가진다.

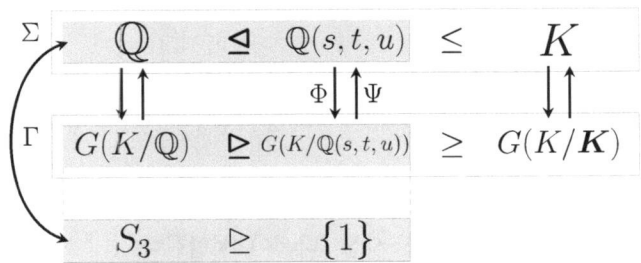

따라서 $G(K/\mathbb{Q})$는 S_4 그 자체이거나 S_3와 동형이다. 갈루아이론의 기본정리에 의하면 $G(K/\mathbb{Q})$에 의한 불변체는 $\mathbb{Q}$이므로 만일 $G(K/\mathbb{Q})$가 S_3와 동형이면 네 개의 근 $\alpha, \beta, \gamma, \delta$ 중 하나는 $G(K/\mathbb{Q})$에 의해 고정되야 한다. 즉, 네 개의 근 중 하나는 반드시 유리수라는 것을 의미하는 데 이는 다항식 $x^4+2x+\frac{3}{4}$은 유리수 근을 가지지 않는다는 사실에 모순이다. 그러므로 갈루아군 $G(K/\mathbb{Q})$는 S_4임을 알 수 있다.

- $\sqrt{s^2-\dfrac{16}{s}}$, $\sqrt{t^2-\dfrac{16}{t}}$, $\sqrt{u^2-\dfrac{16}{u}}$ 각각은 V_4에 의해 불변이다.

여광: $\sqrt{s^2-\dfrac{16}{s}}$ 이 V_4에 의해 불변이라는 것을 어떻게 설명하죠?

여휴: $\mathbb{Q}\left(s, \sqrt{s^2-\dfrac{16}{s}}\right)$은 $\mathbb{Q}$ 위에서 차수(degree)가 6인 정규확대체입니다. 갈루아이론의 기본 정리에 의하면 이는 S_4의 정규부분군 중에서 지수(index)가 6인 정규부분군에 의해 고정

되어야 합니다. 그러한 정규부분군은 V_4 뿐입니다.

여광: $\sqrt{t^2-\dfrac{16}{t}}$ 과 $\sqrt{u^2-\dfrac{16}{u}}$ 이 V_4에 의해 불변인 이유도 마찬가지이군요.

여휴: 그렇습니다.

여광: $\mathbb{Q}(i)$가 $\mathbb{Q}$ 위에서 차수가 2인 정규확대체입니다. 갈루아이론의 기본정리에 의하면 이는 S_4의 정규부분군 중에서 지수가 2인 정규부분군에 의해 고정되어야 합니다. 그러한 정규부분군은 A_4 뿐입니다. i가 A_4에 의하여 고정된다는 것을 알 수 있습니다.

여휴: 정확한 설명입니다.

여광: A_4에 의하여 고정되는 원소는 V_4에 의해서도 고정되므로 $i \in \mathbb{Q}\left(s, \sqrt{s^2-\dfrac{16}{s}}\right)$임을 설명할 수 있겠습니다.

여휴: 좋은 설명입니다. 다음을 주목할 만합니다. 앞에서 살펴본 바와 같이, 삼차다항식 $W^3-3W-4 \in \mathbb{Q}[x]$의 세 근을 s, t, u라고 하면 $(s-t)(s-u)(t-u)$는 A_4에 의하여 불변입니다. $s=a+b$, $t=a\omega+b\omega^2$, $u=a\omega^2+b\omega$, $b=\dfrac{1}{a}$임을 유념하고 $(s-t)(s-u)(t-u)$를 계산하면 $-18i$임을 앞에서 확인하였죠. 한편, 사차다항식 $x^4+2x+\dfrac{3}{4}$의 네 개의 근 α, β, γ, δ에 대하여 다음을 알 수 있습니다. 이 식은 아벨이 우리에게 알려준 것이죠.

$\quad (\alpha-\beta)(\alpha-\gamma)(\alpha-\delta)(\beta-\gamma)(\beta-\delta)(\gamma-\delta)$
$=\{(\alpha\beta+\gamma\delta)-(\alpha\gamma+\beta\delta)\}\{(\alpha\beta+\gamma\delta)-(\beta\gamma+\alpha\delta)\}\{(\alpha\gamma+\beta\delta)-(\beta\gamma+\alpha\delta)\}$
$=(s-t)(s-u)(t-u)$
$=-18i$

여광: 어떨 때는 $18i$가 나오고 다른 경우에는 $-18i$도 나와서 혼란스럽습니다.

여휴: 신경 쓸 필요 없습니다. 삼차다항식 x^3-3x-4의 세 근 s, t, u를 어떻게 택하느냐에 따라 부호만 달라질 뿐입니다. 중요한 것은 어떻게 택하더라도 i는 A_4에 의하여 불변이라는 것을 알려 줍니다.

- V_4의 원소 중에서 $(12)(34)$가 $\sqrt{s}$를 고정시킨다. $\alpha+\beta-(\gamma+\delta)=$

$-2\sqrt{s}$ (Ⅵ장)이기 때문이다.

- 다음 두 사실을 알 수 있다.

$$\mathbb{Q}\left(s, \sqrt{s}, \sqrt{s^2 - \frac{16}{s}}\right) = \mathbb{Q}\left(t, \sqrt{t}, \sqrt{t^2 - \frac{16}{t}}\right) = \mathbb{Q}\left(u, \sqrt{u}, \sqrt{u^2 - \frac{16}{u}}\right)$$

$$\begin{aligned}
&\mathbb{Q}\left(s, \sqrt{s}, \sqrt{s^2 - \frac{16}{s}}, \sqrt{-s + \frac{4}{\sqrt{s}}}\right) \\
= &\mathbb{Q}\left(t, \sqrt{t}, \sqrt{t^2 - \frac{16}{t}}, \sqrt{-t + \frac{4}{\sqrt{t}}}\right) \\
= &\mathbb{Q}\left(u, \sqrt{u}, \sqrt{u^2 - \frac{16}{u}}, \sqrt{-u + \frac{4}{\sqrt{u}}}\right)
\end{aligned}$$

사차다항식 $x^4 + 2x + \frac{3}{4}$을 푸는 과정에서 삼차다항식 $x^3 - 3x - 4$를 풀어야 한다는 것을 알 수 있다.

아. 개선된 환경에서의 $x^4 + 2x + \frac{3}{4}$

지금까지의 논의를 보다 편리한 상황에서 생각하자. 다항식 $x^4 + 2x + \frac{3}{4}$를 유리수계수 다항식으로 보는 대신 $\mathbb{Q}(\omega)$계수 다항식으로 보자는 것이다. 이렇게 하면 사차다항식의 근을 갈루아 이론의 기본정리에 따라 잘 설명할 수 있다.

다항식 $x^4 + 2x + \frac{3}{4}$을 유리수계수 다항식으로 보는 대신 $\mathbb{Q}(\omega)$계수 다항식으로 보는 경우 다음 퀴즈를 풀어보자.

A_4의 원소 (123)에 의하여 s, t, u 각각은 u, s, t로 변환된다. 여기서 다음

을 기억하자.

$$s = \sqrt[3]{2-\sqrt{3}} + \sqrt[3]{2+\sqrt{3}}$$
$$t = \sqrt[3]{2-\sqrt{3}}\,\omega + \sqrt[3]{2+\sqrt{3}}\,\omega^2$$
$$u = \sqrt[3]{2-\sqrt{3}}\,\omega^2 + \sqrt[3]{2+\sqrt{3}}\,\omega$$

자, $a = \sqrt[3]{2-\sqrt{3}}$, $b = \sqrt[3]{2+\sqrt{3}}$ 라고 하자.

퀴즈1: (123)에 의하여 a와 b는 각각 무엇으로 변환될까?

퀴즈2: V_4의 원소 (12)(34)에 의하여 a와 b는 각각 무엇으로 변환될까?

답하기 전에 다음을 주목한다.

- $\mathbb{Q}(\omega, i) = \mathbb{Q}(\omega, \sqrt{3})$은 A_4에 의해 불변이다.
- a는 삼차다항식 $x^3 - (2-\sqrt{3}) \in \mathbb{Q}(\omega, \sqrt{3})$의 근이다.
- a는 삼차다항식 $x^3 - (2-\sqrt{3})$의 근인 $a, a\omega, c\omega^2$ 중 하나로 변환된다.

이제, 퀴즈1에 답하자.

$(123) \in A_4$에 의하여 $a+b$는 $a\omega^2 + b\omega$, $a\omega + b\omega^2$은 $a+b$로 변환된다. 이로부터 $a\omega + b\omega$는 $a + b\omega^2$으로 변환된다는 것을 알 수 있다. 따라서 $b(\omega^2 - \omega)$는 $b(1-\omega^2)$으로 변환된다.

ω는 (123)에 의하여 불변이므로 b는 (123)에 의하여 $b\omega$로 변환되어야 한다. 마찬가지 방법으로, a는 (123)에 의하여 $a\omega^2$로 변환되어야 한다는 것을 알 수 있다.

퀴즈2는 독자 몫이다. 정답은 다음과 같다.

(12)(34)$\in V_4$에 의하여 a와 b는 모두 불변이다.

세 원소 s, t, u 모두가 V_4에 의하여 불변임을 이용하면 된다.

3. 다항식의 가해성

다항식의 가해성의 문제를 다음과 같이 구체적으로 기술할 수 있다.

- 주어진 다항식 $f(x)$의 갈루아군 G를 구한다.
- 군 G가 가해군인가 아닌가를 결정한다.

이 문제는 완전히 군론의 문제이다. 여기서 다음 사실을 주목할 필요가 있다.

주어진 다항식의 가해성이 증명된다고 해서 그 다항식의 근을 실제로 구하기 쉽다는 것은 아니다. 예를 들어, 사차 다항식 $x^4 - x - 1$은 거듭제곱근을 사용하여 풀 수 있다는 것은 앞에서와 같이 증명할 수 있지만, 이 다항식의 네 개의 근을 실제로 계산한다는 것은 또 다른 문제이다.

다항식의 풀이 가능성이 아니라 풀이 그 자체에 관하여 잠시 살피자.

- S_1과 S_2는 가환군이고, 모든 가환군은 가해군이다. 게다가 S_1의 위수 $|S_1|$는 1이고, S_2의 위수 $|S_2|$는 2이다. 일차다항식과 이차다항식이 쉽게 풀리는 이유이다.

- $S_3(=D_3)$는 가해군이다. $G_0=S_3$라고 하고 $G_1=A_3$라고 하면 가해군의 조건을 만족시키는 다음과 같은 부분군 열을 생각할 수 있다.

$$S_3 \overset{②}{\geq} A_3 \overset{③}{\geq} \{1\}$$

이 때 등장하는 소수는 2와 3이다. 갈루아이론의 기본 정리에 의하여 다음을 알 수 있다.

다항식 $f(x)$의 갈루아군이 S_3라면 다음과 같은 확대체 열을 얻을 수 있다.

$$\mathbb{Q} \overset{②}{\leq} E_1 \overset{③}{\leq} E$$

여기서 $[E_1:\mathbb{Q}]=2$이고 $[E:E_1]=3$이다. 여기서 '$[E_1:\mathbb{Q}]=2$'는 '확대체 E_1의 $\mathbb{Q}$ 위에서의 차수가 2' 즉, '$\mathbb{Q}$ 위에서의 벡터공간 E_1의 차원이 2'라는 뜻이다.

- S_4는 가해군이다. 이제

$G_0 = S_4,$

$G_1 = A_4,$

$G_2 = \{1, (12)(34), (13)(24), (14)(23)\},$

$G_3 = \{1, (12)(34)\}$

라고 하면 가해군의 조건을 만족시키는 다음과 같은 부분군 열을 생각할 수 있다.

$$S_4 \overset{②}{\geq} A_4 \overset{③}{\geq} V_4 \overset{②}{\geq} \langle(12)(34)\rangle \overset{②}{\geq} \{1\}$$

이때 등장하는 소수는 2, 3, 2, 2이다. 갈루아이론의 기본정리에 의하여 다음을 알 수 있다.

다항식 $g(x)$의 갈루아군이 S_4라면 다음과 같은 확대체 열을 얻을 수 있다.

$$\mathbb{Q} \overset{②}{\leq} E_1 \overset{③}{\leq} E_2 \overset{②}{\leq} E_3 \overset{②}{\leq} E$$

여기서 $[E_1 : \mathbb{Q}] = 2$, $[E_2 : E_1] = 3$, $[E_3 : E_2] = 2$, 그리고 $[E : E_3] = 2$ 이다.

앞 절에서 삼차다항식 x^3-3x-4와 사차다항식 $x^4+2x+\dfrac{3}{4}$을 유리수계수 다항식으로 보는 대신 $\mathbb{Q}(\omega)$계수 다항식으로 보면 중간체 E_i에서 다음 중간체 E_{i+1}를 얻기 위해 $X^p=A$ $(p=2,3)$와 같이 간단한 방정식을 이용하는 것으로 충분하여 다항식의 근을 거듭제곱근으로 표현할 수 있다는 것을 설명할 수 있었다. 그 이유에 대해서 알아보자. 먼저, 간단한 용어 하나를 소개한다.

이차다항식 x^2-1의 근 중에서 -1은 두 개의 근 $1, -1$을 생성한다. 삼차다항식 x^3-1의 근 중에서 ω는 세 개의 근 $1, \omega, \omega^2$ 모두를 생성한다.

임의의 자연수 n에 대하여 다항식 x^n-1의 모든 근을 생성하는 근이 있다. 이러한 근을 '단위원의 원시 n제곱근(primitive n-th root of unity)'이라고 부른다. 한편, x^n-1의 근 각각을 '단위원의 n제곱근(n-th root of unity)'이라고 부른다. 단위원의 n제곱근은 n개 존재한다. 다음 사실의 증명은 어렵지 않다.

> 소수 p에 대하여, F가 단위원의 원시 p제곱근을 포함하고 있다고 하자. F의 갈루아 확대체 K에 대하여, $[K:F]=p$이면 $K=F(d)$이고 $d^p\in F$인 $d\in K$가 존재한다.

여기에서 $G(K/F)$는 순환군 $\mathbb{Z}_p$와 동형이다. 이 책에서는 p가 2 또는 3인 경우만을 필요로 하므로, 우리는 위 사실을 이 두 경우에서만 증명한다. 사실, 아래에 제시한 $p=3$인 경우의 증명을 조금 다듬으면 일반적인 소수 p에 관한 증명이 된다.

$p=2$인 경우를 생각하자. 단위원의 원시 제곱근은 -1인데 이 수는 이미 $\mathbb{Q}$ 안에 있다. 먼저, $c\in K$, $c\notin F$인 원소를 찾을 수 있다. $[K:F]=2$이므로

K와 F 사이에는 어느 중간체도 낄 수 없기 때문에 $K = F(c)$여야 한다. c의 최소다항식의 차수는 2이다. F위에서 c의 최소다항식을 $x^2 + ax + b$라고 하고 d를 $\sqrt{a^2 - 4b}$로 택한다. 다항식 $x^2 + ax + b$는 기약다항식이므로 F에서 인수분해 되지 않는다. 따라서 $\sqrt{a^2 - 4b} \not\in F$이고 $K = F(d)$이다. $d^2 = a^2 - 4b \in F$임은 분명하다. 간단한 예를 들자.

$\mathbb{Q}$ 위에서 이차다항식 $f(x) = x^2 + x + 1$의 분해체를 K라고 하면, $[K : \mathbb{Q}] = 2$이다. 실제로, $K = \mathbb{Q}(\sqrt{3}\,i)$이고 $(\sqrt{3}\,i)^2 = -3 \in \mathbb{Q}$이다.

$p = 3$인 경우를 생각하자. $c \in K$, $c \not\in F$인 원소를 찾는다. 이러한 c를 찾으면 $K = F(c)$여야 한다. $[K : F] = 3$이므로 K와 F 사이에는 어느 중간체도 낄 수 없기 때문이다. 갈루아군 $G(K/F)$을 $\mathbb{Z}_3 = \{1, \eta, \eta^2\}$로 나타내고 다음을 생각한다.

$$c_1 = c, \quad c_2 = \eta(c_1), \quad c_3 = \eta(c_2)$$

다음과 같이 d_i ($i = 1, 2, 3$)를 c_1, c_2, c_3에 관한 연립일차방정식으로 정의한다.

$$\begin{aligned} d_1 &= c_1 + c_2 + c_3, \\ d_2 &= c_1 + c_2\omega + c_3\omega^2, \\ d_3 &= c_1 + c_2\omega^2 + c_3\omega \end{aligned}$$

이를 행렬로 표현하면 다음과 같다.

$$\begin{bmatrix} 1 & 1 & 1 \\ 1 & \omega & \omega^2 \\ 1 & \omega^2 & \omega \end{bmatrix} \begin{bmatrix} c_1 \\ c_2 \\ c_3 \end{bmatrix} = \begin{bmatrix} d_1 \\ d_2 \\ d_3 \end{bmatrix}$$

위 식의 왼쪽에서 계수행렬은 방데르몽드 행렬이므로 행렬식이 0이 아니어서 역행렬을 가진다. 따라서 c_1, c_2, c_3 각각은 d_1, d_2, d_3 와 ω, ω^2의 적절한 합과 곱으로 나타낼 수 있다. 한편, $\omega \in F$이므로 $K = F(c) = F(d_1, d_2, d_3)$이다. 이제, $c \notin F$이므로 어떤 i에 대하여, $d_i \notin F$이다. 왜냐 하면, $F(c) = F(d_1, d_2, d_3)$인데 모든 i에 대하여, $d_i \in F$이면 $F = F(c)$가 되어 $c \in F$이기 때문이다. 이제, $d = d_i$로 두면 $K = F(d)$이고 $d^3 \in F$이다. 예를 들자.

다음에서처럼 '$K = F(d)$ 이고 $d^3 \in F$ 인 $d \in K$'를 쉽게 찾을 수 있는 경우가 있다. 즉, $F = \mathbb{Q}(\omega)$ 위에서 $x^3 - 2$의 분해체는 $K = F(\sqrt[3]{2})$이고 $[K : F] = 3$이다. $d = \sqrt[3]{2}$로 택하면 된다.

약간 복잡한 예를 통하여, 앞의 증명에서 살펴본 절차에 따라 '$K = F(d)$ 이고 $d^3 \in F$ 인 $d \in K$'를 찾아보자.

삼차다항식 $g(x) = x^3 - 3x - 4$의 세 근을 s, t, u라고 하면 다음과 같다.

$$s = \sqrt[3]{2 - \sqrt{3}} + \sqrt[3]{2 + \sqrt{3}},$$
$$t = \sqrt[3]{2 - \sqrt{3}}\, \omega + \sqrt[3]{2 + \sqrt{3}}\, \omega^2,$$
$$u = \sqrt[3]{2 - \sqrt{3}}\, \omega^2 + \sqrt[3]{2 + \sqrt{3}}\, \omega$$

$F = \mathbb{Q}(\omega)$라고 하면 $F(i) = F(\sqrt{3})$이다. 이제, $E = F(\sqrt{3}) = F(i)$라고 하자. E 위에서 다항식 $g(x)$의 분해체를 K라고 나타내자. 계산의 편의를 위해 $\sqrt[3]{2 - \sqrt{3}}$, $\sqrt[3]{2 + \sqrt{3}}$ 각각을 a, $b = \dfrac{1}{a}$로 나타내자.

먼저, $s \in K - E$를 택한다. 여기서 s는 $a+b$이다. $K = E(s)$이다. 앞서 계산한 바에 의하면,

$$G(K/E) = Z_3 = \langle (132) \rangle = \{1, (132), (123)\}$$

이다. 여기서 $\eta = (132)$는 다음과 같다.

$$\eta : \begin{cases} s \mapsto u \\ t \mapsto s \\ u \mapsto t \end{cases}$$

다음을 계산한다.

$$c_1 = s,$$
$$c_2 = \eta(s) = u,$$
$$c_3 = \eta(u) = t$$

다음과 같이 d_i $(i = 1, 2, 3)$를 c_1, c_2, c_3에 관한 연립일차방정식으로 정의한다.

$$d_1 = c_1 + c_2 + c_3,$$
$$d_2 = c_1 + c_2 \omega + c_3 \omega^2,$$
$$d_3 = c_1 + c_2 \omega^2 - c_3 \omega$$

이를 행렬로 표현하면 다음과 같다.

$$\begin{bmatrix} 1 & 1 & 1 \\ 1 & \omega & \omega^2 \\ 1 & \omega^2 & \omega \end{bmatrix} \begin{bmatrix} s \\ u \\ t \end{bmatrix} = \begin{bmatrix} d_1 \\ d_2 \\ d_3 \end{bmatrix}$$

다음을 얻는다.

$$d_1 = s+u+t,$$
$$d_2 = s+u\omega+t\omega^2,$$
$$d_3 = s+u\omega^2+t\omega$$

이제, $d = d_2 = s+u\omega+t\omega^2 = 3 \times \sqrt[3]{2-\sqrt{3}}$ 이라고 하면 $d \notin E$이므로 $K = E(d)$이고 $d^3 = 27 \times (2-\sqrt{3}) \in E$이다. 이 경우에도 복잡한 절차를 거치지 않고 '$K = E(d)$이고 $d^p \in E$인 $d \in K$'를 비교적 쉽게 찾을 수 있다. 다른 방법으로도 찾을 수 있다. 실제로, $K = E(s) = E(t) = E(u) = E(a) = E(b)$임을 알 수 있다. 이유는 다음과 같다. 여기서 $ab = 1$임을 유의한다.

$$a^3-b^3 = (a-b)(a^2+ab+b^2), \quad -2\sqrt{3} = (a-b)\{(a+b)^2-1\}$$
$\sqrt{3} \in K$이고 $a+b \in K$이므로 $a-b \in K$이다.
$a \in K,\ b \in K,\ t \in K,\ u \in K$

이제, $a \notin E$이므로 $K = E(a)$이다. $a^3 = 2-\sqrt{3} \in E$임은 분명하다.

4. 오차다항식의 경우

이제 오차다항식의 경우를 살피자.

오차다항식 $2x^5 - 10x + 5 \in \mathbb{Q}[x]$의 갈루아군은 S_5와 동형이다. S_5는 가해군이 아니다. A_5가 단순군이기 때문이다. 갈루아 이론의 기본정리에 의하여 다음과 같은 그림을 얻을 수 있다.

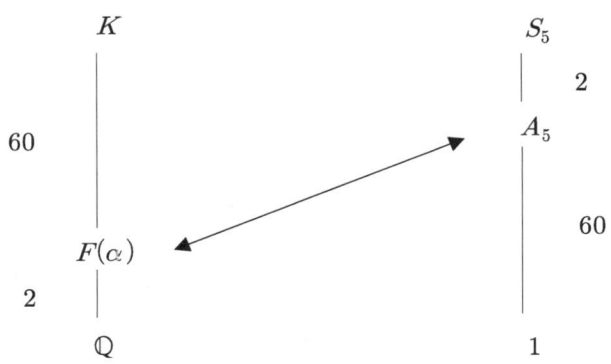

여기서 K는 다항식 $2x^5 - 10x + 5 \in \mathbb{Q}[x]$의 분해체이고, α는 K의 원소로서 A_5에 의해 불변인(fixed) 것이다.

여광: 그림이 단순하네요.

여휴: A_5가 단순군이기 때문에 그림도 단순합니다. A_5와 1 사이에는 어떠한 정규부분군이 존재하지 않습니다. 따라서 S_5/A_5 부분에 대응하는 $X^2 = A$ 꼴의 방정식 하나만 얻어집니다. 주어진 오차다항식이 풀린다면, $5! = 5 \times 4 \times 3 \times 2 \times 1 = 120 = 2^3 \times 3 \times 5$이므로 $X^2 = A$ 꼴 세 가와 $X^3 = B$ 꼴 하나, 그리고 $X^5 = C$ 꼴 하나로 귀착되어야 합니다. 다시 말하면, 그림의 오른쪽에서 A_5와 1 사이에 세 개의 정규부분군이 존재하여야 합니다. 그러나 이것은 불가능한 일이죠. 갈루아 유언의 핵심 내용입니다.

여광: $2x^5 - 10x + 5 \in \mathbb{Q}[x]$의 갈루아군이 왜 S_5이죠? 다항식을 풀지 않아 근이 뭔지도 모르잖아요?

여휴: 좋은 질문입니다. 이 책은 그 부분을 설명하지 않습니다. 다항식을 풀지 않고 갈루아군을 계산할 수 있습니다. 예를 들어, 소수 p에 대하여 p차의 기약다항식 $f(x) \in \mathbb{Q}[x]$가 꼭 두 개의 허근만을 가지면 $f(x)$의 갈로아군은 S_p입니다. 이 사실을 이용하면, $2x^5 - 10x + 5 \in \mathbb{Q}[x]$의 갈루아군이 S_5임을 알 수 있습니다.

X. 갈루아 이후

작도가능성은 수학에서 오래된 문제이다. 작도가능성의 문제가 처음 제기 된 이후 2,000년 이상의 세월이 훌쩍 흐른 후, 소위 '3대 작도불가능의 문제' 중에서 두 개가 먼저 해결되었다. 나머지 문제도 큰 줄기는 잡혔지만 만만치 않은 장애물이 하나 있었다. 원주율 π의 초월성이었다. 상당한 시간이 지나 이 문제도 해결되었다(Ⅴ장).

정다각형의 작도가능성 문제는 어떠한가? 정다각형의 작도가능성 문제는 3대 작도불가능의 문제와는 별도이다.

1. 디자인과 작도

눈금 없는 자와 컴퍼스만 가지고 있어도 다양한 그림을 그릴(작도 할) 수 있다. 예를 들어, 정삼각형은 작도가 가능하다.

다음 그림 왼쪽에서 정삼각형의 세 변 각각의 중점을 작도하고 각각의 변에 반원 두 개를 변의 위와 아래에 그리면 색칠한 부분의 그림을 얻을 수 있다.

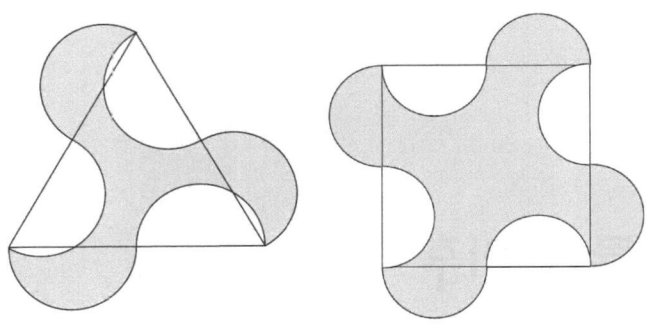

동일한 절차를 정사각형을 작도 한 후 적용하면 위 오른쪽 그림을 그릴 수 있다. 미적 감각이 없는 필자는 이 정도밖에 생각하지 못하지만 다른 사람은 이보다 훨씬 멋진 그림을 작도할 수 있을 것이다.

2,000여 년 전, 수학자들은 과연 어떤 그림을 작도할 수 있는지 궁금했다. 정삼각형의 작도와 정사각형의 작도는 자명하므로 그에 대해 많은 이야기를 하지 않았지만 정오각형의 작도에 관해서는 자랑스럽게 기록으로 남겼다. 정오각형의 작도는 황금비(golden ratio)의 작도이다.

정칠각형의 경우는 어떠할까?

2. 정다각형의 작도

임의의 자연수 n에 대하여 다항식 $x^n - 1$은 가해다항식이라는 것을 다음과 같이 보일 수 있다. 단위원의 원시 n-제곱근을 ζ라고 하면, 다항식 $x^n - 1$의 근 전체의 집합, 즉 단위원의 n-제곱근 전체의 집합은 $\{1, \zeta, \ldots, \zeta^{n-1}\}$이다. 따라서 다항식 $x^n - 1 \in \mathbb{Q}[x]$의 분해체 K는 $\mathbb{Q}(\zeta)$이다. 이제, 임의의 $\sigma \in G(K/\mathbb{Q})$에 대하여 $\sigma(\zeta) = \zeta^i$인 i $(1 \leq i \leq n-1)$가 있다. 다른 $\delta \in G(K/\mathbb{Q})$를 생각하면, $\delta(\zeta) = \zeta^j$ $(1 \leq j \leq n-1)$이다. $\delta\sigma(\zeta) = \sigma\delta(\zeta)$임을 금방 알 수 있다. 이는 $G(K/F)$의 모든 원소는 서로 가환적(commutative)이라는 뜻이다. $G(K/F)$는 가환군이므로 가해군이다. 다음 질문은 흥미롭다.

임의의 자연수 n에 대하여 다항식 $x^n - 1$의 모든 근은 작도가능할까?

이는 곧 다음 질문과 같다.

임의의 자연수 $n(n \geq 3)$에 대하여 정n각형은 작도가능할까?

여기에서는 이 질문에 답한다.

먼저, n이 4, 8, 16, … 등과 같이 2^k $(k \geq 2)$ 꼴인 경우에는 정n각형의 작도가 가능하다는 것을 금방 알 수 있다. 예를 들어, 정사각형은 작도가능하고, 90°를 이등분하여 45°가 작도 가능하므로 정팔각형이 작도 가능하고, 45°를 이등분하여 22.5°가 작도 가능하므로 정십육각형이 작도 가능하다.

여광: 정삼각형은 작도 가능하므로 60°가 작도 가능합니다. 45°가 작도 가능하므로 15°도 작도 가능합니다. 15보다 작은 자연수 n에 대하여 각 $n°$가 작도 가능한지 가능하지 않은지 궁금합니다.

여휴: 좋은 질문입니다. 예를 들어, 1°, 2°, 3°각각이 작도 가능한지 가능하지 않은지 궁금한

거죠?

여광: 그렇습니다.

여휴: 함께 답을 찾아봅시다. 앞(Ⅴ장)에서 20°는 작도 가능하지 않다는 것을 확인하였습니다. 또 곧 알게 되겠지만 정오각형은 작도 가능합니다.

여광: 정오각형이 작도 가능하다는 사실은 유클리드 원론에도 소개되어 있잖아요?

여휴: 맞습니다. 정오각형의 작도는 황금비의 작도라서 그 의의가 큽니다.

여광: 정오각형의 작도는 각 72°의 작도이기도 합니다.

여휴: 중요한 지적입니다. 각 72°의 작도가 가능하므로 36°의 작도가 가능합니다.

여광: 아, 괜찮은 생각이 떠올랐습니다. 36°와 30°가 작도 가능하므로 6°가 작도 가능합니다. 따라서 3°가 작도 가능합니다.

여휴: 중요한 결과이군요.

여광: 3의 배수인 자연수 n에 대하여 각 $n°$가 작도 가능하다는 것을 알 수 있습니다.

여휴: 자, 이제 1°와 2°의 작도 가능성이 문제이군요. 20°는 작도 가능하지 않다는 것이 도움이 되지 않을까요?

여광: 그렇군요. 1°와 2°는 작도 가능할 수 없습니다. 1°와 2°중에서 어느 각이라도 작도 가능하면 20°는 작도 가능하게 됩니다.

여휴: 명쾌한 설명입니다. 결국, 자연수 n에 대하여 각 $n°$가 작도 가능하기 위한 필요충분조건은 n이 3의 배수인 것이군요.

가. 작도가능성

정n각형의 작도가능성 문제는 단위원의 원시 n-제곱근의 작도가능성 문제다. 여기서는 소수 p에 대하여 정p^k각형($k \geq 1$)의 작도가능성을 살핀다. 먼저, 정p^k각형의 작도는 복소평면위에서 원점을 중심으로 하는 단위원(반지름이 1인 원)의 둘레를 p^k 등분할 수 있는가의 문제로 귀착된다는 것을 알 수 있다.

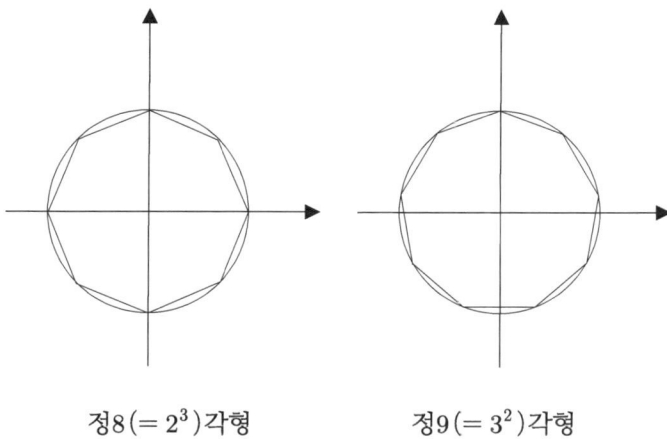

정8($=2^3$)각형   정9($=3^2$)각형

앞에서 정2^k각형($k \geq 2$)은 작도가능하다는 것을 확인하였다. 따라서 홀수 소수 p에 대하여만 논의한다.

단위원의 원시 p^k제곱근 ζ는 다음과 같다.

$$\zeta = \cos\frac{2\pi}{p^k} + i\sin\frac{2\pi}{p^k}$$

$\zeta^{-1} = \cos\frac{2\pi}{p^k} - i\sin\frac{2\pi}{p^k}$ 이고 $\frac{\zeta+\zeta^{-1}}{2} = \cos\frac{2\pi}{p^k}$ 이므로 $\cos\frac{2\pi}{p^k} \in \mathbb{Q}(\zeta)$이다. '복소수 $a+bi$ ($a, b \in \mathbb{R}$)가 작도가능하다'는 것을 '두 개의 실수 a, b가 작도가능하다'는 것으로 이해하면, 단위원의 원시 p^k제곱근 $\zeta = \cos\frac{2\pi}{p^k} + i\sin\frac{2\pi}{p^k}$의 작도가능성은 두 개의 실수 $\cos\frac{2\pi}{p^k}$와 $\sin\frac{2\pi}{p^k}$의 작도가능성이다. 여기서, $\sin\frac{2\pi}{p^k}$의 작도가능 여부는 $\cos\frac{2\pi}{p^k}$의 작도가능여부에 달려 있으므로 정p^k각형의 작도가능성은 $\cos\frac{2\pi}{p^k}$의 작도가능성

을 의미한다. 이는 곧 $\sin\frac{2\pi}{p^k}$의 작도가능성 또는 각(angle) $\frac{2\pi}{p^k}$의 작도가능성과 동일한 문제임을 알 수 있다. 이는 다시 $\cos\theta$ $(\theta=\frac{2\pi}{p^k})$의 최소다항식의 차수 문제로 귀착된다.

나. 오일러 ϕ-함수

$Z_m = \{0, 1, ..., m-1\}$의 원소 중에서 법 m과 서로소인 원소들의 집합을 Z_m^*으로 나타내면 다음과 같다.

$$Z_m^* = \{a \in Z_m \mid (a, m) = 1\}$$

집합 Z_m^*, $m \geq 2$의 위수를 $\phi(m)$으로 나타낸다. 즉 $\phi(m) = |Z_m^*|$ 이다. 임의의 자연수 m을 $\phi(m)$으로 대응시키는 함수 $\phi : N \to N$를 오일러의 ϕ-함수라고 한다. 이 때, $\phi(1)$은 1이라고 정의한다.

다음은 오일러의 ϕ-함수의 중요한 성질이다.

$(m, n) = 1 \Rightarrow \phi(mn) = \phi(m)\phi(n)$
소수 p와 자연수 k에 대하여, $\phi(p^k) = p^{k-1}(p-1)$이다.

다음을 알 수 있다.

$x^2 - 1$의 갈루아군은 $Z_2^* = 1$이다.
$x^3 - 1$의 갈루아군은 $Z_3^* = Z_2$이다.
$x^4 - 1$의 갈루아군은 $Z_4^* = Z_2$이다.
$x^5 - 1$의 갈루아군은 $Z_5^* = Z_4$이다.

일반적으로, 임의의 자연수 n에 대하여 x^n-1의 갈루아군은 Z_n^*이다. 왜 그럴까? 다항식 x^n-1의 분해체 K는 $\mathbb{Q}(\zeta)$이다. 여기서 ζ는 단위원의 원시 n-제곱근이다. 이제, 임의의 $\sigma \in G(K/\mathbb{Q})$는 $\sigma(\zeta)$가 무엇이냐에 따라 결정되는데 $\sigma(\zeta)=\zeta^i$ 이고 i는 n과 서로소여야 한다. 따라서 $G(K/\mathbb{Q})$의 원소의 개수와 Z_n^*의 원소의 개수는 모두 $\phi(n)$이다. 이제, 두 개의 군 $G(K/\mathbb{Q})$와 Z_n^*가 동형인 것을 보이는 것은 쉽다.

정p^k각형($k \geq 1$)의 작도가능성을 살피기 위해 $\phi(p^k)=p^{k-1}(p-1)$임을 기억하자.

다. 페르마 소수

앞에서 살폈듯이, $\cos\theta \in \mathbb{Q}(\zeta)$이다. 여기서 $\theta = \frac{2\tau}{p^k}$이다. 다음 확대체 열을 생각하자.

$$\mathbb{Q} \leq \mathbb{Q}(\cos\theta) \leq \mathbb{Q}(\zeta)$$

ζ는 $x^2 - 2\cos\theta x + 1$의 근이고 $x^2 - 2\cos\theta x + 1$는 $\mathbb{Q}(\cos\theta)$ 위에서 기약다항식이므로 $\mathbb{Q}(\zeta)$는 $\mathbb{Q}(\cos\theta)$ 위에서 이차원 벡터공간이다.

$\mathbb{Q}(\zeta)$는 $\mathbb{Q}$ 위에서 $p^{k-1}(p-1)$차원의 벡터공간이므로 $\mathbb{Q}(\cos\theta)$는 $\mathbb{Q}$ 위에서 $\frac{p^{k-1}(p-1)}{2}$차원의 벡터공간이다.

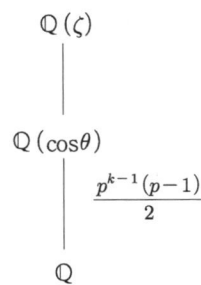

다음을 알 수 있다.

임의의 홀수 소수 p에 대하여, $k \geq 2$이면 정p^k각형의 작도는 불가능하다. $\frac{p^{k-1}(p-1)}{2}$이 2의 거듭제곱 꼴이 아니기 때문이다. 따라서 정n각형의 작도가능성 문제는 n이 홀수 소수인 경우로 귀착된다.

이제, 임의의 홀수 소수 p에 대하여 정p각형의 작도가능성을 살피자.

정p각형의 작도가 가능하기 위해서는 $\frac{p-1}{2}$이 2의 거듭제곱 꼴이어야 하므로 소수 p는 다음과 같은 꼴이다.

$$2^m + 1 \ (m \geq 1)$$

$2^m + 1 \ (m \geq 1)$이 소수이면 m이 2의 거듭제곱 꼴이어야 하므로 정p각형의 작도가 가능하기 위해서는 소수 p는 다음과 같은 꼴이다.

$$2^{2^k} + 1 \ (k \geq 0)$$

$2^{2^k} + 1 \ (k \geq 0)$과 같은 꼴의 소수를 '페르마 소수(Fermat prime)'라고 부른다.

다음 질문은 필연적이다.

> 어떤 소수 p가 $2^{2^k}+1$ $(k \geq 0)$의 꼴이면 정p각형의 작도가 가능할까?

다음을 알 수 있다.

- 다항식 $x^p - 1$의 분해체는 $\mathbb{Q}(\zeta)$이다. 여기서 ζ는 단위원의 원시 p-제곱근으로서 $\zeta = \cos\frac{2\pi}{p} + i\sin\frac{2\pi}{p}$이다. 앞에서 살폈듯이, $K = \mathbb{Q}(\zeta)$라고 하면 다항식 $x^p - 1$의 갈루아군 $G(K/\mathbb{Q})$는 $\mathbb{Z}_p^*$이고 $|\mathbb{Z}_p^*| = \phi(p) = p - 1 = 2^{2^k}$이다.

- $\mathbb{Z}_p^*$는 가환군이므로 오른쪽과 같은 확대체 열이 존재한다.

- $\cos\frac{2\pi}{p} \in K = \mathbb{Q}(\zeta)$이므로 $\cos\frac{2\pi}{p}$는 작도가능하다.

$$\begin{array}{c} F_{2^k} = K \\ 2 \mid \\ F_{2^k - 1} \\ 2 \mid \\ \vdots \\ 2 \mid \\ F_2 \\ 2 \mid \\ F_1 \\ 2 \mid \\ F_0 = \mathbb{Q} \end{array}$$

이상의 논의로부터 다음을 알 수 있다.

> 소수 $p(p \geq 3)$에 대하여 정p각형이 작도 가능하기 위한 필요충분조건은 p가 페르마소수인 것이다.

예를 들어, 정삼각형, 정오각형, 정십칠각형은 작도가능하지만, 정칠각형, 정십일각형, 정십삼각형은 작도가능하지 않다. 이제, 일반적인 자연수 $n(n \geq 3)$에 대하여 정n각형의 작도가능성을 살피는 것은 어렵지 않다. 다음이 성립한다.

쌍마다 서로 소인 자연수 $n_1, n_2, \ldots, n_t$ ($n_i \geq 3$) 각각에 대하여 정 n_i각형이 모두 작도 가능하면 정$n_1 n_2 \cdots n_t$각형도 작도가능하다.

이 사실을 증명하여 보자. 증명 전략은 t에 관한 수학적 귀납법이다. 먼저, $t = 1$인 경우는 분명하고 $t \geq 2$일 때 $t - 1$이하인 모든 경우에 정리가 성립한다고 하자. $n = n_1 n_2 \ldots n_{t-1}$이라고 하면, n과 n_t는 서로소이므로 $nr + n_t s = 1$을 만족시키는 정수 r, s가 있다. 이제 두 각 $\frac{2\pi}{n}$와 $\frac{2\pi}{n_t}$가 작도가능하므로 $\frac{2\pi}{n_t}r + \frac{2\pi}{n}s = \frac{2\pi}{n_1 n_2 \ldots n_{t-1} n_t}$도 작도가능하다. 따라서 정$n_1 n_2 \cdots n_t$각형은 작도가능하다.

한 예로서 다음을 생각할 수 있다.

정삼각형과 정오각형은 작도가능하므로 두 각 $\frac{2\pi}{3}$와 $\frac{2\pi}{5}$가 작도가능하다. 그런데 $3 \cdot 2 + 5 \cdot (-1) = 1$이므로 $\frac{2\pi}{5} \cdot 2 + \frac{2\pi}{3} \cdot (-1) = \frac{2\pi}{15}$가 작도가능하다. 따라서 정15각형은 작도가능하다.

다음은 일반적인 자연수 $n(n \geq 3)$에 대하여 정n각형의 작도가능성을 말한다. 이의 증명은 경우의 수를 따지는 일로서 단순 노동(계산)이다.

정n각형이 작도 가능하기위한 필요충분조건은 n이 다음과 같은 꼴로 표시되는 것이다.
$$n = 2^m \text{ 또는 } n = 2^k p_1 p_2 \ldots p_r$$

여기서 $m \geq 2$, $k \geq 0$이고 $p_1, p_2, ..., p_r$는 서로 다른 페르마 소수이다.

라. 작도가능성 판정

정다각형의 작도가능성을 쉽게 판별할 수 있는 방법이 있다. 다음은 잘 알려진 사실이다.

> 다음 두 명제는 동치이다.
> - 정n각형이 작도가능하다.
> - 적당한 자연수 l이 존재하여 $\phi(n) = 2^l$이다.

몇 가지 예를 들어보자. $\phi(7) = 6$이므로 2의 거듭제곱이 아니다. 따라서 정7각형은 작도가능하지 않다. 마찬가지로, 정구각형, 정십일각형, 정십삼각형, 정십사각형도 작도가능하지 않음을 알 수 있다.

여광: 자동차의 바퀴 덮개(wheel cover) 디자인을 보면 대부분 원을 삼, 사, 오, 육, 또는 팔등분한 모습입니다. 그런데 가끔 칠등분한 경우도 있어요. 다음 사진은 그 중 한 예입니다.

여광: 제작할 때 정칠각형을 작도한다는 말이잖아요?
여휴: 그럼요.
여광: 정칠각형은 작도가능하지 않잖아요?

여휴: 눈금 없는 자와 컴퍼스만을 사용해서는 작도가능하지 않습니다. 수학적 의미로 작도가능하지 않다는 뜻입니다. 자와 컴퍼스 외의 도구를 사용하면 얼마든지 일곱 등분 할 수 있습니다. 한 가지 방법은 다음과 같습니다. 원을 그리고 원둘레를 팔 등분한 후 $\frac{1}{8}$ 부분을 제거합니다.

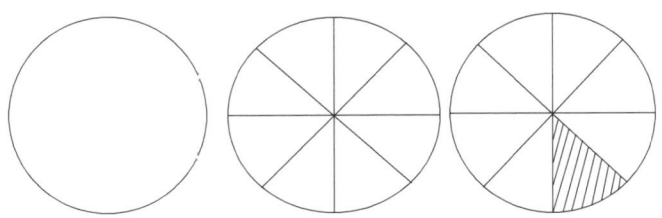

다음 그림에서 반지름 OA와 반지름 OB를 붙이면 오른쪽과 같은 원뿔을 얻습니다. 이렇게 평면 위의 원을 칠등분할 수 있습니다.

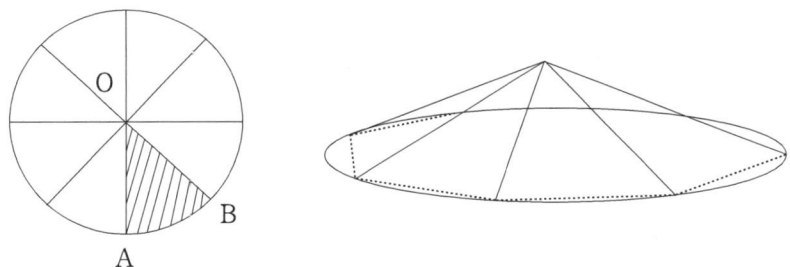

여광: 다음 이슬람 문양(문태선, 2017)도 모두 정칠각형의 작도에 기반을 둡니다.

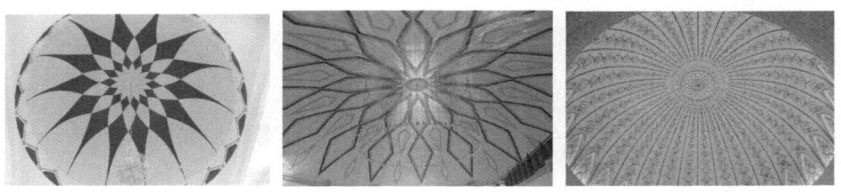

여휴: 원하는 만큼 근사하게 정칠각형을 그릴 수 있습니다.

한편, 정삼, 사, 오, 육, 팔, 십, 십이, 십오, 십육각형은 모두 작도가능하다. 마찬가지로, $\phi(17) = 16 = 2^4$이므로 정십칠각형도 작도가능하다.

아르키메데스는 원주율 π의 값을 소수점 아래 둘째자리까지 계산하기 위하여 사용한 정구십육각형도 작도가능하다. $\phi(96) = \phi(2^5 \times 3) = 2^5$이기 때문이다.

다항식의 풀이에 관한 문제를 해결한 갈루아의 생각은 정다각형의 문제도 완벽하게 해결한다. 제곱근을 사용하여 표현되는 수는 거듭제곱근으로 사용하여 표현되는 수의 특수한 경우이기 때문이다. 결국 작도가능성은 갈루아 이론의 특수한 경우이다. 정다각형의 작도가능성이 갈루아이론으로 해결되는 이유이다.

$2^{2^2} + 1 = 17$이다. 17은 페르마 소수이다. 가우스는 정십칠각형을 작도하여 수학의 역사에 남았다.

$2^{2^3} + 1 = 257$이다. 257은 페르마 소수이다. 어떤 사람은 정257각형을 작도하였다고 한다. 그가 작도한 정다각형은 외형적으로는 원과 구별되기 어려웠을 것이다.

$2^{2^4} + 1 = 65537$이다. 정65537각형을 작도하고 싶은가? 가능하다. 65537는 페르마 소수이기 때문이다. 그러나 그릴 필요 없다. ⊙을 그리고 '이게 정65537각형'이라고 하여도 반박할 사람 없을 것이다.

$2^{2^5} + 1 = 4,294,967,297$이다. 정4294967297각형은 어떨까? 시도하지 말라. 그냥 원을 그려주면 된다. 사실, 정4294967297각형은 작도가능하지도 않다. 4294967297는 소수가 아니므로 페르마 소수도 아니다.

페르마는 이 수가 소수일 것으로 기대했겠지만, 오일러는 아님을 알았다. $4294967297 = 641 \times 6700417$이다. 노동(계산)의 값진 결실이다.

자, 65537보다 큰 페르마 소수는 무엇일까? 이에 관하여 검색해보는 것도 즐거운 일일 것 같다.

3. 가해성과 작도가능성

작도가능성의 문제는 다항식의 가해성의 문제의 특별한 경우로 볼 수 있다.

가. 근의 공식으로 풀 수 없는 다항식

유리수계수 다항식을 '거듭제곱근을 사용하여 풀 수 있다', '근의 공식으로 풀 수 있다' 또는 유리수계수 다항식에 '근의 공식이 존재한다'는 뜻은 다항식의 근이 다음과 같이 유리수의 덧셈, 뺄셈, 곱셈, 나눗셈, 그리고 거듭 제곱근을 적절히 사용하여 나타낼 수 있다는 것이다.

$$\frac{1}{2}\sqrt{\sqrt[3]{2-\sqrt{3}}+\sqrt[3]{2+\sqrt{3}}}+\frac{1}{2}\sqrt{-\sqrt[3]{2-\sqrt{3}}-\sqrt[3]{2+\sqrt{3}}-\frac{4}{\sqrt{\sqrt[3]{2-\sqrt{3}}+\sqrt[3]{2+\sqrt{3}}}}}$$

다항식의 근이 위와 같은 꼴로 주어지지 않는 예를 제시하는 것은 흥미로운 일이다.

앞에서 갈루아군이 S_5와 동형이기 때문에 근의 공식이 존재하지 않는 다항식으로서 다음을 제시하였다.

$$2x^5-5x^4+5, \qquad x^5-4x+2, \qquad x^5-10x+2$$

오차다항식

$$2x^5 - 5x^4 + 3, \qquad x^5 - 4x + 3, \qquad x^5 - 10x + 9$$

각각은 근의 공식을 가지는 가해다항식이다.

여광: 이 세 개 다항식 각각은 근의 공식이 존재하지 않는다고 조금 앞에 제시된 오차다항식들과 크게 달라 보이지 않습니다.

여휴: 그렇죠? 갈루아가 만들어 유언으로 남긴 '현미경'이 아니고서는 알아낼 수 없는 매우 깊은 대칭의 문제이기 때문입니다.

나. 작도가능하지 않은 수

지난 V장에서 다음을 설명하였다.

어떤 실수 α에 대하여 확대체 $\mathbb{Q}(\alpha)$의 $\mathbb{Q}$ 위에서 차수가 2^k 꼴이 아니면 α는 작도가능하지 않다.

따라서 작도가능한 수는 대략 다음과 같은 꼴이어야 한다.

$$\frac{a+\sqrt{b}}{c},$$

$$\frac{d+\sqrt{\frac{a+\sqrt{b}}{c}}}{e},$$

$$\frac{f+\sqrt{\frac{d+\sqrt{\frac{a+\sqrt{b}}{c}}}{e}}}{g},$$

$$\ldots$$

여기서 a, b, $c(\neq 0)$, d, $e(\neq 0)$, f, $g(\neq 0)$는 유리수이다.

'다항식이 근의 공식으로 풀린다'의 의미는 그 다항식의 근이 유리수의 덧셈, 뺄셈, 곱셈, 나눗셈, 그리고 거듭 제곱근을 적절히 사용하여 나타낼 수 있다는 것이다.

이에 비해, 어떤 수가 '작도가능하다'라는 의미는 그 수를 유리수의 덧셈, 뺄셈, 곱셈, 나눗셈, 그리고 제곱근을 적절히 사용하여 나타낼 수 있다는 것이다.

근의 공식에서는 제곱근뿐만이 아니라 세제곱근 다섯 제곱근 등 임의의 자연수의 거듭제곱근이 허락되지만 작도가능성에서는 오직 제곱근만 허락된다는 것이다. 다음과 같은 호기심이 생긴다.

> 어떤 실수 α에 대하여 확대체 $\mathbb{Q}(\alpha)$의 $\mathbb{Q}$ 위에서 차수가 2^k 꼴이면 α는 작도가능할까?

아니다. 여기에서 $\mathbb{Q}(\alpha)$의 $\mathbb{Q}$ 위에서 차원이 $2^2 = 4$ 이지만 α는 작도가능하지 않은 α를 제시한다.

다항식 $f(x) = x^4 + 2x + \frac{3}{4}$ 은 $\mathbb{Q}$ 위에서 기약다항식이다. 다항식 $x^4 + 2x + \frac{3}{4}$의 한 근

$$-\frac{1}{2}\sqrt{\sqrt[3]{2-\sqrt{3}}+\sqrt[3]{2+\sqrt{3}}}+\frac{1}{2}\sqrt{-\sqrt[3]{2-\sqrt{3}}-\sqrt[3]{2+\sqrt{3}}+\frac{4}{\sqrt{\sqrt[3]{2-\sqrt{3}}+\sqrt[3]{2+\sqrt{3}}}}}$$

를 α라고 하면 α는 실수이고 $\mathbb{Q}(\gamma)$의 $\mathbb{Q}$ 위에서 차원은 α의 $\mathbb{Q}$ 위에서 최소다항식 $x^4 + 2x + \frac{3}{4}$의 차수와 같으므로 $4 = 2^2$이다.

이제, 다항식 $f(x)$의 분해체를 K라고 하면 다음 그림에서 왼쪽과 같은 확대

체 열을 얻는다.

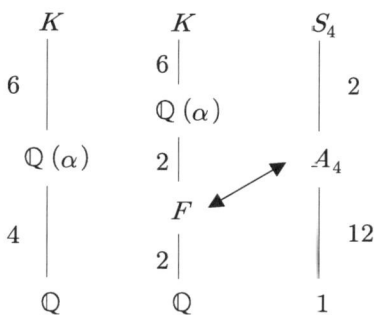

만일 α가 작도가능하면 $\mathbb{Q}(\alpha)$와 $\mathbb{Q}$ 사이에 체 F가 존재하여 $\mathbb{Q}$ 위에서의 차수가 2이다. 갈루아이론의 기본정리에 의하여 지수(index)가 2인 S_4의 부분군이 존재한다. 그런데 지수가 2인 S_4의 부분군은 A_4 뿐이다. 앞에서 A_4의 불변체는 $\mathbb{Q}(i)$임을 보였고 $\mathbb{Q}(i)$는 F여야 한다. 이는 모순이다. 왜냐하면, $\mathbb{Q}(\alpha)$는 실수체의 부분체이므로 i는 $\mathbb{Q}(\alpha)$의 원소가 될 수 없다.

다항식 $x^4+2x+\frac{3}{4}$의 또 다른 실근

$$-\frac{1}{2}\sqrt{\sqrt[3]{2-\sqrt{3}}+\sqrt[3]{2+\sqrt{3}}} - \frac{1}{2}\sqrt{-\sqrt[3]{2-\sqrt{3}}-\sqrt[3]{2+\sqrt{3}}+\frac{4}{\sqrt{\sqrt[3]{2-\sqrt{3}}+\sqrt[3]{2+\sqrt{3}}}}}$$

도 작도가능한 수가 아니라는 것을 같은 방법으로 설경할 수 있다.

$\mathbb{Q}(\alpha)$의 $\mathbb{Q}$ 위에서 차원이 2^k 꼴이 아닌 경우에는 작도가능하지 않은 실수(real number) α를 제시하는 것은 쉬운 일이다. 예를 들어, $\alpha_1 = \sqrt[3]{2}$는 $\mathbb{Q}(\alpha_1)$의 $\mathbb{Q}$ 위에서 차원이 3인 작도가능하지 않은 수이고, $\alpha_2 = \sqrt[5]{2}$는 $\mathbb{Q}(\alpha_2)$의 $\mathbb{Q}$ 위에서

차원이 5인 작도가능하지 않은 수이다.

주변 사람에게 다음을 물어보라.

$\mathbb{Q}(\alpha)$의 $\mathbb{Q}$ 위에서 차원이 4이지만 α가 작도가능하지 않은 그러한 실수 α를 아는가?

대답할 수 있는 사람은 많지 않을 것이다. 그런 점에서 앞에서 소개한 다음 실수 α는 귀하다.

$$\alpha = -\frac{1}{2}\sqrt{\sqrt[3]{2-\sqrt{3}}+\sqrt[3]{2+\sqrt{3}}} + \frac{1}{2}\sqrt{-\sqrt[3]{2-\sqrt{3}}-\sqrt[3]{2+\sqrt{3}}+\frac{4}{\sqrt{\sqrt[3]{2-\sqrt{3}}+\sqrt[3]{2+\sqrt{3}}}}}$$

신현용 · 한인기(2016)에는 사차다항식 $x^4 - 12x^3 + 22x^2 + 144x - 288$의 실근이 작도가능하지 않음이 설명되어 있다.

여광: $x^4 + 2x + \frac{3}{4}$의 실근 α는 다음과 같은 꼴이 아니므로 작도가능하지 않을 것이라고 직관적으로 추측할 수 있겠습니다.

$$\frac{a+\sqrt{b}}{c},$$

$$\frac{d+\sqrt{\frac{a+\sqrt{b}}{c}}}{e},$$

$$\frac{f+\sqrt{\frac{d+\sqrt{\frac{a+\sqrt{b}}{c}}}{e}}}{g},$$

...

여휴: 그럴듯한 추측입니다. 실근 α에 작도가능하지 않을 것 같은 수 $\sqrt[3]{2-\sqrt{3}}$와 $\sqrt[3]{2+\sqrt{3}}$이 보이기 때문입니다. 그러나 조심하여야 합니다. 자세히 따져봐야 한다는

말입니다.

여광: 다항식 $x^4+2x+\dfrac{3}{4}$의 실근 α의 경우에는 이 직관이 옳다고 앞에서 증명하였는데 이러한 직관이 틀리는 경우도 있다는 말씀입니까?

여휴: 제가 봄벨리(R. Bombelli, 1526-1572)에 의한 유명한 예를 하나 소개하죠. 삼차다항식 $x^3-15x-4$의 세 개의 실근을 가집니다. 그러나 삼차다항식의 근의 공식에 의하면 세 근은 다음과 같이 주어집니다.

$$\sqrt[3]{2+\sqrt{-121}}+\sqrt[3]{2-\sqrt{-121}},$$
$$\omega\sqrt[3]{2+\sqrt{-121}}+\omega^2\sqrt[3]{2-\sqrt{-121}},$$
$$\omega^2\sqrt[3]{2+\sqrt{-121}}+\omega\sqrt[3]{2-\sqrt{-121}}$$

여광: $\sqrt[3]{2+\sqrt{-121}}+\sqrt[3]{2-\sqrt{-121}}$ 에는, 복소수이거니와 작도가능하지 않을 것 같은 수 $\sqrt[3]{2+\sqrt{-121}}$ 가 있으니 직관적으로 보아서 $\sqrt[3]{2+\sqrt{-121}}+\sqrt[3]{2-\sqrt{-121}}$ 도 작도 가능하지 않을 것으로 기대할 수 있는데요.

여휴: 그렇죠? 그러나 $\sqrt[3]{2+\sqrt{-121}}=2+i$이고 $\sqrt[3]{2-\sqrt{-121}}=2-i$ 이므로 $x^3-15x-4$의 세 근은 다음과 같습니다.

$$\sqrt[3]{2+\sqrt{-121}}+\sqrt[3]{2-\sqrt{-121}}=2+i+2-i=4,$$
$$\omega\sqrt[3]{2+\sqrt{-121}}+\omega^2\sqrt[3]{2-\sqrt{-121}}=(2+i)\omega+(2-i)\omega^2=-2-\sqrt{3},$$
$$\omega^2\sqrt[3]{2+\sqrt{-121}}+\omega\sqrt[3]{2-\sqrt{-121}}=(2+i)\omega^2+(2-i)\omega=-2+\sqrt{3}$$

여광: 근의 공식으로 얻은 근의 외형적인 모습과는 많이 다르네요. 다항식 $x^3-15x-4$의 세 근은 모두 작도가능하군요.

여휴: 수학에서 직관은 중요하나 직관이 전부는 아닙니다. 수학적 직관은 많은 노동(계산)에 의해 검증되어야 합니다.

여광: 이건 다른 질문인데 궁금하니 여쭤야겠습니다. $\mathbb{Q}$ 위에서 사차다항식 $f(x)=x^4+2x+\dfrac{3}{4}$의 갈루아군은 S_4이잖아요. $G(\mathbb{Q}(\alpha)/\mathbb{Q})$는 무엇일까요? 즉, S_4의 원소 중에서 α를 고정시키는 것은 무엇일까요? 여기서 α는 다음과 같습니다.

$$-\frac{1}{2}\sqrt{\sqrt[3]{2-\sqrt{3}}+\sqrt[3]{2+\sqrt{3}}}-\frac{1}{2}\sqrt{-\sqrt[3]{2-\sqrt{3}}-\sqrt[3]{2+\sqrt{3}}+\frac{4}{\sqrt{\sqrt[3]{2-\sqrt{3}}+\sqrt[3]{2+\sqrt{3}}}}}$$

여휴: 좋은 질문입니다. 다음과 같이 답을 할 수 있을 것 같군요. $\mathbb{Q}$ 위에서 사차다항식 $f(x) = x^4 + 2x + 3$의 갈루아군 S_4는 $f(x)$의 네 개 근 α, β, γ, δ로 이루어진 집합 $\{\alpha, \beta, \gamma, \delta\}$의 대칭군(group of symmetries)입니다. 앞에서와 마찬가지로, $(234) \in S_4$는 α를 고정시키지만 β는 γ로, γ는 δ로, δ는 β로 치환시키는 것을 나타내는 것으로 하면, S_4 원소 중에서 α를 고정시키는 것이 무엇인지 분명하죠. 여섯 개 치환 1, (234), (243), (23), (24), (34)입니다. 이들 모두의 집합은 S_3와 동형인 군 $H = \{1, (234), (243), (23), (24), (34)\}$가 됩니다. 따라서 군 $G(\mathbb{Q}(\alpha)/\mathbb{Q})$는 S_3와 동형이죠.

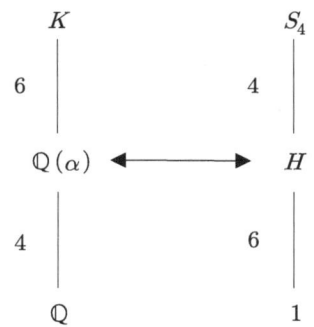

여광: 또 다른 질문이 있습니다.

여휴: 궁금한 게 많으면 좋습니다. 좋은 수학자는 궁금한 게 많아 질문을 많이 합니다. 수학자에게 가장 심각한 문제는 심각한 질문이 없다는 것입니다.

여광: 수학 문제가 아니라 용어의 문제입니다.

여휴: 무엇인가요? 가급적 해결하도록 노력합시다.

여광: S_n은 '대칭군'이고 영어로는 'symmetric group'이라고 하잖아요? 그런데 금방 '집합 $\{\alpha, \beta, \gamma, \delta\}$의 대칭군'을 언급하시면서 영어 'group of symmetries'를 사용하셨습니다. 한국어 용어는 같은데 영어 용어는 달리 사용하시네요. 다소 혼란스럽습니다.

여휴: 제가 진즉 설명을 했어야 하는 데 미안합니다. 'symmetric group S_n'은 집합

{1,2,...,n}을 변화시키지 않는 변환(함수) 즉, {1,2,...,n}에서의 일대일대응 전체로 이루어진 군입니다. 어떤 대상을 변화시키지 않는 변환을 그 대상의 '대칭(symmetry)'이라고 합니다. 따라서 일반적인 대상에 대해서 그 대상을 변화시키지 않는 변환 즉, 대칭 전체로 이루어지는 군을 생각할 수 있습니다. 이 군을 그 대상의 'group of symmetries'라고 합니다. 예를 들어, 정이면체군 D_3는 정삼각형의 대칭군(group of symmetries)이고 D_4는 정사각형의 대칭군(group of symmetries)이라고 할 수 있습니다.

여광: 영어로 하면 두 경우를 구별할 수 있는데 한국어로 표현하니 용어가 같아지는군요.

여휴: 그렇습니다. 다소 혼란스러울 수 있는데, 논의하는 내용을 정확히 인지하고 있으면 크게 혼란스럽지 않습니다.

여광: 'Symmetric group S_3는 집합 {1,2,3}의 group of symmetries이다'라고 말할 수 있겠습니다.

여휴: 정확한 표현입니다.

4. 대칭과 디자인

갈루아 이론에서 핵심 개념은 대칭이다. 대칭은 문양을 분류하게 한다.

우리나라 사찰이나 궁궐 또는 도자기 등에는 여러 형태의 문양이 그려져 있다. 대부분의 문양에서 '대칭성'을 쉽게 발견할 수 있다.

가. 띠

아래 문양에서와 같이 특정한 한 단위(점선 안)의 문양이 좌우로 반복될 때 그 문양을 띠(frieze)라고 한다. 수학적 분석의 편의를 위해, 띠는 좌우로 무한히 반복된다고 가정한다.

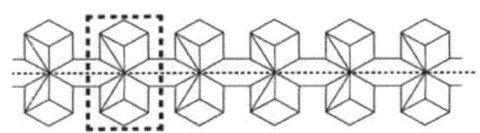

무한히 반복되는 최소 조각을 띠의 '기본조각(fundamental region)'이라고 한다. 위 그림의 띠에서 점선 안 부분이 기본조각이 되는 것이다.

띠를 수학적으로 이해하고자 할 때, 대칭을 주로 사용한다. 띠를 분석할 때 사용되는 대칭은 평행이동, 반사, 회전, 그리고 미끄럼반사(glide-reflection)이다.

나. 대칭의 행렬 표현

먼저 좌표평면 $\mathbb{R}^2$ 위에 다음과 같이 문양이 없는 띠 B가 놓여있다고 하자.

$$B = \left\{ (x, y) \in \mathbb{R}^2 \mid -\frac{1}{2} \leq y \leq \frac{1}{2} \right\}$$

정n각형의 대칭군인 정이면체군 D_n이나 원의 대칭군인 이차 직교군 $O(2)$과 마찬가지로, 띠 B를 그대로 보존시키는 모든 등거리변환들은 합성연산에 관해 군을 이룬다. 이를 $\mathrm{ISO}(B)$로 나타내자. 띠 B를 그대로 보존시키는 등거리변환은 다음 중 하나이다.

    A. $(a, 0)$에 의한 평행이동
    B. x축 위에 있는 점 $(a, 0)$에 대하여 $180°$만큼 회전
    C. x축 반사(상하 반사) 후 $(a, 0)$에 의한 평행이동
    D. $x = a$를 축으로 하는 반사(좌우 반사)

변환 C에서 $a = 0$이면 C는 x축 반사(상하 반사)이고 a가 0이 아니면 C는 미끄럼반사이다.

띠 분류에서는 '$(a, 0)$에 의한 평행이동'에서 a는 정수이고, 'x축 반사 후 $(a, 0)$에 의한 평행이동'인 미끄럼반사에서 a는 $\frac{1}{2}$ 또는 $-\frac{1}{2}$이다. 따라서 혼란을 피하기 위해서라면 미끄럼반사는 'x축 반사 후 $(a, 0)$에 의한 미끄럼'이다. 이런 의미에서 '평행이동반사'라는 용어를 사용하지 않고 '미끄럼반사'라는 용어를 사용하는 것이다. 결국 띠 분류에서 미끄럼반사는 x축 반사(상하 반사)와 평행이동의 합성이 아니며 평행이동, 반사, 회전과는 독립적인 대칭임을 주목하여야 한다.

삼차정사각행렬 $\begin{bmatrix} a & b & e \\ c & d & f \\ 0 & 0 & 1 \end{bmatrix}$은 $\mathbb{R}^2$ 위의 점 $\begin{bmatrix} x \\ y \end{bmatrix}$(편의상, 일반적으로 $\mathbb{R}^2$ 위의 점을 나타내는 방법인 순서쌍 (x, y) 대신 행렬 $\begin{bmatrix} x \\ y \end{bmatrix}$을 이용한다)를 $\begin{bmatrix} a & b \\ c & d \end{bmatrix}\begin{bmatrix} x \\ y \end{bmatrix} + \begin{bmatrix} e \\ f \end{bmatrix}$로 보내는 변환으로 생각할 수 있다.

앞에서 언급하였듯이, 등거리변환을 삼차정사각행렬로 나타내면 $\mathbb{R}^2$에서의 모든 등거리변환이 이루는 군 $\mathrm{ISO}(2, \mathbb{R})$는 다음과 같다.

$$\left\{ \begin{bmatrix} \cos\theta & -\sin\theta & e \\ \sin\theta & \cos\theta & f \\ 0 & 0 & 1 \end{bmatrix} \,\Big|\, \theta, e, f \in \mathbb{R} \right\} \cup \left\{ \begin{bmatrix} \cos\theta & \sin\theta & e \\ \sin\theta & -\cos\theta & f \\ 0 & 0 & 1 \end{bmatrix} \,\Big|\, \theta, e, f \in \mathbb{R} \right\}$$

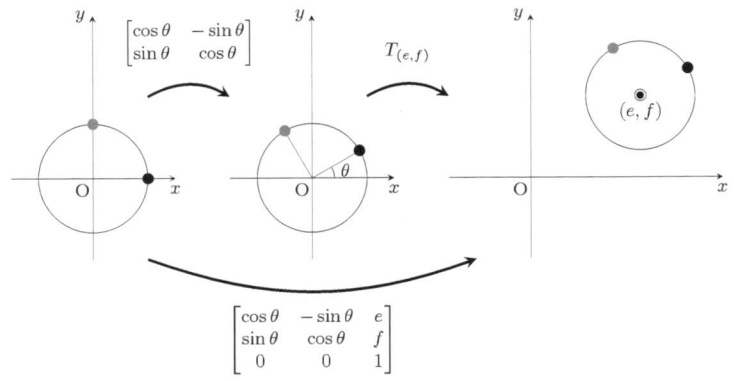

이제 앞으로의 계산을 위해 각 경우에 해당하는 변환을 행렬로 나타내자.

A. 간단하다. $(a, 0)$에 의한 평행이동은 점 $\begin{bmatrix} x \\ y \end{bmatrix}$를 $\begin{bmatrix} x \\ y \end{bmatrix} + \begin{bmatrix} a \\ 0 \end{bmatrix}$로 보내는 변환으로서 $\begin{bmatrix} 1 & 0 & a \\ 0 & 1 & 0 \\ 0 & 0 & 1 \end{bmatrix}$과 같이 나타낼 수 있다. 앞으로 이 행렬 또는 변환을 간단히 T_a로 나타내자.

B. $(a, 0)$을 중심으로 180° 만큼 회전시키는 변환은 점 $\begin{bmatrix} x \\ y \end{bmatrix}$를 $\begin{bmatrix} -x + 2a \\ -y \end{bmatrix} = \begin{bmatrix} -1 & 0 \\ 0 & -1 \end{bmatrix}\begin{bmatrix} x \\ y \end{bmatrix} + \begin{bmatrix} 2a \\ 0 \end{bmatrix}$로 보내는 변환으로서 $\begin{bmatrix} -1 & 0 & 2a \\ 0 & -1 & 0 \\ 0 & 0 & 1 \end{bmatrix}$로 나타낼 수 있다.

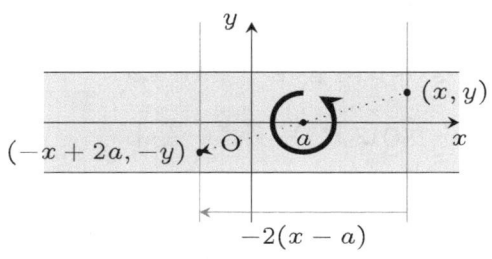

앞으로 이 행렬 또는 변환을 간단히 R_a로 나타내자.

변환을 행렬로 이해하는 것은 이들의 합성을 계산하는 데 있어서 매우 유용하다. 이러한 이유로 앞으로의 계산에서 행렬을 적극적으로 이용할 것이다. 따라서 계산을 함께 하고자 하는 독자는 먼저 각각의 변환이 행렬로 어떻게 표현되는지, 반대로 각각의 행렬이 어떠한 변환을 나타내는지 금방 알 수 있도록 적응해야 한다. 예를 들어 앞에서 보았던 꼴인 행렬

$$\begin{bmatrix} -1 & 0 & 3 \\ 0 & -1 & 0 \\ 0 & 0 & 1 \end{bmatrix}$$

은 점 $\left(\frac{3}{2}, 0\right)$을 중심으로 180° 만큼 회전시키는 변환, 즉 $R_{\frac{3}{2}}$을 나타낸다.

C. 점 $\begin{bmatrix} x \\ y \end{bmatrix}$는 x축 반사에 의해 $\begin{bmatrix} x \\ -y \end{bmatrix} = \begin{bmatrix} 1 & 0 \\ 0 & -1 \end{bmatrix}\begin{bmatrix} x \\ y \end{bmatrix}$로 이동하고 이는 다시 $(a, 0)$에 의한 평행이동에 의해 $\begin{bmatrix} 1 & 0 \\ 0 & -1 \end{bmatrix}\begin{bmatrix} x \\ y \end{bmatrix} + \begin{bmatrix} a \\ 0 \end{bmatrix}$로 이동한다. 따라서 '$x$축 반사 후 $(a, 0)$에 의한 평행이동'은

$$\begin{bmatrix} 1 & 0 & a \\ 0 & -1 & 0 \\ 0 & 0 & 1 \end{bmatrix}$$

로 나타낼 수 있다. 앞으로 x축 반사는 S_x로 나타내자. 그러면 x축 반사 후 $(a, 0)$에 의한 평행이동은 $T_a S_x$로 나타낼 수 있다.

D. 직선 $x = a$를 축으로 하는 반사는 점 $\begin{bmatrix} x \\ y \end{bmatrix}$를 $\begin{bmatrix} -x+2a \\ y \end{bmatrix}$, 즉

$$\begin{bmatrix} -1 & 0 \\ 0 & 1 \end{bmatrix} \begin{bmatrix} x \\ y \end{bmatrix} + \begin{bmatrix} 2a \\ 0 \end{bmatrix}$$

으로 이동시킨다. 따라서 주어진 변환은

$$\begin{bmatrix} -1 & 0 & 2a \\ 0 & 1 & 0 \\ 0 & 0 & 1 \end{bmatrix}$$

로 표현된다. 앞으로 이 행렬 또는 변환을 S_a로 나타내자. 예를 들어 S_x가 x축 반사인 반면, S_2는 $x = 2$를 축으로 하는 반사이다.

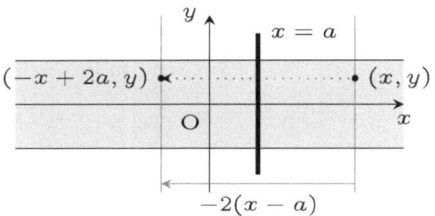

정말 B를 그대로 보존시키는 등거리변환은 이 외에 없는가?

모든 등거리변환은 다음과 같은 꼴로 나타낼 수 있다.

$$\begin{bmatrix} \cos\theta & -\sin\theta & e \\ \sin\theta & \cos\theta & f \\ 0 & 0 & 1 \end{bmatrix} \quad \text{혹은} \quad \begin{bmatrix} \cos\theta & \sin\theta & e \\ \sin\theta & -\cos\theta & f \\ 0 & 0 & 1 \end{bmatrix}$$

첫 번째 꼴로 표현되는 등거리변환을 먼저 살펴보자. 이는 '원점을 중심으로 반시계 방향으로 θ만큼 회전시킨 뒤 (e, f)에 의해 평행이동 시키는 변환'을 나타낸

다. 따라서 주어진 띠를 그대로 보존시키기 위해서는 θ의 값으로 0°와 180°만을 허용하며, f는 항상 0으로 제한해야 한다. $\theta = 0°$인 경우

$$\begin{bmatrix} 1 & 0 & e \\ 0 & 1 & 0 \\ 0 & 0 & 1 \end{bmatrix}$$

을 얻으며 이는 '$(e, 0)$에 의한 평행이동', 즉 T_e이다. 한편 $\theta = 180°$인 경우

$$\begin{bmatrix} -1 & 0 & e \\ 0 & -1 & 0 \\ 0 & 0 & 1 \end{bmatrix}$$

을 얻으며 이는 '$\left(\dfrac{e}{2}, 0\right)$을 중심으로 180°만큼 회전', $R_{\frac{e}{2}}$이다.

두 번째 꼴인

$$\begin{bmatrix} \cos\theta & \sin\theta & e \\ \sin\theta & -\cos\theta & f \\ 0 & 0 & 1 \end{bmatrix}$$

은 '원점을 지나고 양의 x축과 이루는 각이 $\dfrac{\theta}{2}$인 직선을 축으로 반사시킨 뒤 (e, f)에 의해 평행이동 시키는 변환'을 나타낸다. 앞에서와 마찬가지로 등거리변환이 주어진 띠를 그대로 보존시키기 위해서는 θ의 값으로 0°와 180°만을 허용하며, f는 항상 0으로 제한해야한다. $\theta = 0°$인 경우

$$\begin{bmatrix} 1 & 0 & e \\ 0 & -1 & 0 \\ 0 & 0 & 1 \end{bmatrix}$$

을 얻으며 이는 'x축 반사 후 $(e, 0)$에 의한 평행이동'으로서 $T_e S_x$로 나타낼 수 있다. 한편 $\theta = 180°$인 경우

$$\begin{bmatrix} -1 & 0 & e \\ 0 & 1 & 0 \\ 0 & 0 & 1 \end{bmatrix}$$

을 얻으며 이는 '$x = \frac{e}{2}$를 축으로 하는 반사'로서 $S_{\frac{e}{2}}$이다.

다. 띠군과 띠의 분류

이제 한 단위의 문양이 좌우로 반복되는 띠(frieze)를 대칭성에 의해 분류해보자. 주어진 띠에 대해서 그 띠를 그대로 보존시키는 모든 등거리변환들은 합성연산에 관해 군을 이루며 이를 그 띠의 띠군(frieze group)이라고 한다. y축의 단위길이를 적절히 설정하면 모든 띠군은 앞에서 보았던 ISO(B)의 부분군으로 볼 수 있다. 또한, 띠의 '기본조각(fundamental region)'은 좌우로 무한히 반복되는 '최소' 조각이므로, 이 조각의 너비를 x축의 단위길이로 설정하면 이 띠를 그대로 보존시키는 평행이동은

$$\begin{bmatrix} 1 & 0 & k \\ 0 & 1 & 0 \\ 0 & 0 & 1 \end{bmatrix} \quad (k \text{는 정수})$$

꼴 뿐이며 역으로 이들은 모두 띠를 그대로 보존시킨다. 따라서 띠를 대칭성에 의해 분류하는 것은 결국 다음을 만족시키는 ISO(B)의 부분군 G를 분류하는 것과 같다.

'a가 정수이면 그리고 이때에만 $\begin{bmatrix} 1 & 0 & a \\ 0 & 1 & 0 \\ 0 & 0 & 1 \end{bmatrix} \in G$이다.'

여광: 띠군은 모두 ISO(B)의 부분군으로서 필자가 말한 조건을 만족시키니 이러한 부분군은 띠군이 될 수 있는 후보들인 것이군요. 그런데 역으로 이 조건을 만족시키는 모든 부분군에 해당하는 띠가 있을까요?

여휴: 그렇습니다. 일단 이 조건을 만족시키는 모든 부분군을 분류하고 이에 해당하는 띠를 찾아봅시다.

여광: 좋습니다. 그 전에 질문이 또 하나 있습니다. 이제껏 다뤄왔던 대칭군 S_n이나 정이면체군 D_n은 유한군이어서 이들은 유한개의 부분군을 가졌습니다. 그런데 제 생각에는 ISO(B)는 S_n이나 D_n에 비해 굉장히 큰 군이라 부분군도 무수히 많이 가질 것 같은데 그러면 띠의 타입도 무수히 많은 건가요?

여휴: ISO(B)는 무수히 많은 부분군을 가지지만 띠의 타입은 정확히 7가지입니다. '좌표를 어떻게 설정'하는 지가 관건입니다. 간단한 예를 들어 봅시다.

이 띠의 대칭성을 다음과 같이 모두 나타낼 수 있습니다.

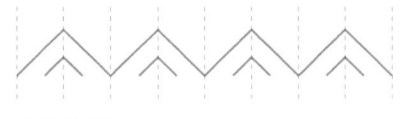

그러나 좌표를 어떻게 설정하느냐에 따라 얻어지는 ISO(B)의 부분군이 달라집니다.

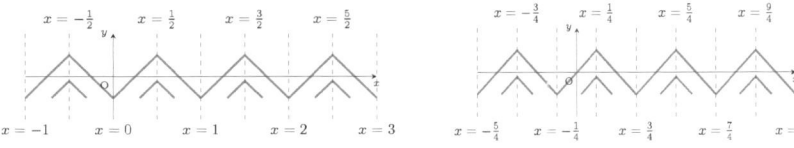

첫 번째 그림과 같이 좌표를 설정하면 부분군

$$\{T_k \mid k \in \mathbb{Z}\} \cup \left\{ S_{\frac{k}{2}} \;\middle|\; k \in \mathbb{Z} \right\}$$

을 얻고, 두 번째 그림과 같이 좌표를 설정하면 부분군

$$\{T_k \mid k \in \mathbb{Z}\} \cup \left\{ S_{\frac{1}{4}+\frac{k}{2}} \;\middle|\; k \in \mathbb{Z} \right\}$$

을 얻습니다. 그러나 같은 띠를 다른 두 개 이상의 타입으로 분류하는 것을 원하지 않으니, 띠가 주어졌을 때 좌표를 어떻게 설정해야하는 지를 함께 제시하면 위와 같은 문제는 해결됩니다.

본격적으로 띠를 분류하기 이전에 계산을 통해 띠군에 관한 몇 가지 사실에 대해 살펴보자. 이 이후에 나오는 군 G는 모두 $\mathrm{ISO}(B)$의 부분군으로서 다음을 만족시킨다고 하자.

'a가 정수이면 그리고 이 때에만 $\begin{bmatrix} 1 & 0 & a \\ 0 & 1 & 0 \\ 0 & 0 & 1 \end{bmatrix} \in G$이다.'

얼마나 미끄러질 수 있는가?

군 G에 미끄럼반사

$$\begin{bmatrix} 1 & 0 & a \\ 0 & -1 & 0 \\ 0 & 0 & 1 \end{bmatrix} \quad (a \neq 0)$$

이 속한다고 하자. 그러면 이 미끄럼반사를 두 번 적용하여 얻은 변환인

$$\begin{bmatrix} 1 & 0 & a \\ 0 & -1 & 0 \\ 0 & 0 & 1 \end{bmatrix} \begin{bmatrix} 1 & 0 & a \\ 0 & -1 & 0 \\ 0 & 0 & 1 \end{bmatrix} = \begin{bmatrix} 1 & 0 & 2a \\ 0 & 1 & 0 \\ 0 & 0 & 1 \end{bmatrix}$$

도 군 G에 속해야한다. 그런데 이는 '$(2a, 0)$에 의한 평행이동' T_{2a}이다. 군 G에는 $(k, 0)$ (k는 정수)에 의한 평행이동만이 존재하므로 a는 $\frac{k}{2}$(k는 0이 아닌 정수) 꼴이어야 한다. 따라서 군 G에 속할 수 있는 미끄럼반사는

$$T_{\frac{k}{2}}S_x = \begin{bmatrix} 1 & 0 & \frac{k}{2} \\ 0 & -1 & 0 \\ 0 & 0 & 1 \end{bmatrix} \quad (k\text{는 0이 아닌 정수})$$

꼴 뿐이다.

변환들은 무리를 지어 함께 따라 다닌다.

항상 '같이 다니는 변환들'의 무리가 있다. 즉, 무리에 속하는 하나의 변환이 군 G에 속하면 그 무리 전체가 G에 포함되는 무리가 있다.

임의의 정수 k에 대하여 T_k가 군 G에 속한다는 사실을 이용하면 '언제나' 함께 다니는 변환들의 무리를 계산할 수 있다.

- 군 G에 '$(a, 0)$을 중심으로 하는 $180°$ 회전' R_a가 속하면 임의의 정수 k에 대하여 $\left(a+\frac{k}{2}, 0\right)$을 중심으로 하는 $180°$ 회전' $R_{a+\frac{k}{2}}$가 군 G에 속한다. 이를 다음 계산으로부터 보일 수 있다.

$$\begin{bmatrix} 1 & 0 & k \\ 0 & 1 & 0 \\ 0 & 0 & 1 \end{bmatrix} \begin{bmatrix} -1 & 0 & 2a \\ 0 & -1 & 0 \\ 0 & 0 & 1 \end{bmatrix} = \begin{bmatrix} -1 & 0 & 2\left(a+\frac{k}{2}\right) \\ 0 & -1 & 0 \\ 0 & 0 & 1 \end{bmatrix}$$

즉, 임의의 $a \in \mathbb{R}$ 에 대하여

$$R_{a+\frac{k}{2}} = \begin{bmatrix} -1 & 0 & 2\left(a+\dfrac{k}{2}\right) \\ 0 & -1 & 0 \\ 0 & 0 & 1 \end{bmatrix} \quad (k\text{는 정수})$$

꼴의 변환들은 하나의 무리를 이뤄 띠군에 모두 포함되거나 모두 포함되지 않는다.

- 군 G에 '$x=a$를 축으로 하는 반사' S_a가 속하면 임의의 정수 k에 대하여 '$x=a+\dfrac{k}{2}$를 축으로 하는 반사' $S_{a+\frac{k}{2}}$가 군 G에 속한다. 앞에서와 비슷한 계산을 통해 확인할 수 있다.

$$\begin{bmatrix} 1 & 0 & k \\ 0 & 1 & 0 \\ 0 & 0 & 1 \end{bmatrix} \begin{bmatrix} -1 & 0 & 2a \\ 0 & 1 & 0 \\ 0 & 0 & 1 \end{bmatrix} = \begin{bmatrix} -1 & 0 & 2\left(a+\dfrac{k}{2}\right) \\ 0 & 1 & 0 \\ 0 & 0 & 1 \end{bmatrix}$$

- 앞에서 미끄럼반사는 $T_{\frac{m}{2}}S_x$ (m은 0이 아닌 정수) 꼴만이 군 G에 속하는 것을 확인하였다. 군 G에 x축 반사 S_x가 속하면 임의의 정수 k에 대하여 $T_k S_x$도 띠군에 속한다. 한편, 미끄럼반사 $T_{\frac{1}{2}}S_x$가 군 G에 속하면 임의의 정수 k에 대하여 $T_{k+\frac{1}{2}}S_x$가 군 G에 속한다. x축 반사와 미끄럼반사에 관해서 정확히 두 개의 무리만이 존재한다.

$$\{T_k S_x \mid k \in Z\}, \quad \left\{T_{\frac{1}{2}+k} S_x \mid k \in Z\right\}$$

여광: 필자가 말하는 무리는 군 ISO(B)의 부분군 $\{T_k \mid k \in Z\}$에 의한 우잉여류를 말하는 것 같군요.

여휴: 정확한 용어입니다. 군 G 역시 $\{T_k \mid k \in Z\}$를 포함하므로 어떤 변환 A가 G에 속하면 반드시 그 변환의 우잉여류인 $\{T_k A \mid k \in Z\}$ 전체가 G에 포함되게 됩니다. 항상 함께 하는 것입니다. 군 ∝(B)에는 무수히 많은 원소가 있지만, 함께 다니는 무리들로 원소들을 먼저 묶으면 우리가 찾으려고 하는 ∝(B)의 부분군을 모두 구하는 문제는 좀 더 간단해집니다.

서로 함께할 수 없는 무리들

서로 함께 군 G에 포함될 수 없는 무리들이 있다.

- 군 G에 '(a, 0)을 중심으로 하는 180° 회전' R_a와 '(b, 0)을 중심으로 하는 180° 회전' R_b가 모두 속하면 b는 반드시 $a + \frac{k}{2}$ (k는 정수) 꼴이어야 한다. 즉, R_b는 반드시 R_a의 무리에 속해야 한다. 실제로

$$R_a R_b = \begin{bmatrix} -1 & 0 & 2a \\ 0 & -1 & 0 \\ 0 & 0 & 1 \end{bmatrix} \begin{bmatrix} -1 & 0 & 2b \\ 0 & -1 & 0 \\ 0 & 0 & 1 \end{bmatrix} = \begin{bmatrix} 1 & 0 & 2(a-b) \\ 0 & 1 & 0 \\ 0 & 0 & 1 \end{bmatrix} = T_{2(a-b)}$$

로부터 $2(a-b)$는 정수이어야 하므로 $b = a + \frac{k}{2}$인 정수 k가 존재한다.

따라서 군 G에서 '한 점에 대한 180° 회전'이 속한 서로 다른 두 개의 무리는 함께할 수 없다.

- 군 G에 '$x=a$를 축으로 하는 반사' S_a와 '$x=b$를 축으로 하는 반사' S_b가 모두 속하면 b는 반드시 $a+\dfrac{k}{2}$ (k는 정수) 꼴이어야 한다. 이는 다음 계산으로부터 확인할 수 있다.

$$S_a S_b = \begin{bmatrix} -1 & 0 & 2a \\ 0 & 1 & 0 \\ 0 & 0 & 1 \end{bmatrix} \begin{bmatrix} -1 & 0 & 2b \\ 0 & 1 & 0 \\ 0 & 0 & 1 \end{bmatrix} = \begin{bmatrix} 1 & 0 & 2(a-b) \\ 0 & 1 & 0 \\ 0 & 0 & 1 \end{bmatrix} = T_{2(a-b)}$$

회전의 경우와 마찬가지로, 군 G에서 'y축에 평행한 직선을 축으로 하는 반사'(좌우 반사)가 속한 서로 다른 두 개의 무리는 함께할 수 없다.

- 군 G에 x축 반사와 미끄럼반사에 관한 두 무리

$$\{T_k S_x \mid k \in \mathbb{Z}\}, \quad \left\{ T_{\frac{1}{2}+k} S_x \,\middle|\, k \in \mathbb{Z} \right\}$$

는 동시에 포함될 수 없다. 만약 이 두 무리가 G에 속하면 각 무리의 대표인 $T_{\frac{1}{2}} S_x$와 S_x가 G에 속하는데, $T_{\frac{1}{2}} = T_{\frac{1}{2}} S_x S_x$는 G에 속하지 않으므로 이는 불가능하다.

- 군 G에 '$(a, 0)$에 대한 180° 회전' R_a와 '$x=b$를 축으로 하는 반사' S_b가 모두 속하면 b는 $a+\dfrac{k}{2}$ 꼴이거나 $a+\dfrac{1}{4}+\dfrac{k}{2}$ (k는 정수) 꼴이어야 한다. 이 사실은 다음 계산으로부터 확인할 수 있다.

$$R_a S_b = \begin{bmatrix} -1 & 0 & 2a \\ 0 & -1 & 0 \\ 0 & 0 & 1 \end{bmatrix} \begin{bmatrix} -1 & 0 & 2b \\ 0 & 1 & 0 \\ 0 & 0 & 1 \end{bmatrix} = \begin{bmatrix} 1 & 0 & 2(a-b) \\ 0 & -1 & 0 \\ 0 & 0 & 1 \end{bmatrix} = T_{2(a-b)} S_x$$

여기서 $2(a-b)$는 $\frac{k}{2}$(k는 정수) 꼴이어야 한다. $T_{2(a-b)}S_x$가 G에 속하기 때문이다. 특히, 군 G에 원점에 대한 $180°$ 회전 R_0가 속하면, $R_{\frac{k}{2}}$ 또는 $R_{\frac{1}{4}+\frac{k}{2}}$ (k는 정수) 이외에 다른 좌우반사는 속할 수 없다.

둘만이 있게 놔둘 수는 없지!

재미있는 성질을 가진 세 무리의 쌍이 있다. 이들 중 두 무리가 한 띠군에 포함되면 나머지 무리도 반드시 그 띠군에 포함된다.

- $(R_a,\ S_x,\ S_a)$: 세 관계식 $S_a = S_x R_a$, $S_x = S_a R_a$, $R_a = S_x S_a$로부터 셋 중 둘이 G에 속하면 나머지 하나도 반드시 G에 속한다.
  특히, '원점에 대한 $180°$ 회전' R_0, 'x축 반사' S_x, 'y축 반사' S_0 중 둘이 G에 속하면 나머지 하나도 반드시 G에 속한다.

- $\left(R_a,\ T_{\frac{1}{2}}S_x,\ S_{a+\frac{1}{4}}\right)$: 세 관계식

$$S_{a+\frac{1}{4}} = \left(T_{\frac{1}{2}}S_x\right)R_a, \quad T_{\frac{1}{2}}S_x = S_{a+\frac{1}{4}}R_a, \quad R_a = \left(T_{-\frac{1}{2}}S_x\right)S_{a+\frac{1}{4}}$$

로부터 셋 중 둘이 G에 속하면 나머지 하나도 반드시 G에 속한다.

특히, '원점에 대한 180° 회전' R_0, '미끄럼 반사' $T_{\frac{1}{2}}S_x$, '$x=\frac{1}{4}$를 축으로 하는 반사' $S_{\frac{1}{4}}$ 중 둘이 G에 속하면 나머지 하나도 반드시 G에 속한다.

띠를 대칭성에 의해 분류할 모든 준비를 마쳤다. 지금까지의 계산을 바탕으로 다음 질문들의 답이 정해지면 ISO(B)의 부분군 G가 결정됨을 알 수 있다.

- 180° 회전

  적당한 a에 대하여 R_a가 G에 속하는가?

- x축 반사와 미끄럼반사

  x축 반사 S_x 또는 미끄럼반사 T_aS_k가 있는가? 있다면 두 무리 중 어느 것이 있는가?

  $$\{T_kS_x \mid k \in \mathbb{Z}\}, \quad \left\{T_{\frac{1}{2}+k}S_x \mid k \in \mathbb{Z}\right\}$$

- $x=a$를 축으로 하는 반사

  적당한 a에 대하여 S_a가 G에 속하는가? 만약 $R_a \in G$인 경우 다음 두 무리 중 어느 것이 G에 속하는가?

  $$\left\{S_{a+\frac{k}{2}} \mid k \in \mathbb{Z}\right\}, \quad \left\{S_{a+\frac{1}{4}+\frac{k}{2}} \mid k \in \mathbb{Z}\right\}$$

먼저 첫 번째 질문인 180°만큼의 회전 유무에 다라 분류할 수 있다.

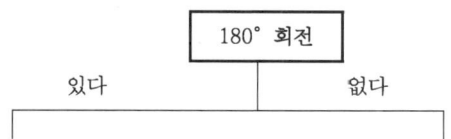

I: 180°회전이 있는 경우부터 살펴보자. 좌표(y축의 위치)를 적절히 설정하면 일반성을 잃지 않고 '원점을 중심으로 180°만큼 회전시키는 변환' R_0이 G에 포함된다고 할 수 있다. 또한 서로 다른 두 개의 180°회전에 관한 무리는 동시에 포함될 수 없으므로 $R_{\frac{k}{2}}$ (k는 정수) 이외의 180°회전은 G에 포함되지 않는다. 이제 x축 반사 S_x (상하 반사)의 존재 유무에 따라 분류하자.

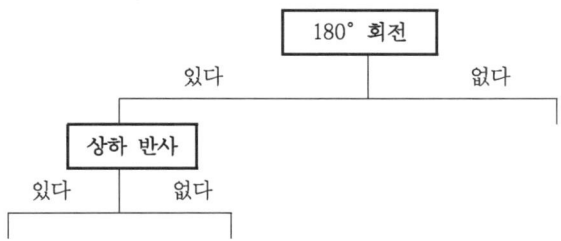

I-1: x축 반사 S_x가 있는 경우 나머지 질문의 답을 모두 할 수 있다. G에는 $\{T_k S_x \mid k \in \mathbb{Z}\}$가 포함되며, $\{T_{\frac{1}{2}+k} S_x \mid k \in \mathbb{Z}\}$는 포함되지 않는다. 이 둘이 동시에 G에 포함될 수 없기 때문이다. 또한 띠군 R_0과 S_x가 존재하므로 y축 대칭 S_0이 존재한다. 즉 $\{S_{\frac{k}{2}} \mid k \in \mathbb{Z}\}$가 G에 포함된다. 따라서 G는 다음과 같이 결정된다. 이를 'f2xy 타입'이라고 하자.

$$G = \{T_k \mid k \in \mathbb{Z}\} \cup \left\{R_{\frac{k}{2}} \mid k \in \mathbb{Z}\right\} \cup \{T_k S_x \mid k \in \mathbb{Z}\} \cup \left\{S_{\frac{k}{2}} \mid k \in \mathbb{Z}\right\}$$

여광: 드디어 첫 번째 타입의 띠를 얻었습니다! 한 가지 확인하고 싶은 것이 있습니다. 네 개의 무리들로 이루어진

$$G = \{T_k \mid k \in \mathbb{Z}\} \cup \left\{R_{\frac{k}{2}} \mid k \in \mathbb{Z}\right\} \cup \{T_k S_x \mid k \in \mathbb{Z}\} \cup \left\{S_{\frac{k}{2}} \mid k \in \mathbb{Z}\right\}$$

가 정말 합성연산에 관하여 군을 이룰까요?

여휴: 이 사실이 여광 선생께는 자명하지 않은가 봅니다. 여기서 직접 확인하는 것도 좋을 것 같습니다. '존재성'과 관련된 성질만 확인하면 되겠습니다.

여광: 먼저 이 집합이 합성연산에 닫혀있는지 확인해야 하는군요. 확인해야 할 경우가 많긴 하지만 변환을 행렬로 나타내어 계산하면 그렇게 어렵지 않습니다.

$$T_k T_\ell = T_{k+\ell},$$
$$T_k T_\ell S_x = T_{k+\ell} S_x,$$

$$T_k R_{\frac{\ell}{2}} = R_{\frac{k+\ell}{2}},$$
$$T_k T_\ell S_x = T_{k+\ell} S_x,$$

$$R_{\frac{k}{2}} T_\ell = R_{\frac{k-\ell}{2}},$$
$$R_{\frac{k}{2}} T_\ell S_x = S_{\frac{k-\ell}{2}},$$

$$R_{\frac{k}{2}} R_{\frac{\ell}{2}} = T_{k-\ell},$$
$$R_{\frac{k}{2}} S_{\frac{\ell}{2}} = T_{k-\ell} S_x,$$

$$T_k S_x T_\ell = T_{k+\ell} S_x,$$
$$T_k S_x T_\ell S_x = T_{k+\ell},$$

$$T_k S_x R_{\frac{\ell}{2}} = S_{\frac{k+\ell}{2}},$$
$$T_k S_x S_{\frac{\ell}{2}} = R_{\frac{k+\ell}{2}},$$

$$S_{\frac{k}{2}} T_\ell = S_{\frac{k-\ell}{2}},$$
$$S_{\frac{k}{2}} T_\ell S_x = R_{\frac{k-\ell}{2}},$$

$$S_{\frac{k}{2}} R_{\frac{\ell}{2}} = T_{k-\ell} S_x,$$
$$S_{\frac{k}{2}} S_{\frac{\ell}{2}} = T_{k-\ell}$$

여휴: 복잡해보여도 G가 합성연산에 대해 닫혀있음을 알 수 있습니다. 항등원 T_0이 G에 존재하니, 이제 역원이 존재하는지 확인해 봅시다. 역시 행렬의 계산을 이용하면 쉽습니다.

$$T_k^{-1} = T_{-k}, \qquad R_{\frac{k}{2}}^{-1} = R_{\frac{k}{2}},$$
$$(T_k S_x)^{-1} = T_{-k} S_x, \qquad S_{\frac{k}{2}}^{-1} = S_{\frac{k}{2}}$$

I-2: 원점에 대한 180° 회전 R_0은 있으나 x축 반사 S_x가 없는 경우 y축 반사 S_0은 있을 수 없다. R_0과 S_0이 G에 속하면 반드시 S_x 역시 G에 속해야 하기 때문이다. 다시 미끄럼반사 $T_{\frac{1}{2}} S_x$의 유무에 따라 분류하자.

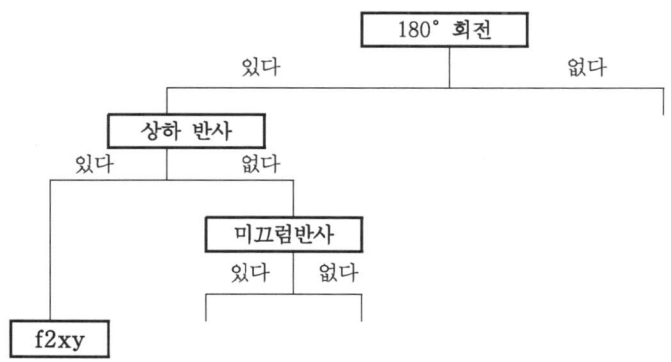

I-2-i: $T_{\frac{1}{2}} S_x$가 있는 경우 $R_0 \in G$이므로 $\left\{ S_{\frac{1}{4} + \frac{k}{2}} \mid k \in \mathbb{Z} \right\}$가 G에 포함되야 한다. 따라서 G는 다음과 같이 결정된다. 이를 'f2gy 타입'이라고 하자.

$$G = \{ T_k \mid k \in \mathbb{Z} \} \cup \left\{ R_{\frac{k}{2}} \mid k \in \mathbb{Z} \right\} \cup \left\{ T_{\frac{1}{2} + \frac{k}{2}} S_x \mid k \in \mathbb{Z} \right\} \cup \left\{ S_{\frac{1}{4} + \frac{k}{2}} \mid k \in \mathbb{Z} \right\}$$

I-2-ii: $T_{\frac{1}{2}}S_x$가 없는 경우 $x=\frac{1}{4}$을 축으로 하는 반사 $S_{\frac{1}{4}}$ 역시 있을 수 없다. R_0과 $S_{\frac{1}{4}}$이 G에 속하면 $T_{\frac{1}{2}}S_x$ 역시 G에 속해야하기 때문이다. 따라서 G는 다음과 같이 결정된다. 이를 'f2 타입'이라고 하자.

$$G=\{T_k \mid k \in \mathbb{Z}\} \cup \left\{R_{\frac{k}{2}} \mid k \in \mathbb{Z}\right\}$$

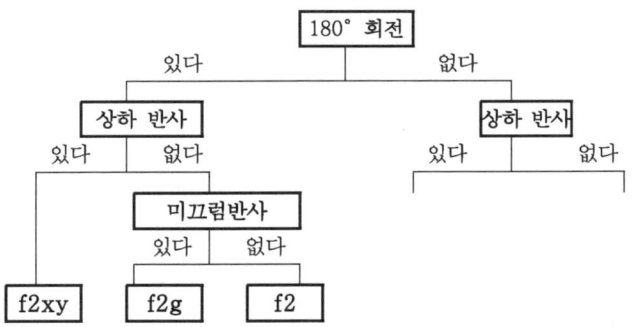

II: 180° 회전이 없는 경우를 살펴보자. 앞에서와 마찬가지로 먼저 x축 반사 S_x의 유무에 따라 분류하자.

II-1: x축 반사 S_x가 G에 속하는 경우 미끄럼반사 $T_{\frac{1}{2}}S_x$는 G에 속할 수 없다. 또한 임의의 a에 대하여 $x=a$를 축으로 하는 반사 S_a가 G에 속할 수 없다. S_x와 S_a가 모두 G에 속하면 R_a 역시 G에 속하기 때문이다. 따라서 G는 다음과 같이 결정된다. 이를 'f1x 타입'이라고 하자.

$$G = \{T_k \mid k \in \mathbb{Z}\} \cup \{T_k S_x \mid k \in \mathbb{Z}\}$$

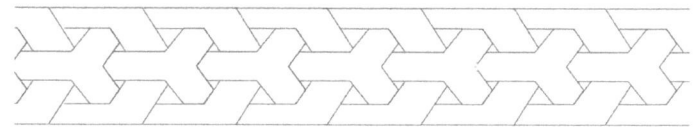

II-2: x축 반사 S_x가 없는 경우 '$x = a$를 축으로 하는 반사' (좌우반사)의 여부에 따라 분류하자.

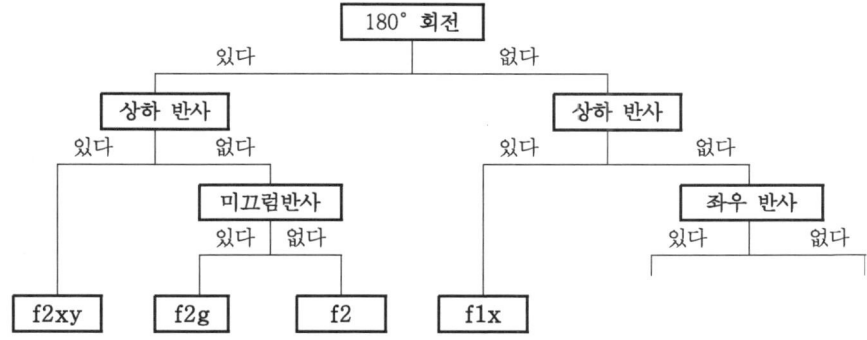

II-2-i: 좌우반사가 있는 경우 좌표(y축의 위치)를 적절히 설정하여 y축 반사 S_0이 G에 포함된다고 할 수 있다. 이 경우 미끄럼 반사 $T_{\frac{1}{2}} S_x$는 G에 속하지 않는다. 실제로 S_0과 $T_{\frac{1}{2}} S_x$가 동시에 G에 속하려면 점 $\left(\frac{1}{2}, 0\right)$에 대한 $180°$ 회전 $R_{\frac{1}{2}}$이 G에 속해야 하는데, 이 경우에 G에는 한 점에 대한 $180°$ 회전이 존재하지 않는다. 따라서 G는 다음과 같이 결정된다. 이를 'f1y 타입'이라고 하자.

$$G = \{T_k \mid k \in \mathbb{Z}\} \cup \left\{S_{\frac{k}{2}} \mid k \in \mathbb{Z}\right\}$$

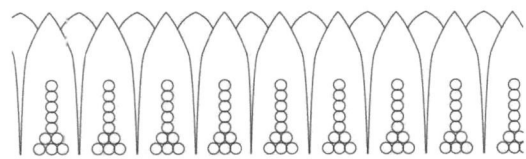

II-2-ii: 좌우반사가 없는 경우는 미끄럼반사 $T_{\frac{1}{2}}S_x$의 여부에 따라 $G=\{T_k \mid k\in Z\}\cup\{T_{\frac{1}{2}+k}S_x \mid k\in Z\}$이거나 $G=\{T_k \mid k\in Z\}$이다. 전자를 'f1g 타입'이라고 하고 후자를 'f1 타입'이라고 하자.

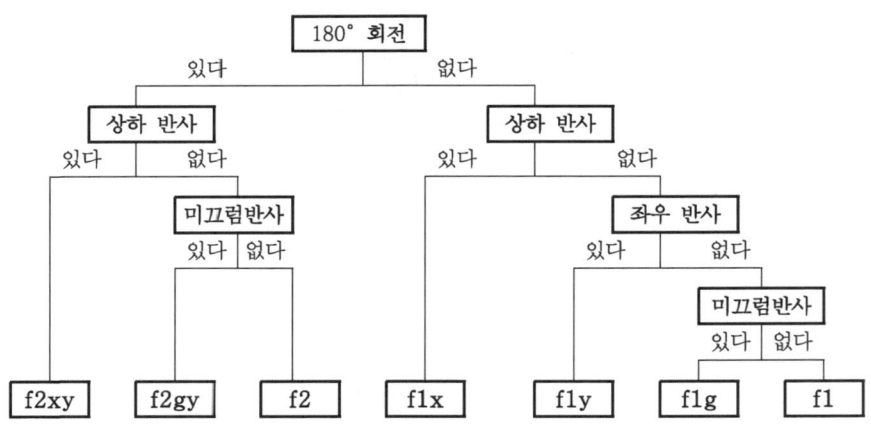

여광: 대칭성에 따라 띠를 정확히 7가지로 분류했습니다. 단순한 듯 하지만 그 안에 대칭성 때문인지 아름답게 느껴지네요. 사실 저도 학창 시절 손편지나 카드를 쓸 때 편지지에 그어져 있는 줄이 너무 단조로워서

이런 띠를 그렸던 기억이 납니다.

여휴: 예쁩니다. 여광 선생이 그렸던 띠가 어떤 타입인지 알아봅시다.

여광: 먼저 한 점에 대한 180°회전이 있으니 f2xy, f2gy, f2 중 하나입니다.

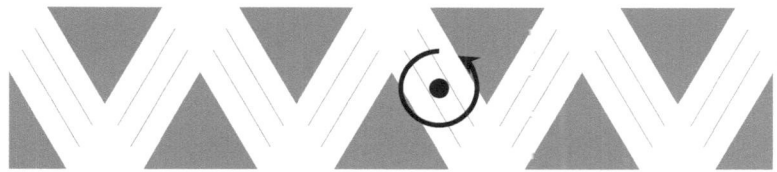

여휴: 상하반사는 없고 미끄럼반사가 있습니다. f2gy 타입이었군요. 기본조각은 다음과 같이 택하면 되겠네요.

라. 벽지

띠는 기본조각이 한쪽 방향으로 평행이동하여 만들어지는 문양이라면, 벽지(wallpaper)는 기본조각이 두 방향으로 평행이동하여 만들어지는 문양이다.

벽지의 대칭성을 조사하고 군론(group theory)을 이용하면 벽지 문양은 열일곱 개의 타입이 있다는 것을 설명할 수 있다.

벽지 타입은 4자리 숫자 또는 문자의 조합으로 '□□□□'와 같은 형태로 나타낸다.

- 왼쪽에서 첫 번째 자리는 'c' 또는 'p'로서 기본문양의 형태를 나타낸다. 기본조각이 마름모꼴인 경우에는 'c'를, 그 외의 경우에는 'p'를 사용한다. 'c'는

'centered'를, 'p'는 'primitive'를 뜻한다. 열일곱 가지 벽지 타입 중에서 'c'인 경우는 두 가지뿐이다.

- 두 번째 자리는 1, 2, 3, 4, 6 중 한 숫자로서 회전대칭의 최대주기를 나타낸다.

- 세 번째 자리는 'm', 'g' 또는 '1'중 하나이다. 'm'은 y-축과 평행인 반사축이 존재하는 경우이고, 'g'는 y-축과 평행인 반사축은 존재하지 않으나 y-축과 평행인 미끄럼반사축이 존재하는 경우이며, '1'은 y-축과 평행인 반사도 미끄럼반사도 존재하지 않는 경우이다.

- 네 번째 자리도 'm', 'g', 또는 '1'중 하나이다. 'm'은 x축의 양의 방향과 $α°$를 이루는 직선을 축으로 하는 반사가 존재하는 경우이고, 'g'는 x축의 양의 방향과 $α°$를 이루는 직선을 축으로 하는 반사는 존재하지 않으나 미끄럼반사가 존재하는 경우이고, '1'은 x-축과 $α°$를 이루는 직선을 축으로 하는 반사도 미끄럼반사도 존재하지 않는 경우이다. 여기서 $α°$는 다음과 같이 정해진다.

    $n = 1,\ 2$인 경우: $α = 180$

    $n = 3,\ 6$인 경우: $α = 60$

    $n = 4$인 경우: $α = 45$

벽지는 기본조각에 대칭성을 표시하여 나타내기도 한다. 아래는 보통 사용되는 기호이다.

◇	180° 회전축	═══	반사축
△	120° 회전축	┄┄┄	미끄럼반사축
□	90° 회전축	───	기본조각 테두리
⬡	60° 회전축		

여광: 신기합니다. 문양의 대칭성을 기본조각에 나타내면 그림 자체에 대칭성이 있어요. 다음에 보이는 기본조각들을 보세요.

여휴: 재미있는 관찰입니다. 앞에서 갈루아 이론의 기본 정리를 나타내는 그림에서도 비슷한 현상을 발견하였습니다.

여광: 저도 그게 생각이 났던 겁니다. 확대체와 갈루아군 사이의 관계를 그림으로 그릴 때 좌우 반사 또는 180°회전 대칭이 되도록 그릴 수 있었습니다.

여휴: 벽지 문양의 기본조각에 대칭성을 표시하면 대칭적인 모습이 된다는 것은 어찌 보면 당연합니다.

여광: 왜 그런가요?

여휴: 예를 들어 봅시다. p4mm 타입의 기본조각을 봅시다. 기본조각의 중심은 90°회전 대칭의 축입니다. 그 회전축을 지나는 x축 반사가 있으면 그 회전축을 지나는 y축 반사가 있게 됩니다. 90°회전 대칭 때문입니다.

열일곱 개 벽지 타입을 정리하면 다음과 같다.

회전	타입			
360°	p111	p1m1	p1g1	c1m1
180°	p211	p2mm	p2mg	
180°	p2gg	c2mm		
120°	p311	p3m1	p31m	
90°	p411	p4mm	p4gm	
60°	p611	p6mm		

여광: p2mm의 경우는 앞에서와 같은 식으로 설명되지 않는 것 같은데요.

여휴: 그런 식으로 설명됩니다. 기본조각의 중심은 180°회전대칭의 축입니다. 그 회전축을 지나는 x축 반사가 있으면 그 회전축을 지나는 y축 반사가 있게 됩니다. 180°회전대칭과 x축 반사대칭의 합성은 y축 반사대칭이 된다는 것은 간단한 행렬 계산으로 보일 수 있거든요. 사실, 기본조각에 표시된 그 많은 대칭을 일일이 확인할 필요가 없습니다. 간단한 행렬 계산과 군의 성질을 이용하면 어렵지 않게 확인할 수 있습니다. 대칭과 대칭 이론의 힘입니다.

6. 알람브라 궁전

알람브라 궁전에는 다양한 문양이 그려져 있다. 열일곱 개 타입 벽지 문양 모두를 볼 수 있는 흔치 않은 곳이다. 이슬람 문명은 종교적인 이유로 사람이나 동물 등 어느 것도 형상으로 그릴 수 없다. 이러한 종교 전통은 다양한 문양을 낳았다.

여광: 이슬람 전통에서는 그들의 신앙적 고백을 그림으로 표현하고자 할 때 문양으로 하였군요.

여휴: 그들이 문양을 그리는 것은 종교 의식이나 마찬가지였을 것 같아요. 지극한 정성과 경건함이 요구되었던 거죠. 다양하고 화려한 이슬람 문양은 그렇게 탄생하였습니다.

다음은 그곳에서 발견되는 열일곱 개 벽지 문양이다. 문양의 아래에 기본조각과 기본조각의 대칭성을 표시하였다.

p111

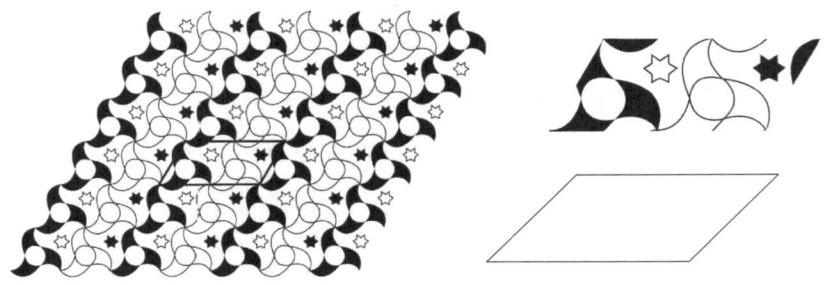

이 문양에서는 검정 색을 무시하면 기본 조각이 달라지고 그에 따라 벽지 타입도 달라진다.

여광: 검정색 등 모든 색을 완전히 무시한 p111 문양의 예가 알람브라 궁전에 없을까요?

여휴: 제가 직접 찾아보지 않아 뭐라고 말씀드리기는 어렵습니다마는 어디엔가는 있을 겁니다. 평행이동 외의 아무런 대칭이 없으므로 디자이너들이 즐겨 그리는 문양은 아닙니다. 설령 있다고 하더라도 눈에 잘 띄지 않을 수 있습니다.

c1m1

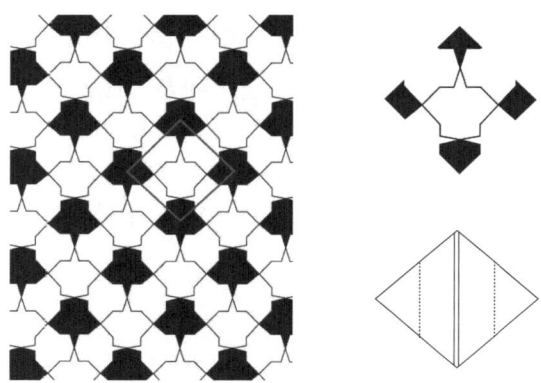

여광: 타입의 표기가 'c'로 시작하는 두 개 중 하나이군요.

여휴: 그렇습니다. 'c'로 시작하는 벽지 문양 타입은 이것하고 c2mm 두 개입니다. 두 타입 모두의 기본조각은 마름모꼴입니다.

p1m1

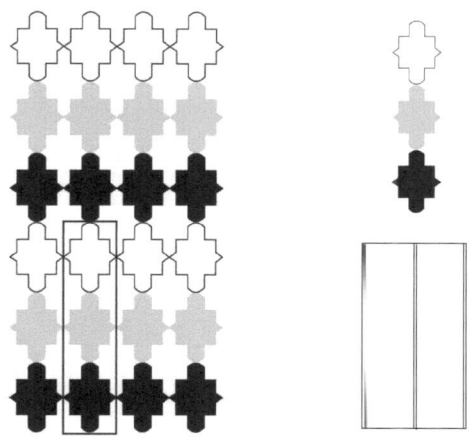

이 경우에도 검정색과 회색을 무시하면 기본 조각이 달라지고 그에 따라 벽지 타입이 달라진다.

p1g1

여광: 원래의 문양은 채색되어 있지요?

여휴: 그럼요. 사진첩에서 원래의 색으로 문양을 보면 아름답습니다. 색을 고려하여도 수학적으로 분류할 수 있습니다. 그러나 색을 예술가들의 몫으로 남기는 것도 괜찮아 보입니다.

여광: 알람브라 궁전을 직접 방문한 사람의 이야기에 의하면 지금은 색과 윤곽이 상당히 희미하다고 하더군요.

여휴: 이미 수백 년의 세월을 겪은 문화유산이잖아요.

p211

여광: 180° 회전 대칭이 존재하면 기본조각에 항상 아홉 개의 회전축이 존재합니다. 꼭짓점 네 개, 각 변의 중점 네 개, 그리도 기본조각의 한 가운데입니다.

여휴: 180° 회전축을 찾을 때 최대한 촘촘하게 그리고 가급적 많이 여러 개 잡습니다. 다른 대칭성을 확인한 후, 그 중 아홉 개가 기본조각을 이루게 합니다.

p2mm

여광: 이 타입의 문양이 가장 많은 것 같아요.

여휴: 좌·우 반사와 상·하 반사 대칭이 동시에 있으므로 자동적으로 180° 회전대칭이 있게 됩니다. 보기에도 괜찮고 그리기도 용이한 장점이 있습니다.

p2mg

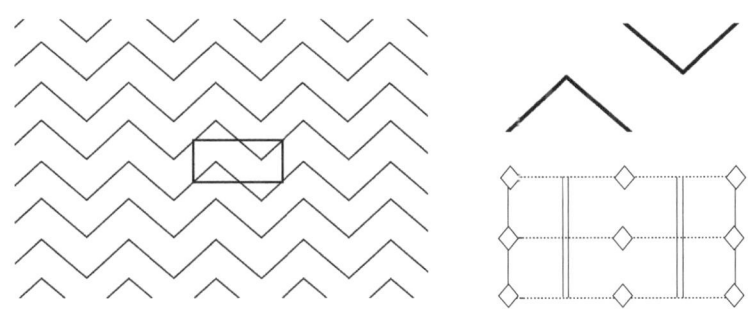

여광: 국립 중앙박물관에 소장되어 있는 빗살무늬토기에도 이 문양이 있습니다.

여휴: 단순해 보이는 문양이지만 대칭성이 꽤 많습니다. 이런 경우, 기본조각을 너무 크게 택하는 실수를 범하기 쉽습니다. 실수를 하지 않는 좋은 방법은 180°회전 대칭의 축을 정

확히 확인하는 것입니다. 대칭축 아홉 개가 가장 작은 넓이의 사각형을 이루게 하는 거죠.

p2gg

여광: 부여에 있는 무령왕릉 바닥이 이 문양으로 장식되어 있더군요.

여휴: 지금도 바닥 문양으로 많이 사용되는 것 같아요. 대나무를 엮어서 만드는 죽세공품에서도 가끔 이 문양이 발견됩니다.

c2mm

여광: 문양 자체도 예쁘지만 여기에 색을 잘 칠하면 더욱 아름다울 것 같습니다.

여휴: 동일한 타입의 문양이라도 색을 어떻게 입히느냐에 따라 문양이 주는 분위기나 이미지가

아주 달라집니다.

p311

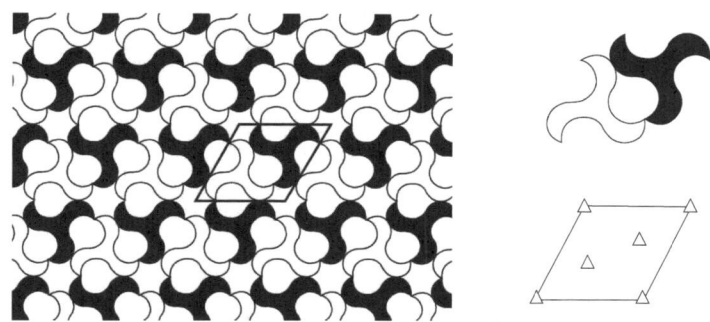

이 경우에 검정색을 무시하면 벽지 타입이 달라진다.

여광: 검정색을 무시하면 어떻게 달라질까요?

여휴: 일단 반사 대칭이 생깁니다. 왼쪽 위 꼭짓점에서 오른쪽 아래 꼭짓점을 있는 직선이 반사축이 되겠죠?

여광: 기본조각도 바뀌나요?

여휴: 기본조각의 모양이나 크기는 변하지 않습니다.

p3m1

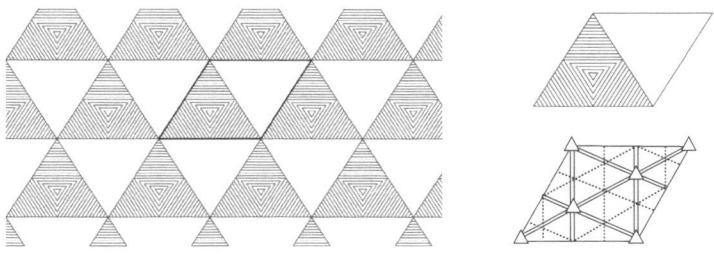

여광: 색을 지워서 그런지 꽤 인위적인 느낌이 드는군요.

여휴: 무슨 뜻이죠?

여광: p3m1 타입을 의식하고 그린 것 같은 느낌입니다.

여휴: 그럴 리는 만무합니다. 당시 사람들은 '벽지' 또는 '벽지 타입의 분류'라는 개념이 없었다고 봐야 하거든요. 색을 나타나지 않고 선(line)으로만 그리다보니 그런 느낌이 드는 것 같습니다.

p31m

여광: 저는 개인적으로 이 타입의 문양을 좋아합니다.

여휴: 그럴만합니다. 아래가 전라북도에 소재한 내소사에서 볼 수 있는 같은 타입의 문양입니다. 채색을 하니 더 아름답죠?

p3m1 타입도 몇몇 사찰에서 가끔 볼 수 있는 예쁜 문양입니다. 벽지 문양 각각의 타입에 해당하는 문양을 찾다가 p3m1 타입이나 p31m 타입을 만나면 반가웠던 기억이 납니다.

p411

여광: 서울 창덕궁에도 다양한 문양이 있습니다. 왕과 왕비의 거실이나 침실을 아름답게 꾸미고 싶었겠죠.

여휴: 다음이 창덕궁에서 볼 수 있는 같은 타입의 문양입니다.

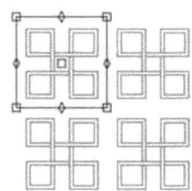

p4mm

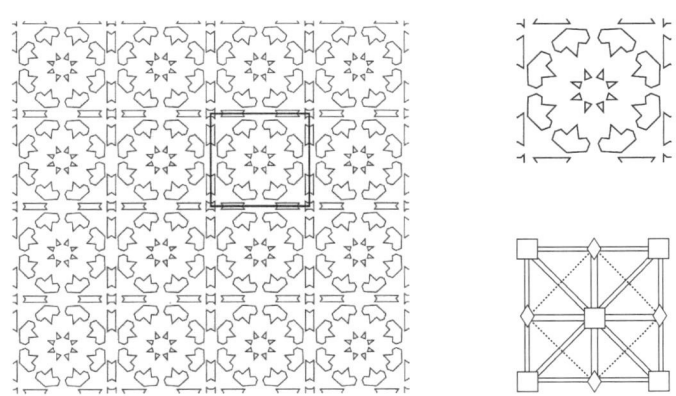

아래 향로(국보 95호)의 윗부분에 있는 문양이 같은 타입이다.

p4gm

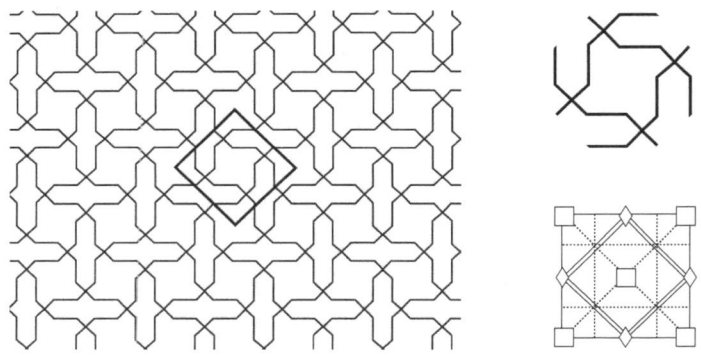

아래 그림 벽면에 있는 창살 문양이 같은 타입이다. 창덕궁에서 볼 수 있다.

p611

아래의 대나무 세공품(죽부인) 문양이 같은 타입이다.

p6mm

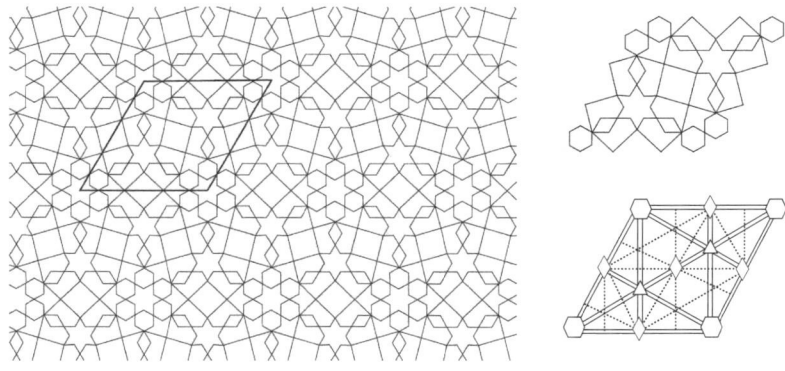

아래는 불국사에서 볼 수 있는 꽃창살 문양으로서 같은 타입이다.

7. 에셔

네덜란드의 화가 에셔(M. C. Escher, 1898-1972)는 알람브라 궁전을 몇 차례 방문한 적이 있다. 에셔가 그린 다양한 벽지 문양은 알람브라 궁전 문양의 영향이라고 할 수 있을 것이다.

에셔에 의한 벽지 문양과 기본조각 그리고 기본조각의 대칭성을 제시한다. 적당한 에셔 문양을 찾지 못하는 경우, 신현용·유익승·문태선·신기철·신실라(2015)에 소개된 '에셔 꼴(Escher-like)' 문양으로 대신 설명한다. '에셔 꼴' 그림은 에셔의 그림을 흉내 낸 것이다.

p111

p1m1

여광: 그림이 어딘지 어색하네요.

여휴: 에셔 작품을 찾지 못해 필자가 직접 그린 '에셔 꼴' 그림입니다. 에셔는 이보다 더 멋지게 그릴 수 있었을까요? 좌·우 반사 대칭만으로는 매우 평범하잖아요?

c1m1

여광: 널리 알려진 그림이군요.

여휴: 좌·우 반사 대칭만으로는 평범할 텐데 미끄럼반사가 있으니 단조로움을 피할 수 있습니다. 반사 왼쪽에 미끄럼반사가 있으니 오른쪽에도 있는 것은 당연합니다. 좌·우 반사 때문이죠.

여광: 갈루아 이론의 내용을 그림으로 나타내면 그림 자체에 대칭성이 나타나듯이 벽지 문양의 대칭성을 그림으로 나타내면 그 그림에 다시 대칭이 나타납니다.

여휴: 대칭에 관한 이론을 그림으로 나타내면 그 그림도 대칭적입니다.

p1g1

여광: 역시 널리 알려진 그림입니다. 에셔 그림에 등장하는 사람이나 동물 등은 가끔 기이한 모습인 경우가 많아요. 이 그림에서 말을 탄 사람의 턱 밑에 긴 수염 같은 게 있습니다.

여휴: 말의 발을 미끄럼반사가 있도록 그리기 위해서입니다. 다른 그림에 등장하는 새나 물고기들도 그러한 조건을 만족시키려다보니 그들의 모습이 다소 기이하게 됩니다. 그 기이한 모습이 보는 사람의 상상을 더 자극할 수도 있을 겁니다.

p211

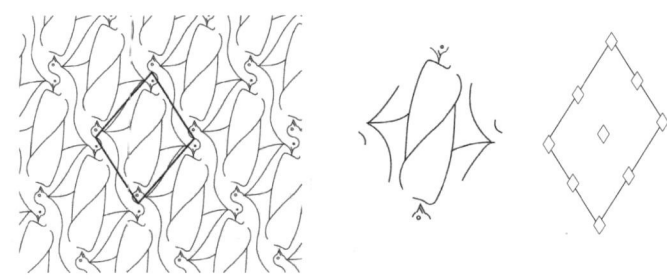

여광: 새 한 마리로 평면을 꽉 채운 기법이 인상적입니다. 테셀레이션(tessellation)이라고 하는

거죠.

여휴: 같은 모양의 조각들이 겹치지 않고 빈틈없이 평면을 채우는 겁니다. 조각 하나로 평면을 예쁘게 채우는 것은 쉽지 않습니다.

p2mm

여광: 여러 모양의 조각이 사용되었습니다.

여휴: 좌·우 반사와 상·하 반사 모두를 구현하기 위해서는 한 가지 형태의 그림만 가지고는 어려울 겁니다. 180°회전도 생겨야 하거든요. 이 문양에는 네 개의 동물 모양이 사용되었습니다.

p2mg

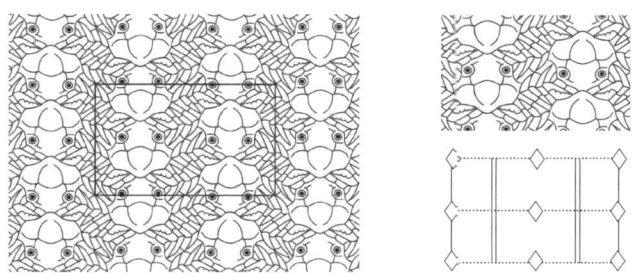

여광: 한 가지 모양으로 평면을 채웠군요.

여휴: 그러게 말입니다.

여광: 180°회전만이 아니라 반사와 미끄럼반사도 구현했습니다.

여휴: 기본조각 중앙에 있는 180°회전축의 왼쪽에 있는 좌·우 반사는 그 회전축을 통과하는 미끄럼반사에 의해 오른쪽에 있는 좌·우 반사를 유발합니다.

p2gg

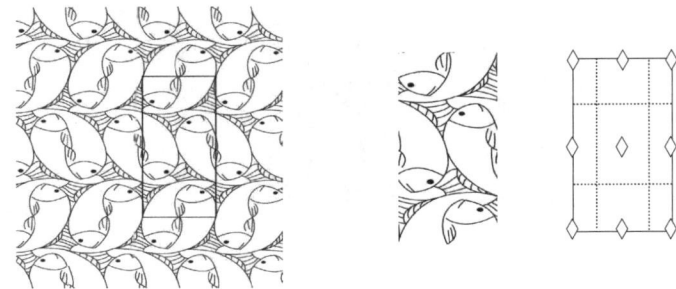

여광: 물고기 한 마리로 평면을 채웠군요.

여휴: 에서의 그림을 자세히 보면 작도의 흔적이 분명히 드러납니다. 본인 스스로는 수학적으로 한다는 것을 의식하지 않았지만 매우 수학적으로 그렸다는 겁니다. 시행착오도 많았을 것이 분명합니다.

c2mm

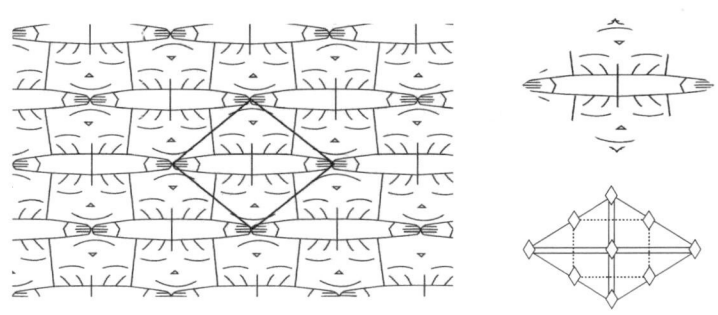

여광: 이 그림도 왠지 어색합니다.

여휴: 이것도 에셔 꼴 그림입니다.

p311

여광: 역시 잘 알려진 그림입니다.

여휴: 벽지 문양을 타입에 따라 찾을 때 p311 타입 문양 찾기가 다른 타입에 비해 쉽지 않습니다. 한국의 전통 문양에서도 p311 타입의 문양은 쉽게 찾아지지 않습니다. 문양을 그리는 사람들은 좌·우 반사나 상·하 반사를 선호하는데 p311 타입의 기본조각에는 120° 회전 외의 어떠한 대칭도 없기 때문이라고 생각합니다.

다음 그림 왼쪽은 부산에 소재하고 있는 해동용궁사의 대웅전 꽃 창살 문양으로서 흔치 않은 p311 타입이다. 우측은 기본조각이다.

다음도 한국의 연(鳶, kite)에 그려진 문양으로서 p311 타입이다.

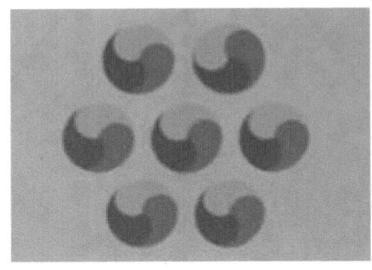

p3m1

아래는 충청남도 수덕사에서 볼 수 있는 p3m1 타입의 문양이다.

p31m

p31m타입의 문양은 p311 타입 문양의 특별한 경우임이 분명하다.

p411

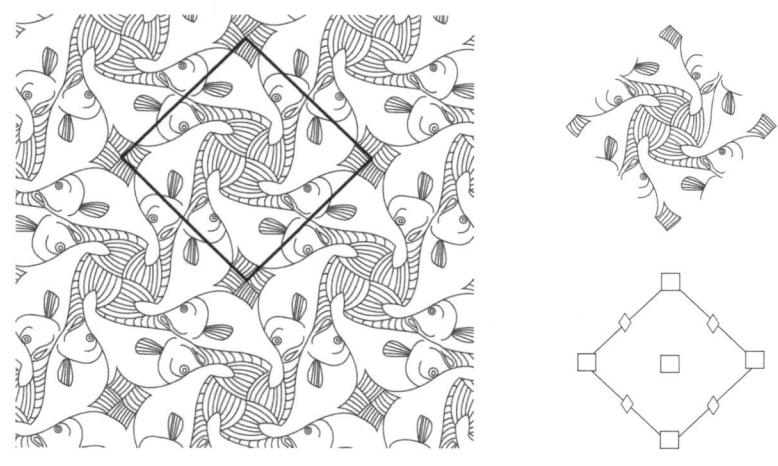

p411의 대칭성은 p211 타입의 대칭성 의 특별한 경우임을 알 수 있다.

p4mm

여광: 이 그림도 에셔 작품 같지 않은데요.

여휴: 이것 역시 에셔 꼴 문양입니다. 에셔가 이 타입의 문양을 그리고자 하였다면 이러한 구도에서 시작하지 않았을까요?

여광: p4mm 타입은 p2mm 타입과 어떠한 관계에 있나요?

여휴: p2mm 타입의 대칭성을 나타내는 다음 그림을 봅시다.

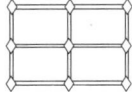

p4mm 타입은 p2mm 타입의 대칭성을 모두 가지고 있음을 알 수 있죠?

p4gm

p2gg 타입의 대칭성은 다음 그림으로 나타난다.

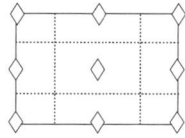

p4gm의 대칭성은 이의 특별한 경우임을 알 수 있다.

p611

p611 타입 문양은 p111, p211, p311 타입의 대칭성 모두를 가지고 있음이 분명하다.

p6mm

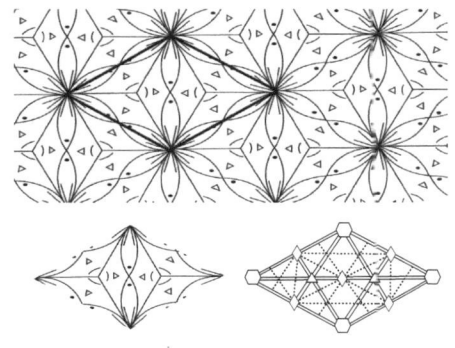

여광: 이 그림도 어색합니다.

여휴: 마찬가지로 에서 꼴 문양입니다. 여기서 하나 주목할 게 있습니다. p6mm 타입은 p3m1과 p31m의 대칭성을 모두 가집니다. p3m1과 p31m 각각의 대칭성을 나타내는 아래 두 그림의 대칭성을 모두 가지면 p6mm의 대칭성이 된다는 것을 그림으로 확인할 수 있습니다.

8. 대칭과 음악

음악에서 군론의 역할은 주목할 만하다. 예를 들어, 성부진행 과정을 분석함에 있어서 군론은 유용하게 활용될 수 있다.

가. 3화음의 수학적 표현

한 옥타브의 음정 차이를 무시하면 열두 개 음 각각을 군 $\mathbb{Z}_{12}$의 원소로 다음과 같이 표현할 수 있다.

C	C♯/D♭	D	D♯/E♭	E	F	F♯/G♭	G	G♯/A♭	A	A♯/B♭	B
0	1	2	3	4	5	6	7	8	9	10	11

여기서 기호 '#'은 올림표라고 하는데 음 X#은 X보다 반음 높은 음을 나타낸다. 따라서 X를 나타내는 Z_{12}의 원소가 x일 때 X#을 나타내는 Z_{12}의 원소는 $x+1$이 된다. 또한 기호 '♭'은 내림표로서 X♭는 X보다 반음 낮은 음을 나타낸다. 마찬가지로 X를 나타내는 Z_{12}의 원소가 x일 때 X♭을 나타내는 Z_{12}의 원소는 $x-1$이 된다.

- 음 X와 Y사이가 '장3도'라는 것은 Y가 X에서 반음씩 네 번 올린 음이라고 이해할 수 있다. 즉, 두 음 X, Y를 나타내는 Z_{12}의 원소가 각각 x, y라고하면 $y = x+4$이다.
- 음 X와 Y사이가 '완전5도'라는 것은 Y가 X에서 반음씩 일곱 번 올린 음이라고 이해할 수 있다. 즉, 두 음 X, Y를 나타내는 Z_{12}의 원소가 각각 x, y라고하면 $y = x+7$이다.

장3화음(major triad)은 근음과 3음 사이가 장3도, 근음과 5음 사이가 완전5도로 구성된다. 음 X를 근음으로 가지는 장3화음을 'X장3화음'이라고 하며 간단히 'XM'으로 나타낸다. 예를 들어 C장3화음 CM은 근음 C, 3음 E, 그리고 5음 G로 이루어진 화음이다. 앞에서와 같이 각각의 음을 Z_{12}의 원소로 나타내면 장3화음은 세 개의 Z_{12}의 원소로 이루어진 순서쌍 (x, y, z)로 나타낼 수 있다. 여기서 첫 번째 성분은 근음, 두 번째 성분은 3음, 세 번째 성분은 5음을 나타낸다. 따라서 $\mathfrak{M}$을 장3화음 전체의 집합이라고 하면 다음과 같이 나타낼 수 있다.

$$\mathfrak{M} = \{(x, y, z) \in \mathbb{Z}_{12} \times \mathbb{Z}_{12} \times \mathbb{Z}_{12} | y = x+4, z = x+7\}$$

다음 표는 모든 장3화음에 대하여 각각의 근음, 3음, 5음과 대응되는 $\mathfrak{M}$의 원소를 정리한 것이다.

장3화음	기호	근음	3음	5음	$\mathfrak{M}$의 원소
C장3화음	CM	C	E	G	(0, 4, 7)
$C^\#$장3화음	$C^\#M$	$C^\#$	$E^\#_{(F)}$	$G^\#$	(1, 5, 8)
D장3화음	DM	D	$F^\#$	A	(2, 6, 9)
$E^\flat$장3화음	$E^\flat M$	$E^\flat$	G	$B^\flat$	(3, 7, 10)
E장3화음	EM	E	$G^\#$	B	(4, 8, 11)
F장3화음	FM	F	A	C	(5, 9, 0)
$F^\#$장3화음	$F^\#M$	$F^\#$	$A^\#$	$C^\#$	(6, 10, 1)
G장3화음	GM	G	B	D	(7, 11, 2)
$G^\#$장3화음	$G^\#M$	$G^\#$	$B^\#_{(C)}$	$D^\#$	(8, 0, 3)
A장3화음	AM	A	$C^\#$	E	(9, 1, 4)
$B^\flat$장3화음	$B^\flat M$	$B^\flat$	D	F	(10, 2, 5)
B장3화음	BM	B	$D^\#$	$F^\#$	(11, 3, 6)

여기서 꼭 짚고 넘어갈 것이 있다. 각 음을 $\mathbb{Z}_{12}$의 원소로 간주함으로써 음악 이론에 수학적으로 접근할 수 있지만 음악 이론에서 사용하는 용어의 미묘한 차이까지 섬세하게 표현할 수는 없다. 예를 들어보자. 음악 이론에서 $C^\#$장3화음은 근음 $C^\#$, 3음 $E^\#$, 5음 $G^\#$으로 이루어진다. E와 F는 반음차이이므로 E에서 반음 올라간 $E^\#$과 F는 모두 $\mathbb{Z}_{12}$의 원소 5에 대응된다. 또한 $G^\#$과 $A^\flat$은 모두 $\mathbb{Z}_{12}$의 원소 8에 대응된다. 그러나 음악이론에서 $C^\#$장3화음을 근음 $C^\#$, 3음 F, 5음 $G^\#$(또는 근음 $C^\#$, 3음 $E^\#$, 5음 $A^\flat$)으로 이루어진다고는 하지 않는다. 이는 '도수'라는 음악용어와 관련이 있는데 도수를 계산할 때는 12개의 음이 아니

라 7개의 '음이름' C, D, E, F, G, A, B를 기준으로 하기 때문이다. 예를 들어 C를 기준(근음)으로 할 때, C와 C, C와 D, C와 E의 도수는 각각 1, 2, 3이다. C를 기준으로 하면 C, D, E는 각각 첫 번째, 두 번째, 세 번째 음이름이기 때문이다. 여기에서 '♯(올림표)'이나 '♭(내림표)'은 도수에 영향을 주지 않는다. 따라서 C♯을 기준으로 C♯과 E♯은 3도이며 C♯과 F는 4도이다. 이 때 완벽한 음정의 차이(몇 개의 반음이 차이 나는지)를 설명하기 위해서 음정의 성질을 나타내는 용어인 '장', '단', '감', '증', '완전' 등을 도수와 함께 표기한다. 예를 들어 C♯을 기준으로 C♯과 E♯은 장3도이며 C♯과 F는 감4도이다. 장3화음에서 근음과 3음은 장3도이어야 하므로 'C♯장3화음은 근음 C♯, 3음 E♯, 5음 G♯으로 이루어진다'고 하는 것이 옳은 표현이다. 물론 앞으로 이 책에서는 각 음을 Z_{12}의 원소로 간주하여 'E♯이 적절한가, 아니면 F가 적절한가?' 같은 고민을 할 필요 없다. 하지만 음을 Z_{12}의 원소로 이해하는 것으로는 '음정' 등과 같은 섬세한 음악 용어를 완벽하게 설명하지 못한다는 한계가 있음을 유념할 필요가 있다.

단3화음(minor triad)은 3음과 5음사이가 장3도, 근음과 5음사이가 완전5도로 구성된다. 편의를 위해 단3화음을 세 개의 Z_{12}의 원소로 이루어진 순서쌍 (x,y,z)로 나타낼 때는 x, y, z가 각각 5음, 3음, 근음에 대응되도록 하자. 장3화음을 나타낼 때와는 순서가 다름을 주의하자. 예를 들어, C, E♭, G로 구성되는 C단3화음은 $(0,3,7)$대신 $(7,3,0)$으로 나타낸다. $\mathfrak{m}$을 단3화음 전체의 집합이라고 하면 다음과 같다.

$$\mathfrak{m} = \{(x,y,z) \in Z_{12} \times Z_{12} \times Z_{12} \mid y = x-4,\ z = x-7\}$$

다음 표는 모든 단3화음에 대하여 각각의 근음, 3음, 5음과 대응되는 m의 원소를 정리한 것이다.

단3화음	기호	근음	3음	5음	$\mathfrak{m}$의 원소
C단3화음	Cm	C	$E^\flat$	G	(7, 3, 0)
$C^\sharp$단3화음	$C^\sharp$m	$C^\sharp$	E	$G^\sharp$	(8, 4, 1)
D단3화음	Dm	D	F	A	(9, 5, 2)
$E^\flat$단3화음	$E^\flat$m	$E^\flat$	$G^\flat$	$B^\flat$	(10, 6, 3)
E단3화음	Em	E	G	B	(11, 7, 4)
F단3화음	Fm	F	$A^\flat$	C	(0, 8, 5)
$F^\sharp$단3화음	$F^\sharp$m	$F^\sharp$	A	$C^\sharp$	(1, 9, 6)
G단3화음	Gm	G	$B^\flat$	D	(2, 10, 7)
$G^\sharp$단3화음	$G^\sharp$m	$G^\sharp$	B	$D^\sharp$	(3, 11, 8)
A단3화음	Am	A	C	E	(4, 0, 9)
$B^\flat$단3화음	$B^\flat$m	$B^\flat$	$D^\flat$	F	(5, 1, 10)
B단3화음	Bm	B	D	$F^\sharp$	(6, 2, 11)

이제, 12개의 장3화음과 12개의 단3화음 전체의 집합을 $\mathfrak{Mm} = \mathfrak{M} \cup \mathfrak{m}$으로 나타내자. 집합 $\mathfrak{Mm}$은 24개의 원소로 이루어지므로 아래 그림과 같이 정이십사각형의 각 꼭짓점에 정확히 하나의 $\mathfrak{Mm}$의 원소를 대응시킬 수 있다.

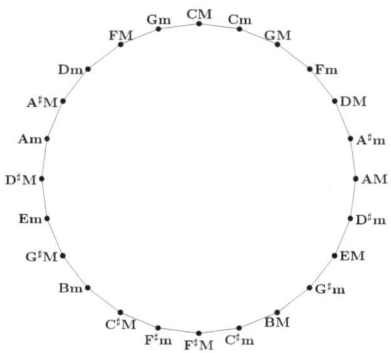

442 대칭 : 갈루아 이론

앞의 그림 외에도 24개의 각 꼭짓점에 $\mathfrak{M}\mathfrak{m}$의 원소를 대응시키는 방법은 많이 있다. 그러나 차차 왜 이러한 방식으로 대응시켰는지 알게 될 것이다. 음악 이론에 숨어있는 대칭성을 잘 나타내기 위해 필자가 미리 퍼즐을 풀 듯 계산하여 정한 것이다.

나. 3화음의 변환

음은 어떤 악기나 목소리를 통해 어느 정도 진동을 하는가에 따라 음의 높낮이 (pitch), 셈여림(intensity), 장단(duration), 음색(timbre) 등의 특성을 지닌다. 이러한 특성을 가진 음들이 리듬(rhythm), 멜로디(melody), 화성(harmony)이라는 3요소를 통해 음악으로 탄생된다.

음악을 만드는 과정에서 3화음의 변환은 중요한 역할을 한다. 여기서 3화음의 변환으로 병행변환, 관계변환, 이끈음교환을 살핀다.

병행변환

변환 $p : \mathfrak{M}\mathfrak{m} \to \mathfrak{M}\mathfrak{m}$를 다음과 같이 정의한다.

$$p(x,y,z) = \begin{cases} (z, y-1, x), & (x,y,z) \in \mathfrak{M} \\ (z, y+1, x), & (x,y,z) \in \mathfrak{m} \end{cases}$$

장3화음은 p에 의해 3음이 반음 내려간 단3화음으로 대응되며, 단3화음은 p에 의해 3음이 반음 올라간 장3화음으로 대응된다. 이 때 변환 p를 병행변환(parallel operation)이라고 한다.

여광: 이번에는 음악이군요! 악보에서는 잘 보이지 않지만 Z_{12}의 원소를 다음과 같이 원 위에 나타내고 3화음을 세 꼭짓점을 연결한 삼각형으로 생각하면 병행변환에 숨어있는 '대칭성'을 볼 수 있습니다. 병행변환에 의해 얻은 새로운 삼각형과 원래의 삼각형은 대칭을 이룹니다. 이 때 축은 가장 긴 변의 수직이등분선입니다.

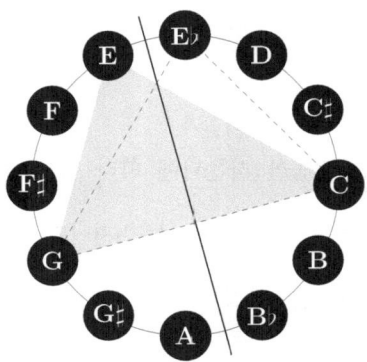

여휴: 정말 그렇군요! 멋진 설명입니다.

병행변환에 의해 근음은 변하지 않으므로 X장3화음은 X단3화음으로, X단3화음은 X장3화음이 된다.

병행변환을 아래 정이십사각형에서 CM와 Cm의 중점과 F♯M와 F♯m의 중점을 연결한 직선을 축으로 하는 반사로 이해할 수도 있다.

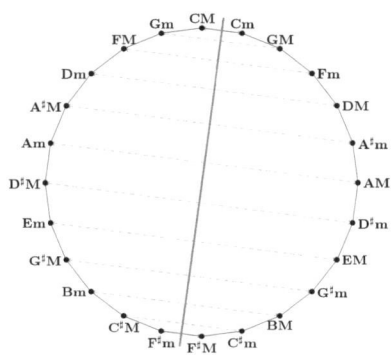

관계변환

변환 $r : \mathfrak{M}\mathrm{m} \to \mathfrak{M}\mathrm{m}$를 다음과 같이 정의한다.

$$r(x,y,z) = \begin{cases} (y, x, z+2), & (x,y,z) \in \mathfrak{M} \\ (y, x, z-2), & (x,y,z) \in \mathfrak{m} \end{cases}$$

변환 r는 장3화음의 경우 5음을 온음 올려 이를 근음으로 하는 단3화음으로 변환시키고, 단3화음의 경우 근음을 온음 내려 이를 5음으로 하는 장3화음으로 변환시킨다. 이 때 변환 r를 관계변환(relative operation)이라고 한다.

예를 들어, $r(0,4,7) = (4,0,9)$, $r(7,3,0) = (3,7,10)$이므로 관계변환에 의하여 C장3화음은 A단3화음으로, C단3화음은 D$^\sharp$장3화음이 된다.

여광: 관계변환에서도 대칭성을 확인할 수 있습니다. 원래의 삼각형을 중간 길이의 변의 수직이등분을 축으로 반사시키면 관계변환에 의해 얻은 삼각형이 됩니다.

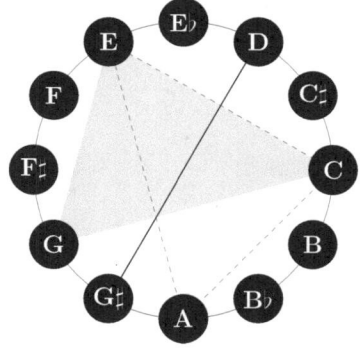

여휴: 정말 그렇군요. 이제 가장 짧은 변의 수직이등분선을 축으로 하는 반사만 남았군요.

다음을 알 수 있다.

관계변환은 X장3화음을 (X−3)단3화음으로 변환시키고 X단3화음을 (X+3)장3화음으로 변환시킨다. 물론 (C−3)단3화음과 같은 용어는 쓰이지 않지만 12개의 음과 Z_{12}의 원소를 동일시하여 이해하길 바란다.

'(C−3)단3화음' = '9 단3화음' = 'A단3화음'

또한 관계변환은 아래 정이십사각형에서 FM와 Dm의 중점과 BM와 G♯m의 중점을 연결한 직선을 축으로 하는 반사로 이해할 수도 있다.

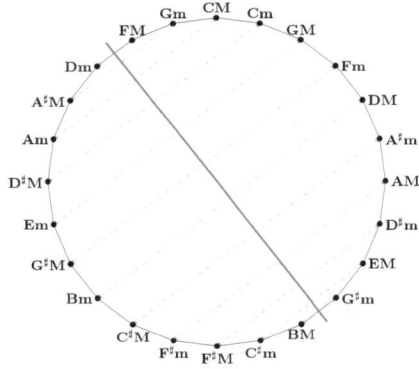

- **이끈음교환**

변환 $\ell : \mathfrak{M}m \to \mathfrak{M}m$을 다음과 같이 정의한다.

$$\ell(x,y,z) = \begin{cases} (x-1, z, y), & (x,y,z) \in \mathfrak{M} \\ (x+1, z, y), & (x,y,z) \in \mathfrak{m} \end{cases}$$

변환 ℓ은 장3화음의 경우 근음을 반음 내려 이를 5음으로 하는 단3화음으로 변환시키고, 단3화음의 경우 5음을 반음 올려 이를 근음으로 하는 장3화음으로 변환시킨다. 이 때 변환 ℓ을 이끈음교환(leading-tone exchange)이라고 한다.

예를 들어, $\ell(0, 4, 7) = (11, 7, 4)$이고 $\ell(7, 3, 0) = (8, 0, 3)$이므로 이끈음교환에 의하여 C장3화음은 E단3화음으로, C단3화음은 G♯장3화음이 된다.

여광: 역시! 예상대로입니다. 이끈음교환은 가장 짧은 변의 수직이등분선을 축으로 하는 반사입니다.

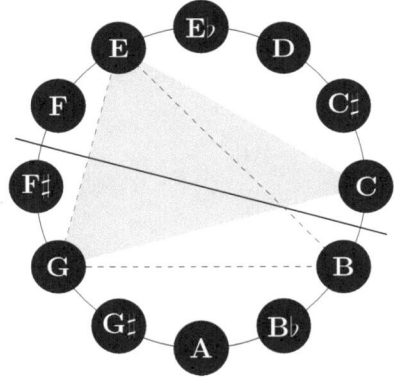

여휴: 이런 관점에서 세 변환인 병행변환, 관계변환, 이끈음교환은 자연스러운 것이라고 할 수 있겠습니다.

다음을 알 수 있다.

이끈음교환은 X장3화음을 (X+4)단3화음으로 변환시키고 X단3화음을 (X−4)장3화음으로 변환시킨다.

또한 관계변환은 아래 정이십사각형에서 A♯M와 Dm의 중점과 EM와 G♯m의 중점을 연결한 직선을 축으로 하는 반사로 이해할 수도 있다.

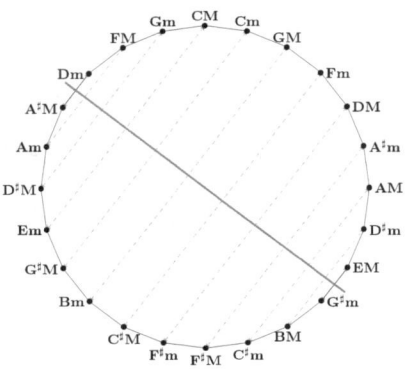

다. 정이면체군과 화성 사이클

이제 앞에서 보았던 정이십사각형을 통해 병행변환, 관계변환, 이끈음교환에 숨겨져 있는 대칭성을 확인해 보자.

병행변환과 이끈음교환이 함께하여 정삼각형을 그대로 보존시키다!

두 개의 변환 p와 ℓ은 정이십사각형을 그대로 보존시키는 두 반사로서 이들의 반사축이 이루는 각은 60°이다. 따라서 두 변환의 합성 ℓp는 정이십사각형의 중심에 대한 120° 회전임을 알 수 있다. 특히, $(\ell p)^3$은 항등변환 1이다.

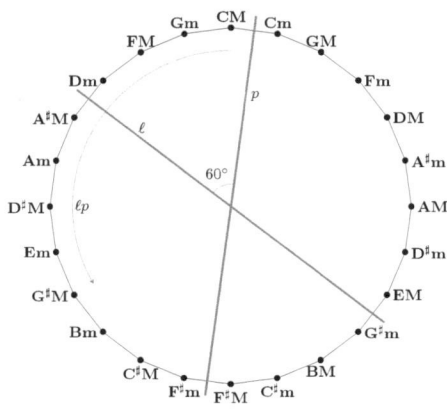

448 대칭 : 갈루아 이론

p와 ℓ이 반사라는 사실에 유념하면 p^2, ℓ^2이 항등변환임을 알 수 있다. 즉 $p^{-1} = p$, $\ell^{-1} = \ell$이다. 따라서 $\ell p^3 \ell^2 p$, $p\ell p^3 \ell^2 p \ell$ 등과 같이 p와 ℓ을 여러 번 합성하여 얻어지는 변환들은 합성연산에 관해 군을 이룬다. ℓp를 σ로, p를 τ로 나타내면 p와 ℓ을 여러 번 합성하여 얻어지는 변환들은 다음과 같이 6개 뿐임을 알 수 있다.

$$\begin{aligned}
&p = \tau, & &\ell p = \sigma, \\
&p\ell p = \tau\sigma, & &(\ell p)^2 = \sigma^2, \\
&p(\ell p)^2 = \tau\sigma^2, & &1 = (\ell p)^3 = c^3
\end{aligned}$$

여광: p^2과 ℓ^2이 항등변환이니 새로운 변환을 만들어내기 위해서는 p와 ℓ을 번갈아가면서 합성하는 수밖에 없습니다. 그러나 이러한 과정도 $(\ell p)^3$이 항등변환이기 때문에 계속해서 새로운 변환을 만들어내지는 못하군요.

여휴: 그렇습니다. 필자가 말한 대로 정확히 6개의 변환 p, ℓp, $p\ell p$, $(\ell p)^2$, $p(\ell p)^2$, $(\ell p)^3$만을 얻을 수 있습니다.

여광: 그런데 이 6개의 변환에는 ℓ이 보이지 않습니다. 분명히 ℓ도 있어야 하는 것이 아닌가요? $p\ell$, $\ell p\ell$, $(p\ell)^2$ 등도 보이지 않습니다.

여휴: 좋은 지적입니다. 관계식 '$(\ell p)^3 = 1$'에 주목합시다. 이를 $\ell p(\ell p)^2 = 1$로 쓸 수 있고 양변의 왼쪽에 ℓ의 역원인 $\ell^{-1} = \ell$을 곱하면 $p(\ell p)^2 = \ell$을 얻을 수 있습니다.

여광: 아하! ℓ도 결국 이 6개의 변환 중 하나였군요. 관계식 '$\ell = p(\ell p)^2$'을 이용하면 $p\ell$, $\ell p\ell$, $(p\ell)^2$ 등은 각각 $(\ell p)^2$, $p\ell p$, $p\ell$ 등으로 나타낼 수 있습니다. 이제 왜 6개의 변환밖에 얻을 수 없는지 납득이 갑니다.

여휴: 좋습니다.

이 원소들의 모습과 연산이 이제는 낯설지 않을 것이다. 실제로 p, ℓ을 여러

번 합성하여 얻어지는 모든 변환들이 이루는 군

$$\{1, p, \ell p, p\ell p, (\ell p)^2, p(\ell p)^2\} = \{1, \sigma, \sigma^2, \tau, \tau\sigma, \tau\sigma^2\}$$

은 정삼각형을 그대로 보존시키는 정이면체군 D_3이다.

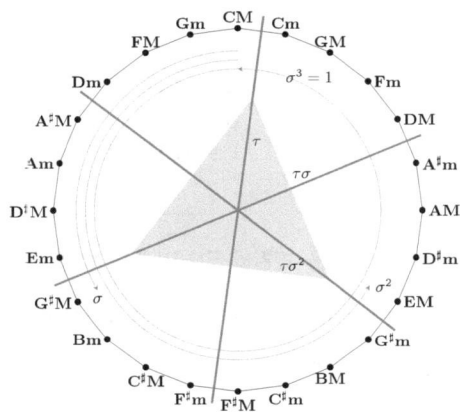

C장3화음 $(0, 4, 7)$에 이 변환들을 적용시키면 다음의 3화음들을 얻을 수 있다.

$$\{ \text{CM}, \text{Cm}, \text{G}^\sharp\text{M}, \text{G}^\sharp\text{m}, \text{EM}, \text{Em} \}$$

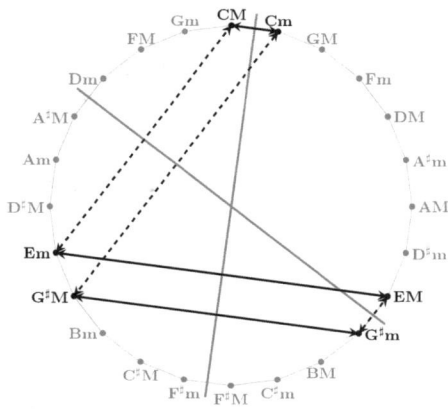

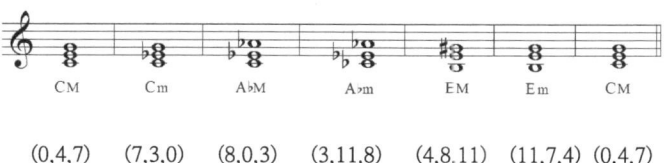

이 집합을 C장3화음의 헥사토닉 사이클(hexatonic cycle)이라고 한다. 여기서 'hexa-'는 '6'을 뜻한다. 장3화음과 단3화음 전체의 집합 $\mathfrak{M}\mathfrak{m}$은 정확히 네 개의 헥사토닉 사이클로 분할된다.

$$\mathcal{O}_1 = \{\ CM,\ Cm,\ G^\#M,\ G^\#m,\ EM,\ Em\ \},$$
$$\mathcal{O}_2 = \{\ C^\#M,\ C^\#m,\ AM,\ Am,\ FM,\ Fm\ \},$$
$$\mathcal{O}_3 = \{\ DM,\ Dm,\ A^\#M,\ A^\#m,\ F^\#M,\ F^\#m\ \},$$
$$\mathcal{O}_4 = \{\ D^\#M,\ D^\#m,\ BM,\ Bm,\ GM,\ Gm\ \}$$

이 네 개의 집합을 헥사토닉 시스템(hexatonic system)이라고 한다.

헥사토닉 시스템은 부드러운 성부 진행을 제공한다. 다음은 브람스(J. Brahms, 1833-1897)의 〈바이올린과 첼로를 위한 콘체르토〉의 일부이다.

오른쪽 QR-코드를 인식하면 헥사토닉 시스템에 따르는
브람스 음악의 위 부분을 들을 수 있다.

병행변환과 관계변환이 함께하여 정사각형을 그대로 보존시키다!

같은 논의를 병행변환과 관계변환에 관하여 할 수 있다. 두 개의 변환 p와 r는 정이십사각형을 그대로 보존시키는 두 반사로서 이들의 반사축이 이루는 각은 $45°$이다. 따라서 두 변환의 합성 rp는 정이십사각형의 중심에 대한 $90°$ 회전임을 알 수 있다.

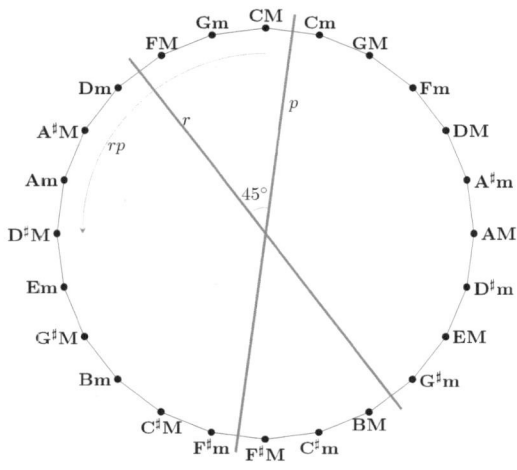

앞에서와 마찬가지로 변환 rp를 σ로, p를 τ로 나타내면 p와 r를 여러 번 합성하여 얻을 수 있는 변환들은 다음과 같이 정확히 8개뿐이다.

$$\begin{aligned} &r = \tau, & &\ell r = \sigma, \\ &r\ell r = \tau\sigma, & &(\ell r)^2 = \sigma^2, \\ &r(\ell r)^2 = \tau\sigma^2, & &(\ell r)^3 = \sigma^3, \\ &r(\ell r)^3 = \tau\sigma^3, & &1 = (\ell r)^4 = \sigma^4 \end{aligned}$$

역시 익숙한 이들이 이루는 군 $\{1, \sigma, \sigma^2, \sigma^3, \tau, \tau\sigma, \tau\sigma^2, \tau\sigma^3\}$은 정사각형을 그대로 보존시키는 정이면체군 D_4이다.

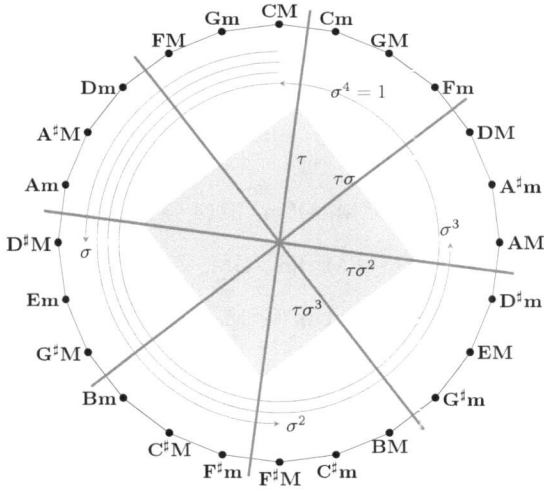

C장3화음 $(0, 4, 7)$에 이 변환들을 적용시키면 다음의 3화음들을 얻을 수 있다.

$$\{ \text{CM, Cm, D}^\sharp\text{M, D}^\sharp\text{m, F}^\sharp\text{M, F}^\sharp\text{m, AM, Am} \}$$

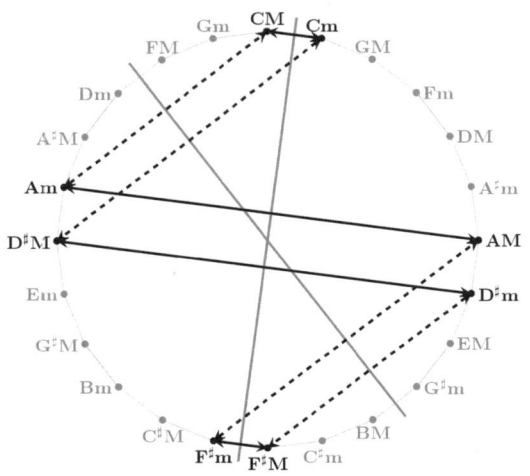

이 집합을 C장3화음의 옥타토닉 사이클(octatonic cycle)이라고 한다. 여기서 'octa-'는 '8'을 뜻한다. 장3화음과 단3화음 전체의 집합 $\mathfrak{M}$m은 정확히 세 개의 옥타토닉 사이클로 분할된다.

$$O_1 = \{ \text{CM, Cm, D}^\#\text{M, D}^\#\text{m, F}^\#\text{M, F}^\#\text{m, AM, Am} \},$$
$$O_2 = \{ \text{C}^\#\text{M, C}^\#\text{m, EM, Em, GM, Gm, A}^\#\text{M, A}^\#\text{m} \},$$
$$O_3 = \{ \text{DM, Dm, FM, Fm, G}^\#\text{M, G}^\#\text{m, BM, Bm} \}$$

이 세 개의 집합을 옥타토닉 시스템(octatonic system)이라고 한다. 옥타토닉 시스템도 부드러운 성부진행을 제공한다.

관계변환과 이끈음교환이 있는 곳엔 병행변환이 함께하고 이들은 정십이각형을 그대로 보존시킨다!

두 개의 변환 r와 ℓ은 정이십사각형을 그대로 보존시키는 두 반사로서 이들의 반사축이 이루는 각은 15°이다. 따라서 두 변환의 합성 $r\ell$은 정이십사각형의 중심에 대한 30° 회전임을 알 수 있다.

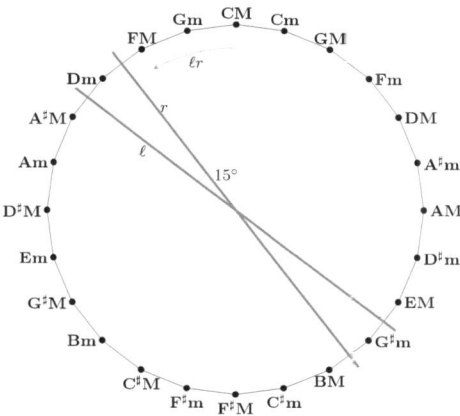

앞에서와 마찬가지로 변환 ℓr를 σ로, r를 τ로 나타내면 r와 ℓ을 여러 번 합성하여 얻을 수 있는 변환들은 정확히 24개뿐이고 이들은 정십이각형을 그대로 보존시키는 정이면체군 D_{12}를 이룸을 알 수 있다.

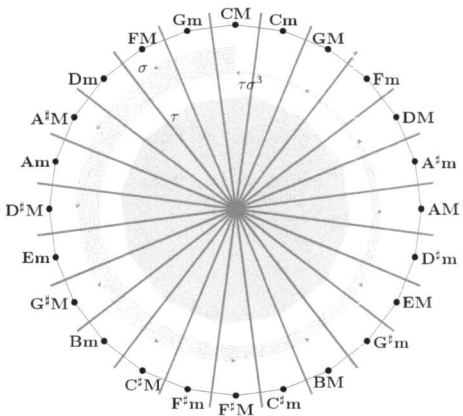

위 그림을 통해 알 수 있는 재미있는 사실은 이 군에 변환 p가 속한다는 것이다. 실제로 변환 p의 반사축과 $\tau\sigma^3 = r(\ell r)^3$의 반사축이 정확히 일치한다.

또한 $\mathfrak{M}\mathfrak{m}$ 역시 24개의 원소를 가지는 집합이라는 점을 유념하면 하나의 3화음에 r와 ℓ을 반복해서 적용시키면 모든 3화음을 얻을 수 있다는 것이다.

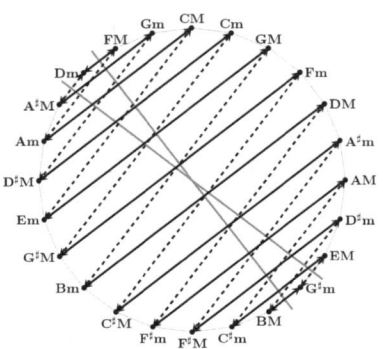

이를 해밀토니안 시스템(Hamiltonian system) 또는 해밀토니안 사이클(Hamiltonian cycle)이라고 한다. 이 용어는 그래프 이론(Graph Theory)에서 기인한다. 그래프 이론에 해밀턴 회로(Hamiltonian circuit)는 모든 꼭짓점을 정확히 한 번씩 통과하여 다시 시작점으로 돌아오는 경로(path)를 말한다.

해밀토니안 시스템도 부드러운 성부진행을 제공한다. 예를 들어

$$CM \to Am \to FM \to Dm \to B^{\flat}M$$
$$\to Gm \to E^{\flat}M \to Cm \to A^{\flat}M \to Fm$$
$$\to D^{\flat}M \to B^{\flat}m \to G^{\flat}M \to E^{\flat}m \to C^{\flat}M$$
$$\to A^{\flat}m \to EM \to C^{\#}m \to AM$$

는 베토벤(L. van Beethoven, 1770-1827)의 9번 교향곡 2악장 143마디에서 171마디 사이에 나타난다.

여광: 브람스나 베토벤 등 음악가가 작곡할 때 수학을 염두에 두지는 않았겠죠?

여휴: 그렇게 생각합니다. 알람브라 궁전의 그 다양한 문양을 새긴 그들도 수학을 진지하게 고려했다고 보기는 어렵지 않을까요?

여광: 음악이나 디자인 모두 최고의 가치로 '아름다움'을 추구하기 때문에 의도적으로 계획되지 않은 경우에도 둘은 수학과 자연스럽게 통하는 것 같아요.

여휴: 수학이 추구하는 최고 가치도 '아름다움'이라고 할 수 있습니다. 아름다운 음악이나 미술 작품에 수학이 스며있는 것은 이상하지 않다고 생각합니다. 우리나라의 대표적인 전통 악기 중 하나인 거문고는 좋은 예가 될 것입니다. 관련 기록을 보면 거문고 제작에 있어서 수학적인 접근은 발견되지 않습니다. 그러나 거문고 발음(發音)에 중요한 역할을 하는 괘의 위치나 배치에는 주목할 만한 수학적 원리를 발견할 수 있습니다.

여광: 예술가 중에는 그의 창작 활동에 수학을 적극적으로 적용하는 사람도 있겠죠?

여휴: 그럼요. 레오나르도 다빈치와 바흐는 그런 예술가라고 할 수 있을 겁니다. 요즈음 예술가들 중에는 그런 사람이 더욱 많은 것 같아요.

다음 악보는 베토벤의 9번 교향곡 2악장 중 위에서 언급한 진행이 이루어지는 부분이다.

X. 갈루아 이후

지금까지 내용을 다음과 같이 정리할 수 있다.

세 변환 $p,\ \ell,\ r : \mathfrak{M}m \to \mathfrak{M}m$에 대하여 다음이 성립한다.
- $p^2 = r^2 = \ell^2 = 1$
- $(\ell r)^{12} = 1$이며, $n = 1, 2, \cdots, 11$에 대하여 $(\ell r)^n \neq 1$이다.
- $p = r(\ell r)^3$
- $\ell = r(\ell r)^{11}$
- $\langle p, \ell \rangle \simeq D_3$
- $\langle p, r \rangle \simeq D_4$
- $\langle p, r, \ell \rangle = \langle \ell, r \rangle \simeq D_{12}$

9. 마무리

다항식의 풀이는 2,000년 이상의 세월에 걸친 문제였다. 해결의 실마리는 대칭이었다. 갈루아는 유언으로 그 비밀을 알렸다.

갈루아는 문제를 추상화하였다. 그의 수학은 추상대수학 또는 현대대수학이 되었다. 추상대수학은 대칭을 주제로 하는 대수적 구조의 학문이다.

다항식의 풀이를 확대체의 문제로 해석하고 확대체의 문제를 군의 문제로 바꾼다. 이때 얻어지는 군을 갈루아군이라고 한다.

주어진 다항식의 갈루아군에서 정규부분군의 유무를 조사한다. 필요한 만큼의 정규부분군이 있으면 그 다항식은 근의 공식을 가진다. 거듭제곱근을 사용하여 풀리는 것이다. 갈루아이론을 관통하는 것이 군론, 대칭의 이론이다.

군론을 비롯한 대수적 구조는 2,000년 이상의 세월에 걸친 또 다른 난제인 작도가능성 문제를 해결하였다.

다항식의 풀이와 작도가능성은 본질적으로 같은 문제였던 것이다. 사실, 2,300년 전 유클리드는 이차다항식의 근을 모두 작도로 풀었다. 작도가능성 문제는 다항식 가해성 문제의 특수한 경우였다.

군론은 물리학 등 과학의 많은 분야에서 결정적인 역할을 한다. 군론은 디자인과 음악을 분석하고 생산하게 한다. 따라서 군론은 디자인과 음악을 중재할 수 있다.

대칭과 군론 그리고 여기에 기반을 둔 갈루아이론은 이른바 '수학의 대통일이론'이라고 불리는 '랭랜즈 프로그램(Langlands program)'의 핵심이다.

대칭은 큰 수학이 되었고, 과학의 강력한 도구가 되었으며, 예술의 아름다운 언어가 되었다.

참고문헌

김웅태·박승안 (2011). 현대대수학, 경문사.
김중명, 김슬기·신기철 옮김 (2013). 열세 살 딸에게 가르치는 갈루아 이론, 승산.
리언 레더먼·크리스토퍼 힐, 안기연 옮김 (2012). 대칭과 아름다운 우주, 승산.
마커스 드 사토이, 안기연 옮김 (2011). 대칭, 승산.
문태선 (2017). 이슬람의 기하학 패턴을 찾아 떠나는 말레이시아 브루나이 여행, 수학사랑.
브라이언 그린, 박병철 옮김 (2002). 엘러건트 유니버스, 승산.
신현용 (2009). 선형대수학 개정판, 교우사.
신현용 (2011). 추상대수학 제2판, 교우사.
신현용 (2013). 집합론 제2판, 교우사.
신현용 (2016). 정수론 제2판, 교우사.
신현용 (2017). 대칭: 갈루아 유언, 승산.
신현용 (2018). 수학: 학제적 대화코드, 매디자인.
신현용·염명선 (2019). 할아버지가 들려주는 수학이야기, 매디자인.
신현용·고영신·나준영·신실라 (2016). 대칭을 이용한 문양의 음악적 표현, 수학교육 논문집, 한국수학교육학회지 시리즈 E, 제30집, 제2호, 한국수학교육학회.
신현용·나준영·신실라 (2015). 거문고 디자인, 한국수학교육학회 뉴스레터 제31권 제2호 통권156호, 한국수학교육학회.
신현용·신혜선·나준영·신기철 (2014). 수학 IN 음악, 교우사.
신현용·유익승·문태선·신기철·신실라 (2015). 수학 IN 디자인, 교우사.
신현용·이지영·강호진·김지영 (2014). 수학개론, 교우사.
신현용·한인기 (2015). 다항식의 해법에 대한 수학교사의 대수 내용 지식과 자립연수 가능성 탐색, 수학교육 논문집, 한국수학교육학회지 시리즈 E, 제29집, 제4호, 한국수학교육학회.
신현용·한인기 (2016). 삼차방정식 해의 작도(불)가능성에 대한 학습 자료 개발, 수학교육 논문집, 한국수학교육학회지 시리즈 E, 제30집, 제4호, 한국수학교육학회.
실비아 네이사, 신현용·이종인·승영조 옮김 (2002). 뷰티풀 마인드, 승산.
아미르 악젤, 신현용·승영조 옮김 (2002). 무한의 신비, 승산.
에드워드 프렌켈, 권혜승 옮김 (2014). 내가 사랑한 수학, 반니.
이스레엘 클라이너, 김부윤·정영우 옮김 (2012). 추상대수학의 역사, 경문사.
이언 스튜어트, 안재권·안기연 옮김 (2010). 아름다움은 왜 진리인가? 승산.
조선유적유물도감편찬위원회 (2002). 북한의 문화재와 문화유적 조선시대 I, II, III, IV, 서울대학교 출판부.

톰 펫시니스, 김연수 옮김 (2000). 프랑스 수학자 갈루아 1, 2 , 이끌리오.
티모시 가워스 외, 권혜승·정경훈 옮김 (2015). Mathematics Ⅱ, 숭산.
티모시 가워스 외, 금종해 외 옮김 (2014). Mathematics Ⅰ, 숭산.
Bell, E. T. (1986). Men of Mathematics, Simon & Schuster.
Blanco, M. & de Camargo Harris, A. (2011). Symmetry groups in the Alhambra, www.mi.sanu.ac.rs/vismath/blanco2011mart/BL.pdf.
du Sautoy, M. (2008). Symmetry, HarperCollins.
Escher, M. C. (2000). The Magic of M. C. Escher, Joost Elffers Books, Harry N. Abrams, Inc., Publishers.
Eves, H. (1983). An Introduction to the History of Mathematics, The Saunders Series.
Infeld, L. (1948). Whom The Gods Love, NCTM.
Lederman, L. M. & Hill, C. T. (2008). Symmetry, Prometheus Books.
Lerner, L. (2015). Galois Theory without abstract algebra, http://arxiv.org/abs/1108.4593.
Morandi, P. J. (2013). The Classification of Wallpaper Patterns: From Group Cohomology to Escher's Tessellations, http://sierra.nmsu.edu/morandi/notes/mathematicalnotes.html.
Neumann, P. M. (2011). The Mathematical Writings of Evariste Galois, European Mathematical Society.
Neuenschwander, D. E. (2011). Emmy Noether's Wonderful Theorem, The Johns Hopkins University Press.
Prasolov, V. (2004). Polynomials, Springer.
Prasolov, V. & Solovyev, Y. (1997). Elliptic Functions and Elliptic Integrals, American Mathematical Society.
Roberts, S. (2006). King of Infinite Space, Walker & Company.
Rothman, T. (1982). Genius and biographers: The fictionalization of Evariste Galois, The American Mathematical Monthly, Vol. 89, No. 2, pp. 84-106.
Shin, H., Sheen, S., Kwon, H., & Mun, T. (2018). Korean Traditional Patterns: Frieze and Wallpaper. In: Sriraman B. (ed.) Handbook of the Mathematics of the Arts and Sciences, Springer.
Skopenkov, A. (2015). A short elementary proof of the Ruffini-Abel Theorem, www.mccme.ru/circles/oim/ruffini.pdf.
Stedall, J. (2011). From Cardano's great art to Lagrange's reflections: Filling a gap in the history of algebra. European Mathematical Society.
Stewart, I. (2007). Why beauty is truth, Basic Books.
Stewart, I. & Golubitsky, M. (1992). Fearful Symmetry, Dover.
Zee, A. (1986). Fearful Symmetry, Princeton.

찾아보기 (국어)

(ㄱ)

가해	305
가해 다항식	51
가해군	303, 304
가해성	47
가환군	126, 241
가환성	241
가환적	27, 30, 32, 320, 373
각	375
갈루아	259
갈루아군	285
갈루아이론	22, 259
갈루아이론의 기본정리	322, 325
거듭제곱근	51
고정시키는	389
고정시킨다	206
교대군	111, 312
국소적	26
군	97, 98, 120, 235
군론	22, 97, 98, 241
근	18
기본대칭다항식	192
기저	170
기치환	110

(ㄷ)

단순군	309
단위원의 원시	365
대수적 폐체	47
대수적으로 닫혀있다	47
대수적인 수	53
대수학	17
대수학의 기본정리	17, 46
대역적	26
대칭 궁	98
대칭군	106, 140, 390
대칭다항식	192
대칭의 이론	22, 97, 98
데카르트	89
델 페로	73
등거리변환	112
디오판토스	18, 69, 70
디오판토스 방정식	18

(ㄹ)

라그랑주	191
라그랑주 분해식	215
랭랜즈 프로그램	459
루피니	233

리우빌	59
(ㅁ)	
모노이드	98
무리수	40
무한소	233
미적분학의 기본정리	321
(ㅂ)	
반군	97
반사	118
방데르몽드	208
방첼	182
벡터공간	145
복소수	45
복소평면	56
부정방정식	18
분리되었다	311
분해	280
분해식	217
분해체	279
불변인	370
불변체	299
비율	33
(ㅅ)	
사원수	57
산술	18, 69
상군	133
생성자	137
선형	118
소수	303, 304, 309, 353
수 체계	24
순환군	137
실수	45, 47, 251
심플렉틱군	121
(ㅇ)	
아벨	235
양자전기역학	120
연산	24, 145
열	303, 304
오일러	19
와일즈	19
완전4도	35
완전5도	35
우잉여류	123
우치환	110, 128, 264, 311
유니터리 군	119
유리수	35
일반	241
일반선형군	111
일반오차다항식	241
잉여류	132, 262
(ㅈ)	
자명하지 않은	309
자명한	261
자연수	24
작도가능성	18
정규	135
정규부분군	125
정규성	219
정규확대체	301
정수	29
정칙	111

좌잉여류	123
지수	325
직교군	118

(ㅊ)

차	244
차원	325
체	38, 53, 60, 141, 264
초월수	182
최소다항식	176
치환	235, 264

(ㅋ)

카르다노	73
칸토어	29
케일리	139
코시	233
크로네커	23

(ㅌ)

타르탈리아	73
특수유니터리 군	119
특수직교군	119

(ㅍ)

페라리	85
페르마	19
페르마-오일러 정리	19
페르마의 마지막 정리	19
펠	19
펠 방정식	19
평행이동	117
피타고라스정리	18

(ㅎ)

해	18
해밀턴	57
해밀턴 수	58
혁명적 수학자	135
호환	108, 310
황금비	372
회전	117

찾아보기 (영어)

(A)
Abel, N. 235
abelian group 126, 241
Algebra 17
algebraic closure 47
algebraic number 53
algebraically closed 47
alternating group 312
angle 375
Arithmetica 18, 69

(C)
Cantor, G. 29
Cardano, H. 73
Cauchy, A. 233
commutative 30, 32, 320, 373
commutativity 241
complex number 45
complex plane 56
coset 132
cyclic group 137

(D)
Del Ferro 73
Descartes, R. 89

difference 244
dimension 325
Diophantine equation 18
Diophantus 18, 69

(E)
Euler, L. 19
even permutation 110, 311

(F)
Fermat, P. 19
Fermat Last Theorem 19
Fermat-Euler Theorem 19
Ferrari, L. 85
field 38, 53, 60
fixed 370
fixed field 299

(G)
Galois, E. 259
Galois group 285
Galois Theory 259
general linear group 111
generator 137

group	97	normal extension	301
group of symmetries	390	normal subgroup	125
group theory	22, 97, 241	normality	219
		number system	24

(H)
Hamilton, W.	57	(O)	
Hamiltonian numbers	58	odd permutation	110
		operation	24
(I)		orthogonal group	118
index	325		
infinitesimal	233	(P)	
integer	29	Palace of Symmetry	98
irrational number	40	Pell, J.	19
isometry	112	Pell equation	19
		perfect fifth	35
(K)		perfect fourth	35
Kronecker, L.	23	prime number	303, 304, 309
		primitive	365
(L)		Pythagorean theorem	18
Lagrange, J.	191		
Lagrange resolvent	216	(Q)	
Langlands program	459	Quantum Electrodynamics	120
left coset	123	quaternion	57
linear	118	quotient group	133
Liouville, J.	59		
		(R)	
(M)		radical	51
minimal polynomial	176	ratio	33
monoid	98	rational number	35
		real number	45, 47
(N)		resolvents	217
non-singular	111	right coset	123
non-trivial	309	Ruffini, P.	233

(S)

semi-group	97
series	303, 304
simple group	309
soluble group	303
solvability	47
solvable	305
solvable by radicals	51
solvable group	303
solvable polynomial	51
special orthogonal group	119
special unitary group	119
split	280
splitting field	279
symmetric group	106, 140

(T)

Tartaglia, N.	73
theory of symmetry	22, 98
transcendental number	182
transposition	108, 310

(U)

unitary group	119

(V)

Vandermonde, A.	208
vector space	145

(W)

Wantzel, P.	182
Wiles, A.	19

기호

$\mathfrak{A}$	대수적인 수 전체의 집합
$\mathfrak{C}$	작도가능한 수 전체의 집합
$\mathbb{C}$	복소수 전체의 집합
$\mathbb{H}$	사원수 전체의 집합
$\mathbb{N}$	자연수 전체의 집합
$\mathbb{Q}$	유리수 전체의 집합
$\mathfrak{R}$	거듭제곱근을 사용하여 나타낼 수 있는 수 전체의 집합
$\mathbb{R}$	실수 전체의 집합
$\mathbb{Z}$	정수 전체의 집합
S_n	n차 대칭군
Z_n	정수군 $\mathbb{Z}$ 로부터 얻어지는 상군, 위수가 n인 순환군
D_n	n차 정이면체군

그리스 문자표

A	α	alpha	N	ν	nu
B	β	beta	Ξ	ξ	xi
Γ	γ	gamma	O	o	omicron
Δ	δ	delta	Π	π	pi
E	ε	epsilon	P	ρ	rho
Z	ζ	zeta	Σ	σ	sigma
H	η	eta	T	τ	tau
Θ	θ	theta	Υ	υ	upsilon
I	ι	iota	Φ	φ	phi
K	κ	kappa	X	χ	chi
Λ	λ	lambda	Ψ	ψ	psi
M	μ	mu	Ω	ω	omega

매디자인의 책

기독수학교육시리즈

1. 수학, 성경과 대화하다 | 에스라수학교육동역회

2. 수학, 창세기를 읽다 | 에스라수학교육동역회

3. 할아버지가 들려주는 수학이야기 | 신현용, 염뚀선

4. 수학, 성경과 여행하다 | 에스라수학교육동역회

5, 수학, 세상에 복이 되다 | 에스라수학교육동역호

단행본

1. 수학, 성경을 읽다 | 신현용

2. 대칭: 갈루아 이론 | 신현용, 신기철 ···· 2017년도 대한민국학술원 선정 우수학술도서

3. 수학: 학제적 대화코드 | 신현용 ········ 2018년도 대한민국학술원 선정 우수학술도서

4. 무한: 수학적 상상 | 신기철, 신현용 ···· 2019년도 세종도서 학술부문

5. 정수와 대수: 암호, 부호 | 신기철, 신현용, 유익승

근간

1. 수학, 그림을 그리다 | 에스라수학교육동역회(기독수학교육시리즈)

2. Symphonia Mathematica | 신현용

ⓒ 2017. 매디자인
*이 책의 무단전재와 무단복제를 금합니다.

대칭 : 갈루아 이론

2017년 2월 20일 초판 1쇄 발행
2019년 3월 01일 초판 7쇄 발행

지은이 신현용, 신기철
삽화 · 펴낸이 신실라

펴낸곳 매디자인
주소 충청북도 청주시 흥덕구 강내면 태성탑연로 314-8
전화 010-8448-1929
이메일 mathesign@naver.com
홈페이지 http://teacheredu.co.kr
등록 2016. 06. 17 제2016-000025호

이 도서의 국립중앙도서관 출판예정도서목록(CIP)은 서지정보유통지원시스템 홈페이지(ht:p://seoji.nl.go.kr)와
국가자료공동목록시스템(http://www.nl.go.kr/kolisnet)에서 이용하실 수 있습니다.(CIP제어번호: CIP2017003990)

ISBN 979-11-959658-1-6
값 25,000원